普通高等学校机械基础课程规划教材

机 械 原 理

（第2版）

主　编	汪建晓　　孙学强　　靳　龙
副主编	孙传琼　　任爱华　　邓茂云
参　编	曲爱丽　　王祖辰　　陈　玲
主　审	高中庸

华中科技大学出版社

中国·武汉

内 容 简 介

本书根据教育部高等学校机械基础课程教学指导分委员会机械原理课指组 2009 年 12 月发布的《机械原理课程教学基本要求》，由 6 所院校具有教学经验的任课教师联合编写而成。

全书共分 13 章，包括：绪论，平面机构的结构分析，平面机构的运动分析，连杆机构原理与设计，凸轮机构原理与设计，齿轮机构原理与设计，齿轮系原理与设计，其他常用机构，平面机构的力分析，机械中的摩擦与机械效率，机械的平衡，机械速度波动的调节，机械运动方案设计。除第 1 章绪论外，其余各章开头和结尾都分别给出了重点与难点，以及相应的小结、思考题和练习题。

为了方便教学，本书还配有免费电子教案，如有需要，可以和华中科技大学出版社联系（联系电话：027-81339688 转 2535；电子邮箱：171447782@qq.com）。

本书可作为高等学校机械类本科专业学生的教材，也可供其他专业师生和工程技术人员参考。

图书在版编目（CIP）数据

机械原理/汪建晓，孙学强，靳龙主编. —2 版. —武汉：华中科技大学出版社，2017.2(2025.2 重印)
普通高等学校机械基础课程规划教材
ISBN 978-7-5680-2609-3

Ⅰ. ①机… Ⅱ. ①汪… ②孙… ③靳… Ⅲ. ①机械原理-高等学校-教材 Ⅳ. ①TH111

中国版本图书馆 CIP 数据核字（2017）第 033148 号

机械原理（第 2 版） 汪建晓 孙学强 靳龙 主编
Jixie Yuanli(Di-er Ban)

责任编辑：吴 晗
封面设计：刘 卉
责任校对：刘 竣
责任监印：朱 玢
出版发行：华中科技大学出版社（中国·武汉）　　电话：（027）81321913
　　　　　武汉市东湖新技术开发区华工科技园　　邮编：430223
录　排：华中科技大学惠友文印中心
印　刷：武汉邮科印务有限公司
开　本：710mm×1000mm　1/16
印　张：21
字　数：448 千字
版　次：2025 年 2 月第 2 版第 3 次印刷
定　价：59.80 元

第 2 版前言

本书是根据教育部 2009 年 12 月制定的《机械原理课程教学基本要求》和《教育部关于进一步深化本科教学改革 全面提高教学质量的若干意见》(教高〔2007〕5 号文)等有关文件精神,在总结第 1 版使用经验的基础上修订而成的。

本书第 1 版于 2011 年 3 月出版,考虑到国家对 21 世纪培养创新人才的需求,以及适应和实施国家制定的"十三五"规划、加强本科教育教学质量和教学改革、培养自主创新人才的需要,在总结使用该书第 1 版经验的基础上进行了如下修订工作。

(1) 精选教学内容,注重"少而精"的原则,尽量避免重复,力求内容清晰、表达完整。

(2) 统一了全书的名词术语以及大部分量的符号。

(3) 适当补充或调整了公式、图表、习题和参考文献,更新了设计标准和规范。

(4) 认真细致地对全书进行了勘误。

为了方便教学,本书还配有免费电子教案,如有需要,可以和华中科技大学出版社联系(联系电话:027-81339688 转 2535;电子邮箱:171447782@qq.com)。

参加本次修订工作的有:佛山大学汪建晓(第 1、8、13 章),昆明学院孙学强(第 6、7 章),广西科技大学靳龙(第 12 章),湖北汽车工业学院孙传琼(第 2、3 章)和任爱华(第 9 章),西南石油大学邓茂云(第 4 章),宁夏大学曲爱丽(第 10 章),昆明学院王祖辰(第 5 章)和陈玲(第 6、11 章)。本书由汪建晓、孙学强和靳龙任主编,孙传琼、任爱华和邓茂云任副主编。汪建晓负责全书的统稿工作,广西科技大学高中庸任主审。

由于编者的水平和时间有限,书中难免存在疏漏之处,敬请同行专家及广大读者指正。

编　者
2016 年 8 月

第 1 版前言

2009 年 12 月,教育部高等学校机械基础课程教学指导分委员会发布了高等学校机械原理课程教学基本要求。在学习和理解新的教学基本要求并在不断教学实践的基础上,广西工学院、昆明学院、佛山科学技术学院、湖北汽车工业学院、西南石油大学和宁夏大学等 6 所院校的相关教师联合编写了这本《机械原理》教材。

进入 21 世纪后,我国的高等教育跨入了快速发展阶段,高等教育的办学规模在较短的时间内不断扩大,出现了多层次的办学模式和适应毕业生就业需求的多样化人才培养局面。本书的编写满足了这一形势的需要,主要面向教学型高等院校的机械类专业应用型本科学生,着眼于机械类高级工程技术人才的培养全局,力争为学生构建知识、能力和素质培养的完整课程体系。

当今,我国已融入国际经济竞争与发展的大环境,这就要求我国的机械工业界必须拥有一大批具有创造性的研究开发型工程师。这一目标的实现,有赖于高校教学计划中各门课程教师的共同努力和各个教学环节的协调配合。作为培养机械工程师设计能力主要课程之一的机械原理,也应该体现创新意识和创新设计能力的培养。为此,本教材在教学内容安排上,既充分体现机械基础课程教学指导分委员会提出的最低教学基本要求,又照顾了部分学校的较高需要;教学内容所涉及的能力训练方面,实行传统方法与先进方法并重,同时,提倡采用计算机辅助设计方法求解相关机构、运动学和各种力学问题;书中介绍的常用机构与机械运动方案设计的实例,对广大学生今后从事机械系统运动方案设计具有较好的启发与引导作用。

由于本书作者具有不同的行业背景,编写教材相关章节时必然会体现某些行业特色,这不仅不会破坏学科理论的完整性和学生能力培养的系统性,而且有利于广大学生开阔视野,培养和锻炼其综合素质与创新能力。

参加本书编写工作的有:广西工学院高中庸(第 1、12 章),佛山科学技术学院汪建晓(第 8、13 章),昆明学院孙学强(第 6、7 章),湖北汽车工业学院孙传琼(第 2、3 章)和任爱华(第 9 章),西南石油大学邓茂云(第 4 章),宁夏大学曲爱丽(第 10 章),昆明学院王祖辰(第 5 章)和陈玲(第 6、11 章)。本书由高中庸、汪建晓和孙学强任主编,孙传琼、任爱华和邓茂云任副主编。

根据多数参编教师所在学校的现行教学计划,本书原则上按 66 学时编写。使用者可以针对各自学校及相关专业特点,在 54～72 学时范围内适当调整教学内容。由于编者的水平所限,本书难免存在不当及错漏之处,特此敬请使用本书的广大师生和读者不吝赐教。

编　者
2010 年 8 月

目　　录

第 1 章　绪　　论

1.1　机械对人类社会发展的贡献

机械为人类社会的发展和进步作出了巨大的贡献。在旧石器时代,原始人类只会制造简单粗糙的石器类工具,因此其生活极其简陋与艰难。进入新石器时代后,人类已经能够制作陶器,进行纺织,制作的石器种类也随之多样化,如形成了雕刻器、尖状器、刮削器、砍削器和石球等。考古发现的砍削器既有单面刃的,也有双面刃的。当时的人类已掌握了一定的生产技能,人类自身体力有了很大的提高,生存、生产及生活能力有了相当程度的提高。

石器时代人类利用各种石质、木质与皮质材料制成的简单粗糙工具,经过不断改进而逐步演化成杠杆、斜面与滑轮这三大简单机械,并成为后来出现的机械的先驱。例如,几千年前人类创制出用于谷物脱壳和粉碎的臼和磨,用来提水的桔槔和辘轳,装有轮子的车,航行于江河的船及桨、橹、舵等,几乎都是三大简单机械的进一步演化。这些机械所用的动力,从人自身的体力,发展到畜力、水力和风力。在新石器时代,人类用于制造陶器的陶车,已经成为包含动力、传动和执行三个部分的完整机械。

大约 4 000 年前,人类开始使用青铜和铁等金属材料制造各类工具,人类社会的生产力水平由此大幅度提高,生存条件得到了极大的改善。金属材料的出现源于火的使用,没有炉火,青铜与铁就无法冶炼。在中国,公元前 1 000—公元前 900 年就已有了冶炼用的鼓风器,并逐渐从人力鼓风发展到畜力鼓风和水力鼓风。

人类社会的石器时代历时数百万年,而机械极大地促进了社会的发展,从简单机械到完整机械再到现代机械,仅仅经历了几千年。15—16 世纪以前,机械工程发展缓慢。17 世纪以后,资本主义在英、法等西欧诸国出现,商品生产开始成为社会的中心问题,因此刺激了机械工业的发展。特别是 18 世纪后期,蒸汽机的应用从采矿业推广到纺织、面粉加工、冶金等行业。制作机械的主要材料,逐渐从木材改用更为坚韧但难以用手工加工的金属。于是机械制造工业开始形成,并在几十年中成为一个重要产业。

蒸汽机的发明和发展,使矿业和工业生产、铁路和航运中的机械实现了动力化。蒸汽机几乎是 19 世纪唯一的动力源,但蒸汽机及其锅炉、冷凝器、冷却水系统等体积庞大,应用很不方便。

19 世纪末,电力供应系统和电动机开始发展和推广。20 世纪初,电动机已在工业生产中取代了蒸汽机,成为驱动各种工作机械的基本动力。生产的机械化已离不开电气化,而电气化则通过机械化对社会生产直接发挥着巨大作用。

发电站初期以蒸汽机为原动力。20世纪初期,出现了高效率、高转速、大功率的汽轮机,也出现了适应各种水利资源的水轮机,促进了电力供应系统的蓬勃发展。

19世纪后期发明的活塞式内燃机,经过逐年改进,成为轻而小、效率高、易于操纵并可随时启动的原动机。它先被用以驱动没有电力供应的陆上工作机械,后来又用于汽车、移动机械和轮船,到20世纪中期开始用于铁路机车。活塞式发动机,特别是后来发明的燃气涡轮发动机为飞机和航天器的发展提供了动力。蒸汽机在汽轮机和内燃机的排挤下,现在已不再是重要的动力机械。

在现代人类社会中,机械的地位举足轻重。在现代社会的五大构成要素中,机械虽然位于人、资金、材料与能源等四个要素之后,但材料与能源的生产都离不开机械的参与;而且,现代人要是离开了机械的帮助,其生存之艰难将难以想象;资金及其载体的生产、流通及存储无不依赖各种各样的机械设备或机械装置。

21世纪的人类正在进入信息化时代。信息的形成、传输、转换、存储、处理与接收等都要依靠机械,一切信息产品也都是借助机械生产出来的。数控机床、工业机器人、打印机、复印机等机械都是利用现代信息技术制成的机电一体化产品。

在世界历史上,从来没有哪个时代像20世纪以来这样,进步这么大,变化这么快。毫无疑问,这应该归功于科学技术和机械工业日新月异的发展。没有机械,今天的人们将举步维艰;现代机械的发展与广泛应用使人们的生活更加富裕和丰富多彩,使人们的出行更加快捷、安全和舒适。可以说没有机械就没有当今世界。

1.2　机械原理课程的研究内容及其在教学中的地位

1.2.1　机械原理研究的对象

本课程名为"机械原理",顾名思义,这是一门研究机械的基本理论的课程。因此,本课程的研究对象是机械,而"机械"是"机构"和"机器"的总称。

人们对"机构"与"机器"两个名词并不陌生。例如,各种建筑物内门扇与门框的组合体、各式家具中抽屉与框架的组合体,以及雨伞等都是机构的实例;在日常生活中,人们也大都不同程度地接触过缝纫机、自行车、洗衣机、升降机、汽车、火车和飞机等机器。人们见到的机构,无论是形式还是结构都存在很大的差异,但只要认真分析,总可以发现不同机构所具有的共同特征。同样,机器的外形、构造和用途千差万别,但我们还是能够找出它们之间的共同点。

那么,这些共同特征或共同点是什么呢? 从各种形式的门、抽屉和雨伞可以看出,门是由门扇与门框组成的,门扇只能相对于门框作转动或移动;书桌中的抽屉也只能沿一个确定的方向相对于书桌架移动;雨伞特别是现今流行的折叠伞是由许多杆与套组成的,伞的打开与收拢动作却非常明确。由此我们可以得出结论,机构具有如下两个共同的特征。

（1）机构是由两个或两个以上的独立运动单元经人为组合而成的。

（2）各独立运动单元之间具有确定的相对运动。

机构中这种独立运动的单元称为构件。门框与门扇、书桌架与抽屉、伞柄与伞骨等都是构件。在各种各样的构件中，某些构件如门框、书桌架及伞柄等相对固定不动并起支承其他构件的作用，人们便称其为机架。相对于机架可作确定运动的构件则为活动构件。

机器由一个或一个以上机构组成。如电动机就只有一个转动机构，而图 1-1 所示的内燃机就包括了曲柄滑块机构（由汽缸体即机架 9、活塞 8、连杆 3 和曲轴 4 组成）、齿轮机构（机架 9、齿轮 1 和 2）和凸轮机构（机架 9、凸轮轴 5、推杆 6 和 7）等多个机构。图 1-2(a)所示的牛头刨床则由电动机 3 驱动的减速传动机构（图中仅画出了由机架即床身 1、齿轮 4 和齿轮 5 组成的齿轮机构，带传动等未画出），以及由摇块 2、齿轮 5、滑块 6、导杆 7、床身 1 与刨头 8 组成的摆动导杆-滑块机构（执行机构）等组成。

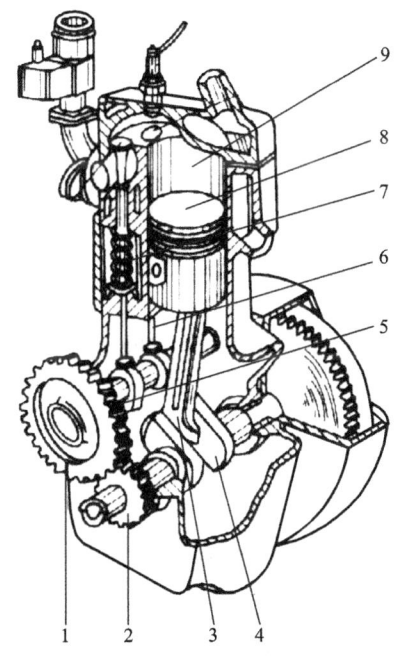

图 1-1　内燃机

图 1-1 所示内燃机，燃油燃烧所产生的热能推动活塞并由此带动曲轴转动形成机械能。图 1-2(a)所示牛头刨床则由电动机驱动，最终使刨刀做直线运动以刨削工件，实现电能向机械能的转换。由此可见，由机构组成的机器，除具有机构的两个特征外，又能使不同形式的能量相互转换，同时，还可以代替或减轻人的劳动去完成有用功。因此，机器具有如下三个特征。

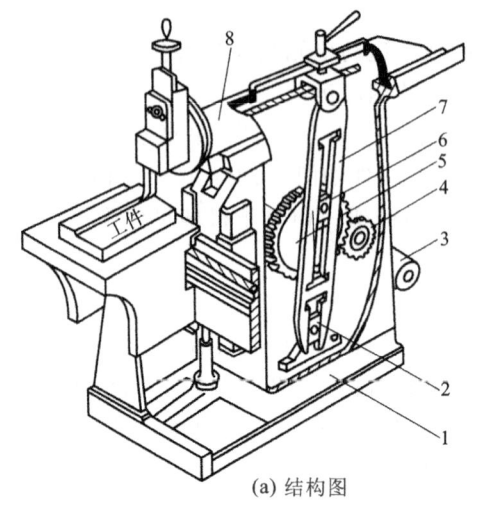 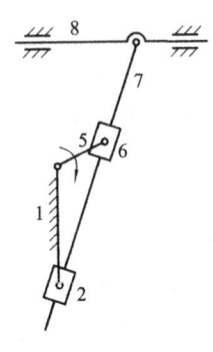

(a) 结构图　　　　　　　　　　(b) 执行机构运动简图

图 1-2　牛头刨床

(1) 由两个或两个以上构件人为组合而成。

(2) 各个构件之间具有确定的相对运动。

(3) 能代替或减轻人的劳动去完成有用功,或者实现能量的转换。

现在广泛使用的电视机与收音机等光、电子类机器,其主要用途在于实现信息的传输与变换。虽然可将其划入广义机器的范围,但由于这类机器既没有构件间的相对运动,也没有力或功的传递与转换,因而不能称为由上述三个特征所定义的机器,也就不属于本课程的研究对象。

以内燃机和牛头刨床为代表的各种机器中的活动构件,在一个或几个构件的带动下,按人们预先确定的要求运动。最初受外力驱动的活动构件就是原动件(或主动件),其余活动件为从动件。机器中的构件,是一个独立的运动单元,但由于制造、安装与维护方面的需要,绝大多数构件都不能作为一个整体去制造与加工,而应当分解为多个单元(零件)以便于加工制造,然后再将这些零件组装成为一个刚性的整体。例如图 1-1 中的连杆 3 就是由连杆体、连杆盖、轴瓦、螺栓与螺母等零件刚性连接而成的。

1.2.2　机械原理课程的主要内容

本课程不研究某类具体机械的个性问题,而是研究各类机械的共性问题。例如:雨伞中应用了连杆机构,内燃机、轧钢机和许多包装机械中也都采用了连杆机构;同样,机械手表、减速机、内燃机和多种机床都采用了齿轮机构。可见,连杆机构、齿轮机构及凸轮机构等在许多机械中都可能出现,这些常用的共性机构就是本课程的重要研究对象。

归纳起来,本课程的研究内容主要包含以下几个方面。

1. 机构的结构分析

机器种类繁多,但是组成机器的机构类型却相当有限。在研究本课程介绍的常用机构时,重点是要研究机构的结构类型、机构的组成原理与方法、机构的组成对其运动的影响,以及机构具有确定运动的条件等。为了便于系统地研究现有机构和更好地创造新机构,本课程将介绍应用简单的图形来描述机构的结构状况,即机构运动简图的绘制,以便对实际机构进行科学的抽象,并为对其进行分析奠定基础。

2. 机构的运动分析

机构的运动分析就是对机构某构件或构件上某点的位移、速度和加速度进行分析与计算。对机构进行运动分析,既是设计新机械必须遵循的步骤,也是合理有效地使用现有机械的重要依据,同时,还是研究机构受力状况及其动力学特性问题的基础与前提。本课程将介绍和讨论机构运动分析的原理与方法。

3. 机器的动力学分析

机器的动力学问题说到底就是机器的运动与机器受力的关系问题。尽管其涉及面广泛,但是概括起来只有两个方面的问题:一是机器运动状态下的受力情况;与之相反,二是机器在外力作用下的运动规律。

就第一个问题而言,本课程重点研究机器在做功与传递能量过程中,各构件所受力(包括摩擦力)的位置、大小和方向及其产生的影响,这种影响将直接决定构件的尺寸、形状和机器的效率。为了充分发挥已有机器的效能及使所设计的新机器具有更高的效率,机械设计人员掌握这方面的分析手段至关重要。

针对第二个问题,人们通常在机器原动件处于假定的等速运动状态的前提下,来研究机器有关从动件相对原动件位置的真实运动规律。在工程实际中,构件质量及其分布、转动惯量、构件所受作用力要素,以及能量输入与输出的某些关系等原因,不仅影响原动件的运动规律,而且影响从动件的惯性力大小和方向,从而导致机器速度的波动。为了改善机器的工作状态,提高其工作性能与效率,必须有针对性地对机器的速度波动进行调节;同时,应通过平衡来抵消有害惯性力的不利影响。

4. 基本机构的分析与设计

当今世界上的机器种类繁多,但如前面所述,组成这些机器的机构却相当有限。简单的机器由极少数的基本机构组成,而极复杂的机器只不过是对有限的基本机构进行串联、并联或复合等组合的结果。为便于正确分析现有机器的结构组成和有效设计新的机械,通过本课程的知识体系来掌握基本机构的基本形式及其演化、运动特点、工作特性和设计方法是非常重要的。

5. 机构的选型与传动方案的设计

人们设计某个具体的机械时,都要根据设计任务书提出的设计要求,对设计对象进行功能分析与分解,以便选择执行机构来实现各个功能。合理选择执行机构的前提在于对常用基本机构类型与特点有较充分的认识与了解,当逐步培养和具备了对基本机构进行变异与组合的一定能力时,就能较好地掌握机械传动系统的设计方法。

本课程将介绍与讨论机构的选型与机械运动方案的设计步骤与方法,以培养学生的初步设计能力和创新设计能力。

归纳后发现,这五个方面的研究内容可以概括为两个问题,即机构的分析与机构的综合。前者是对已有机械而言,即对已有机构进行结构组成、运动和动力方面的分析;后者则针对新设计的机械或机械的创新设计,主要是指在满足机械的运动与动力要求的前提下,综合确定机械各部分尺度之间的协调配合关系。至于机械中各个零件的强度计算、材料选择、结构形状与制造工艺性要求等问题,则属于后续课程的研究内容。

1.2.3　机械原理课程的性质及其在教学中的地位

机械原理是机械类各专业学生必修的一门十分重要的课程。如前所述,该课程不研究某类具体的机械,而是研究一切机械所具有的共性原理问题,该课程所涉及的基础知识,对于任何机械而言,都具有普遍意义。

学生在学习本课程之前,必须具备较为扎实的高等数学、机械制图、物理及理论力学的基本知识。而在学习后续的机械设计、机械制造技术基础及机械制造装备设计等课程之前,必须较好地掌握机械原理课程的基本概念和基本理论,具备一定的机构分析与机构综合的基本技能。因此,本课程是处在理论基础课与机械专业课之间的一门承上启下的技术基础课程。

机械原理是引领各类机械专业学生认识与了解机械的第一门课程。没有此课程良好的知识基础,机械专业的学生在今后的学习与工作中,就难以顺利地完成所遇到的机械设计任务,也更难以开展机械创新设计工作。可见,一切有志于为促进我国机械工业的发展、为国民经济迅速增长作出贡献的机械专业的学生,都应该特别重视本课程的学习,并且深入掌握本课程的基本概念、基本理论与基本技能。

1.3　本课程的特点与学习方法

1.3.1　机械原理课程的特点

作为机械类专业的一门技术基础课,机械原理具有较为系统的理论特征。该课程的知识最早源于前人对实际机械的长期分析与总结,随后上升到一定高度而成为理论体系,再反过来服务于机械设计的实际,因而又具有很强的实践性。较严密的理论性与很强的实践性相结合的特点往往使初学者感到困难。

课程理论体系让学生感到困难的原因在于其抽象性。在接受工程界语言——机械制图课程训练时,学生所接触到的轴测图或三视图明确表示了机械的实际形状与结构;但用机械原理的方法来分析机械的组成和运动学等参数时,所用的机构运动简图完全不同于实际机械的图样。同时,在利用机构运动简图进行运动学与动力学分析时,需要综合运用数学、工程图学、物理、理论力学甚至计算机等方面的知识,某项知识的欠缺会给学习带来不便。

另一方面,机械原理所要解决的问题并不抽象,所有问题的解决对于实际机械都具有很强的针对性。但一般初学者普遍缺乏对现实机械的认识与了解,因而很难找到将机械原理知识应用于实际机械的切入点,以致难以激发浓厚的学习兴趣。

1.3.2　学习本课程的方法

首先,初学者要正确认识本课程的性质。机械原理教材中的一些重要章节将直接运用理论力学的知识,但研究对象不再是质点和刚体,而是工程实际中机构与机器中的构件。本课程与机械工程的专业课程也有差异。专业机械,如冶金机械、矿山机械、农业机械、纺织机械、工作母机等,其种类繁多。机械原理既不可能也无必要对各种各样的具体机械进行研究。它深入研究与探讨的是所有机械的共性问题及各种机械中常用的机构。掌握与理解了本课程的基本概念、基本理论以及相应的分析和综合的基本技能,就为今后承担某项具体机械设计任务准备了必不可少的知识基础。

其次,要注意锻炼空间想象力和抽象思维能力。机器总是三维实体,其构件有可能具有三维分布特点,并且受空间力系作用。因此,只有具备一定的空间想象力才能正确理解机器的空间结构特征。对机器进行结构组成、运动与动力分析时,总是依据机器的机构运动简图,这种简图与工程图样存在极大的区别,机构运动简图是科学抽象的结果,绘制简图除必须遵循特定的规律和原则外,还应当具备相当的抽象思维能力。凡事都可熟能生巧,因此,学习本课程时要充分利用实验室条件,并且在日常生活与生产实际中,多注意动手绘制所见机构的运动简图。

再次,要树立正确的工程观点。从表面上看,本课程介绍的几种基本机构互不相干,例如连杆机构、齿轮机构与凸轮机构不仅外形差异大,且结构组成与传动原理也明显不同。但具体论述时,其内容均集中在结构原理与特点、运动与动力性能分析,以及设计方法等方面。通过本课程的学习来掌握机械分析与设计的理论和方法的目的,在于培养学生初步具备解决实际机械问题的能力。因此,学习本课程时,无论是绘图设计还是计算分析,都应注意养成一丝不苟、认真负责的态度。

最后,要不断培养自己的创新意识与创新能力。随着社会进步与人们对生活质量要求的不断提高,机械产品的更新换代周期将会越来越短。这就迫使机械设计人员必须具备持续自我发展的创新能力。学习本课程时,不要把创新看得很神秘。在客观世界中,机器千差万别,但组成机器的机构数量十分有限,新出现的机器大多还是由常用机构组成的。例如,早先出现的雨伞中就用上了连杆机构,后来的内燃机或压缩机也应用了连杆机构,现代的飞机、人造卫星或各种太空飞行器也同样离不开连杆机构。这就说明,同样的机构用在不同的场合就会获得不同的效果与功能。将基本机构用于前人未曾应用过的场合是一种创新,对常用机构进行新的组合是另一种创新;对某个机构进行变异或演化是创新,对现有机器中的机构进行增减,或者进行分解、调整与重组同样是创新。将自己的创新意识倾注于本课程的学习,就一定能够取得很好的学习成果。

1.4　机械原理学科前沿简介

机械原理学科是机械学学科的重要组成部分,是机械工业和现代科学技术发展的重要基础。当今世界,电子学、信息科学、计算机科学、生命科学等,以及学科间的相互渗透与相互结合,极大地促进了机械学科的发展。现代机械工业日益三极化或多极化的发展趋势就是多学科相互渗透与结合的充分体现。

"极大"、"极小"与"极精灵"可称为目前机械工业的所谓"三极"。"极大"者如大飞机、超级油轮、巨无霸式水压机与超大型空间站等;"极小"者如收集情报用的"蚊子机器人"、能自由进入人体血管爬行以清除堵塞物的微型装置等;"极精灵"者如具有极高命中率的超远程巡航导弹等。一些庞然大物似的机器或机构的运动速度可数倍于音速,或者可以实现亚微米级甚至纳米级的微位移。机械工业发展的极端状态必定促进机械原理传统理论的演绎与发展。在这种情况下,新的研究课题层出不穷,新的研究方法日新月异。

为了适应激烈的市场竞争环境,开发出的商业软件可用于连杆机构、凸轮机构、齿轮机构和组合机构中复杂的运动规律、运动学与动力学参数的分析与设计。同时,计算机的广泛应用,使得人们在机构的结构理论研究中,将图论、网络分析、线性几何学、螺旋坐标等各种工程数学方法的应用成为可能。根据设计要求给出由设计变量、约束条件和目标函数所确定的最优化数学模型,优选设计变量,确定最优化设计方案的优化设计方法,已成为在较复杂机构综合中普遍适用的方法和主要发展方向。

目前,机械原理学科的前沿领域还包括以下几个方面:机电一体化与包括液压、气动、电磁、电子与光电等非机械传动元件的广义机械设计方法的研究;高速机械的运动弹性动力学研究;大型复杂机械设备的故障诊断、在线监测和振动的主动与被动控制研究;仿生机构学研究;机械产品设计方案的智能化设计、智能化机构系统设计、机构创新设计,以及机械产品的创新设计方法的研究等。

机械原理学科研究领域十分广阔,内容极为丰富,发展非常迅猛。机械原理学科涌现的大量前沿研究课题,对国内大学从事机械工程学科的重要分支——机械设计及理论学科研究与教学的导师与研究生们具有巨大的吸引力。当然,机械原理课程只是一门技术基础课,学习本课程还不能获得解决本学科前沿课题的能力,但是可以由此掌握进一步研究机械原理新课题的知识基础。有志于深入探讨机械原理学科前沿课题的青年学子,在已有的机械原理知识基础上继续深造、不懈求索,就一定能够获得攻克前沿难题的可喜成果。

第2章　平面机构的结构分析

本章重点　机构组成中的构件、运动副、运动链及机构等概念,机构运动简图的绘制、机构自由度的计算和机构具有确定运动的条件,机构的组成原理及结构分析。

本章难点　机构中虚约束的正确判别。

2.1　机构结构分析的内容与意义

2.1.1　机构结构分析的内容

机构结构分析的内容主要有以下几个方面。

(1) 研究机构的组成及其具有确定运动的条件。如前章所述,机构是一个用来传递运动和力的可动的装置,为此,机器中的机构显然需要具有确定的运动。机构结构分析的主要内容之一是研究机构是怎样组成的,以及在什么条件下机构才具有确定的运动。

(2) 根据结构特点进行机构的结构分类。机械原理的基本任务之一是对机构进行运动和动力分析,以便了解其运动参数如位移、速度和加速度在诸力作用下的变化规律。然而,各种机器中机构的形式多不相同,机构中各个构件的具体结构形状也是各式各样的。因此,要逐一地对这些形式各异的具体机构进行分析是不可能的,而且实际上也没有必要。因为机构的外形虽然各不相同,但是通过对它们的结构情况进行分析,就可以根据它们的结构特点来加以分类。而后,对同一类的机构,就可以应用相似的方法对其进行运动分析和动力分析。所以机构的结构分类也是机构结构分析的重要课题。

(3) 研究机构的组成原理。机构的形式可以各式各样,机构的构造可以有简有繁,然而对它们的共同要求是必须能够实现确定的运动。那么,根据运动确定性的要求,在以构件组成机构时,有没有什么规律可循呢? 机构的组成原理可为这一问题的解决提供指导。另外,在搞清了机构的组成原理之后,也便于对机构进行结构分析,并进而进行机构的结构分类。

2.1.2　机构结构分析的意义

由本书绪论可知,机构是具有确定运动的实物组合体,其结构特征十分鲜明。那些做无规则运动或不能产生运动的实物组合均不能称为机构。因此,了解机构的组成和结构特点,掌握机构组成的一般规律,并且能够正确画出机构运动简图,无论对于分析已有机构还是着手设计新机械,都具有十分重要的指导意义。

2.2　机构的组成

2.2.1　构件

从制造、加工的角度看,任何机械都是由若干单独加工制造的单元体——零件组装而成。例如图 2-1(a)所示的内燃机连杆,它是由如图 2-1(b)所示单独加工制造的连杆体 1、连杆盖 2、轴套 3、轴瓦 4 和 5、螺栓 6、螺母 7、开口销 8 等零件刚性连接而构成的一个独立运动单元体——构件(或简称杆)。由此可见,构件和零件是两个不同的概念,构件可以是一个独立运动的零件,但有时为了结构和工艺上的需要,常将几个零件刚性地连接在一起而组成构件。即构件是独立运动单元,而零件则是加工制造单元。在本课程中,将构件作为研究的基本单元。

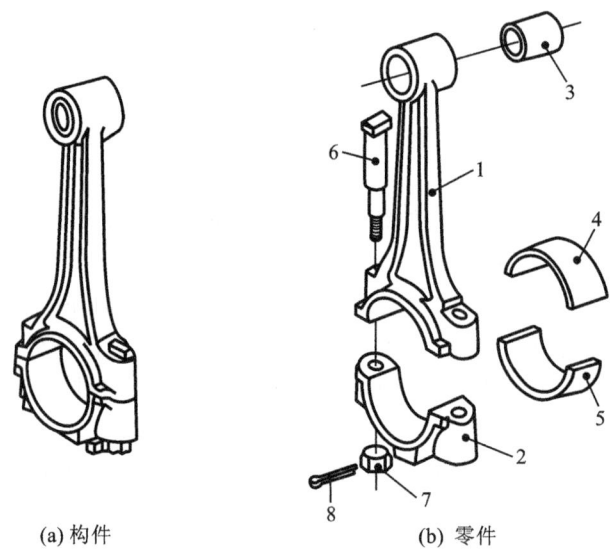

(a) 构件　　　　　　　(b) 零件

图 2-1　内燃机连杆

2.2.2　运动副

机构是由构件以一定方式连接而成的,其中每个构件至少与另一个构件相连接,这种连接既能使两构件直接接触,又能使两构件产生一定的相对运动。把两构件直接接触而形成的可动连接称为运动副。例如,图 2-2(a)所示的轴 2 与固定的轴承 1 间的连接构成转动副,图 2-3(a)所示的运动的导轨 1 与滑块 2 的接触形成移动副,图 2-4(a)所示的凸轮 1 与推杆 2 的点接触形成凸轮副,图 2-4(b)所示的齿轮轮齿 1、2 间的线接触构成齿轮副。凸轮副和齿轮副只限制两构件沿接触点的公法线 $n—n$ 方向的相对移动,允许两构件沿公切线 t—t 做相对移动和绕接触点 A 做相对转动。

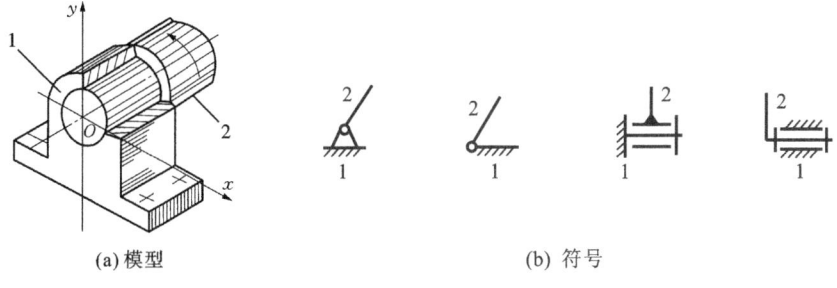

(a) 模型　　　　　　　　　　　　　　(b) 符号

图 2-2　转动副

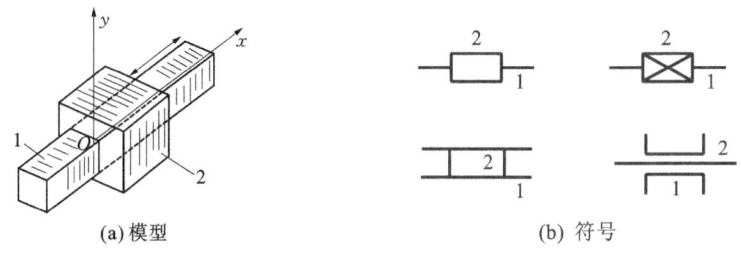

(a) 模型　　　　　　　　　　　(b) 符号

图 2-3　移动副

构成运动副的两个构件间的接触不外乎点、线、面三种形式,两个构件上参与接触而构成运动副的点、线、面部分称为运动副元素。

构件所具有的独立运动的数目(确定构件位置所需要的独立参变量的数目)称为构件的自由度。一个构件在未与其他构件连接前,在空间可产生 6 个独立运动,即有 6 个自由度(沿着 x、y、z 坐标轴方向的三个移动和绕着这三个轴的转动)。而做平面运动的自由构件则只具有三个独立运动,如图 2-5 所示,它在平面上的位置可用 x、y、θ 三个独立的参数来描述。

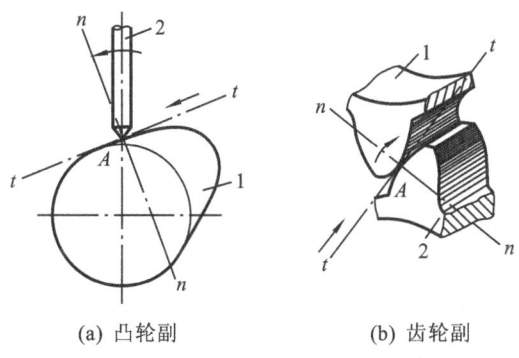

(a) 凸轮副　　　　　(b) 齿轮副

图 2-4　平面高副

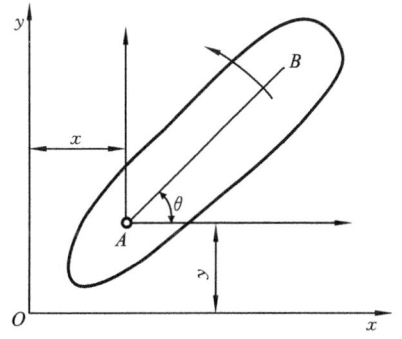

图 2-5　构件做平面运动时的自由度

　　两个构件直接接触构成运动副后,构件的某些独立运动将受到限制,自由度会随之减少,构件之间只能产生某些相对运动。运动副对构件的独立运动所加的限制称为约束。运动副每引入一个约束,构件便失去一个自由度。又因两构件构成运动副后,仍需保证能产生一定的相对运动,故运动副引入的约束数目最多只能为5个,剩下的自由度数最少为1个。两个构件间形成的运动副引入多少个约束,限制了构件的哪些独立运动,则完全取决于运动副的类型。

　　运动副有多种不同的分类方法,常见的分类方法有以下几种。

　　(1) 按运动副的接触形式分类。在平面机构中,按接触形式的不同,运动副可分为低副和高副。面与面相接触的运动副在承受载荷方面与点、线相接触的运动副相比,其接触部分的压强较低,故面接触的运动副称为低副,而点、线接触的运动副称为高副。如图 2-2(a)所示,两构件通过圆柱面而保持接触,如图 2-3(a)所示,两构件之间是棱柱面接触,这两种运动副都是低副。如图 2-4(a)、(b)所示的凸轮副和齿轮副,两构件都是通过点或线接触的,因此,这两种运动副都是高副。高副比低副更易磨损。

　　(2) 按构成运动副的两构件之间相对运动的形式分类。两构件之间只做相对转动的运动副称为转动副或回转副,也称铰链(见图 2-2(a)),只做相对移动的运动副称为移动副(见图 2-3(a));两构件之间做相对球面运动的称为球面副,做相对螺旋运动的称为螺旋副等。此外,按构件运动的相对位置,还有平面运动副和空间运动副之分。构成运动副的两构件之间的相对运动若为平面运动的则称为平面运动副,平面运动副包括转动副、移动副和平面高副三种形式,例如,图 2-2(a)、图 2-3(a)和图 2-4所示都是平面运动副;若其相对运动为空间运动的则称为空间运动副,球面运动副和螺旋运动副则是空间运动副。

　　(3) 按运动副引入的约束数分类。引入一个约束的运动副称为Ⅰ级副,引入两个约束的运动副称为Ⅱ级副,依次类推,最多为Ⅴ级副。由于运动副为两构件间的活动连接,因此,两构件构成运动副后所受到的约束数最少为1,最多为5。自由度与约束数之和应等于6。

　　为了便于绘制机构运动简图,运动副常常用简单的图形符号来表示(已制定有国家标准,见 GB/T 4460—2013《机械制图　机构运动简图用图形符号》)。表 2-1 中列出了常用运动副的模型及其图形符号,其中画有剖面线的构件代表固定构件。

　　两构件之一为固定时转动副的符号如图 2-2(b)所示,其中前两个符号表示轴线垂直于纸面,轴线位置在圆圈中心;后两个符号表示轴线位于纸平面内。两构件都运动时移动副的符号如图 2-3(b)所示。高副可用两构件在接触处的轮廓曲线表示,如图 2-4所示,但对于齿轮副也可按图 2-6所示的规定符号(见下节)表示。

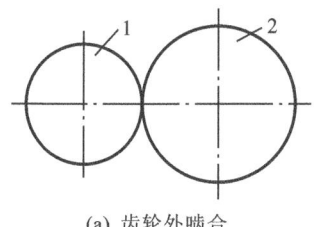

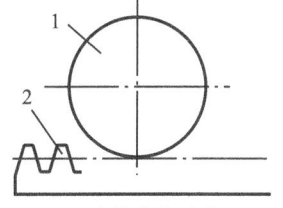

(a) 齿轮外啮合　　　　　　　　　　(b) 齿轮齿条啮合

图 2-6　齿轮副的符号

表 2-1　常用运动副的模型及图形符号

运动副名称及代号		运动副模型	运动副级别及封闭方式	运动副图形符号	
				两运动构件构成的运动副	两构件之一为固定时的运动副
平面运动副	转动副（R）		V 级副 几何封闭		
	移动副（P）		V 级副 几何封闭		
	平面高副（RP）		IV 级副 力封闭		
空间运动副	点高副		I 级副 力封闭		
	线高副		II 级副 力封闭		
	平面副（F）		III 级副 力封闭		
	球面副（S）		III 级副 几何封闭		
	球销副		IV 级副 几何封闭		

续表

运动副名称及代号		运动副模型	运动副级别及封闭方式	运动副图形符号	
				两运动构件构成的运动副	两构件之一为固定时的运动副
空间运动副	圆柱副(C)		Ⅳ级副 几何封闭		
	螺旋副(H)		Ⅴ级副 几何封闭	(开合螺母)	

2.2.3 运动链与机构

1. 运动链

两个以上构件通过运动副的连接而构成的可相对运动的系统称为运动链。如果组成运动链的各构件构成首末封闭的系统,称为闭式运动链,简称闭链,如图 2-7(a)、图 2-8(a)所示。如果组成运动链的各构件未构成首末封闭的系统,称为开式运动链,简称开链,如图 2-7(b)、图 2-8(b)所示。传统的机械中以闭式运动链为多,随着生产线中机械手和机器人的应用日益普遍,机械中开式运动链也逐渐增多。

此外,根据运动链中各构件间的相对运动为平面运动还是空间运动,运动链又可分为平面运动链和空间运动链两类,分别如图 2-7、图 2-8 所示。

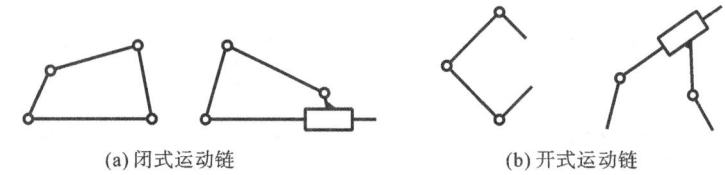

(a) 闭式运动链　　　　　　　　　　(b) 开式运动链

图 2-7　平面运动链

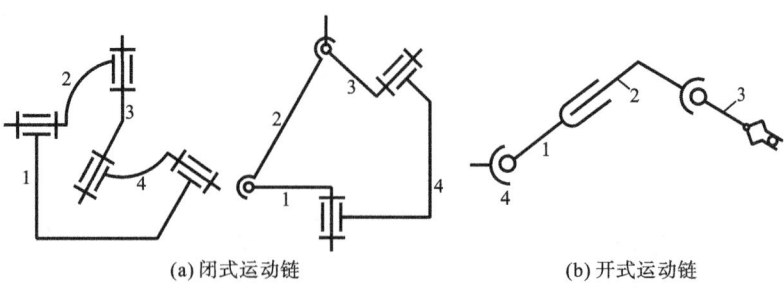

(a) 闭式运动链　　　　　　　　　　(b) 开式运动链

图 2-8　空间运动链

2. 机构

在运动链中,若将某一构件加以固定,而让另一个(或几个)构件按给定运动规律相对于该固定构件运动,并且其余各构件都能得到确定的相对运动,则此运动链称为机构。机构中固定不动的构件称为机架,有驱动力作用并按给定运动规律独立运动的构件称为原动件(或主动件),而其余随主动件运动的可动构件称为从动件。

组成机构的各构件的相对运动均在同一平面内或在相互平行的平面内,则该机构称为平面机构。若机构的各构件的相对运动不在同一平面内或平行平面内,则该机构称为空间机构。

2.3　机构运动简图

2.3.1　机构运动简图

无论是对现有机构或机器进行分析,还是构思新机械的运动方案和对组成机械的各机构做进一步的运动及动力设计与分析,都需要一种表示机构的简单图形。

实际机构或机器大多是由外形和结构比较复杂的构件组成,但从运动的观点来看,无论是机构还是机器能否实现预定的运动和功能,是由原动件的运动规律、连接各构件的运动副类型和机构的运动尺寸(即各运动副间的相对位置尺寸)来决定的,而与构件及运动副的具体结构、外形(高副机构的轮廓形状除外)、断面尺寸、组成构件的零件数目及固连方式等无关。因此,为便于机构的设计与分析,可以撇开构件、运动副的外形和具体构造,而用 GB/T 4460—2013《机械制图　机构运动简图用图形符号》规定的简单符号和线条来代表运动副和构件,并按一定的比例表示机构的运动尺寸,绘制出表明机构的组成和运动传递情况的简明图形。这种能正确表达机构运动特性的简明图形称为机构运动简图。例如,图 1-2(b)所示为牛头刨床的摆动导杆-滑块机构的运动简图。

如果只是为了表明机构的运动状况或各构件的相互关系,也可以不严格按比例来绘制简图,这样的简图通常称为机构示意图。

机械中常见的凸轮机构、齿轮机构及原动机等的简图符号如表 2-2 所示,一般构件的表达方法如表 2-3 所示。

表 2-2　常用机构运动简图符号

机 构 名 称	简 图 符 号	机 构 名 称	简 图 符 号
在支架上的电动机		齿轮齿条传动	
带传动		圆锥齿轮传动	

续表

机 构 名 称	简 图 符 号	机 构 名 称	简 图 符 号
链传动	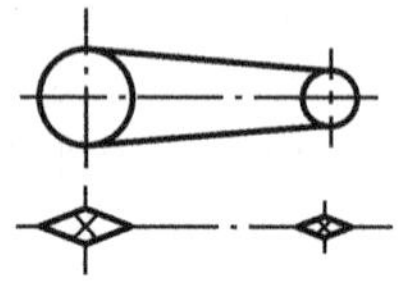	圆柱蜗杆传动	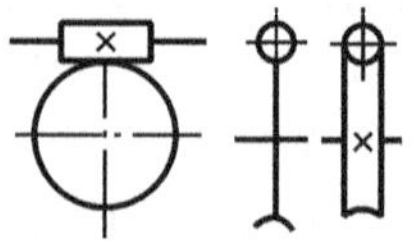
摩擦轮传动	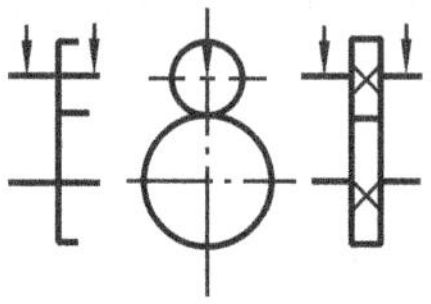	凸轮传动	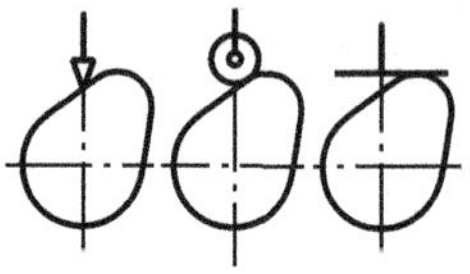
外啮合圆柱齿轮传动	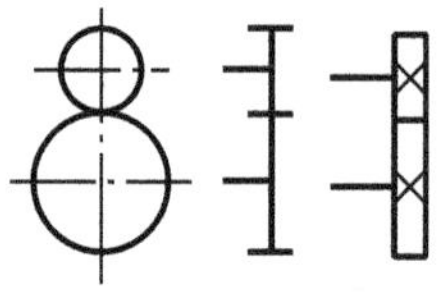	槽轮机构	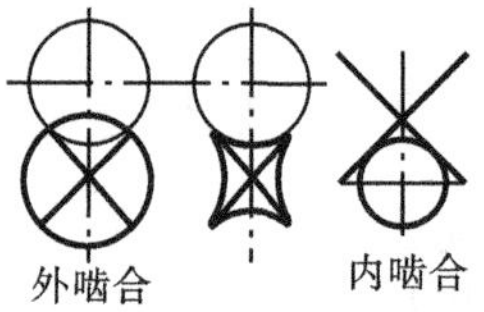 外啮合　　内啮合
内啮合圆柱齿轮传动	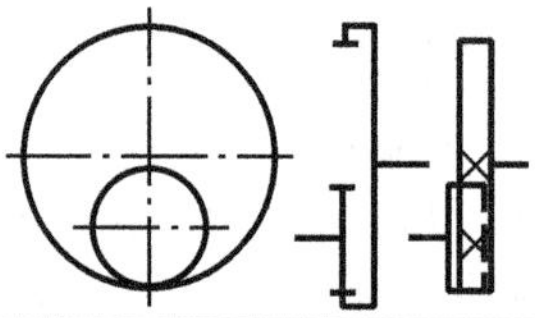	棘轮机构	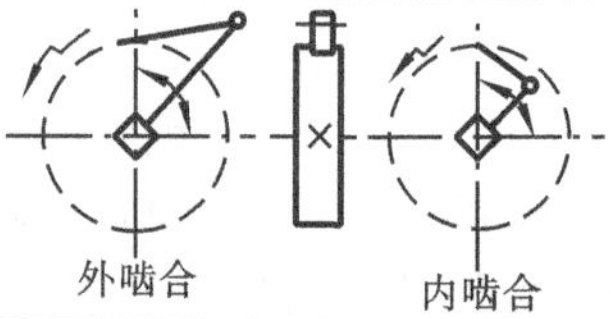 外啮合　　内啮合

表 2-3　一般构件的表示方法

构 件 类 型	表 示 方 法
杆、轴类构件	
固定构件	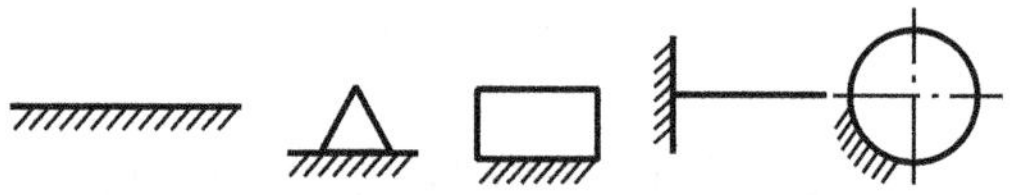
同一构件	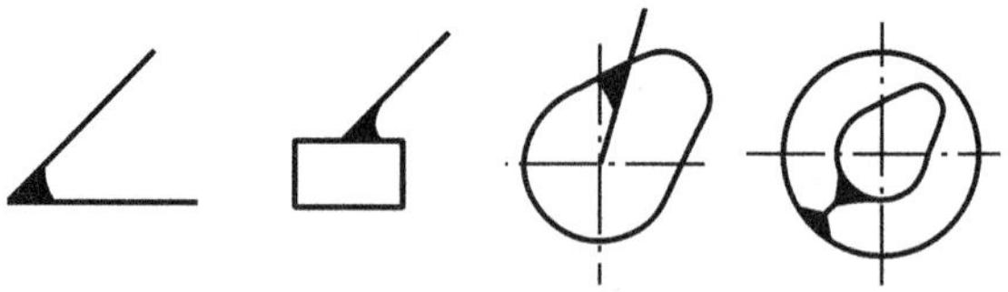
两副构件	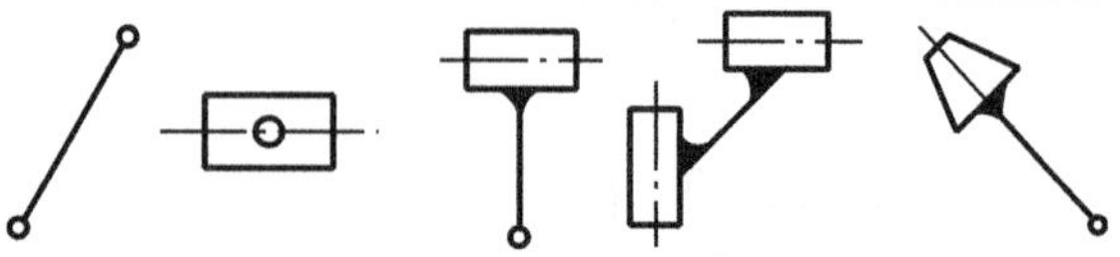
三副构件	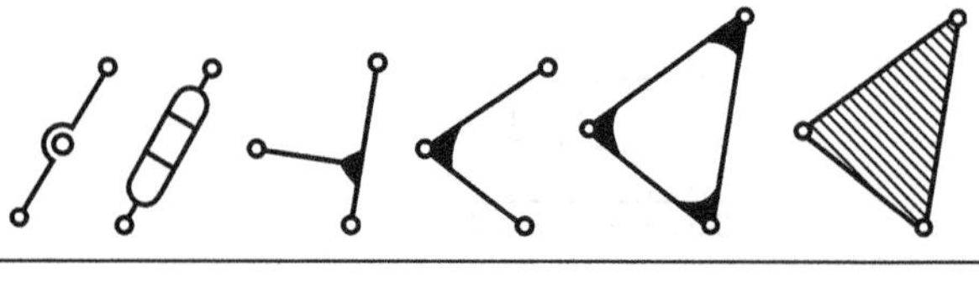

2.3.2　绘制机构运动简图的步骤

绘制机构运动简图,是一个从具体到抽象的过程。机构运动简图可更清楚而又简单地反映机构的运动特性。但是,对于结构和外形比较复杂的实际机构,绘制其机构运动简图往往需要较高的技巧和反复实践才能完成。绘制机构运动简图的步骤如下。

(1) 认清机架、原动件与从动件。机构中的机架(固定杆)与基座固接,用于支撑活动构件。机构上所有的固定铰链点及固定导槽方位线均属于机架。原动件(主动件)是按已知运动规律独立运动的构件。一般原动件运动由原动机直接输入或通过其他装置输入,故通常又称为输入件。从动件是机构中除原动件以外的其余活动构件,其中,输出运动或动力的从动件称为输出件或执行部分,其余从动件称为传动部分。从动件的运动规律取决于机构运动简图的几何尺寸(各运动副间的相对位置尺寸)及原动件的运动规律。

(2) 判别运动副类型。一般从原动件开始,遵循运动传递的顺序,仔细观察各相邻构件之间的相对运动性质,由此确定机构中各运动副的类型。对于低副,如为转动副,应找出转动中心(铰链点);如为移动副,应确定移动方位线;对于高副,应画出其两运动副元素的形状。

(3) 合理选择视图平面。一般选择机械中多数构件的运动平面为视图平面,必要时也可选择两个或两个以上的视图平面,然后将其展示到同一图面上。总之,选择视图平面要以能简单清楚地把机械的结构及运动传递情况正确地表示出来为原则。

(4) 选择适当的比例尺。在绘制机构运动简图时,长度比例尺为

$$\mu_l = \frac{实际尺寸(m)}{图上长度(mm)}$$

按机构实际尺寸及图纸大小确定 μ_l,并应在图旁注明。

(5) 按一定的顺序绘图。按长度比例尺,先确定机架上铰链点与导槽方位线之间相对位置;然后,选择原动件某一位置,应用平面几何等作图方法,按传递运动的顺序画出各从动件位置,并用规定的线条和符号绘制出机构运动简图。从原动件开始,按传动顺序标出各构件的编号和运动副的代号,原动件标出指示运动方向的箭头。

例 2-1　绘制图 2-9(a)所示偏心轮滑块机构的运动简图。

解　该机构由机架 6、原动件(偏心轮)1 及从动件 2、3、4 和 5 组成,共 6 个构件,故可称为平面六杆机构。构件 5 为输出构件(执行部分),构件 2、3、4 为传动部分,其中构件 1 与 6、构件 1 与 2、构件 2 与 3、构件 3 与 4、构件 3 与 6、构件 4 与 5,均构成转动副,仅构件 5 与 6 成移动副。

选择视图平面和比例尺 $\mu_l = 0.001$ m/mm,测量各运动副间的相对位置尺寸。该机构中有两个固定铰链点 A 和 D 及固定导槽 6 的方位线 α—α;考虑到构件 4、5 铰链点 E 的轨迹为过该点平行于 α—α 的直线 β—β,以该直线表示固定导槽 6 的方

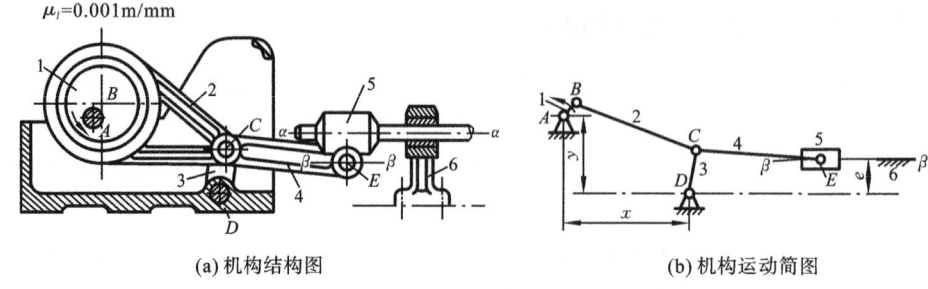

(a) 机构结构图　　　　　　　　　　　(b) 机构运动简图

图 2-9　偏心轮滑块机构

位线,可使图形更为简单和清晰。先确定点 A、D 及直线 β—β 之间的相对位置,选定原动件 AB 的某一位置,分别以点 B 和 D 为圆心、BC 和 CD 为半径作两条圆弧,其交点即为点 C;继续以点 C 为圆心、CE 为半径作圆弧,与直线 β—β 相交于点 E,用表示构件和运动副的规定简图符号绘制出机构运动简图,在原动件 1 上标出指示运动方向的箭头,并顺序标出各构件的编号和运动副的代号,如图 2-9(b)所示。

2.4　机构自由度的计算和机构具有确定运动的条件

2.4.1　平面机构自由度的计算

机构中各构件相对于机架所具有的独立运动的数目称为机构的自由度,用 F 表示。由于平面机构的应用特别广泛,所以下面主要讨论平面机构自由度的计算问题。

在平面机构中,各构件只做平面运动,每个独立作平面运动的构件具有 3 个自由度。若设平面机构中共有 n 个活动构件(机架除外),在各构件尚未用运动副连接时,它们共有 $3n$ 个自由度。当各构件用运动副连接之后,便给它们之间的相对运动加上一定数目的约束,自由度将减少。自由度减少的数目应等于运动副引入的约束数目。由于平面机构中的运动副只可能是转动副、移动副或平面高副,其中,每个平面低副(转动副和移动副)引入 2 个约束,每个平面高副引入 1 个约束。设平面机构中共有 P_L 个低副和 P_H 个高副,则运动副共引入 $2P_L+P_H$ 个约束,故平面机构自由度的计算公式为

$$F = 3n - (2P_L + P_H) = 3n - 2P_L - P_H \tag{2-1}$$

式中:F 为平面机构自由度;n 为机构中的活动构件数;P_L 为机构中的低副数;P_H 为机构中的高副数。

例 2-2　计算图 2-9 所示偏心轮滑块机构的自由度。

解　由图 2-9(b)所示的机构运动简图可以看出:该机构共有 5 个活动构件(即构件 1、2、3、4 和 5);7 个低副,即 6 个转动副 A、B、C(两个,构件 2 与 3 和构件 3 与 4 转动副中心重合)、D、E,1 个移动副(构件 5 与机架 6 构成);没有高副。故根据式

(2-1)可求得该机构的自由度为
$$F = 3n - 2P_{L} - P_{H} = 3 \times 5 - 2 \times 7 - 0 = 1$$

2.4.2　机构具有确定运动的条件

判断所设计的机构是否具有确定的运动，是提出新的设计方案时自行评价方案可行性的关键一步。

为了按照一定的要求进行运动的传递及变换，当机构的原动件按给定的运动规律运动时，该机构中的其余构件的运动也都必须是完全确定的。一个机构在什么条件下才能实现确定的运动呢？为了说明这个问题，下面先来分析几个例子。

图 2-10 所示为由四个构件组成的一种铰链四杆机构，其活动构件数为 3，有 4 个低副，没有高副，由式(2-1)可求得机构的自由度 $F = 3n - 2P_{L} - P_{H} = 3 \times 3 - 2 \times 4 - 0 = 1$，该机构自由度为 1，有一个独立的运动。由图 2-10(a)可知，只要给定转角 φ_1 后，构件 2 和 3 的位置就随之而定。这说明，该机构需要一个原动件，运动就确定了。

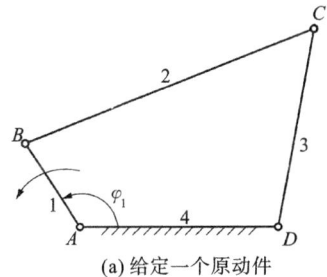
(a) 给定一个原动件

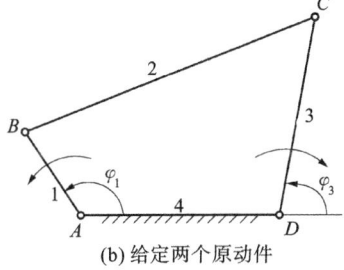
(b) 给定两个原动件

图 2-10　铰链四杆机构

若把构件 1 和 3 都作为原动件，即 φ_1 给定后，再给定 φ_3，如图 2-10(b)所示，由于 φ_3 也是独立的，构件 3 则独立地位于某个位置，为使构件 2 能连接构件 1 和 3，构件 2 在不同位置需要有不同的长度，而构件是刚体，长度不能改变，则此时该机构或是不能运动，或是受力较小的原动件变为从动件，机构按受力较大的原动件的运动规律运动；如果构件或运动副的强度不足，则在不足处遭到破坏。

在图 2-11 所示的铰链五杆机构中，有 4 个活动构件，5 个低副，没有高副，由式(2-1)可求得机构的自由度 $F = 3n - 2P_{L} - P_{H} = 3 \times 4 - 2 \times 5 - 0 = 2$，该机构自由度为 2。如果只有构件 1 为原动件，则当构件 1 处在 φ_1 位置时，由于构件 4 的位置不确定，所以构件 2 和 3 可以处在图示的实线位置或虚线位置，也可处在其他位置，即从动件的运动是不确定的。

若取构件 1 和 4 为原动件，φ_1 和 φ_4 分别表示构件 1 和 4 的独立运动。如图 2-11 所示，

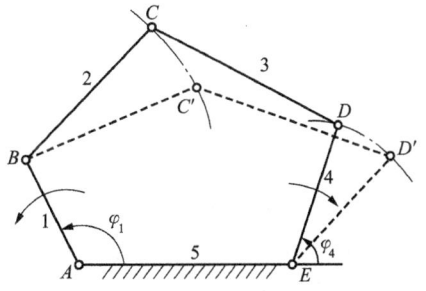

图 2-11　铰链五杆机构

每当给定一组 φ_1 和 φ_4 的数值,从动件 2 和 3 便有一个确定的相应位置。由此可见,自由度等于 2 的机构在具有两个原动件时才有确定的相对运动。

如图 2-12(a)所示,若将 3 个杆件铰接在一起,由式(2-1)可得 $F = 3n - 2P_L - P_H = 0$,由 3 个杆件铰接在一起自由度为零,显然是不能动的,所以是一个刚性桁架。如果将 4 个杆件以图 2-12(b)所示的方式铰接在一起,由式(2-1)得 $F = 3n - 2P_L - P_H = 3 \times 3 - 2 \times 5 - 0 = -1$,自由度小于零,说明它所受的约束过多,已成为超静定的桁架。

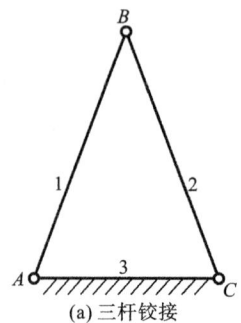 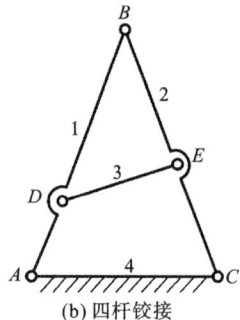

(a) 三杆铰接 　　　　　　　　(b) 四杆铰接

图 2-12　刚性桁架

综上所述可知:

(1) 当 $F \leqslant 0$ 时,机构蜕变为刚性桁架,构件之间没有相对运动;

(2) 当 $F > 0$ 时,如果原动件数小于机构的自由度,各构件没有确定的相对运动;若原动件数大于机构的自由度,则将导致机构中最薄弱环节的损坏。

故机构具有确定运动的条件是:机构自由度大于零,且机构的原动件的数目等于机构的自由度的数目。

2.4.3　计算自由度时应注意的问题

在计算机构的自由度时,有时会出现按公式计算出的自由度数目与机构实际的自由度数目不相符合的情况。这是因为在应用公式计算机构的自由度时,还有某些特殊情况未能正确处理的缘故。在利用公式计算机构的自由度时,需要注意以下三个方面的问题。

1. 复合铰链

两个以上构件在同一处以转动副相连接,所构成的运动副称为复合铰链。在图 2-13(a)所示的六杆机构中,构件 2、3、4 同在 C 处组成转动副。由图 2-13(b)可见,三个构件在 C 处组成了两个转动副。同理,当有 m 个构件(包括固定构件)以复合铰链相连接时,其构成的转动副数目应为 $m-1$ 个。在计算机构自由度时,应注意是否存在复合铰链,以免把运动副的数目搞错,使自由度计算得出错误的结果。前面例 2-2 中的 C 处便是复合铰链。

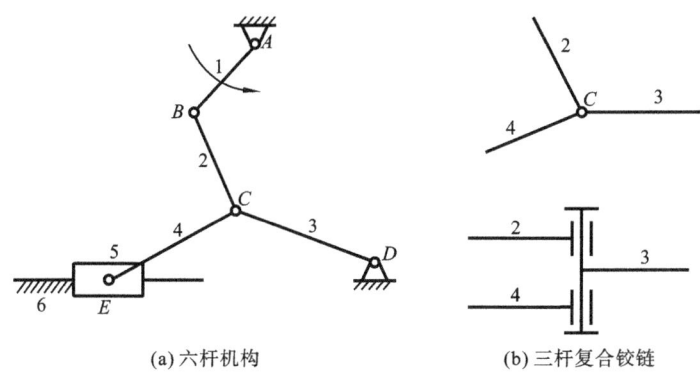

(a)六杆机构　　　　　　　　　(b)三杆复合铰链

图 2-13　复合铰链

例 2-3　计算图 2-13(a)所示六杆机构的自由度。

解　由图 2-13 可知，$n=5$，$P_L=7$，$P_H=0$，C 处为复合铰链，则机构的自由度为

$$F = 3n - 2P_L - P_H = 3\times5 - 2\times7 - 0 = 1$$

2. 局部自由度

机构中某些构件所具有的自由度仅与自身的局部运动有关，并不影响其他构件的运动，这种自由度称为局部自由度。如图 2-14(a)所示的直动滚子推杆盘形凸轮机构中，为了减少高副元素的磨损，在凸轮 1 与推杆 3 之间装了一个滚子 2。此时 $n=3$，$P_L=3$，$P_H=1$，按式(2-1)计算机构的自由度为

$$F = 3n - 2P_L - P_H = 3\times3 - 2\times3 - 1 = 2$$

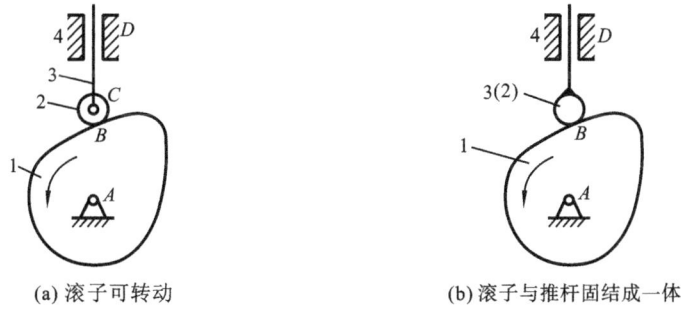

(a) 滚子可转动　　　　　　　　(b) 滚子与推杆固结成一体

图 2-14　滚子推杆盘形凸轮机构

算出该机构的自由度为 2，但实际上只需要一个原动件(即一个独立运动)该机构便具有确定的运动。计算结果与实际情况不相符，其原因是滚子 2 绕其自身轴线(C 轴)转动的自由度对从动推杆 3 的运动并没有影响，是局部自由度。在计算机构的自由度时，局部自由度应该除去不计。如图 2-14(b)所示，设想将滚子 2 与推杆 3 固结成一体，视为一个构件，预先排除局部自由度，然后按自由度计算公式进行计算。此时，凸轮机构的 $n=2$，$P_L=2$，$P_H=1$，机构的自由度为

$$F = 3n - 2P_L - P_H = 3\times2 - 2\times2 - 1 = 1$$

这样的计算结果才与机构的实际情况相符。

局部自由度常见于变滑动摩擦为滚动摩擦时添加的滚子、轴承中的滚珠等场合。

3. 虚约束

机构的运动不仅与构件数、运动副类型和数目有关,而且与转动副间的距离、移动副的导路方向、高副元素的曲率中心等几何条件有关。在一些特定的几何条件或结构条件下,机构中某些运动副或某些运动副与构件的组合所形成的约束与其他运动副所起的限制作用是一致的,这种不起独立限制作用的重复约束称为虚约束。在计算机构自由度时,应将虚约束除去不计。

机构中的虚约束常发生在以下场合。

(1) 两构件间构成多个运动副。两构件组成若干个转动副,但其轴线互相重合(如图 2-15(a)中 A、A' 所示);两构件组成若干个移动副,但其导路互相平行或重合(如图 2-15(b)中 B、B' 和图 2-15(c)中 C、C' 所示);两构件在多处相接触组成若干个平面高副,且高副元素接触处的公法线相重合(如图 2-15(c)中 B、B' 所示);在这些情况下,各只有 1 个运动副起约束作用,其余运动副所提供的约束均为虚约束。

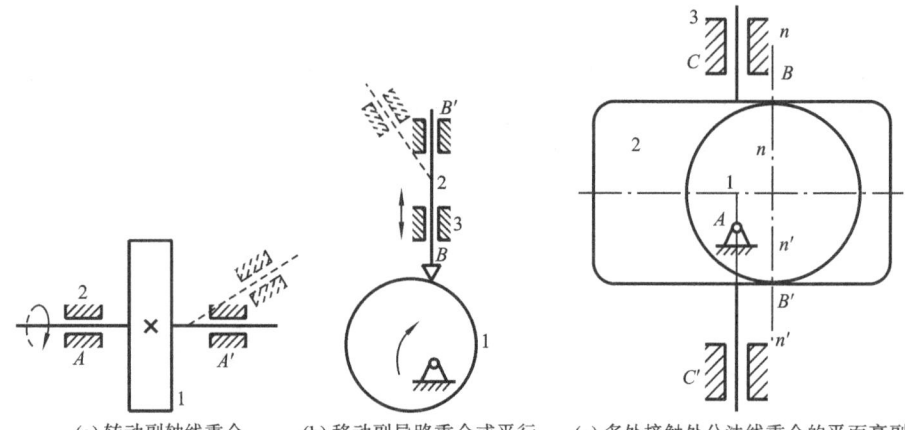

(a) 转动副轴线重合　　　(b) 移动副导路重合或平行　　(c) 多处接触处公法线重合的平面高副

图 2-15　两构件间构成多个运动副

如果两构件在多处相接触组成的平面高副的各接触点处的公法线彼此不重合(见图 2-16),就构成了复合高副,它相当于一个低副,图 2-16(a)所示相当于转动副,图2-16(b)所示相当于移动副。

(2) 两构件上某两点间的距离在运动过程中始终保持不变。在如图 2-17 所示的平面连杆机构中,由于 $AB /\!/ CD$,且 $\overline{AB}=\overline{CD}$,$AE /\!/ DF$,且 $\overline{AE}=\overline{DF}$,故在机构的运动过程中,构件 1 上的 E 点与构件 3 上的 F 点之间的距离将始终保持不变。此时,若将 E、F 两点以构件 5 连接起来,则附加的构件 5 和其两端的转动副 E、F 将提供 $F=3\times1-2\times2=-1$ 的自由度,即引入了一个约束,而此约束对机构的运动并不起实际的约束作用,故为虚约束。

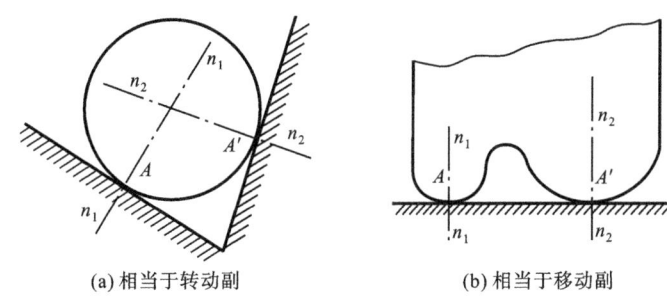

(a) 相当于转动副　　　　　　　(b) 相当于移动副

图 2-16　多处接触点处公法线不重合的平面高副

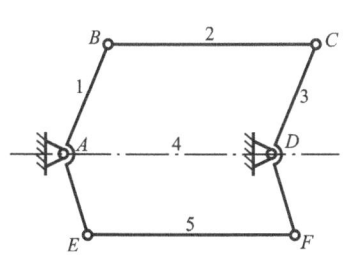

图 2-17　平面连杆机构

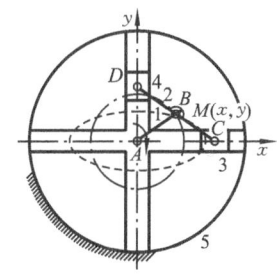

图 2-18　椭圆仪机构

（3）连接构件与被连接构件上连接点的轨迹重合。在图 2-18 所示的椭圆仪机构中，由于 $\overline{BD}=\overline{BC}=\overline{AB}$，$\angle DAC=90°$，故可以证明其连杆 2 上除 B、C、D 三点外，其余各点在机构运动过程中均描绘出椭圆轨迹，而 D 点的运动轨迹为沿 y 轴的直线。此时，若在 D 处安装一个导路与 y 轴重合的滑块 4，使其与连杆 2 组成转动副，与机架 5 组成移动副，则将提供 $F=3×1-2×2=-1$ 的自由度，即引入了一个约束。由于滑块 4 上的点 D 与加装滑块前连杆 2 上点 D 的轨迹重合，故引入的这一约束对机构的运动并不起实际的约束作用，为虚约束。

（4）机构中对运动不起作用的对称部分。在图 2-19 所示的行星轮系中，若仅从运动传递的角度看，只需要一个行星轮 2 就足够了。这时 $n=3$，$P_L=3$（齿轮 1 与齿轮 3（机架）构成的 2 个转动副其轴线重合，只计 1 个），$P_H=2$，则机构自由度 $F=3×3-2×3-2=1$。但为了使机构受力均衡和传递较大功率，增加了与行星轮 2 对称布置的行星轮 2′。增加的行星轮 2′ 和 1 个转动副及两个平面高副，引入了 1 个约束。由于添加的行星轮 2′ 和行星轮 2 完全相同，并不影响机构的运动情况，故引入的这个约束为虚约束。在计算机构自由度时，机构中的对称或重复结构应去除不计。

综上所述，机构中的虚约束都是在一定的几何条件下出现的，如果这些几何条件不满足，则虚约束将变为实际有效的约束，如图 2-15(a)、(b) 中的虚线所示，导致机构自由度减少而造成机构卡死或无法运动。

人们在设计机械时采用或引入虚约束都是"有的放矢"的，其目的在于增加构件

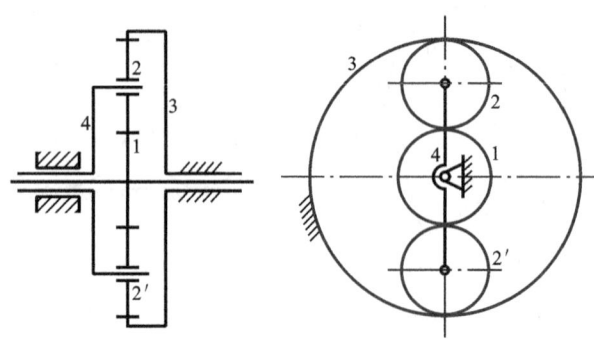

图 2-19　行星轮系

的刚度、使构件受力均匀(见图 2-15 中的多个低副)、改善平衡、传递较大功率(见图 2-19)、保证机构运动顺利(见图 2-17)以及满足某种特殊需要(见图 2-18)等。一个机构中虚约束往往是多处存在的(见图 2-15(c)、图 2-19),在设计机械时,若由于某种需要而必须使用虚约束时,则必须严格保证设计、加工、装配的精度(零件设计时要有合适的形位公差),以满足虚约束所需的特定几何条件。

例 2-4　计算图 2-20(a)所示的大筛机构的自由度。

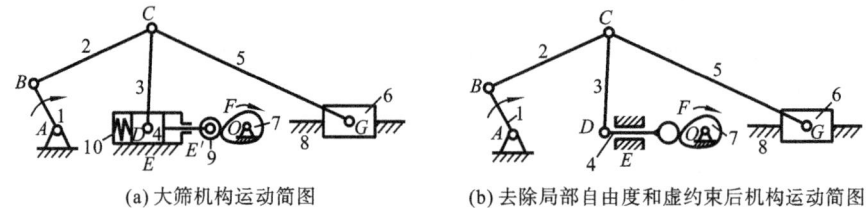

(a)大筛机构运动简图　　　　　　(b)去除局部自由度和虚约束后机构运动简图

图 2-20　大筛机构

解　构件 2、3、5 在 C 处组成复合铰链;滚子 9 绕自身轴线的转动为局部自由度,可将其与活塞 4 视为一体;活塞 4 与缸体即机架 8 在 E、E' 两处形成导路平行的移动副,将 E' 处的移动副作为虚约束除去不计;弹簧 10 对运动不起限制作用,可略去。经以上处理后得机构运动简图如图 2-20(b)所示,其中 $n=7$,$P_L=9$,$P_H=1$。由式(2-1)计算其自由度

$$F = 3n - 2P_L - P_H = 3 \times 7 - 2 \times 9 - 1 = 2$$

由于原动件数目与自由度数目相等,故从动件具有确定运动。

2.4.4　空间机构自由度的计算

在三维空间中,一个活动构件具有 6 个自由度。当两构件组成运动副后,其相对运动便受到约束。设空间机构中有 n 个活动构件(机架除外),则在用运动副将其所有构件连接之前,它们共有 $6n$ 个自由度。当用 P_1 个Ⅰ级副、P_2 个Ⅱ级副、P_3 个Ⅲ

级副、P_4 个 IV 级副和 P_5 个 V 级副连接之后，这些运动副共引入的约束数目为 $(5P_5 + 4P_4 + 3P_3 + 2P_2 + P_1)$，故空间机构的自由度计算公式为

$$F = 6n - 5P_5 - 4P_4 - 3P_3 - 2P_2 - P_1 = 6n - \sum_{i=1}^{5} iP_i \qquad (2\text{-}2)$$

式中：F 为机构自由度；n 为活动构件数；i 为第 i 级运动副的约束数；P_i 为 i 级副的数目。

应用式(2-2)计算空间机构自由度时，与平面机构相类似，除了必须考虑机构中存在的复合铰链、虚约束和局部自由度外，还需要注意公共约束。所谓公共约束是指机构中所有构件共同失去的自由度，这需将式(2-2)加以修正才能应用。

设公共约束数为 m，则可得有公共约束时空间机构的自由度计算公式为

$$F = (6 - m)n - \sum_{i=m+1}^{5} (i - m)P_i \qquad (2\text{-}3)$$

例如对于平面机构，所有构件都失去了三个自由度，既不能沿垂直于平面的轴线移动，也不能绕平行于该平面的两条轴线转动，所以平面机构的自由度计算公式为

$$F = (6 - 3)n - (5 - 3)P_5 - (4 - 3)P_4 = 3n - 2P_5 - P_4$$

与式(2-1)对比可知，P_5 即是 P_{L}，P_4 即是 P_{H}。

例 2-5　计算图 2-21 所示自动驾驶仪操纵装置内使用的空间四杆机构的自由度。

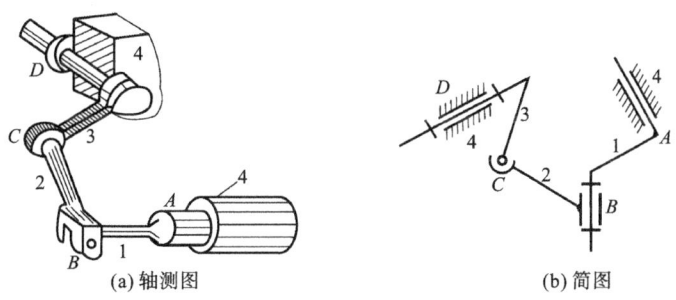

(a) 轴测图　　　　　　　　　　　(b) 简图

图 2-21　空间四杆机构

解　由图 2-21(a)可知，主动活塞 1 相对于缸体(与机架固连)4 运动，通过连杆 2 使摇杆 3 相对机架 4 摆动。其中，构件 1 与构件 4 组成圆柱副，构件 1 与构件 2、构件 3 与构件 4 组成转动副，构件 2 与构件 3 组成球面副，机构运动简图如图 2-21(b)所示。按运动副排列顺序用代号表示，称为 CRSR 机构。该机构的 $n=3$，$P_5=2$，$P_4=1$，$P_3=1$，按式(2-2)计算得

$$F = 6n - 5P_5 - 4P_4 - 3P_3 - 2P_2 - P_1$$
$$= 6 \times 3 - 5 \times 2 - 4 \times 1 - 3 \times 1 = 1$$

2.5　平面机构的组成原理和结构分析

2.5.1　平面机构的组成原理

任何机构都包含机架、原动件和从动件系统三部分。由于机构具有确定运动的条件是原动件的数目等于机构的自由度数目,因此,若将机构的机架及和机架相连的原动件与从动件系统分开,则余下的从动件系统的自由度应为零。有时这种从动件系统还可分解为若干个更简单的、自由度为零的构件组。这种最简单的、不可再分的、自由度为零的构件组称为基本杆组(简称为杆组)或阿苏尔杆组。

例如图 2-22(a)所示的是自由度为 1 的平面六杆机构,设构件 1 为原动件,显然该机构的运动是确定的。现若将原动件 1 和机架 6 从机构中拆出(如图 2-22(b)所示),则余下的是由杆 2、3、4 和 5 及六个平面低副组成的从动件系统,其自由度 $F=3n-2P_L=3\times4-2\times6=0$。又如图 2-22(c)所示,由杆 2、3、4 和 5 组成的从动件系统还可再拆分为由杆 2、3 和杆 4、5 构成的两个自由度为零的两杆三副的基本杆组。

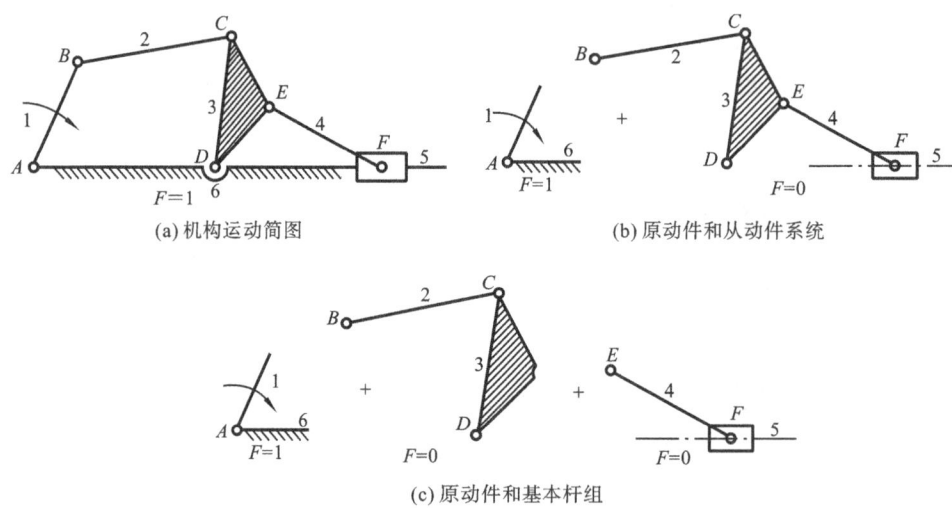

(a)机构运动简图　　　　　　　　　　(b)原动件和从动件系统

(c)原动件和基本杆组

图 2-22　平面六杆机构的组成

根据式(2-1),组成平面机构的基本杆组应满足条件

$$F = 3n - 2P_L - P_H = 0 \qquad (2\text{-}4)$$

如果基本杆组的运动副全为低副,则式(2-4)变为

$$F = 3n - 2P_L = 0 \quad 或 \quad n = \frac{2}{3}P_L \qquad (2\text{-}5)$$

由于活动构件数 n 和低副数 P_L 都必须是整数,所以根据式(2-5),n 应是 2 的倍数,P_L 应是 3 的倍数,它们的组合有 $n=2$、$P_L=3$,$n=4$、$P_L=6$,…。由此可见,最简

单的平面基本杆组是由两个构件三个低副组成的杆组,称为Ⅱ级组。它是应用最广的基本杆组。由于平面低副中有转动副(常用 R 表示)和移动副(常用 P 表示)两种类型,对于由两个构件三个低副组成的Ⅱ级杆组,根据其 R 副和 P 副的数目及排列的不同,Ⅱ级杆组总共有五种不同形式,见表 2-4。

表 2-4　Ⅱ级基本杆组及常见的Ⅲ、Ⅳ级基本杆组的结构形式

基本杆组	活动构件数	低副数	杆组结构形式	特　点
Ⅱ级	2	3	(1)RRR　(2)RRP　(3)RPR　(4)PRP　(5)RPP	1 个内端副、2 个外端副
Ⅲ级	4	6		3 个内端副、3 个外端副
Ⅳ级	4	6		4 个内端副、2 个外端副

注:上表中的内端副指杆组中的构件连接所构成的运动副,外端副指杆组中的构件与杆组外的其他构件连接所构成的运动副。

除Ⅱ级杆组外,还有Ⅲ、Ⅳ级等较高级别的基本杆组。表 2-4 中给出了四种Ⅲ级杆组和两种Ⅳ级杆组,它们都是由 4 个构件 6 个低副组成的。在实际机构中,这些比较复杂的基本杆组应用较少。

按杆组的概念,任何机构都可以看成是由若干个基本杆组依次连接于原动件和机架上或相互连接所组成的系统,这就是机构的组成原理。图2-22(c)表示了根据机构组成原理组成机构的过程。首先把Ⅱ级杆组 BCD 通过外端副 B、D 连接到原动件和机架上,形成四杆机构 $ABCD$。再将Ⅱ级杆组 EF 通过外端副依次与Ⅱ级杆组 BCD 及机架连接,组成图2-22(a)所示的六杆机构。同理,图2-23表示了平面八杆机构的组成过程。

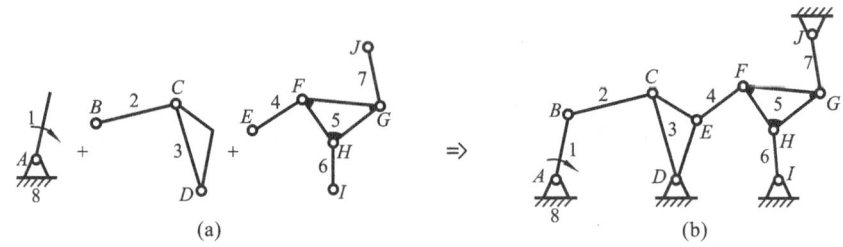

图 2-23 平面八杆机构的组成

在同一机构中,可含有不同级别的基本杆组,将机构中所包含的基本杆组的最高级数作为机构的级数。例如图2-22所示机构,其基本杆组的最高级别是Ⅱ级,称为Ⅱ级机构;图2-23所示机构的基本杆组的最高级别是Ⅲ级,称为Ⅲ级机构。而把由原动件和机架组成的机构(如杠杆机构、斜面机构、电动机等)称为Ⅰ级机构。这就是机构的结构分类方法。一般来说,机构的级别愈高,机构的运动和动力分析也愈困难。

2.5.2 平面机构的结构分析

机构结构分析的目的在于确定机构的结构组成和判定机构的级别,以便对同一类机构应用相似的方法对其进行运动分析与动力分析。结构分析的过程与由杆组依次组成机构的过程正好相反,通常也称为拆杆组。机构结构分析就是将已知机构分解为原动件、机架和若干个基本杆组,进而了解机构的组成,并确定机构的级别。对于任一平面机构,其结构分析的步骤如下。

(1)除去机构中的虚约束和局部自由度,若有高副则进行高副低代(见下节),计算机构的自由度并确定原动件。

(2)拆分杆组。从远离原动件的构件开始拆分,按基本杆组的特征,每次均先试拆Ⅱ级杆组,如果剩余部分不能构成一个自由度不变的完整机构时,再试拆高一级别杆组。直至拆分到只剩下原动件和机架所组成的Ⅰ级机构为止。

(3)确定机构的级别。所拆出的基本杆组的最高级别便是机构的级别。

例如图2-22(a)所示的六杆机构。构件1为原动件,该机构无虚约束和局部自由度,自由度等于1。判定机构的级别时,先拆分出远离原动件的构件4、5组成的Ⅱ级杆组,剩余部分仍是自由度为1的完整机构 $ABCD$,继续拆分出构件2、3组成的Ⅱ级杆组,最后只剩下原动件1与机架6组成的Ⅰ级机构,如图 2-22(c)所示。组成机构的杆组最高级别为Ⅱ级,故该机构为Ⅱ级机构。对该机构进行运动分析与动力分析时,应采用Ⅱ级机构的分析方法。

同理,对于图 2-23 所示机构,当构件1为原动件时,先拆出Ⅲ级杆组4、5、6、7,再拆出Ⅱ级杆组2、3,最后只剩下Ⅰ级机构。组成机构的杆组最高级别为Ⅲ级,故为Ⅲ级机构。

同一机构所选原动件不同,机构的级别可能不同。图 2-23 所示机构,若以构件7为原动件时,机构将成为Ⅱ级机构。

2.5.3　平面机构中的高副低代

为使平面低副机构的结构分析和运动分析方法能适用于含有高副的平面机构,可根据一定的约束条件将平面机构中的高副虚拟地用低副代替,这种以低副来代替高副的方法称为高副低代。它表明了平面高副与平面低副的内在联系。要想不改变机构的结构特性及运动特性,高副低代必须具备以下条件。

(1) 代替前后机构的自由度不变。

(2) 代替前后机构的瞬时速度和瞬时加速度不变。

图 2-24(a)所示为自由度为1的平面高副机构,构件1和2上的高副元素(轮廓曲线)接触于点 C。若过接触点 C 作高副元素的公法线 nn,则在公法线上可分别找出两高副元素在接触点处的曲率中心 O_1 和 O_2,现引入一虚拟构件4,且用两个转动副 O_1 和 O_2 将虚拟构件分别与构件1、2相连,则可得图 2-24(b)所示的全部为低副(图示为转动副)的替代机构。

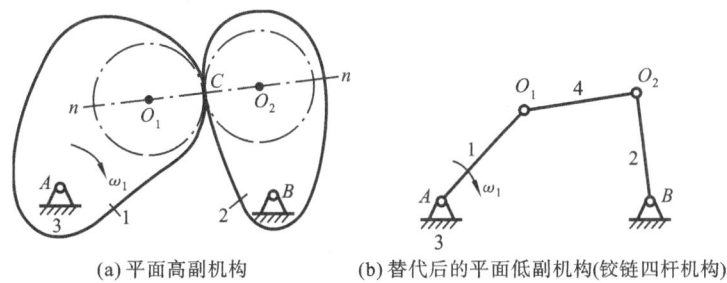

(a) 平面高副机构　　　　(b) 替代后的平面低副机构(铰链四杆机构)

图 2-24　平面高副的低代

因为用一个虚拟构件和两个转动副的组合会引入一个约束,而原机构中的一个平面高副也具有一个约束。因此,必然使替代前后的两机构的自由度保持不变。将转动副中心配置于曲率中心可保持高副低代后机构瞬时运动(速度和加速度)保持不变。

需要指出的是,当机构运动时,随着接触点的改变,两轮廓曲线在接触点处的曲率中心也随着改变。因此,对于一般高副元素为非圆曲线的高副机构只能进行瞬时替代,机构在不同位置时将有不同的瞬时替代机构,但是替代机构的基本形式不变。

由上述可见,高副低代的关键是找出构成高副的两轮廓曲线在接触点处的曲率中心,然后用一个构件和位于两个曲率中心的两个回转副来替代该高副。如果两接触轮廓之一为直线,如图2-25(a)所示,则因直线的曲率中心已趋于无穷远,故该替代转动副演化为移动副,如图2-25(b)所示。若两接触轮廓之一为点(见图2-26(a)),则因该点曲率半径为零,故该曲率中心即为接触点本身,其替代方法如图2-26(b)所示。

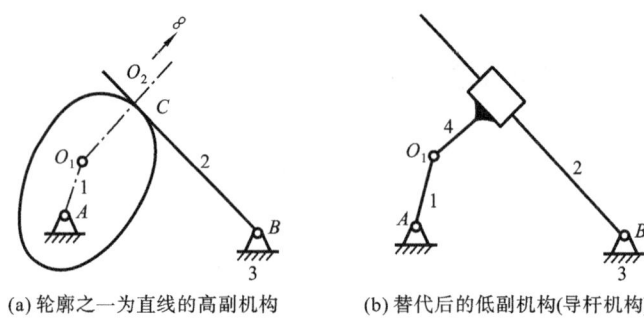

(a) 轮廓之一为直线的高副机构　　　　(b) 替代后的低副机构(导杆机构)

图 2-25　轮廓之一为直线的平面高副的低代

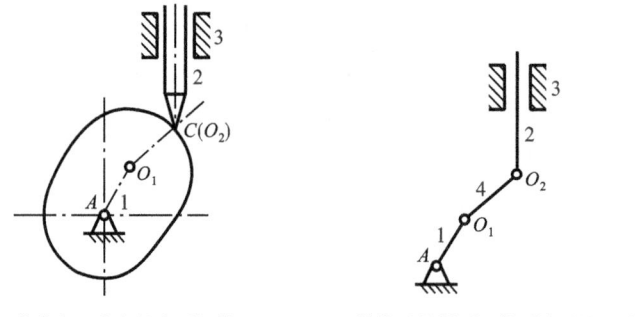

(a) 轮廓之一为点的高副机构　　　　(b) 替代后的低副机构(曲柄滑块机构)

图 2-26　轮廓之一为点的平面高副的低代

例 2-6　对图2-27所示的电锯机构进行结构分析。

由图2-27(a)可见,构件1为原动件,该机构无虚约束,去除滚子10的局部自由度,机构的自由度 $F=3n-2P_L-P_H=3\times8-2\times11-1=1$。将 K 处的高副进行低代,得到图2-27(b)所示的瞬时替代机构运动简图。然后进行机构分解,从传动关系上离原动件最远的部分开始试拆杆组。依次拆除由构件6与8、7与5、4与3、2与11组成的4个双杆组(Ⅱ级杆组),最后剩下原动件1和机架9,如图2-27(c)所示。组成机构的杆组最高级别为Ⅱ级,故该机构为Ⅱ级机构。

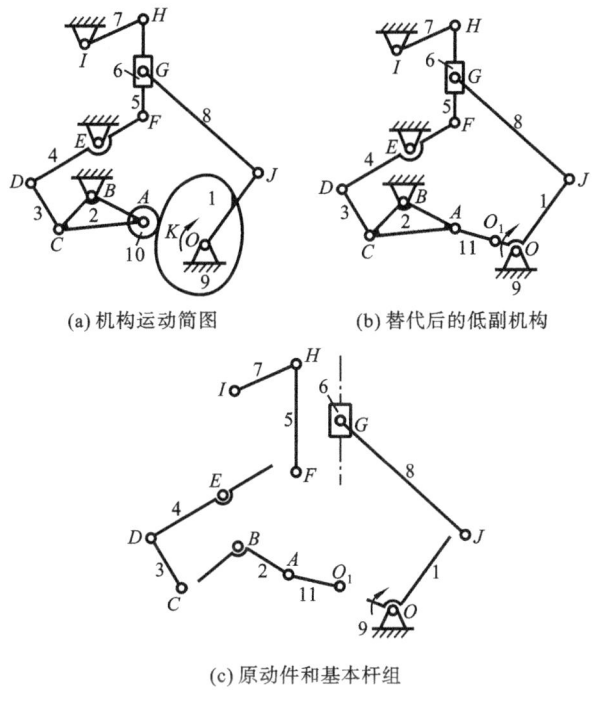

(a) 机构运动简图　　　　　(b) 替代后的低副机构

(c) 原动件和基本杆组

图 2-27　电锯机构

小　结

构件和运动副是组成机构的两大基本要素。作为机构中的独立运动单元,构件有固定构件即机架和活动构件之分,而活动构件又可分为原动件和从动件。平面机构中的每个构件最多具有 3 个自由度,运动副的引入则会对构件产生约束,使构件的自由度相应减少。机构的自由度数与其原动件数量相等时,该机构就具有确定的运动。原动件个数小于机构自由度数时,机构的运动将不确定;反之,原动件数大于自由度数时,原动件的运动将相互干扰,致使机构的薄弱环节最先被破坏。

机构运动简图是对实际机构的抽象,正确绘制机构运动简图,是判断机构结构是否合理、其运动是否确定的关键,也是进行机构运动学和动力学分析的前提与基础。

杆组是机构从动件系统中自由度为零的最小单元运动链。将杆组连接到机架与原动件系统,就形成了机构(个别机构只含有机架与原动件)。在已有的机构中合理增加或者减少杆组,可使该机构变型或演化,从而改变、扩展或完善其功能,这也是机械创新设计的一种技法。

思 考 题

2-1 何谓构件？何谓运动副及运动副元素？运动副是如何进行分类的？试举出生活中、工程上运用转动副、移动副、平面高副的实例各三个。

2-2 机构运动简图有何用途？它能表示出原机构哪些方面的特征？

2-3 机构具有确定运动的条件是什么？当机构的自由度与机构中的原动件数不一致时会出现什么情况？

2-4 计算平面机构的自由度时应注意哪些事项？

2-5 何谓机构的组成原理？何谓基本杆组？基本杆组具有什么特性？如何确定基本杆组的级别及机构的级别？

2-6 在平面机构中,高副低代的目的是什么？如何进行代替？

练 习 题

2-1 题 2-1 图所示为唧筒机构。试画出该机构的运动简图并计算其自由度。

2-2 试画出题 2-2 图所示回转柱塞泵的运动简图并计算其自由度。

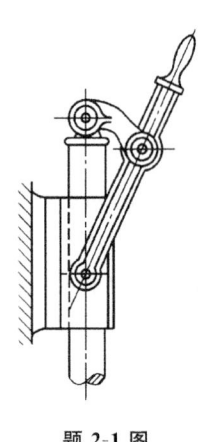

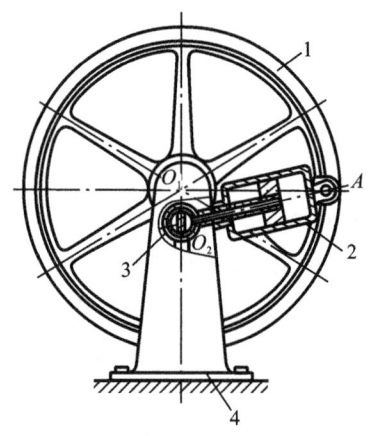

题 2-1 图   题 2-2 图

2-3 试画出题 2-3 图示简易冲床的运动简图并计算其自由度。

2-4 题 2-4 图所示为一简易冲床的初拟设计方案。设计者的思路是:动力由齿轮 1 输入,使轴 A 连续回转;而固装在轴 A 上的凸轮 2 与杠杆 3 组成的凸轮机构使冲头 4 上下运动以达到冲压的目的。试绘出其机构运动简图,分析其是否能实现设计意图,并提出修改方案。

2-5 题 2-5 图所示为一小型压力机。图中主动齿轮 1 与偏心轮 $1'$ 为同一构件,绕固定轴心 O 连续转动,通过连杆 2、滑杆 3 使摆杆 4 上的点 C 上下移动;与此同时,

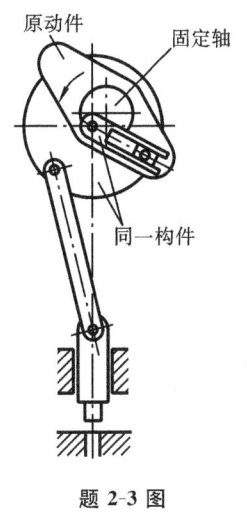

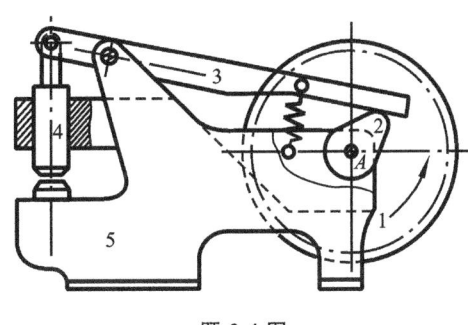

题 2-3 图   题 2-4 图

主动运动通过一对外啮合齿轮使与从动齿轮相固连的凸轮转动,通过与其相接触的滚子 6 使摆杆 4 获得附加运动;摆杆 4 的合成运动通过滑块 7 使从动压杆 8 实现冲压运动。试绘制其机构运动简图并计算其自由度。

2-6 题 2-6 图所示是为高位截肢的人所设计的一种假肢膝关节机构。该机构能保持人行走的稳定性。若以胫骨 1 为机架,试绘制其机构运动简图,计算其自由度并绘制大腿弯曲 90°时的机构运动简图。

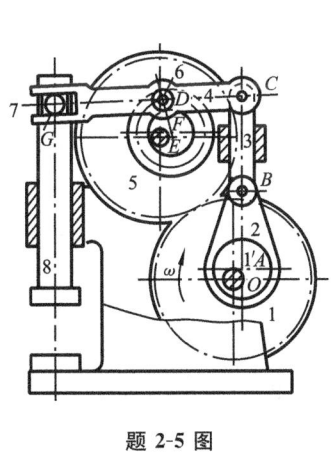

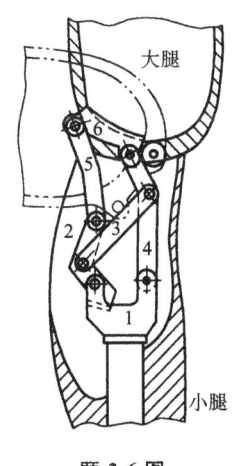

题 2-5 图   题 2-6 图

2-7 试绘制题 2-7 图所示机械手的机构运动简图并计算其自由度。图(a)所示为仿食指的机械手机构,图(b)所示为夹持型机械手。

2-8 试计算题 2-8 图所示各机构的自由度。图(a)、(b)所示为凸轮-连杆组合机构。图(a)中 D 处为两个滑块铰接在一起;图(b)为一自动送料剪床机构,其构件 FD、EC、HG 平行且相等;图(c)为齿轮-连杆组合机构。并问图(c)机构中齿轮 3、5

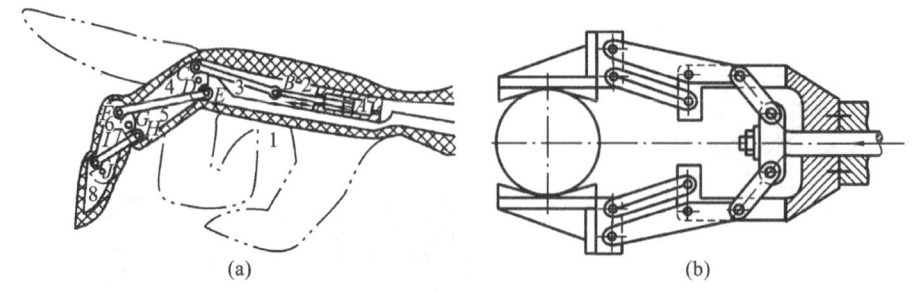

题 2-7 图

和齿条 7 与齿轮 5 的啮合高副所提供的约束数目是否相同,为什么?

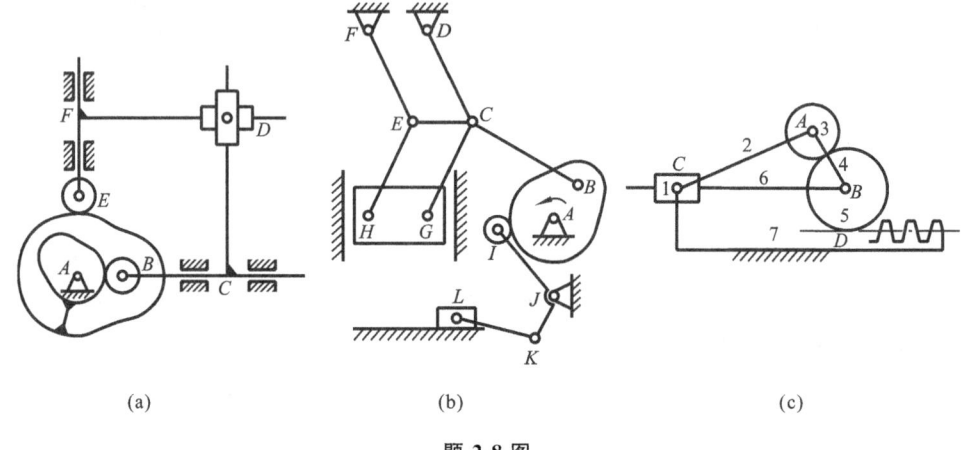

(a) 　　　　　　　　(b) 　　　　　　　　(c)

题 2-8 图

2-9　计算题 2-9 图所示机构的自由度,并指出其中是否有复合铰链、局部自由度或虚约束。说明它们各自具有确定运动的条件。图(a)所示为齿轮-连杆组合机构,图(b)所示为齿轮-凸轮-连杆组合机构。

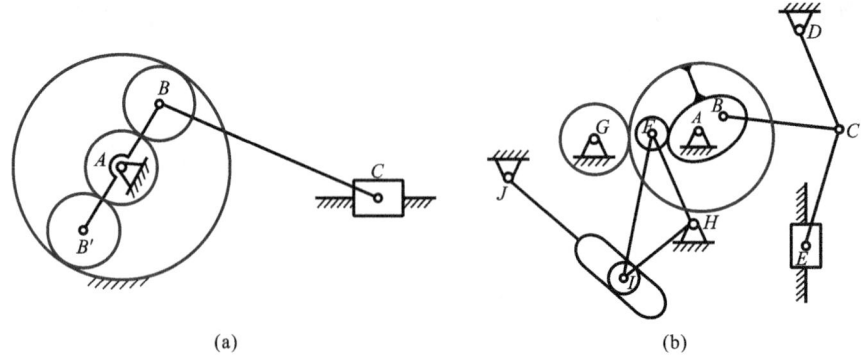

(a) 　　　　　　　　　　　　　(b)

题 2-9 图

2-10　绘制题 2-10 图所示机构高副低代后的运动简图,计算机构自由度,确定机构所含杆组的数目和级别及机构的级别。

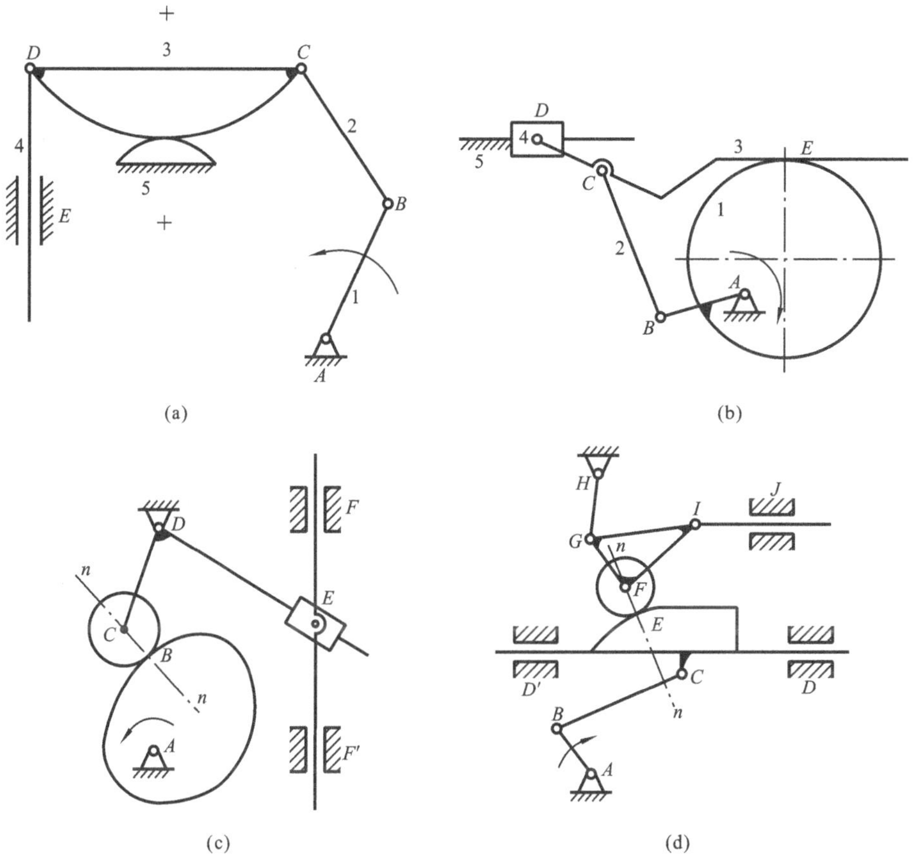

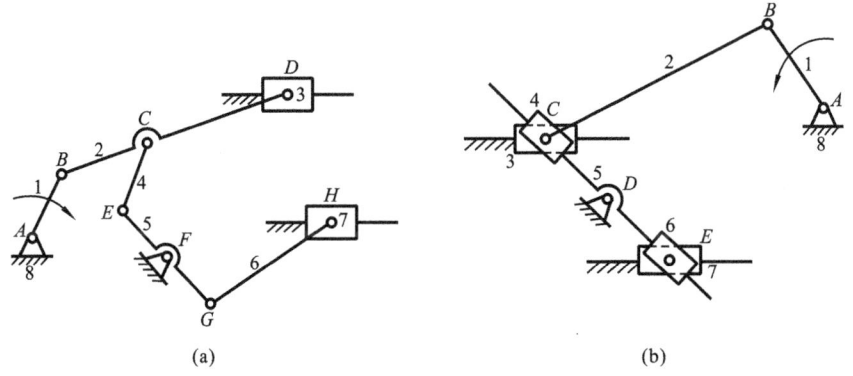

题 **2-10** 图

2-11　计算题 2-11 图所示机构的自由度,分析组成机构的基本杆组,确定机构

题 **2-11** 图

的级别。如在图(a)所示机构中改选 *EG* 为原动件,试问划分的基本杆组及机构的级别与前者有何不同。

　　2-12　试将题 2-12 图所示的原动件、机架、杆组分别组成机构。

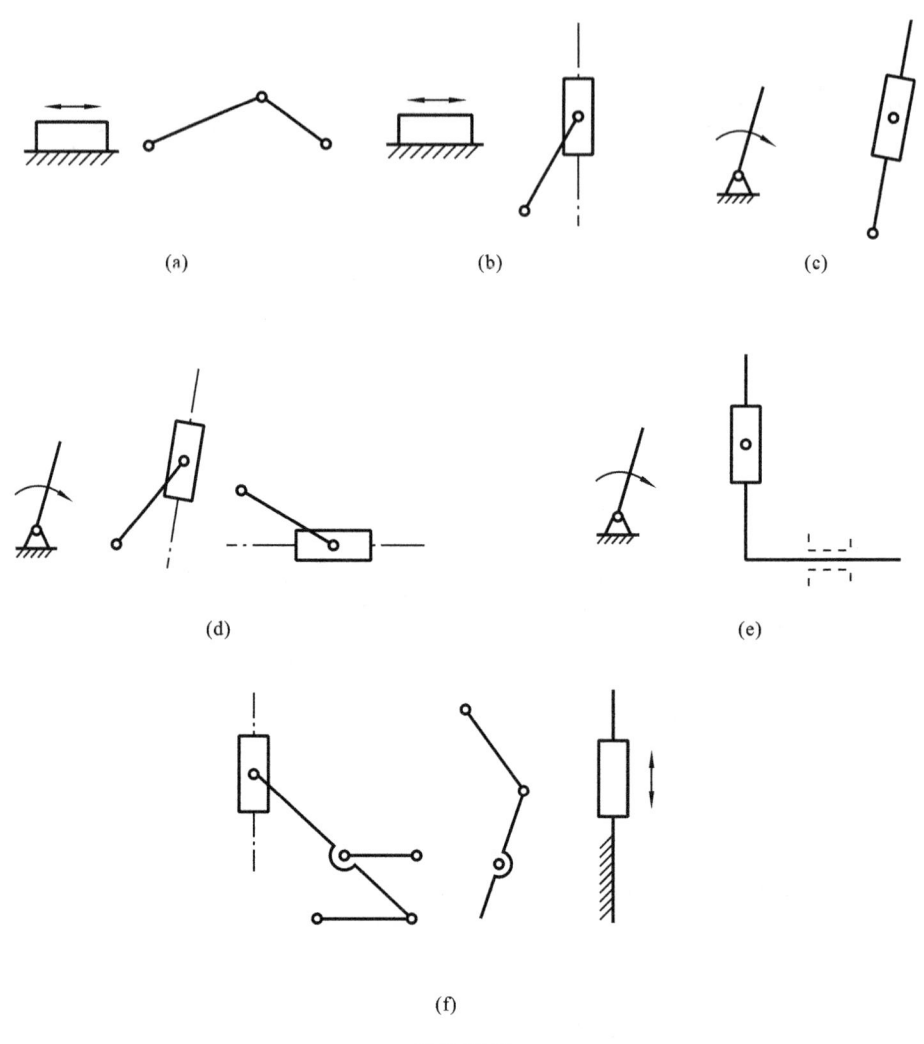

题 2-12 图

第 3 章　平面机构的运动分析

本章重点　瞬心法概念及其在速度求解中的应用;机构速度和加速度问题的矢量方程图解法;影像法及其应用;机构位置方程式的建立以及复数矢量法应用于运动分析问题。

本章难点　组成移动副两构件重合点间的加速度关系分析。

3.1　机构运动分析的目的与方法

3.1.1　机构运动分析的目的

根据第 2 章的分析可知,如果机构满足具有确定运动的条件,当机构中原动件按照已知的运动规律运动时,其余构件的运动也应都是确定的。那么,如何根据机构原动件的已知运动规律来确定其余构件的运动呢? 这就是机构运动分析要解决的问题。所谓机构的运动分析,就是根据原动件的已知运动规律,分析该机构其他构件上某些点的位移、轨迹、速度和加速度,以及这些构件的角位移、角速度和角加速度。机构运动分析,无论是对于设计新的机械,还是了解现有机械的运动性能,都是十分必要的。

通过对机构进行位移或轨迹的分析,可以确定某些构件运动所需的空间或判断它们运动时是否发生互相干涉;确定机构中从动件的行程;考察构件或构件上某点能否实现预定位置变化或轨迹的要求等。例如图 3-1 所示的 V 形发动机简图中,为了确定活塞的行程,就必须清楚活塞往复运动的极限位置;为了确定机壳的外廓尺寸,就必须知道连杆上一些外端点的运动轨迹和所需的空间范围等。

通过对机构进行速度分析,可以确定机构中从动件的速度变化规律能否满足工作要求,并为进一步分析机构的加速度和受力提供必要的数据。例如对于牛头刨床,为了提高其加工质量和刀具寿命,要求刨刀在刨削工件的工作行程中接近于等速运动,而刨刀空回行程时,又希望快速返回,从而提高生产效率和节省能耗。要想判断所设计的刨床是否能满足这种要求,这就要对它进行速度分析。又因为功率是速度和力的乘积,所以在功率已知的条件下,

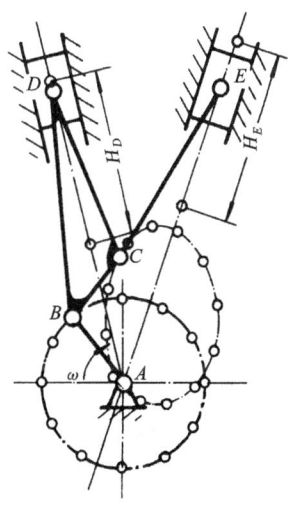

图 3-1　V 形发动机

通过速度分析还可以了解机构的受力情况。

通过对机构进行加速度分析,可以确定各构件及构件上某些点的加速度,这是计算构件惯性力和研究机械动力性能的必要前提。尤其对于高速机械和重型机械等惯性力较大的机械,加速度分析是非常必要的。

3.1.2　机构运动分析的方法

机构运动分析的方法很多,主要有图解法和解析法。图解法的特点是形象直观,但精度不高。对于构件少的平面机构进行运动分析,一般情况下也较简单,但对机构一系列位置进行运动分析时,需要反复作图,相当烦琐。解析法计算精度高,不仅可方便地对机构进行一个运动循环过程的研究,而且还便于把机构分析和机构综合问题联系起来,以寻求最优方案,但数学模型繁杂,计算量大。近年来,随着计算机的普及和数学工具的日臻完善,解析法已得到广泛的应用。

如前所述,由于平面机构的应用最为广泛,所以本章仅限于平面机构的运动分析。另外,当用图解法进行分析时,由于机构的位置或轨迹的图解是简单的几何问题,故不再专门进行讨论。

3.2　速度瞬心法在机构速度分析中的应用

机构速度分析的图解法,又有速度瞬心法和矢量方程图解法等。对于简单的平面机构,用速度瞬心法分析速度较简单和方便。

3.2.1　速度瞬心

如图 3-2 所示,当两构件(即两刚体)1、2 做平面相对运动时,在任一瞬时都可以认为它们是绕某一重合点做相对转动,而该重合点则称为瞬时速度中心,简称瞬心,以 P_{12}(或 P_{21})表示。显然两构件在其瞬心处是没有相对速度的,所以瞬心可以定义为互相作平面相对运动的两构件上,瞬时相对速度为零的点。或者说,瞬心是指瞬时等速重合点(同速点),其中,瞬时是指瞬心的位置随时间而变,等速是指在瞬心这一点,两构件的绝对速度相等(包括大小和方向)、相对速度为零,重合点是指瞬心既在构件 1 上,也在构件 2 上,是两构件的重合点。若该点的绝对速度为零,则为绝对瞬心(两构件之一是静止的);若绝对速度不等于零,则为相对瞬心(两构件都是运动的)。用符号 P_{ij} 表示构件 i 和构件 j 的瞬心。

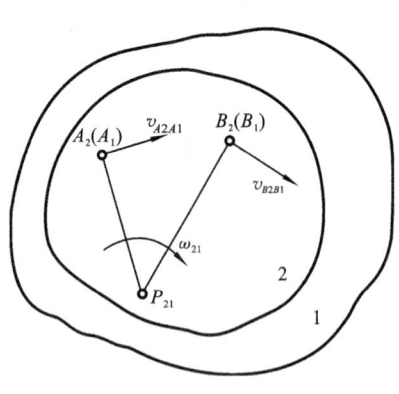

图 3-2　速度瞬心

3.2.2　机构中瞬心的数目

由于相对运动的每两个构件之间都存在一个瞬心,所以根据排列组合原理,由 N 个构件(包括机架)组成的机构,其总的瞬心数为

$$K = \frac{N(N-1)}{2} \tag{3-1}$$

3.2.3　机构中瞬心位置的确定

如上所述,机构中每两个构件之间就有一个瞬心。如果两个构件是通过运动副直接连接在一起的,其瞬心位置根据定义可以很容易地通过直接观察加以确定。如果两构件并非直接连接形成运动副,则它们的瞬心位置需要用"三心定理"来确定,下面分别加以介绍。

1. 通过运动副直接相连的两构件的瞬心

(1) 以转动副连接的两构件的瞬心。如图 3-3(a)、(b)所示,当两构件 1、2 以转动副连接时,则转动副的中心即为其瞬心 P_{12}。图 3-3(a)、(b)中的 P_{12} 分别为绝对瞬心和相对瞬心。

(2) 以移动副连接的两构件的瞬心。如图 3-3(c)、(d)所示,当两构件以移动副连接时,构件 1 相对于构件 2 移动的速度平行于导路方向,因此瞬心 P_{12} 必位于移动副导路的垂直方向上的无穷远处。图 3-3(c)、(d)中的 P_{12} 分别为绝对瞬心和相对瞬心。

(3) 以平面高副连接的两构件的瞬心。如图 3-3(e)、(f)所示,当两构件以平面高副连接时,如果高副两元素之间为纯滚动(ω_{12} 为相对滚动的角速度),则两元素的接触点 M 即为两构件的瞬心 P_{12}。如果高副两元素之间既做相对滚动,又有相对滑动

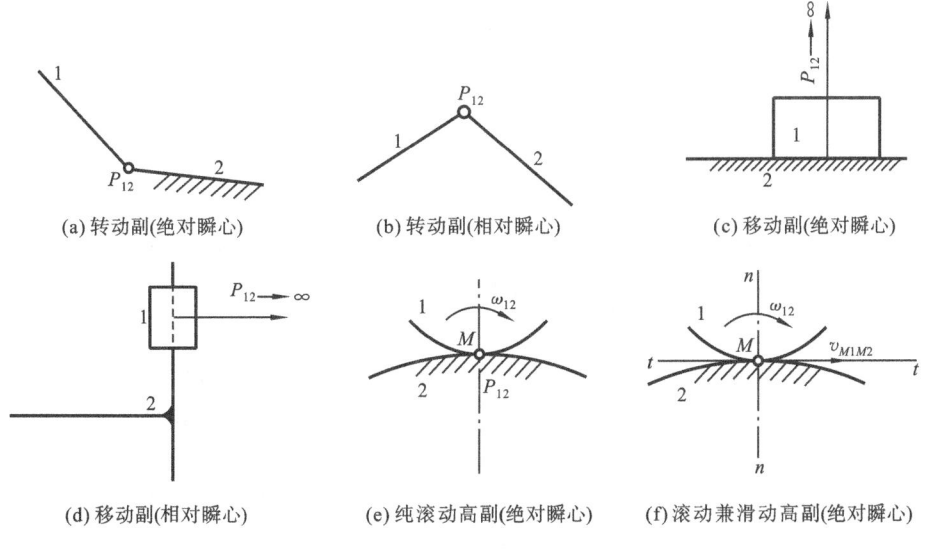

(a) 转动副(绝对瞬心)　　　(b) 转动副(相对瞬心)　　　(c) 移动副(绝对瞬心)

(d) 移动副(相对瞬心)　　　(e) 纯滚动高副(绝对瞬心)　　　(f) 滚动兼滑动高副(绝对瞬心)

图 3-3　运动副与瞬心

（ v_{M1M2} 为两元素接触点间的相对滑动速度），则不能直接定出两构件的瞬心 P_{12} 的具体位置。但是，因为构成高副的两构件必须保持接触，而且两构件在接触点 M 处的相对滑动速度必定沿着高副接触点处的公切线 $t—t$ 方向，由此可知，两构件的瞬心 P_{12} 必位于高副两元素在接触点处的公法线 $n—n$ 上，具体位置尚需根据其他条件来确定。

2. 无运动副直接相连两构件的瞬心

当两构件无运动副直接连接时，则它们的瞬心位置需要用三心定理来确定。

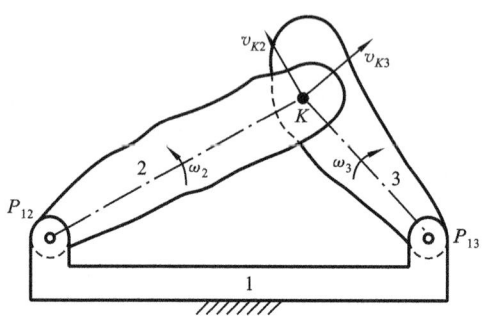

图 3-4　三心定理的证明

所谓三心定理，即做平面运动的三个构件共有三个瞬心，它们位于同一直线上。现用反证法说明，如图 3-4 所示，构件 1、2 和 3 彼此做平面平行相对运动，为方便起见，设构件 1 为机架。由式（3-1）可知，它们共有三个瞬心 P_{12} 、 P_{13} 和 P_{23} 。因构件 2、3 均以转动副与构件 1 相连，故 P_{12} 、 P_{13} 位于转动副中心。若未直接相连两构件 2、3 的瞬心 P_{23} 与 P_{12} 、 P_{13} 不在一直线上，而在图示的点 K ，则其绝对速度 v_{K2} 和 v_{K3} 的方向不可能相同，故点 K 不可能是 P_{23} 。显然，只有当 P_{23} 位于 P_{12} 与 P_{13} 的连线上时，构件 2、3 重合点的绝对速度方向才能一致，因此， P_{23} 与 P_{12} 、 P_{13} 必须在同一直线上。

确定机构中的瞬心位置时，可利用瞬心多边形来配合求解，参见图 3-5（b）。瞬心多边形是以机构的构件数为边数作等边多边形，并在多边形的顶点顺序标上各构件的编号（机架的编号加上圆圈），则多边形中任意两顶点的连线代表相应两构件的瞬心。在瞬心多边形中，任何构成三角形的三条边所代表的三个瞬心位于一直线上（三心定理），任一条与机架编号的连线均代表绝对瞬心，其余为相对瞬心。瞬心多边形表示出了机构中所有的瞬心，用此可非常方便地确定机构中无运动副直接相连两构件的瞬心位置。

3.2.4　速度瞬心法在机构速度分析中的应用

机构速度分析的任务是确定其中某两个构件的角速度比，或已知一构件的角速度、速度，求另一构件的角速度、速度及其上某点的速度。应用瞬心法解决问题的关键在于确定所求两构件间的相对瞬心及两构件与机架间的绝对瞬心（三个瞬心）。

例 3-1　试确定图 3-5（a）所示铰链四杆机构在图示位置时的全部瞬心位置。若已知各杆长度和原动件 1 的角速度 ω_1 及转向，求构件 3 的转向和构件 3 与 1 的角速度比 i_{31} （即 ω_3/ω_1 ）。

解　按一定的比例尺 μ_l 绘出铰链四杆机构的机构运动简图，如图 3-5（a）所示。该机构共有四个构件，其瞬心数 $K = \dfrac{N(N-1)}{2} = \dfrac{4(4-1)}{2} = 6$ ，作出相应的瞬心

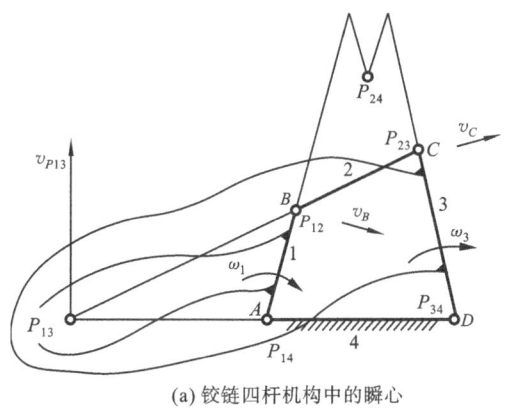
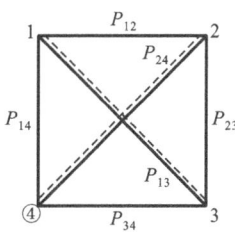

(a) 铰链四杆机构中的瞬心　　　　　　(b) 四杆机构的瞬心多边形

图 3-5　瞬心法应用实例之一

多边形如图 3-5(b)所示。其中 P_{12}、P_{23}、P_{34}、P_{14} 分别在四个转动副的中心,可直接定出,并在瞬心多边形中用实线连接。其余两个瞬心 P_{13} 和 P_{24} 则需用三心定理来确定,因为是未知待求瞬心,所以在瞬心多边形中先用虚线连接,求出后再改为实线。P_{14}、P_{34}、P_{24} 为绝对瞬心。

由瞬心多边形可知,代表 P_{13} 的虚线是△123 与△143 的公共边,即 P_{13} 既应在 P_{12} 与 P_{23} 的连线上,也应在 P_{14} 与 P_{34} 的连线上,这两条连线的交点即为 P_{13}。同理,P_{24} 必在 P_{12} 与 P_{14} 及 P_{23} 与 P_{34} 两连线的交点上。当两连线交点过远或超出图面范围时,可以反折。全部瞬心位置如图 3-5(a)中所示。

为了确定 i_{31},需要用 P_{13} 和 P_{14}、P_{34} 三个瞬心,此三瞬心已在图 3-5(a)中示出,即构件 1、3 间的相对瞬心及它们各自与机架 4 间的绝对瞬心。因 P_{13} 为构件 1 与 3 的等速点,故有

$$v_{P13} = \omega_1 \mu_l \overline{P_{13}P_{14}} = \omega_3 \mu_l \overline{P_{13}P_{34}}$$

则

$$i_{31} = \frac{\omega_3}{\omega_1} = \frac{\overline{P_{13}P_{14}}}{\overline{P_{13}P_{34}}}$$

由 v_{P13} 方向可知,构件 3 与 1 的角速度方向相同,如图 3-5(a)中所示。应用相同的方法也可以求得该机构其他任意两构件的角速度比和角速度的方向。

例 3-2　试确定图 3-6 所示曲柄滑块机构在图示位置时的全部瞬心位置。若已知各杆长度和原动件 1 的角速度 ω_1 及转向,用瞬心法求图示位置时滑块 3 的移动速度 v_C 和构件 2 的角速度 ω_2。

解　按一定的比例尺 μ_l 绘出曲柄滑块

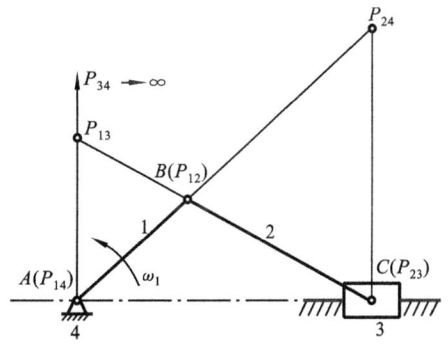

图 3-6　瞬心法应用实例之二

机构的运动简图如图 3-6 所示。该机构共有四个构件,其瞬心数为 6。作出相应的瞬心多边形如图 3-5(b)所示。P_{14}、P_{12} 及 P_{23} 分别在三个转动副的中心,滑块 3 与机架 4 组成移动副,瞬心 P_{34} 应位于垂直导路线的无穷远处。根据三心定理并借助瞬心多边形求出 P_{13}、P_{24},如图 3-6 所示。

滑块 3 做直线移动,其上各点速度相等,又因 P_{13} 为构件 1 与 3 的等速重合点,故可将 P_{13} 看成是滑块上的一点,根据瞬心定义可知,$v_C = v_{P13}$,则有 $v_C = \omega_1 \mu_l \overline{P_{13}P_{14}}$(指向左)。

因为 P_{24} 是绝对瞬心,构件 2 可视为以瞬时角速度 ω_2 绕 P_{24} 做定点转动。故有

$$v_B = \omega_1 \mu_l \overline{P_{12}P_{14}} = \omega_2 \mu_l \overline{P_{12}P_{24}}$$

则

$$\omega_2 = \omega_1 \frac{\overline{P_{12}P_{14}}}{\overline{P_{12}P_{24}}} \quad (\text{由 } v_B \text{ 方向判断为顺时针})$$

例 3-3　如图 3-7 所示为平面五杆高副机构。原动件 1 与构件 2 组成高副,再通过构件 3 带动从动轮 4 沿固定轨道(机架)5 做纯滚动。已知各杆长度和构件 1 的转向,试应用瞬心法确定图示位置时的角速度比 i_{14}(即传动比 ω_1/ω_4)和构件 4 的转向。

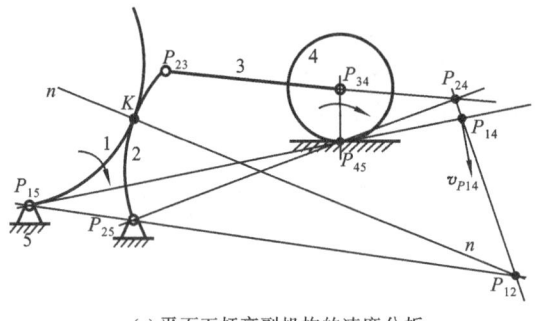

(a)平面五杆高副机构的速度分析　　　　　(b)五杆机构的瞬心多边形

图 3-7　瞬心法应用实例之三

解　按一定的比例尺 μ_l 绘出平面五杆高副机构的机构位置图如图 3-7(a)所示。该机构有五个构件,共有 10 个瞬心。作出相应的瞬心多边形如图 3-7(b)所示。

为了确定 i_{14},关键需求出构件 1、4 与机架 5 之间的三个瞬心 P_{14}、P_{15}、P_{45}(用不到的瞬心可不求)。首先直接观察得 P_{15}、P_{25}、P_{23}、P_{34} 与 P_{45},再过点 K 作高副两元素的公法线 n—n 与 P_{15}、P_{25} 的连线相交得 P_{12}。上述已确定的瞬心在瞬心五边形上用实线表示,待求的瞬心 P_{14} 先用虚线表示。求 P_{14} 需先求出 P_{24},按三心定理可知,P_{24} 应是 P_{25}、P_{45} 连线与 P_{23}、P_{34} 连线的交点。此时,在瞬心五边形中,虚线 14 已成为不含其他虚线的两三角形(△154 与△124)的公共边,即 P_{14} 应是 P_{15}、P_{45} 连线与 P_{12}、P_{24} 连线的交点。由于 P_{14} 是构件 1 与 4 的等速重合点,故有

$$v_{P14} = \omega_1 \mu_l \overline{P_{14}P_{15}} = \omega_4 \mu_l \overline{P_{14}P_{45}}$$

则
$$i_{14} = \frac{\omega_1}{\omega_4} = \frac{\overline{P_{14}P_{45}}}{\overline{P_{14}P_{15}}}$$

由构件 1 的转向可知 v_{P14} 的方向,再由 v_{P14} 方向可确定构件 4 与 1 的角速度方向相同,如图 3-7(a)中所示。

由上述分析可知,瞬心法需求出机构的瞬心,只宜应用于构件数少的简单机构的速度分析,对于多杆机构速度分析问题,由于瞬心数较多,则求解较复杂。此外,瞬心法只限于对机构进行速度分析,而不能解决加速度分析问题。

3.3 平面机构运动分析的矢量方程图解法

矢量方程图解法是以理论力学中的刚体平面运动和点的复合运动为理论基础,按运动合成原理列出构件上任一点的矢量方程,然后按一定比例画出相应的矢量多边形,由此确定机构上各点的速度和加速度,以及各构件的角速度和角加速度。矢量方程图解法又称为相对运动图解法。根据不同的相对运动情况,机构的运动分析可按以下两类讨论。

3.3.1 同一构件上两点间的速度和加速度的求法

图 3-8(a)所示为一铰链四杆机构,已知各构件的尺寸和原动件 1 的瞬时位置角 φ_1、角速度 ω_1、角加速度 α_1 的大小和方向,现要求对该机构进行运动分析。即求图示位置时点 C、E 的速度 v_C、v_E 和加速度 a_C、a_E,以及构件 2、3 的角速度 ω_2、ω_3 和角加速度 α_2、α_3。

由图 3-8(a)分析机构的运动可知,构件 1 和构件 3 做定轴转动,构件 2 做平面运动(其上任一点的运动是随同基点的平动和绕基点转动的合成)。首先按已知条件,选适当的长度比例尺 μ_l,作出该瞬时的机构位置图如图 3-8(a)所示,然后再进行机构的运动分析。

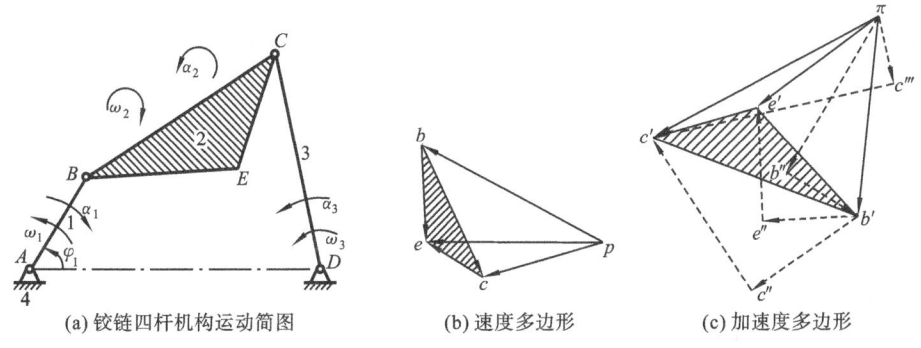

(a) 铰链四杆机构运动简图   (b) 速度多边形   (c) 加速度多边形

图 3-8 铰链四杆机构的运动分析

1. 速度分析

在进行速度分析时,应从已知点的速度开始。因为构件 1 角速度 ω_1 的大小、方向已知,故点 B 的速度 v_B 的大小和方向也已知,构件 1、2 以转动副相连,B 为公共点,则 $v_{B1}=v_{B2}=v_B$。根据速度合成定理可知:构件 2 上点 C 的速度 v_C 应是基点 B 的速度 v_B 与点 C 相对点 B 的相对速度 v_{CB} 的矢量和,即

$$v_C \quad = \quad v_B \quad + \quad v_{CB}$$

方向　　　$\perp CD$　　$\perp AB$　　$\perp CB$

大小　　　?　　　　$\omega_1 l_{AB}$　　　?

在该速度矢量方程式中,仅 v_C 和 v_{CB} 的大小未知(一个矢量方程只能求解两个未知量),可用矢量图解法求解。为此先选取适当的速度比例尺 $\mu_v = \dfrac{\text{实际速度大小(m/s)}}{\text{图上长度(mm)}}$,然后作速度多边形如图 3-8(b)所示。具体作法:在机构运动简图附近从任取的起始点 p 出发,作垂直于 AB 的矢量 $\overrightarrow{pb}$ 代表 v_B,矢向顺 ω_1,长度 $\overline{pb}=v_B/\mu_v$。再分别过点 b 作垂直于 CB 的 v_{CB} 方向线和过 p 点作垂直于 CD 的 v_C 方向线,两方向线交于点 c,则矢量 $\overrightarrow{pc}$ 和 $\overrightarrow{bc}$ 分别代表 v_C 和 v_{CB},其大小分别为 $v_C=\mu_v\overline{pc}$ (m/s)、$v_{CB}=\mu_v\overline{bc}$ (m/s)。则构件 2、3 的角速度大小为

$$\omega_2=\frac{v_{CB}}{l_{BC}}=\frac{\mu_v\overline{bc}}{l_{BC}}(\text{rad/s}),\quad \omega_3=\frac{v_C}{l_{CD}}=\frac{\mu_v\overline{pc}}{l_{CD}}(\text{rad/s})$$

将代表 v_{CB} 的矢量 $\overrightarrow{bc}$ 平移至机构位置图上点 C(矢量端点 c 的对应点),可知 ω_2 转向为顺时针方向。同理,将代表 v_C 的矢量 $\overrightarrow{pc}$ 平移至机构图上点 C(矢量端点 c 的对应点),可知 ω_3 转向为逆时针方向,如图 3-8(a)所示。

当点 C 的速度 v_C 求得后,求点 E 的速度 v_E 同样按速度合成定理可列出下式

$$v_E \quad = \quad v_C \quad + \quad v_{EC} \quad = \quad v_B \quad + \quad v_{EB}$$

方向　　?　　　$\perp CD$　$\perp EC$　　$\perp AB$　$\perp EB$

大小　　?　　　$\mu_v\overline{pc}$　　?　　　$\omega_1 l_{AB}$　　?

上式只有 v_{EC}、v_{EB} 大小未知,故可用矢量图解法求解。如图 3-8(b)所示,因 v_C、v_B 已作出,现只要过点 b 作垂直于 EB 的 v_{EB} 方向线和过点 c 作垂直于 EC 的 v_{EC} 方向线,两方向线交于点 e,连接 p、e,则矢量 $\overrightarrow{pe}$ 代表 v_E,大小为 $v_E=\mu_v\overline{pe}$ (m/s),矢量 $\overrightarrow{be}$ 和 $\overrightarrow{ce}$ 分别代表 v_{EB} 和 v_{EC},其大小为 $v_{EB}=\mu_v\overline{be}$ (m/s)、$v_{EC}=\mu_v\overline{ce}$ (m/s)。由各速度矢量构成的多边形称为速度多边形或速度图。

对照图 3-8(a)、(b)可以看出,其中 $bc\perp BC$、$ce\perp CE$、$be\perp BE$,故 $\triangle bce$ 与 $\triangle BCE$ 相似,且两三角形顶点字母顺序的绕行方向相同,只是 $\triangle bce$ 沿 ω_2 转了 $90°$,称速度图形 bce 为构件图形 BCE 的速度影像。速度影像是指同一构件上各点所构成的多边形,相似于速度图中与其对应的各点速度矢量终点所构成的多边形,且两多边形顶点字母顺序的绕行方向相同。因此,当已知构件上两点的速度时,则该构件上其他任一点的速度便可利用速度影像原理求出。例如求点 E 的速度 v_E 时,可不必列出上面的

联立方程,当 $\overrightarrow{bc}$ 作出后,以 $\overrightarrow{bc}$ 为底边作△bce 与△BCE 相似,且两者的字母绕行顺序相同,便可求得点 e,则矢量 $\overrightarrow{pe}$ 代表 v_E。

机构的速度多边形特性:点 p 为速度极点,代表机构上所有速度为零的点(固定铰链点、绝对速度瞬心);由极点 p 向外放射的矢量,代表构件上相应点的绝对速度,而连接两绝对速度矢端的矢量,则代表构件上相应两点间的相对速度,例如 $\overrightarrow{bc}$ 代表 v_{CB},方向是由 b 指向 c,$\overrightarrow{bc}$ 与 v_{CB} 下角标 CB 顺序相反;速度影像仅适用于同一构件上的图形。

2. 加速度分析

在进行加速度分析时,也是从已知点的加速度开始。因构件 1 的角速度 ω_1 和角加速度 α_1 的大小、方向都已知,故点 B 的法向加速度 a_B^n 和切向加速度 a_B^t 大小和方向也已知,构件 1、2 以转动副相连,点 B 为公共点,则 $a_{B1} = a_{B2} = a_B$。根据加速度合成定理可知:构件 2 上点 C 的加速度 a_C 应是基点 B 的加速度 a_B 与点 C 相对点 B 的相对速度 a_{CB} 的矢量和,即

$$a_C \qquad = \qquad a_B \qquad + \qquad a_{CB}$$

或

$$a_C^n + a_C^t = a_B^n + a_B^t + a_{CB}^n + a_{CB}^t$$

方向	$C \rightarrow D$	$\perp CD$	$B \rightarrow A$	$\perp AB$	$C \rightarrow B$	$\perp CB$
大小	v_C^2/l_{CD}	?	$\omega_1^2 l_{AB}$	$\alpha_1 l_{AB}$	v_{CB}^2/l_{CB}	?

在该加速度矢量方程式中,仅 a_C^t 和 a_{CB}^t 的大小未知,同样,可用矢量图解法求解。为此先选取适当的加速度比例尺 $\mu_a = \dfrac{实际加速度大小(m/s^2)}{图上长度(mm)}$,然后作加速度多边形如图 3-8(c)所示。具体作法:从任取的起始点 π 出发,作平行于 BA 的矢量 $\overrightarrow{\pi b''}$ 代表 a_B^n,长度 $\overrightarrow{\pi b''} = a_B^n/\mu_a$,接着过点 b'' 作垂直于 BA 的矢量 $\overrightarrow{b''b'}$ 代表 a_B^t,矢向顺 α_1,长度 $\overrightarrow{b''b'} = a_B^t/\mu_a$;接着过点 b' 作平行于 CB 的矢量 $\overrightarrow{b'c''}$ 代表 a_{CB}^n 和过 c'' 点作垂直于 CB 的 a_{CB}^t 方向线;又自点 π 作平行于 CD 的矢量 $\overrightarrow{\pi c'''}$ 代表 a_C^n 和过点 c''' 作垂直于 CD 的 a_C^t 方向线,两方向线交于点 c',则矢量 $\overrightarrow{c'''c'}$、$\overrightarrow{c''c'}$ 分别代表 a_C^t、a_{CB}^t,矢量 $\overrightarrow{\pi b'}$、$\overrightarrow{b'c'}$、$\overrightarrow{\pi c'}$ 分别代表 a_B、a_{CB}、a_C,它们的大小均可按比例尺 μ_a 计算得到,如 $a_C = \mu_a \overrightarrow{\pi c'}$ (m/s²)。

构件 2、3 的角加速度大小则为

$$\alpha_2 = \frac{a_{CB}^t}{l_{BC}} = \frac{\mu_a \overline{c''c'}}{l_{BC}} (\text{rad/s}^2), \qquad \alpha_3 = \frac{a_C^t}{l_{CD}} = \frac{\mu_a \overline{c'''c'}}{l_{CD}} (\text{rad/s}^2)$$

将代表 a_{CB}^t 的矢量 $\overrightarrow{c''c'}$ 平移至机构位置图上点 C(矢量端点 c' 的对应点),可确定 α_2 的方向为逆时针方向。同理,将代表 a_C^t 的矢量 $\overrightarrow{c'''c'}$ 平移至机构图上点 C(矢量端点 c' 的对应点),可知 α_3 的方向也是逆时针方向,如图 3-8(a)所示。

求点 E 的加速度 a_E 同样按加速度合成定理可列出下式

$$a_E = a_B + a_{EB}^n + a_{EB}^t$$

方向	?	$\pi \rightarrow b'$	$E \rightarrow B$	$\perp EB$
大小	?	$\mu_a \overline{\pi b'}$	$\omega_2^2 l_{EB}$	$\alpha_2 l_{EB}$

上式只有 a_E 大小和方向未知,故可用矢量图解法求解。如图 3-8(c)所示,过点 b' 作平行于 EB 的矢量 $\overrightarrow{b'e''}$ 代表 a_{EB}^n,接着作垂直于 EB 的矢量 $\overrightarrow{e''e'}$ 代表 a_{EB}^t,得到点 e',则矢量 $\overrightarrow{\pi e'}$ 代表 a_E,其大小为 $a_E = \mu_a \overline{\pi e'}$ (m/s²)。由各加速度矢量构成的多边形称为加速度多边形或加速度图。

由加速度多边形可得

$$a_{CB} = \sqrt{(a_{CB}^n)^2 + (a_{CB}^t)^2} = \sqrt{(\omega_2^2 l_{CB})^2 + (\alpha_2 l_{CB})^2} = l_{CB}\sqrt{\omega_2^4 + \alpha_2^2}$$

同理可得　　　　　　$a_{EB} = l_{EB}\sqrt{\omega_2^4 + \alpha_2^2}, \quad a_{EC} = l_{EC}\sqrt{\omega_2^4 + \alpha_2^2}$

所以　　　　　　　　$a_{CB} : a_{EB} : a_{EC} = l_{CB} : l_{EB} : l_{EC}$

即　　　　　　　　　$\overline{b'c'} : \overline{b'e'} : \overline{c'e'} = \overline{BC} : \overline{EB} : \overline{EC}$

可见,$\triangle b'c'e'$ 与机构位置图中的 $\triangle BCE$ 相似,且两三角形顶点字母顺序的绕行方向相同,称加速度图形 $b'c'e'$ 为构件图形 BCE 的加速度影像。加速度影像是指同一构件上各点所构成的多边形,相似于加速度图中与其对应的各点加速度矢量终点所构成的多边形,且两多边形顶点字母顺序的绕行方向相同。因此,当已知构件上两点的加速度时,则该构件上其他任一点的加速度便可利用加速度影像原理求出。例如求点 E 的加速度 a_E 时,可不必列出上面的方程,当 $\overline{b'c'}$ 作出后,以 $\overline{b'c'}$ 为底边作 $\triangle b'c'e'$ 与 $\triangle BCE$ 相似,且两者的字母绕行顺序相同,便可求得点 e',则矢量 $\overrightarrow{\pi e'}$ 代表 a_E。

机构的加速度多边形特性:点 π 为加速度极点,代表机构上所有加速度为零的点;从极点 π 出发的各矢量,代表构件上相应点的绝对加速度,而连接两绝对加速度矢端的矢量,则代表构件上相应两点间的相对加速度,例如 $\overline{b'c'}$ 代表 a_{CB},方向是由 b' 指向 c',$\overline{b'c'}$ 与 a_{CB} 的下角标 CB 顺序相反;每一个加速度的法向分量与切向分量必须配对衔接作图;加速度影像仅适用于同一构件上的图形。

3.3.2　组成移动副两构件重合点间的速度和加速度的求法

如图 3-9(a)所示的导杆机构中,已知机构的位置、各构件的长度以及原动件 1 的等角速度 ω_1 大小和方向,现要求对该机构进行运动分析,即求构件 3 的角速度 ω_3 和角加速度 α_3。

现在来分析该机构的运动。在图 3-9(a)中,构件 1 与构件 2 组成转动副,点 B 既是构件 1 上的点,也是构件 2 上的点,则 $v_{B2} = v_{B1}$、$a_{B2} = a_{B1}$。构件 2、3 组成移动副,构件 2 上的点 B_2 和构件 3 上的点 B_3 为瞬时重合点,两者之间只有相对移动而没有相对转动。因此,它们的角速度和角加速度一定分别相等,即 $\omega_3 = \omega_2$、$\alpha_3 = \alpha_2$。

首先按已知条件,选适当的长度比例尺 μ_l,作出该瞬时的机构位置图如图 3-9(a)所示,然后再进行机构的运动分析。

1. 速度分析

由于构件 2、3 组成移动副,点 B 是构件 2、3 的重合点,其运动属于点的复合运

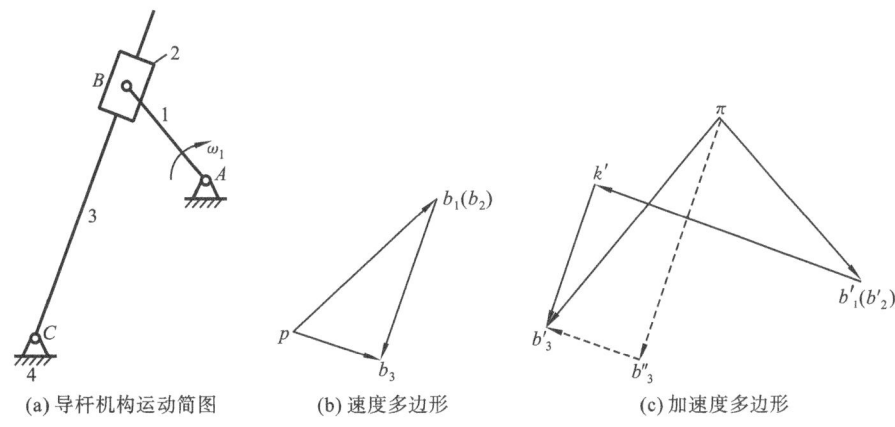

(a) 导杆机构运动简图　　　　(b) 速度多边形　　　　(c) 加速度多边形

图 3-9　导杆机构的运动分析

动,故根据运动合成原理可列出速度矢量方程式为

$$\boldsymbol{v}_{B3} = \boldsymbol{v}_{B2} + \boldsymbol{v}_{B3B2}$$

方向	$\perp BC$	$\perp AB$	$/\!/ BC$
大小	?	$\omega_1 l_{AB}$	?

式中仅 $\boldsymbol{v}_{B3}$ 和 $\boldsymbol{v}_{B3B2}$ 的大小未知,可用矢量图解法求解。选取适当的速度比例尺 μ_v,任取一点 p 为极点,过点 p 作垂直于 AB 的矢量 $\overrightarrow{pb_2}$ 代表 $\boldsymbol{v}_{B2}$,矢向顺 ω_1,长度 $\overline{pb_2} = v_{B2}/\mu_v$。再分别过点 b_2 作平行于 BC 的 $\boldsymbol{v}_{B3B2}$ 方向线和过点 p 作垂直于 BC 的 $\boldsymbol{v}_{B3}$ 方向线,两方向线交于点 b_3,则矢量 $\overrightarrow{pb_3}$ 和 $\overrightarrow{b_2b_3}$ 分别代表 $\boldsymbol{v}_{B3}$、$\boldsymbol{v}_{B3B2}$,其大小分别为 $v_{B3} = \mu_v \overline{pb_3}$ (m/s)、$v_{B3B2} = \mu_v \overline{b_2b_3}$ (m/s)。作出速度多边形如图 3-9(b)所示。构件 3 的角速度大小为

$$\omega_3 = \frac{v_{B3}}{l_{B3C}} = \frac{\mu_v \overline{pb_3}}{l_{B3C}} \text{ (rad/s)}$$

将代表 $\boldsymbol{v}_{B3}$ 的矢量 $\overrightarrow{pb_3}$ 平移至机构位置图上的点 B,可知 ω_3 转向为顺时针方向。

2. 加速度分析

同样,根据运动合成原理,点 B_3 的加速度 $\boldsymbol{a}_{B3}$ 为点 B_2 的加速度 $\boldsymbol{a}_{B2}$、科式加速度 $\boldsymbol{a}_{B3B2}^{\mathrm{k}}$ 与相对加速度 $\boldsymbol{a}_{B3B2}^{\mathrm{r}}$ 的矢量和,其加速度矢量方程为

$$\boldsymbol{a}_{B3} = \boldsymbol{a}_{B2} + \boldsymbol{a}_{B3B2}^{\mathrm{k}} + \boldsymbol{a}_{B3B2}^{\mathrm{r}}$$

或

$$\boldsymbol{a}_{B3}^{\mathrm{n}} + \boldsymbol{a}_{B3}^{\mathrm{t}} = \boldsymbol{a}_{B2}^{\mathrm{n}} + \boldsymbol{a}_{B2}^{\mathrm{t}} + \boldsymbol{a}_{B3B2}^{\mathrm{k}} + \boldsymbol{a}_{B3B2}^{\mathrm{r}}$$

方向	$B \rightarrow C$	$\perp BC$	$B \rightarrow A$		$\perp BC$	$/\!/ BC$
大小	$\omega_3^2 l_{B3C}$	?	$\omega_1^2 l_{AB}$	0	$2\omega_2 v_{B3B2}$	?

式中: $a_{B3B2}^{\mathrm{k}} = 2\omega_2 v_{B3B2} \sin\theta$, θ 为相对速度 $\boldsymbol{v}_{B3B2}$ 与牵连角速度 $\omega_2(\omega_2 = \omega_3)$ 矢量之间的夹角。但是对于平面运动, ω_2 的矢量垂直于运动平面,而 $\boldsymbol{v}_{B3B2}$ 位于运动平面之内,故 $\theta = 90°$,则 $a_{B3B2}^{\mathrm{k}} = 2\omega_2 v_{B3B2}$,其方向是将 $\boldsymbol{v}_{B3B2}$ 沿 ω_2 的转动方向转90°。在式中仅 $\boldsymbol{a}_{B3}^{\mathrm{t}}$ 和 $\boldsymbol{a}_{B3B2}^{\mathrm{r}}$ 的大小未知,可用矢量图解法求解。选取适当的加速度比例尺 μ_a,任取一

点 π 为极点,过 π 作平行于 BA 的矢量 $\overrightarrow{\pi b''_2}$ 代表 a_{B2}^n,长度 $\overline{\pi b''_2} = a_{B2}^n/\mu_a$,接着过 b'_2 作垂直于 BC 的矢量 $\overrightarrow{b'_2 k'}$ 代表 a_{B3B2}^k,过点 k' 作平行 BC 的 a_{B3B2}^r 方向线;再过点 π 作平行 BC 的矢量 $\overrightarrow{\pi b''_3}$ 代表 a_{B3}^n,过 b''_3 作垂直于 BC 的 a_{B3}^t 方向线。两方向线交于点 b'_3,则矢量 $\overrightarrow{\pi b'_3}$ 代表 a_{B3}、$\overrightarrow{b''_3 b'_3}$ 代表 a_{B3}^t。加速度多边形如图 3-9(c)所示。构件 3 的角加速度大小则为

$$\alpha_3 = \frac{a_{B3}^t}{l_{B3C}} = \frac{\mu_a \overline{b''_3 b'_3}}{l_{B3C}} \ (\text{rad}/\text{s}^2)$$

将代表 a_{B3}^t 的矢量 $\overrightarrow{b''_3 b'_3}$ 平移至机构位置图点 B 上,可知 α_3 方向为逆时针方向。

例 3-4　如图 3-10(a)所示为平面六杆机构。已知各构件的尺寸,原动件 1 以等角速度 ω_1 沿逆时针方向转动,位置角 $\varphi_1 = 60°$,试用矢量方程图解法求构件 5 的速度和加速度。

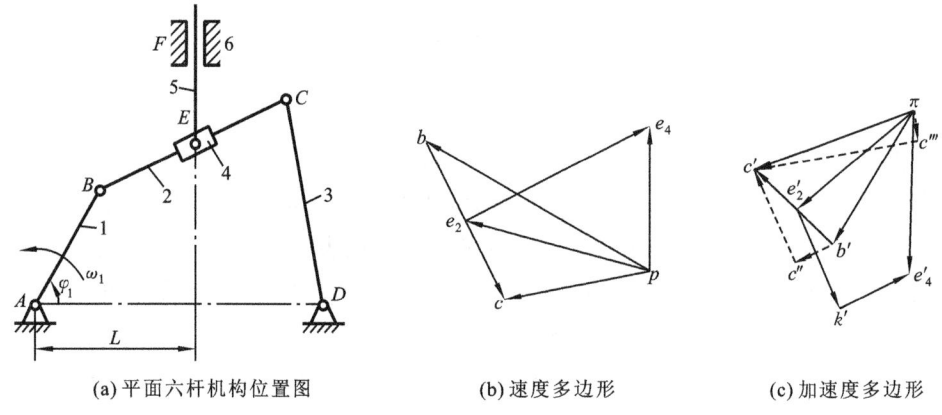

(a)平面六杆机构位置图　　　　(b)速度多边形　　　　(c)加速度多边形

图 3-10　平面六杆机构的运动分析

解　按一定的比例尺 μ_l 绘出平面六杆机构的机构位置图如图 3-10(a)所示。分析该题的解题步骤:因 ω_1(常数)已知,故可求出点 B 的速度 v_B、加速度 a_B,然后利用同一构件上两点的相对运动矢量方程式求点 C 的速度 v_C、加速度 a_C,再利用影像法求构件 2 上点 E_2 的速度 v_{E2}、加速度 a_{E2},最后利用组成移动副两构件 2、4 上重合点 E_2、E_4 间的相对运动矢量方程式求构件 4 上 E_4 的点速度 v_{E4}(即 v_{E5})、加速度 a_{E4}(即 a_{E5})。因为构件 5 为移动构件,其上各点的速度、加速度相等,故有 $v_{E4} = v_{E5} = v_5$、$a_{E4} = a_5$。

(1) 求构件 5 的速度 v_5。根据速度合成定理有

$$v_C \qquad = \qquad v_B \qquad + \qquad v_{CB}$$

方向　　　　　 $\perp CD$ 　　　　 $\perp AB$ 　　　　 $\perp CB$

大小　　　　　 ?　　　　　 $\omega_1 l_{AB}$ 　　　　 ?

取合适速度比例尺 μ_v,可作速度多边形 pbc,如图 3-10(b)所示,由此求出

$$\omega_2 = \frac{v_{CB}}{l_{BC}} = \frac{\mu_v \overline{bc}}{l_{BC}} \ (\text{rad}/\text{s},\text{顺时针方向})$$

利用速度影像,在速度图 bc 上求出点 e_2,即可由相似比 $\dfrac{\overline{BE_2}}{\overline{BC}} = \dfrac{\overline{be_2}}{\overline{bc}}$,求出 $\overline{be_2}$,

得 $v_{E2} = \mu_v\,\overline{pe_2}$ (m/s)。再由点 E_2、E_4 的复合运动可得

$$\begin{array}{cccc}
\boldsymbol{v}_{E4} & = & \boldsymbol{v}_{E2} & + & \boldsymbol{v}_{E4E2} \\
\end{array}$$

方向　　　　$/\!/EF$　　　　　　$p \to e_2$　　　　　　$/\!/BC$

大小　　　　?　　　　　　　　$\mu_v\,\overline{pe_2}$　　　　　　?

在图 3-10(b)上作速度多边形 pe_2e_4,得 $v_5 = v_{E4} = \mu_v\,\overline{pe_4}$ (m/s),方向 $p \to e_4$。

(2) 求构件 5 的加速度 $\boldsymbol{a}_5$。根据加速度合成定理有

$$\boldsymbol{a}_C^{\mathrm{n}} + \boldsymbol{a}_C^{\mathrm{t}} = \boldsymbol{a}_B^{\mathrm{n}} + \boldsymbol{a}_B^{\mathrm{t}} + \boldsymbol{a}_{CB}^{\mathrm{n}} + \boldsymbol{a}_{CB}^{\mathrm{t}}$$

方向　　$C \to D$　　$\perp CD$　　$B \to A$　　　　　　$C \to B$　　$\perp CB$

大小　　v_C^2/l_{CD}　　?　　　$\omega_1^2 l_{AB}$　　0　　　v_{CB}^2/l_{CB}　　?

式中:
$$a_C^{\mathrm{n}} = \frac{v_C^2}{l_{CD}} = \frac{(\mu_v\,\overline{pc})^2}{l_{CD}} \quad (\mathrm{m/s^2})$$

$$a_{CB}^{\mathrm{n}} = \frac{v_{CB}^2}{l_{CB}} = \frac{(\mu_v\,\overline{bc})^2}{l_{CB}} \quad (\mathrm{m/s^2})$$

取合适的加速度比例尺 μ_a,可作加速度多边形 $\pi b'c''c'c'''$,如图 3-10(c)所示。利用加速度影像,在加速度图 $b'c'$ 上求出点 e_2',即可由相似比 $\dfrac{\overline{BE_2}}{\overline{BC}} = \dfrac{\overline{b'e_2'}}{\overline{b'c'}}$,求出 $\overline{b'e_2'}$,得 $a_{E2} = \mu_a\,\overline{\pi e_2'}$ (m/s^2)。再由点 E_2、E_4 的复合运动有

$$\begin{array}{ccccc}
\boldsymbol{a}_{E4} & = & \boldsymbol{a}_{E2} & + & \boldsymbol{a}_{E4E2}^{\mathrm{k}} & + & \boldsymbol{a}_{E4E2}^{\mathrm{r}} \\
\end{array}$$

方向　　　$/\!/EF$　　　　$\pi \to e_2'$　　　$\perp BC$　　　$/\!/BC$

大小　　　?　　　　　$\mu_a\,\overline{\pi e_2'}$　　$2\omega_2 v_{E4E2}$　　?

其中,科氏加速度 $\boldsymbol{a}_{E4E2}^{\mathrm{k}}$ 的方向是 v_{E4E2} 的方向顺着 ω_2 转90°,大小为

$$a_{E4E2}^{\mathrm{k}} = 2\omega_2 v_{E4E2} = 2\omega_2\mu_v\,\overline{e_2e_4} \quad (\mathrm{m/s^2})$$

在图 3-10(c)上作加速度多边形 $\pi e_2'k'e_4'$,得 $a_5 = a_{E4} = \mu_a\,\overline{\pi e_4'}$ (m/s^2),方向 $\pi \to e_4'$。

从以上分析过程可见,在用图解法作机构运动分析时,需先按比例绘出所求机构位置的机构位置图,然后再根据该位置的机构运动简图进行运动分析。分析结果是由所作的图中直接测量数据,并乘以相应的比例尺所得。这种方法虽形象、直观,但精度不高,而且在需对机构的一系列位置进行运动分析时,必须反复作图,比较烦琐。采用解析法可以很好地解决这些问题。

3.4　平面机构运动分析的解析法

用解析法进行机构的运动分析,应首先建立机构的位置方程,然后将其对时间求一次和二次导数,即可得到机构的速度方程和加速度方程,进而解出所需位移、速度及加速度,完成机构的运动分析任务。机构运动分析的解析法有多种,其中,比较常

用的有矢量投影法、复数矢量法及矩阵法等。其中,复数矢量法由于利用了复数运算十分简便的优点(求导方便、在运算中各矢量的大小和方向表示明确),不仅可对任何机构包括较复杂的连杆机构进行运动分析和动力分析,而且可用来进行机构的综合,还可利用计算器或计算机进行求解。故只介绍平面机构运动分析的复数矢量法。

以上各种方法一般都是在机构中作出封闭矢量多边形,然后建立封闭矢量位置方程式并求解。例如复数矢量法就是将机构形成一个或多个封闭矢量多边形,并用复数形式表示该机构的封闭矢量位置方程式,再将矢量位置方程式分别对所建立的直角坐标系取投影。

3.4.1　机构的封闭矢量位置方程式

用矢量法作机构的运动分析时,应先建立直角坐标系,其次选取各杆矢量方向与方位角,并作出机构的封闭矢量多边形,然后列出封闭矢量位置方程式并求解。如图3-11 所示的铰链四杆机构,先建立一直角坐标系,以 l_i(i 为构件编号)表示构件矢量,即以 l_1、l_2、l_3、l_4 分别表示各构件矢量,铰链四杆机构就形成由各杆矢量组成的一个封闭矢量多边形 $ABCD$。在该封闭矢量多边形中,其各矢量之和必等于零,即

$$l_1 + l_2 = l_4 + l_3 \tag{3-2}$$

式(3-2)即为图 3-11 所示四杆机构的封闭矢量位置方程式。对于一个特定的四杆机构,因各构件尺寸和原动件 1 的运动规律(φ_1)为已知,而且 $\varphi_4 = 0$,故由此矢量方程可求得两个未知方位角 φ_2、φ_3。

各杆矢量的方向可自由确定,但各杆矢量的方位角 φ 均应由 x 轴正向开始,并以沿逆时针方向计量为正。与机架相铰接的构件,建议其矢量由固定铰链向外指,便于标出方位角。要说明的是,坐标系和各杆矢量方向的选取不影响解题结果。

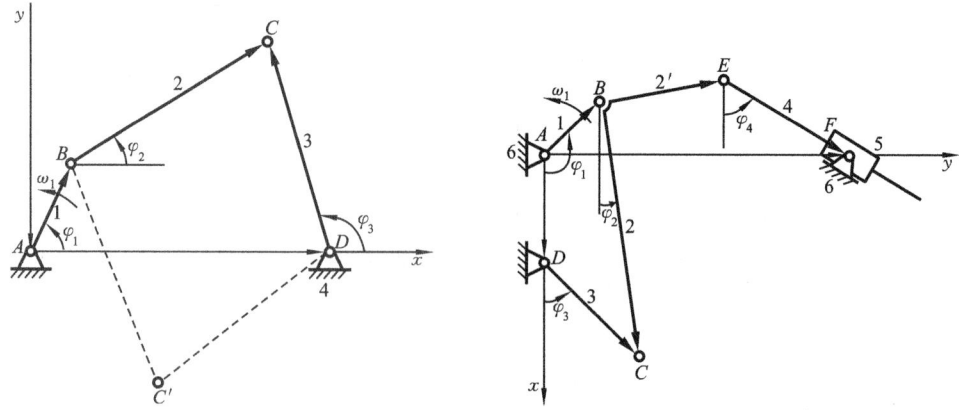

图 3-11　铰链四杆机构的封闭矢量多边形　　　　图 3-12　六杆机构的封闭矢量多边形

由上述分析可知,对于一个四杆机构,只需作出一个封闭矢量多边形即可求解。而对四杆以上的多杆机构,则需作出一个以上的封闭矢量多边形才能求解。

因为一个矢量方程只能求解两个未知量,当未知位置量较多时,必须建立多个封闭矢量位置方程,为此需利用多个封闭矢量多边形。如图 3-12 所示的六杆机构,因有四个未知位置量,即 φ_2、φ_3、φ_4、l_4,故需作出 $ABCD$ 和 $ABEF$ 两个封闭矢量多边形才能求解。取 $l_6 = l_{AD}$、$l_7 = l_{AF}$,坐标系如图 3-12 所示,列出相应的封闭矢量位置方程式为

$$l_1 + l_2 = l_6 + l_3 \tag{3-3}$$

$$l_1 + l_{2'} + l_4 = l_7 \tag{3-4}$$

3.4.2　复数矢量法

现以图 3-11 所示的铰链四杆机构为例来说明利用复数矢量法作平面机构运动分析的方法。设已知各构件的尺寸分别为 l_1、l_2、l_3、l_4,原动件 1 的方位角 φ_1 及等角速度 ω_1,要求确定构件 2、3 的角位移、角速度和角加速度。

如前所述,为了对机构进行运动分析,先要建立坐标系,并将各构件表示为杆矢量。

1. 位置分析

将机构封闭矢量位置方程式(3-2)以复数矢量形式表示为

$$l_1 e^{i\varphi_1} + l_2 e^{i\varphi_2} = l_4 e^{i\varphi_4} + l_3 e^{i\varphi_3} \tag{3-5}$$

按欧拉(Euler)公式 $e^{i\varphi} = \cos\varphi + i\sin\varphi$ 展开,得

$$l_1(\cos\varphi_1 + i\sin\varphi_1) + l_2(\cos\varphi_2 + i\sin\varphi_2) = l_4 + l_3(\cos\varphi_3 + i\sin\varphi_3)$$

该方程式的实部和虚部应分别相等,即

$$\begin{cases} l_1\cos\varphi_1 + l_2\cos\varphi_2 = l_4 + l_3\cos\varphi_3 \\ l_1\sin\varphi_1 + l_2\sin\varphi_2 = l_3\sin\varphi_3 \end{cases} \tag{3-6}$$

由此方程组可求出两个未知方位角 φ_2、φ_3。

为求 φ_3 应先将 φ_2 消去,故可将式(3-6)两分式左端含 φ_1 的项移到等式右端,再分别将两端平方并相加,整理后可得

$$A\cos\varphi_3 + B\sin\varphi_3 + C = 0 \tag{3-7}$$

式中:$A = l_4 - l_1\cos\varphi_1$;$B = -l_1\sin\varphi_1$;$C = \dfrac{A^2 + B^2 + l_3^2 - l_2^2}{2l_3}$。

又因 $\quad \sin\varphi_3 = \dfrac{2\tan(\varphi_3/2)}{1 + \tan^2(\varphi_3/2)}$,$\quad \cos\varphi_3 = \dfrac{1 - \tan^2(\varphi_3/2)}{1 + \tan^2(\varphi_3/2)}$

将其代入式(3-7),得到关于 $\tan(\varphi_3/2)$ 的一元二次方程式为

$$(C - A)\tan^2(\varphi_3/2) + 2B\tan(\varphi_3/2) + (C + A) = 0$$

由此解出

$$\varphi_3 = 2\arctan\frac{B \pm \sqrt{A^2 + B^2 - C^2}}{A - C} \tag{3-8}$$

式(3-8)中根号前的符号应满足机构运动连续性条件,一般可根据机构的初始装配模式来确定。如图 3-11 中实线所示装配模式应取"+"号,而虚线所示装配模式则

应取"一"号;若根号内的数值小于零,则表示机构的相应位置不能实现。

φ_3 求出后,再由式(3-6)求出

$$\varphi_2 = \arctan \frac{B + l_3 \sin\varphi_3}{A + l_3 \cos\varphi_3} \tag{3-9}$$

2. 速度分析

将式(3-5)对时间求导数,并代入 $\omega_1 = \dot{\varphi}_1$、$\omega_2 = \dot{\varphi}_2$ 和 $\omega_3 = \dot{\varphi}_3$,得

$$l_1 \omega_1 \mathrm{i} e^{\mathrm{i}\varphi_1} + l_2 \omega_2 \mathrm{i} e^{\mathrm{i}\varphi_2} = l_3 \omega_3 \mathrm{i} e^{\mathrm{i}\varphi_3} \tag{3-10}$$

式(3-10)为 $v_B + v_{CB} = v_C$ 的复数矢量表达式。为了消去 ω_2,将式(3-10)两边同乘以 $e^{-\mathrm{i}\varphi_2}$ 得

$$l_1 \omega_1 \mathrm{i} e^{\mathrm{i}(\varphi_1 - \varphi_2)} + l_2 \omega_2 \mathrm{i} e^{\mathrm{i}(\varphi_2 - \varphi_2)} = l_3 \omega_3 \mathrm{i} e^{\mathrm{i}(\varphi_3 - \varphi_2)}$$

按欧拉公式展开后,由实部相等解得

$$\omega_3 = \omega_1 \frac{l_1 \sin(\varphi_1 - \varphi_2)}{l_3 \sin(\varphi_3 - \varphi_2)} \tag{3-11}$$

同理,为了消去 ω_3,将式(3-10)两边同乘以 $e^{-\mathrm{i}\varphi_3}$ 得

$$l_1 \omega_1 \mathrm{i} e^{\mathrm{i}(\varphi_1 - \varphi_3)} + l_2 \omega_2 \mathrm{i} e^{\mathrm{i}(\varphi_2 - \varphi_3)} = l_3 \omega_3 \mathrm{i} e^{\mathrm{i}(\varphi_3 - \varphi_3)}$$

同样,按欧拉公式展开后,由实部相等解得

$$\omega_2 = -\omega_1 \frac{l_1 \sin(\varphi_1 - \varphi_3)}{l_2 \sin(\varphi_2 - \varphi_3)} \tag{3-12}$$

若求得的角速度为正,表示其转向为逆时针;若为负,表示其转向为顺时针。由此还可以看到,构件的角速度只与原动件的角速度和各构件位置及相对杆长有关,而与构件的绝对杆长无关。

3. 加速度分析

将式(3-10)对时间求导数,并代入 $\alpha_2 = \ddot{\varphi}_2$、$\alpha_3 = \ddot{\varphi}_3$,得

$$l_1 \omega_1^2 \mathrm{i}^2 e^{\mathrm{i}\varphi_1} + l_2 \omega_2^2 \mathrm{i}^2 e^{\mathrm{i}\varphi_2} + l_2 \alpha_2 \mathrm{i} e^{\mathrm{i}\varphi_2} = l_3 \omega_3^2 \mathrm{i}^2 e^{\mathrm{i}\varphi_3} + l_3 \alpha_3 \mathrm{i} e^{\mathrm{i}\varphi_3} \tag{3-13}$$

式(3-13)为 $a_B^n + a_{CB}^n + a_{CB}^t = a_C^n + a_C^t$ 的复数矢量表达式。为了消去 α_2,将式(3-13)两边同乘以 $e^{-\mathrm{i}\varphi_2}$ 得

$$l_1 \omega_1^2 \mathrm{i}^2 e^{\mathrm{i}(\varphi_1 - \varphi_2)} + l_2 \omega_2^2 \mathrm{i}^2 e^{\mathrm{i}(\varphi_2 - \varphi_2)} + l_2 \alpha_2 \mathrm{i} e^{\mathrm{i}(\varphi_2 - \varphi_2)} = l_3 \omega_3^2 \mathrm{i}^2 e^{\mathrm{i}(\varphi_3 - \varphi_2)} + l_3 \alpha_3 \mathrm{i} e^{\mathrm{i}(\varphi_3 - \varphi_2)}$$

按欧拉公式展开后,由实部相等解得

$$\alpha_3 = \frac{l_1 \omega_1^2 \cos(\varphi_1 - \varphi_2) + l_2 \omega_2^2 - l_3 \omega_3^2 \cos(\varphi_3 - \varphi_2)}{l_3 \sin(\varphi_3 - \varphi_2)} \tag{3-14}$$

同理,为了消去 α_3,将式(3-13)两边同乘以 $e^{-\mathrm{i}\varphi_3}$ 得

$$l_1 \omega_1^2 \mathrm{i}^2 e^{\mathrm{i}(\varphi_1 - \varphi_3)} + l_2 \omega_2^2 \mathrm{i}^2 e^{\mathrm{i}(\varphi_2 - \varphi_3)} + l_2 \alpha_2 \mathrm{i} e^{\mathrm{i}(\varphi_2 - \varphi_3)} = l_3 \omega_3^2 \mathrm{i}^2 e^{\mathrm{i}(\varphi_3 - \varphi_3)} + l_3 \alpha_3 \mathrm{i} e^{\mathrm{i}(\varphi_3 - \varphi_3)}$$

同样,按欧拉公式展开后,由实部相等解得

$$\alpha_2 = \frac{l_3 \omega_3^2 - l_1 \omega_1^2 \cos(\varphi_1 - \varphi_3) - l_2 \omega_2^2 \cos(\varphi_2 - \varphi_3)}{l_2 \sin(\varphi_2 - \varphi_3)} \tag{3-15}$$

角加速度的正、负号可表明角速度的变化趋势,角加速度与角速度同号时表示加

速;反之,则为减速。当机构中所有构件的角位移、角速度、角加速度求出后,则该机构中任何构件上的任意点的速度、加速度均为已知。

3.4.3　运动线图

将式(3-8)、式(3-9)、式(3-11)、式(3-12)、式(3-14)、式(3-15)代入已知参数,即可编程应用计算机计算出机构一个运动循环的运动参数,并可同时根据所得数据作出机构的位置线图、速度线图和加速度线图,这些线图称为机构的运动线图。从运动线图可以一目了然地看出机构在整个运动循环中的位移、速度、加速度的变化情况,可用来检查是否符合生产要求,有利于进一步掌握机构的性能,并作为机构设计的重要参考资料。如图 3-13(a)所示的曲柄滑块机构,主动曲柄 1 的角速度为常数,输出滑块点 C 的位移 s_C、速度 v_C、加速度 a_C 的运动线图如图 3-13(b)所示。

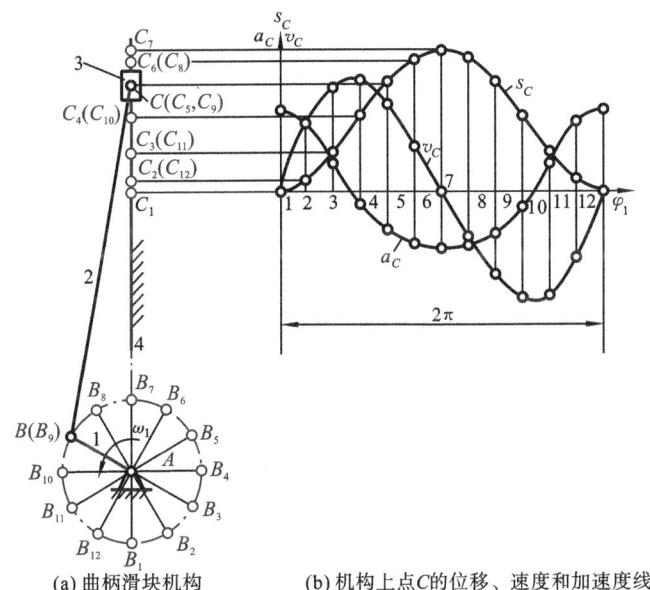

(a) 曲柄滑块机构　　　　　　(b) 机构上点C的位移、速度和加速度线图

图 3-13　曲柄滑块机构的运动线图

3.4.4　Ⅲ 级机构运动分析简介

前面介绍的矢量方程图解法、复数矢量法等方法均只适用于Ⅱ级机构的运动分析。对于单自由度的Ⅲ级平面机构,如图 3-14 所示,若仍用Ⅱ级机构的方法去分析,由封闭多边形 $ABCDF$ 列出的一个封闭矢量位置方程,无法求解三个未知量,即出现未知数多于方程数而使方程无确定的解。解决问题的方法之一,是

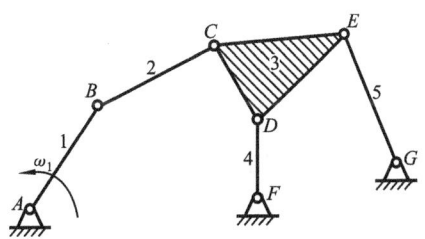

图 3-14　Ⅲ 级机构运动分析

将Ⅲ级机构转化为Ⅱ级机构,即所谓的转换原动件法。由第 2 章可知,选机构中的不同构件为原动件,可能产生不同级别的机构。若将图 3-14 所示机构中的原动件由 1 改为 4,原来的Ⅲ级机构便成为Ⅱ级机构。同时,机构中各构件的相对运动关系却没有变化。因此,就可用分析Ⅱ级机构的方法来分析此机构。这里仅就位移和速度分析的方法简述如下。

假设构件 4 为"原动件",即假设构件 4 的方位角 φ_4'、角速度 ω_4' 为已知,求出构件 3 和构件 5 的方位角 φ_3'、φ_5'、角速度 ω_3'、ω_5',以及 C 点的速度参数;在此基础上,再求出构件 1 和 2 的方位角 φ_1'、φ_2'、角速度 ω_1'、ω_2';其真实速度与假设速度之间有一个比例关系,设 $k_v = v_B/v_B' = \omega_1/\omega_1'$,则 k_v 适合于此机构各位置的速度参数的计算,故各构件上任意点的真实速度 $v_z = k_v v_z'$,例如 $\omega_4 = k_v \omega_4'$。

小　　结

机构中原动件的运动规律给定后,其余构件的运动也就随之确定了。本章重点研究如何根据机构原动件的已知运动规律来确定其余构件的运动问题。此问题的实质就是机构两点间的相对运动求解。此问题首先要解决的是同一构件上两点间的相对运动关系,在此种场合下利用速度影像和加速度影像求解第三点的速度和加速度问题特别方便。其次则是确定通过移动副连接起来的两构件重合点间的相对运动关系,此时应重视科氏加速度的识别与求解问题。瞬心法适于上述两种条件下的速度问题求解,但它不能用来求解加速度。

求解机构运动参数时,本章主张图解分析法和解析法并重。图解法具有概念清晰、直观易于理解的特点,它既可满足一般情况下工程设计的需要,又适用于各种考试解题。解析法是在相应的坐标系中建立构件或构件某点的位移方程,借助数学方法求解速度和加速度;在计算机及其相应程序的帮助下,应用解析法求解机构一个运动循环中的相关运动参数极为方便快捷。

思　考　题

3-1　何谓速度瞬心? 相对瞬心与绝对瞬心有何异同点?

3-2　能否用速度瞬心法求构件的加速度? 为什么?

3-3　何谓三心定理? 何种情况下的瞬心需要用三心定理来确定?

3-4　试判断在图示各机构中,点 B 是否都存在科氏加速度? 若机构中点 B 存在科氏加速度,$a_{B2B3}^k = 2\omega_2 v_{B2B3}$ 对吗? 为什么?

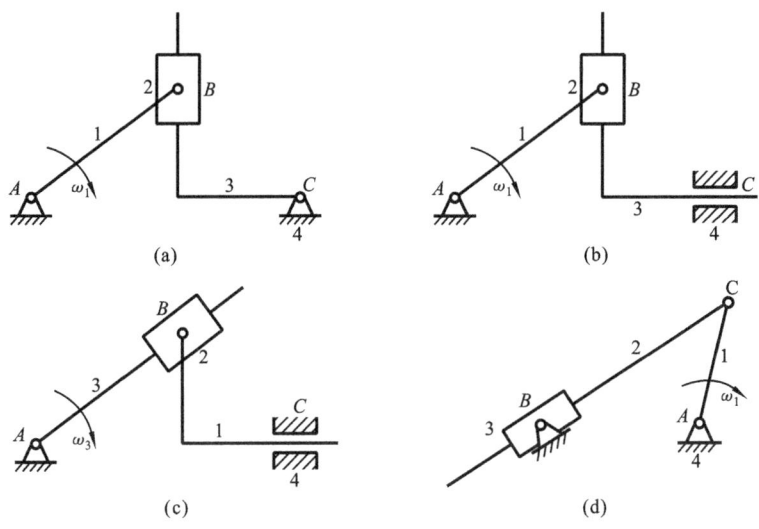

思考题 3-4 图

练 习 题

3-1　试求各机构在题 3-1 图所示位置时全部速度瞬心的位置。

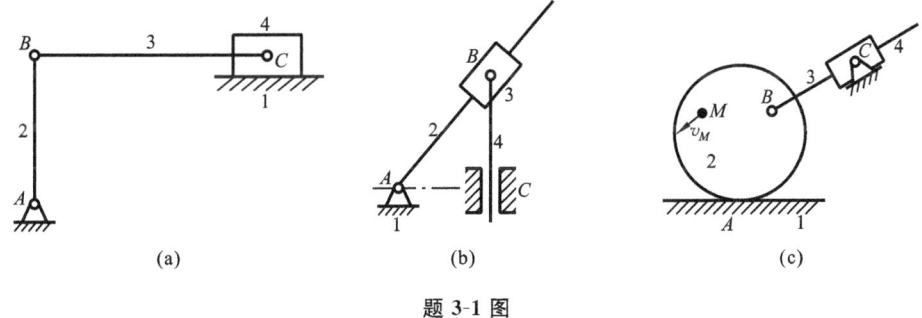

题 3-1 图

3-2　试用瞬心法求连杆机构在题 3-2 图所示位置时构件 5 与构件 1 的角速度比 ω_5/ω_1。

3-3　如题 3-3 图所示为齿轮-连杆组合机构,试用瞬心法求图示位置时齿轮 1 与 3 的传动比 ω_1/ω_3。

3-4　如题 3-4 图所示为凸轮-连杆组合机构,试用瞬心法求图示位置时滑块 4 的速度 v_4 的大小(写出表达式)和方向。

3-5　在题 3-5 图所示四杆机构中,已知 $l_{AB}=60$ mm, $l_{CD}=90$ mm, $l_{BC}=l_{AD}=120$ mm,主动件 2 的等角速度 $\omega_2=10$ rad/s,试用瞬心法求:

(1) 当 $\varphi_2=165°$ 时,点 C 的速度 v_C(大小和方向);

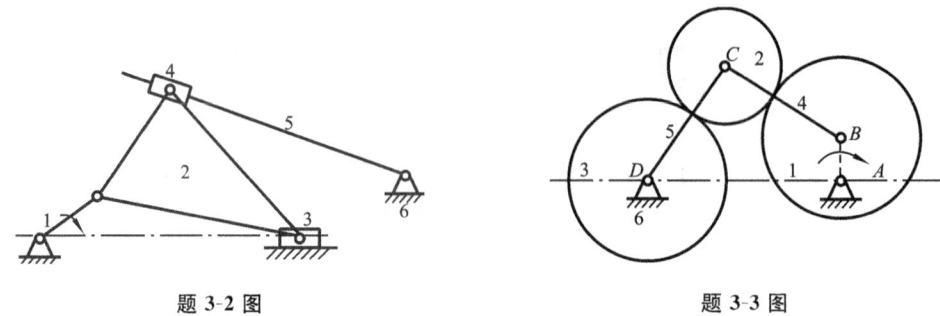

题 3-2 图   题 3-3 图

(2) 当 $\varphi_2 = 165°$ 时,构件 3 的 BC 线(或其延长线)上速度最小点 E 的位置及速度 v_E 的大小;

(3) 当 $v_C = 0$ 时,φ_2 角之值(有两个解),并作出相应的机构位置图。

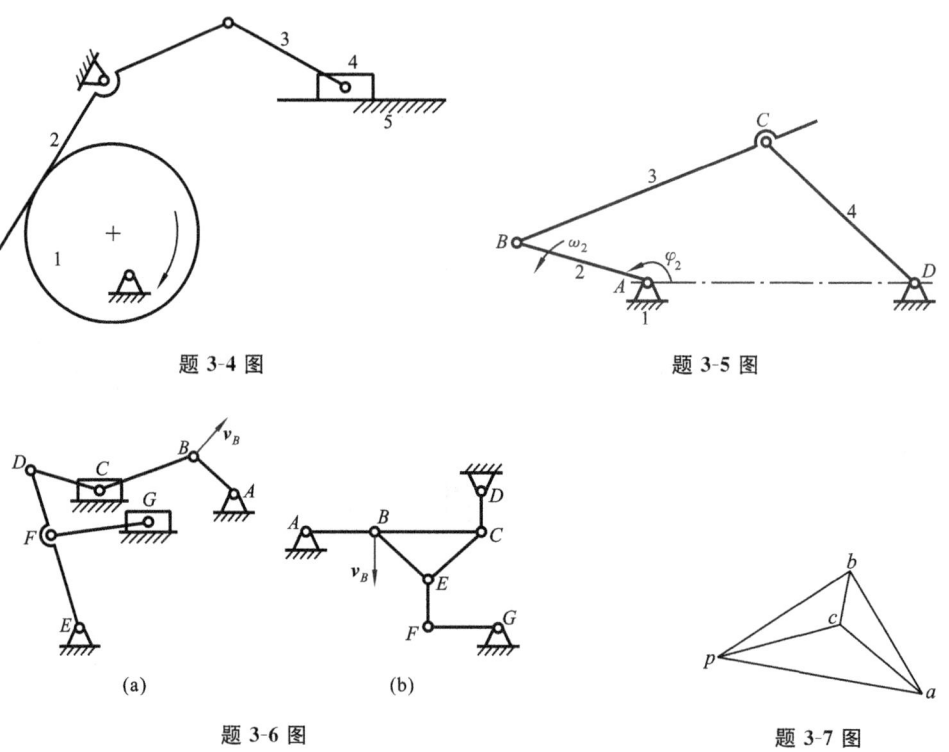

题 3-4 图   题 3-5 图

(a)   (b)

题 3-6 图   题 3-7 图

3-6 在题 3-6 图所示各机构中,设已知各构件的尺寸及点 B 的速度 v_B,试作出其在图示位置时的速度多边形。

3-7 速度多边形和加速度多边形有哪些特性?试在题 3-7 图所示速度多边形中标出 v_{AB}、v_{BC}、v_{CA} 及 v_A、v_B、v_C 的方向。

3-8 已知题 3-8 图所示机构按长度比例尺 $\mu_l = 0.01$ m/mm 绘制,构件 1 以 $\omega_1 = 2$ rad/s 等角速度逆时针方向转动,试求机构在该位置时构件 3 上点 D 的速度和加速度。

3-9　在题 3-9 图所示干草压缩机中,已知 $\omega_1 = 5$ rad/s, $l_{AB} = 150$ mm, $l_{BC} = 600$ mm, $l_{CE} = 200$ mm, $l_{CD} = 460$ mm, $l_{EF} = 600$ mm, $x_D = 400$ mm, $y_D = 500$ mm, $y_F = 600$ mm,试求:

(1) $\varphi_1 = 30°$ 时,活塞 5 的速度、加速度和构件 4 的角速度和角加速度;

(2) 在一个运动循环中活塞 5 的位移、速度和加速度变化曲线。

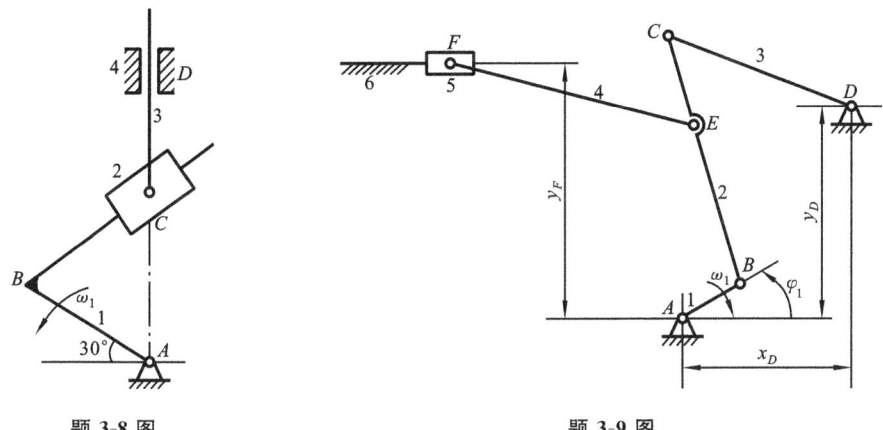

题 3-8 图　　　　　　　　　　　　　　　题 3-9 图

3-10　在题 3-10 图所示的六杆机构中,已知 $l_{AB} = 150$ mm, $l_{AC} = 550$ mm, $l_{BD} = 80$ mm, $l_{DE} = 500$ mm,曲柄 1 以等角速度 $\omega_1 = 10$ rad/s 逆时针方向转动,试求:

(1) 图示位置时构件 3 的角速度、角加速度和构件 5 的速度、加速度;

(2) 在一个运动循环中构件 3 的角速度、角加速度和构件 5 的位移、速度、加速度。

3-11　在题 3-11 图所示六杆机构中,各构件尺寸分别为: $l_{AB} = 200$ mm, $l_{BC} = 500$ mm, $l_{CD} = 800$ mm, $x_F = 400$ mm, $x_D = 350$ mm, $y_D = 350$ mm, $\omega_1 = 100$ rad/s,试求:

(1) 图示位置时构件 5 上点 F 的速度和加速度;

(2) 在一个运动循环中构件 5 上点 F 的位移、速度、加速度变化曲线。

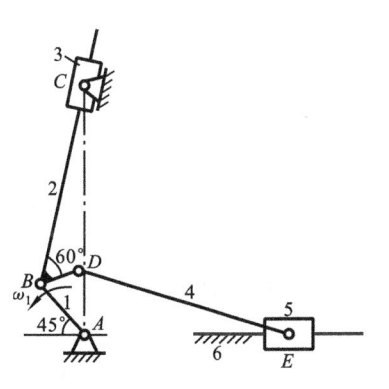
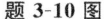
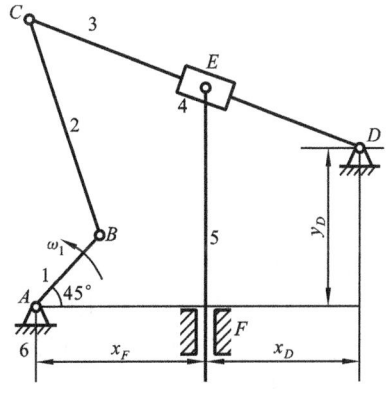

题 3-10 图　　　　　　　　　　　　　　　题 3-11 图

第4章　连杆机构原理与设计

本章重点　平面四杆机构的基本类型及其演化;机构的几何特征、运动和传力性能;平面连杆机构的图解法和解析法设计,重点掌握平面四杆机构的图解设计法。

本章难点　平面四杆机构的传动特性,平面连杆机构的运动设计。

4.1　连杆机构的特点及其在工程中的应用

4.1.1　连杆机构的特点

平面连杆机构是由多个构件以低副连接而成的平面机构,所以又称为低副机构。图4-1(a)所示的铰链四杆机构、图4-1(b)所示的曲柄滑块机构、图4-1(c)所示的导杆机构是最常见的连杆机构形式。它们的共同特点是:其原动件1的运动都要经过一个不直接与机架相连的中间构件2才能传动给最后的从动件3,中间构件2称为连杆。这些机构统称为连杆机构。

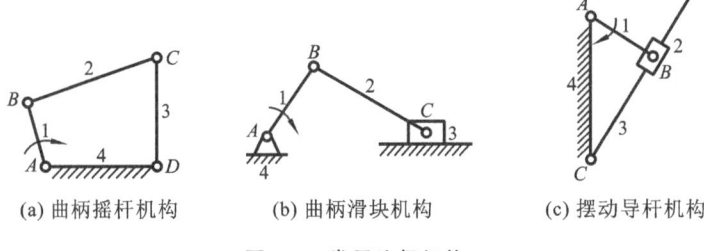

(a) 曲柄摇杆机构　　　　(b) 曲柄滑块机构　　　　(c) 摆动导杆机构

图 4-1　常用连杆机构

1. 平面连杆机构的优点

(1) 平面连杆机构中的运动副都是低副,它们的运动副元素为面接触,相对于高副而言,压强较小,故承载能力强,且有利于润滑,磨损较小;运动副元素的几何形状简单,便于加工制造,成本低。

(2) 能实现多种运动类型的转换。如将转动变为转动,转动变为摆动,转动变为移动,摆动变为转动,移动变为转动,摆动变为摆动等。

(3) 在连杆机构中,连杆上的不同点的轨迹是各种不同形状的曲线,该曲线称为连杆曲线。因此,可获得形式多样的运动轨迹,以满足特定工程实际的需要。

(4) 在连杆机构中,当原动件的运动规律不变时,可通过改变构件相对长度,来使从动件得到不同的运动规律,即实现一定的输入输出函数。

此外,连杆机构还可以很方便地达到增力、扩大行程和远距离传动等目的。

2. 平面连杆机构的缺点

(1) 各运动副之间存在着间隙,从原动件将运动和动力通过连杆传到最后一个从动件,其传递路线较长,易产生较大的积累误差,也使其机械效率降低。

(2) 在连杆机构的运动过程中,连杆及滑块等的质心都在做变速运动,所产生的惯性力难于用一般的平衡方法加以消除,这样会增加机构的动载荷,所以,连杆机构不宜用于高速运动。

此外,虽然可以利用连杆机构满足一些运动规律和运动轨迹的设计要求,但其设计却十分复杂,且一般只能是近似地得到满足。

4.1.2　平面连杆机构在工程中的应用

连杆机构是一种古老的机构。早在两三千年前,我国劳动人民就已在农业生产、粮食加工、冶炼锻造、交通运输等方面,广泛地应用了连杆机构。在科学技术十分发达的今天,连杆机构也以其独有的特点得到了广泛的应用,如石油矿场的抽油机、人造卫星太阳能板的展开机构、机械手的传动机构、人体假肢、折叠伞的收放机构等都用到连杆机构。

平面连杆机构在实际工程中有着广泛的应用,以下是平面连杆机构的应用实例。

图 4-2 所示的是石油矿场采用的游梁式抽油机。整个抽油装置由电动机 1 带动,动力通过 V 带传动 13、减速器 12、曲柄 2、连杆 3 和横梁(摇杆)5,把电动机 1 的高速转动变为抽油机驴头 6 的低速上、下往复运动,通过悬绳器 7 带动抽油杆以实现油井中抽油泵往复的抽油运动,其机械传动系统中最后一级是由曲柄 2、连杆 3、摇杆 5 和机架(支架 9,撬座 10)组成的曲柄摇杆机构,它是典型的平面四杆机构。

图 4-3(a)所示的是自卸卡车的翻斗机构。其中摇块 3 做成绕固定轴 C 摆动的油缸,导杆 4 的一端固结在活塞上。油缸下端进油推动活塞 4 上移,从而推动与车斗固结的构件 1,使之绕点 B 转动,达到自动卸料的目的,图(b)是它的机构运动简图。这种油缸式的摇块机构,在建筑机械、农业机械,以及许多机床中应用广泛。

图 4-4 所示是汽车前轮转向等腰梯形机构。相对固定件 4 是汽车的底盘,构件 1、2、3 和 4 构成汽车转向的梯形机构。汽车的两个前轮浮套在梯形机构两连架杆 1 和 3 向两侧伸出的所谓"羊角轴"上。当汽车直线前进时,两前轮平行,如图中的粗实线所示。当汽车向左转弯时,要求两前轮的羊角轴轴线的交点位于后轴的延长线上的某点,亦即要求三条轴线交于一点,从而能使两前轮轮胎与地面保持纯滚动而减少摩擦。显然,此时要求两前轮的羊角轴的转角 φ 和 ψ 有如下关系

$$\begin{cases} \tan\psi = L/D \\ \tan\varphi = L/(D-H) \\ \tan\psi = \left(\dfrac{D-H}{D}\right)\tan\varphi \end{cases} \tag{4-1}$$

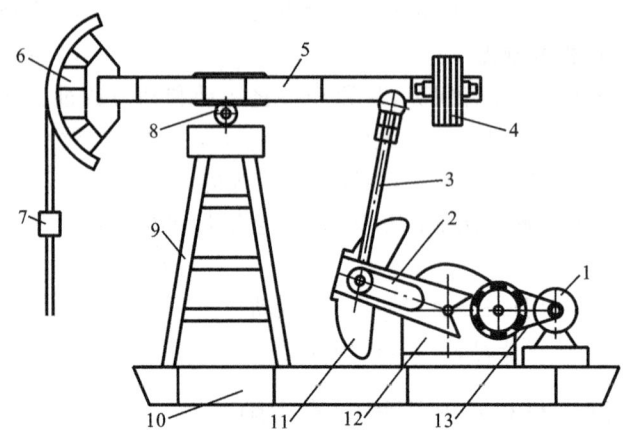

图4-2　游梁式抽油机结构

1—电动机;2—曲柄;3—连杆;4—平衡重;5—横梁(摇杆);6—驴头;7—悬绳器;
8—轴承座;9—支架;10—撬座;11—平衡块;12—减速器;13—V带传动

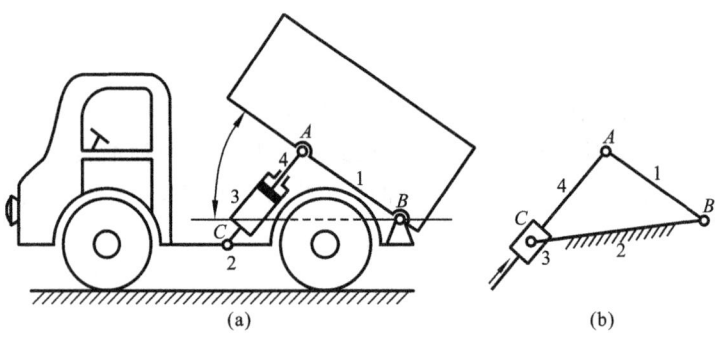

图4-3　卡车翻斗机构

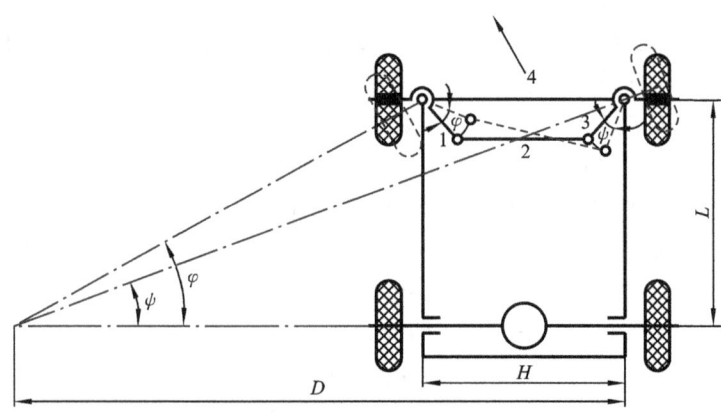

图4-4　汽车前轮转向机构

　　图 4-5 所示为一搅拌机机构。该机构的连杆 2 上的点 E 能按预定的"肾"形轨迹运动。

　　图 4-6 所示的是一种大行程的刨床机构。该刨床机构采用六杆机构，其中 ABCD 是双曲柄机构，由于从动件 3 做整周转动，因此通过连杆 5 而使装卡工件的平台 6 获得大行程的往复移动，以便使固定的刨刀对长尺寸的工件进行刨削加工。

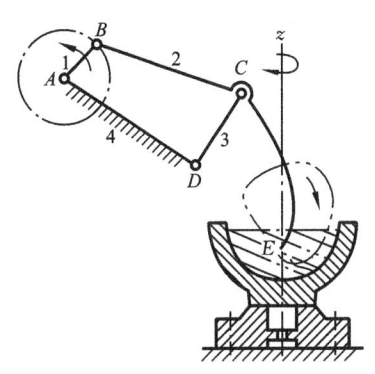

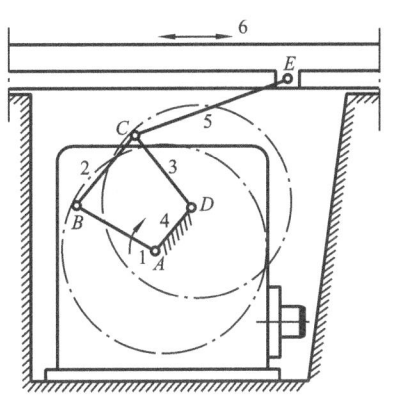

图 4-5　搅拌机机构　　　　　　　　　　　　**图 4-6　大行程刨床机构**

　　图 4-7 所示的是雷达天线俯仰机构。高速转动的电动机经过减速器驱动曲柄 AB 低速整周回转，从而可使摇杆 CD 以极慢的速度摆动，以满足雷达天线极小的角度变化要求。

　　图 4-8 所示的是电风扇的摇头机构。它的摇头机构 ABCD 实际上是双摇杆机构，电动机安装在摇杆 1 上，铰链 B 处装有一个与连杆 2 固结成一体的蜗轮，该蜗轮与电动机轴上的蜗杆相啮合，电动机转动时，通过蜗杆和蜗轮迫使连杆 2 绕点 B 做整周转动，从而使连架杆 1 和 3 做往复摆动，达到风扇摇头的目的。

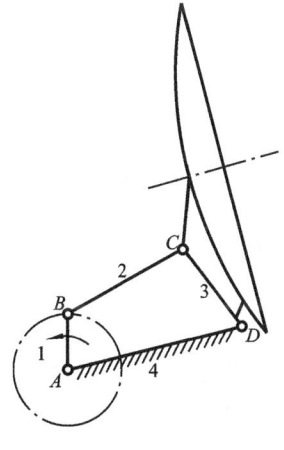

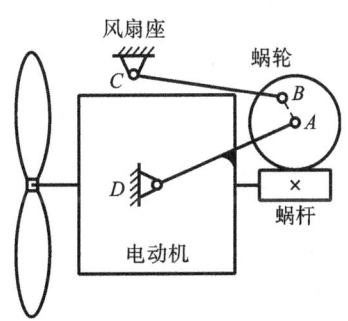

图 4-7　雷达天线机构　　　　　　　　　　　**图 4-8　电风扇的摇头机构**

图 4-9 所示的是惯性步进输送机。它是利用物料的惯性力和摩擦力来实现零散物料的步进输送的。当曲柄 AB 逆时针转动时,摇杆 CD 左右摆动,从而推动承料板5左右移动。只要满足一定的条件,在承料板由左向右运动时就能输送物料;而当满足另一个条件,承料板就能在向左移动时,使物料相对于承料板向右移动,从而达到卸料的目的。读者可自行分析这两个物料步进输送的条件。

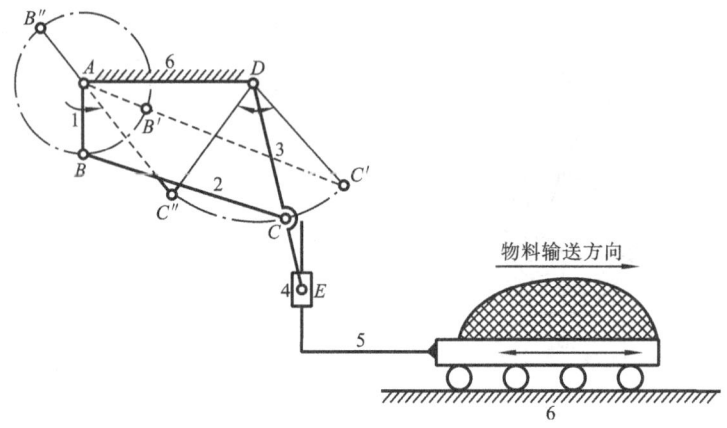

图 4-9　惯性步进输送机

4.2　铰链四杆机构的基本类型及其演化

4.2.1　铰链四杆机构的基本类型

图 4-10(a)所示的是典型的铰链四杆机构,即以铰链连接的四杆机构。图中,AD 为机架,AB 杆和 DC 杆都与机架相连,称为连架杆,BC 杆连接两个连架杆 AB 和 CD,故称 BC 杆为连杆。在连架杆中能做整周转动的杆称为曲柄,即图 4-10(a)中的 AB 杆;只能在一定角度范围内摆动的杆称为摇杆,如图 4-10(a)中的 CD 杆和图4-10(c)中的 AD 杆和 BC 杆。在铰链四杆机构中,各运动副都是转动副。其中如组成转动副的两构件能整周相对转动,则该转动副又可称为周转副,不能整周相对转动的则称为摆转副。

1.　曲柄摇杆机构

铰链四杆机构中的两个连架杆,如果一个是曲柄,另一个是摇杆,则称为曲柄摇杆机构,如图 4-10(a)所示。图 4-2 所示的抽油机中由构件 2、3、5、10 所组成的四杆机构,图 4-5 所示的搅拌机中由构件 1、2、3、4 所组成的四杆机构,图 4-7 所示的雷达天线俯仰机构中由构件 1、2、3、4 所组成的四杆机构,图 4-9 所示的惯性步进输送机中由构件 1、2、3、6 所组成的四杆机构,都是曲柄摇杆机构。

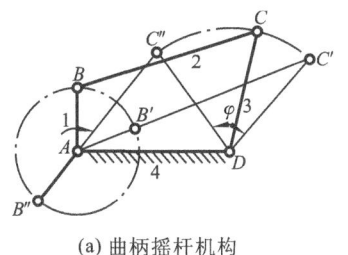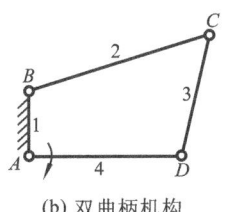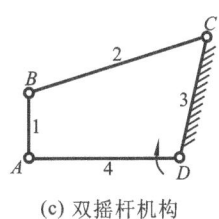

(a) 曲柄摇杆机构　　　　(b) 双曲柄机构　　　　(c) 双摇杆机构

图 4-10　铰链四杆机构的基本形式

2. 双曲柄机构

当两个连架杆均可以相对于机架做整周转动时,该四杆机构称为双曲柄机构,如图 4-10(b)所示。图 4-6 所示的大行程刨床中的机构 ABCD 也是双曲柄机构,当主动曲柄做匀速转动时,从动曲柄作变速转动,从而可使刨头 6 在切削工件时慢速前进,而在空回行程中快速返回,以利于刨削工作的进行。

在双曲柄机构中,若两连架杆相互平行且长度相等,则称为平行四边形机构,如图4-11所示。它有两个显著特性:其一是两曲柄以相同速度、相同方向转动,机车车轮的联动机构就是平行四边形机构,它就利用了这一特性;其二是连杆做平动。如图 4-12(a)所示的摄影平台升降机构和图 4-12(b)所示的播种机料斗机构则是利用了第二个特性。

平行四边形机构在运动过程中,当两曲柄与连杆及机架共线时,在原动曲柄转向不变的条件下,从动曲柄会出现转动方向不确定的现象。为了保证从动曲柄转向不变,可在机构中安装一个惯性较大的轮形构件(称为飞轮),借助它的转动惯性,使从动曲柄按原转向继续转动,或者采用多组相同机构错开相位排列的方法(见图2-17),来保持从动曲柄的转向不变。

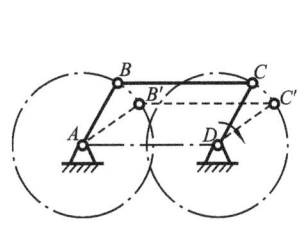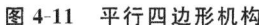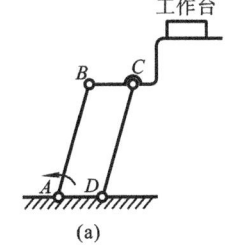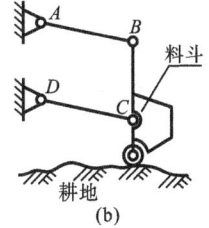

图 4-11　平行四边形机构　　　　**图 4-12　连杆平动机构**

3. 双摇杆机构

若铰链四杆机构的两个连架杆均为摇杆,则称为双摇杆机构,如图 4-10(c)所示。图 4-4 所示的汽车前轮转向等腰梯形机构(由构件 1、2、3、4 组成)是双摇杆机构;图 4-8 所示电风扇的摇头机构也是双摇杆机构。图 4-13 所示的铸造用大型造型机的翻箱机构,就应用了双摇杆机构 $ABCD$,将固定在连杆 BC 上的砂箱在 BC 位置进行造型震实后,翻转 $180°$,转到 $B'C'$ 位置,以便进行拔模。图 4-14 所示的鹤式起重机也是双摇杆机构的应用实例,它的双摇杆机构为 $ABCD$,吊钩设置在连杆 BC 上,连杆延长线上点 E 的轨迹近似为直线,以实现水平方向平移。

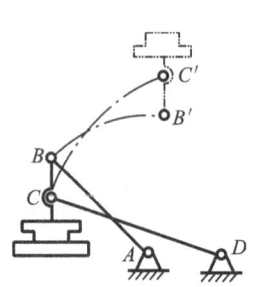

图 4-13　翻台震实式造型机翻箱机构

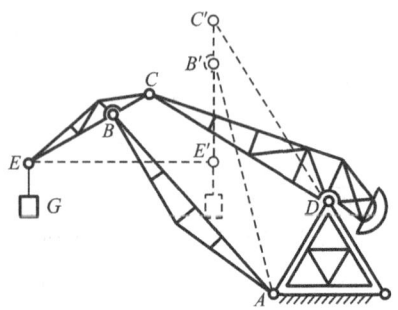

图 4-14　鹤式起重机直线移动机构

4.2.2 铰链四杆机构的演化

除上述三种类型的铰链四杆机构之外,机械中还广泛地采用着其他类型的四杆机构。这些类型的四杆机构都可认为是由铰链四杆机构的基本类型演化而来的。四杆机构的演化,不仅仅是为了满足运动方面的要求,还往往是为了改善其受力状况,以及满足结构设计上的需要等。各种演化机构的外形虽然各不相同,但它们的性质、分析、设计都是相同的或类似的,这就为连杆机构的学习和研究提供了方便。下面介绍四杆机构的演化方法及其应用举例。

1. 改变构件的形状和运动尺寸

在图 4-15(a)所示的曲柄摇杆机构中,当原动件曲柄 1 绕点 A 回转时,铰链 C 将沿圆弧 $β—β$ 往复摆动。现不改变运动规律,只改变摇杆 3 的形状,将其改变成滑块的形式,使其沿圆弧导轨 $β—β$ 往复滑动,如图 4-15(b)所示,这样,就将曲柄摇杆机构演化成为具有曲线导轨的曲柄滑块机构。若将图 4-15(a)中摇杆 3 的长度增至无穷大,则曲线导轨将变成直线导轨,于是具有曲线导轨的曲柄滑块机构就演化成了偏置曲柄滑块机构,其偏距为 e,如图 4-15(c)所示。若偏距 e 为零,则称为对心曲柄滑块机构,如图 4-15(d)所示。曲柄滑块机构在内燃机、冲床、空压机等机械中得到了广泛应用。

曲柄滑块机构还可进一步演化成双滑块机构。在图 4-15(d)所示的曲柄滑块机构中,由于铰链 B 相对于铰链 C 运动的轨迹为圆弧 $τ-τ$,所以如将连杆 2 做成滑块形式,并使之沿滑块 3 上的圆弧导轨 $τ-τ$ 运动(见图 4-16(a)),显然其运动性质并未发生改变,但是此时已演化成为一种具有两个滑块的四杆机构。设将图 4-15(d)所示曲柄滑块机构中的连杆 2 的长度增至无穷长,则圆弧导轨 $τ-τ$ 将成为直线,于是该机构将演化成如图 4-16(b)所示的所谓正弦机构。在此机构中,从动件 3 的位移 s 与原

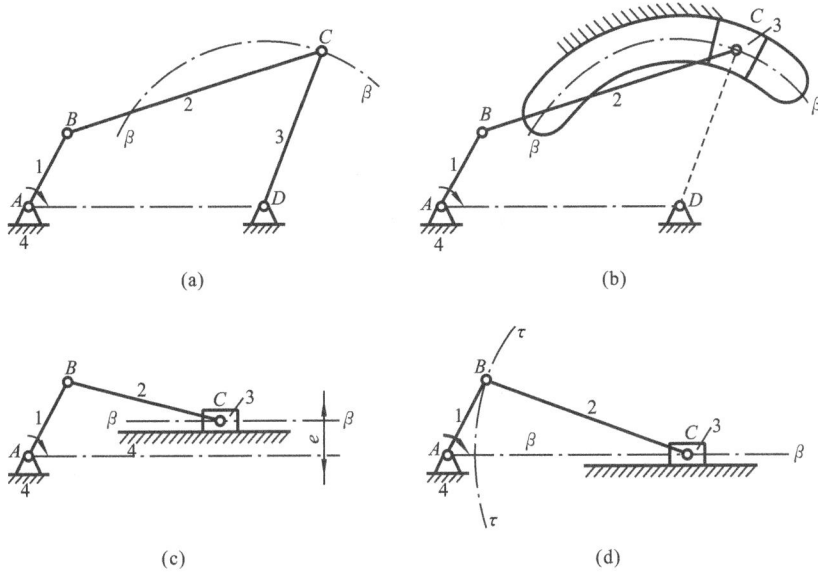

图 4-15　曲柄摇杆机构演化为曲柄滑块机构

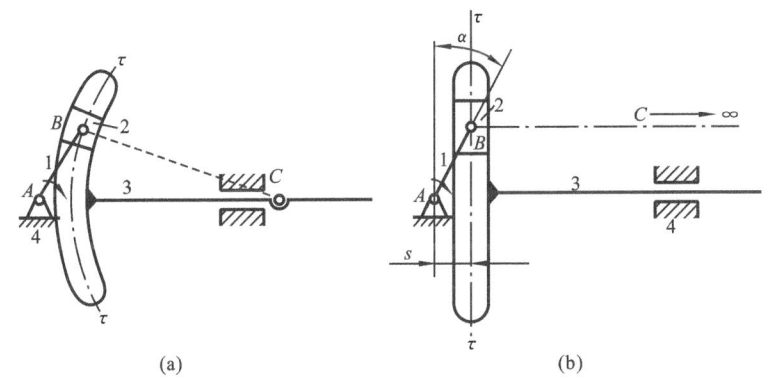

图 4-16　单滑块机构演化为双滑块机构

动件 1 的转角 α 的正弦成正比,即 $s = l_{AB} \sin \alpha$。这种机构多应用在一些仪表和解算装置中。由上述得知,移动副可以认为是转动副中心在无穷远处的转动副演化而来的。

2. 选取不同的构件为机架

在图 4-17(a)所示的曲柄滑块机构中,若改选构件 AB 为机架,此时构件 4 绕轴 A 转动,构件 3 以构件 4 为导轨沿其相对移动,构件 4 称为导杆,该机构称为导杆机构,如图 4-17(b)所示。在导杆机构中,若导杆能作整周转动,则称为转动导杆机构。这种机构在旋转油泵中使用较多。在转动导杆机构中,若使杆 AB 的长度增加,杆 BC 的长度减小,达到 $l_{AB} > l_{BC}$ 时,导杆仅能在某一角度范围内摆动,则机构称为摆动导杆机构。该机构在牛头刨床(见图 4-18ABC)及插床上均有应用。在图 4-17(a)所示的曲柄滑块机构中,选取构件 BC 为机架,则演化成为曲柄摇块机构,如图 4-17(c)所示,此时构件 3 仅能绕点 C 摇摆。图 4-3 所示的自卸卡车的翻斗机构就是曲柄摇块机构的应用实例。在图 4-17(a)所示的曲柄滑块机构中,选取滑块 3 为机架,则演化成为移动导杆机构,或称为定块机构,如图 4-17(d)所示,这种机构常用于抽油机及油泵中,如图 4-19 所示的手摇唧筒。

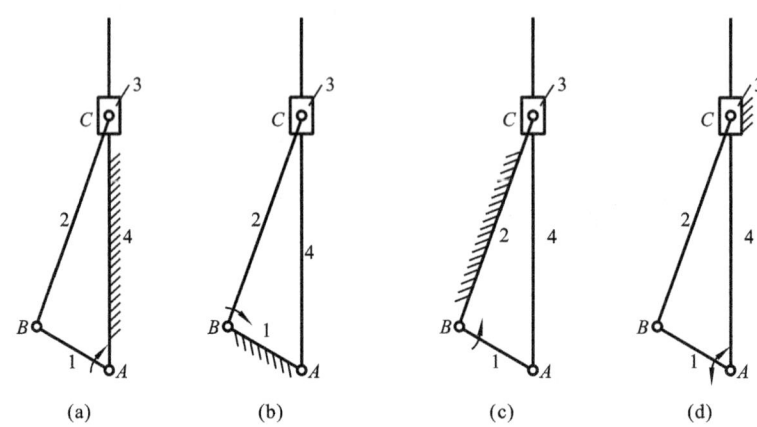

(a)　　　　　　(b)　　　　　　(c)　　　　　　(d)

图 4-17　曲柄滑块机构的进一步演化

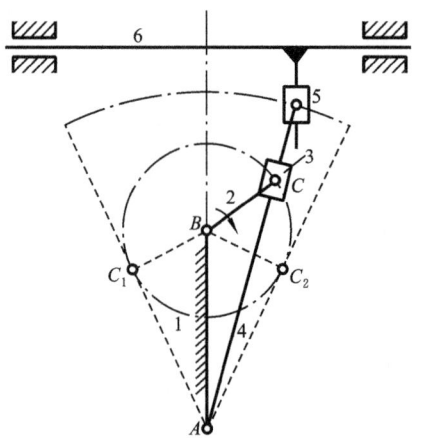
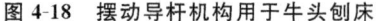

图 4-18　摆动导杆机构用于牛头刨床

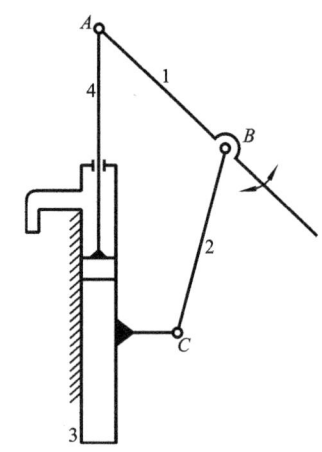

图 4-19　手摇唧筒

3. 改变运动副的尺寸

在图 4-20(a)所示的曲柄滑块机构中,将转动副 B 处销轴的半径扩大,使之超过曲柄的长度,此时,转动副 B 处的销轴就演化成为偏心轮,此机构就演化成偏心轮机构,如图 4-20(b)所示。偏心轮机构的运动性质和曲柄滑块机构完全相同,只是由于结构的需要将曲柄滑块机构改变成偏心轮机构,这种结构可以避免在极短的曲柄两端装设两个转动副而引起结构设计上的困难,而且轮盘状构件比杆状曲柄的强度高得多。因此,在一些载荷很大而行程很小的场合,如冲床、压印机床、剪床、柱塞油泵等设备中,广泛采用偏心轮结构。

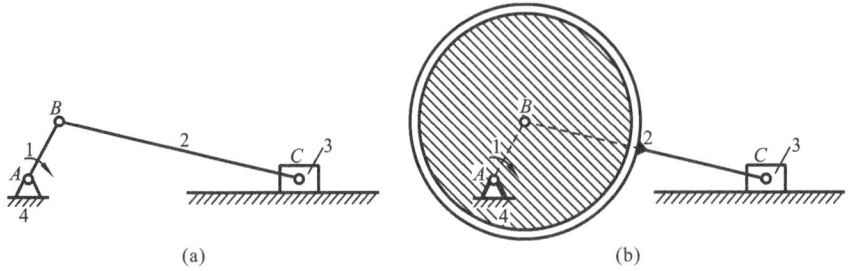

图 4-20   曲柄滑块机构演化为偏心轮机构

4.3   铰链四杆机构的基本知识

铰链四杆机构是平面四杆机构的基本形式,它的某些基本特性,既关系到构件的运动状态问题,也关系到机构的受力问题。掌握铰链四杆机构特性的相关知识十分重要,因为这些知识不仅可以应用在铰链四杆机构的设计中,而且可以推广到其他类型的四杆机构中。

4.3.1   铰链四杆机构有曲柄的条件

由上述可知,在铰链四杆机构中能做整周回转的连架杆称为曲柄,而曲柄是否存在则取决于机构中各杆的长度关系。欲使杆能做整周转动,各杆的长度必须满足一定的条件,即所谓的曲柄存在的条件。下面讨论铰链四杆机构曲柄存在的条件。

在图 4-21 所示的四杆机构中,构件 1 为曲柄,2 为连杆,3 为摇杆,4 为机架。设各杆长度分别为 a、b、c、d。当曲柄 1 转过一周时,铰链中心 B 的轨迹是以 A 为圆心、AB 为半径的圆。显然,在 B 经过点 B_1、B_2 时,曲柄和连杆必然形成两次共线,即重叠共线 B_1AC_1 和拉直共线 AB_2C_2。换言之,要使杆 1 成为曲柄,它必须能顺利地通过这两个共线的位置。

为此,各杆长度应满足以下条件:当杆 1 与杆 2 重叠共线时,形成 $\triangle AC_1D$。由三角形关系可得

$$b-a+c \geqslant d \qquad 及 \qquad b-a+d \geqslant c$$

即

$$a+d \leqslant b+c \tag{4-2}$$

及

$$a+c \leqslant b+d \tag{4-3}$$

当杆 1 与杆 2 拉直共线时,在 $\triangle AC_2D$ 中有

$$a+b \leqslant c+d \tag{4-4}$$

将上述三式分别两两相加,则得

$$a \leqslant b, \quad a \leqslant c, \quad a \leqslant d \tag{4-5}$$

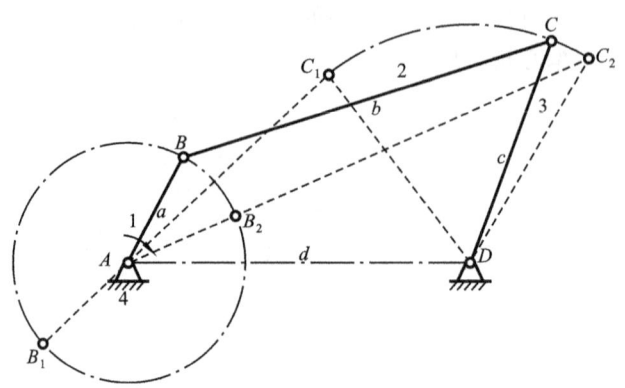

图 4-21 铰链四杆机构曲柄存在的几何条件

由上述关系可知,在曲柄摇杆机构中,要使杆 1 为曲柄,它必须是四杆中的最短杆,且最短杆与最长杆长度之和小于或等于其余两杆长度之和。因此,铰链四杆机构曲柄存在的条件概括为如下两点:

(1) 连架杆与机架中必有一杆是最短杆;

(2) 最短杆与最长杆长度之和小于或等于其余两杆长度之和(通常称此条件为杆长条件)。

当四杆机构各杆的长度满足杆长条件时,最短杆参与构成的转动副(图中的 A、B 副)都是周转副,而其余的转动副(图中的 C、D 副)则是摆转副。在满足杆长条件的四杆机构中,当以最短杆为连架杆时,得到曲柄摇杆机构,如图 4-22(a)、(b)所示;当以最短杆为机架时,得到双曲柄机构,如图 4-22(c)所示;当以最短杆为连杆时,得到双摇杆机构,如图 4-22(d)所示。

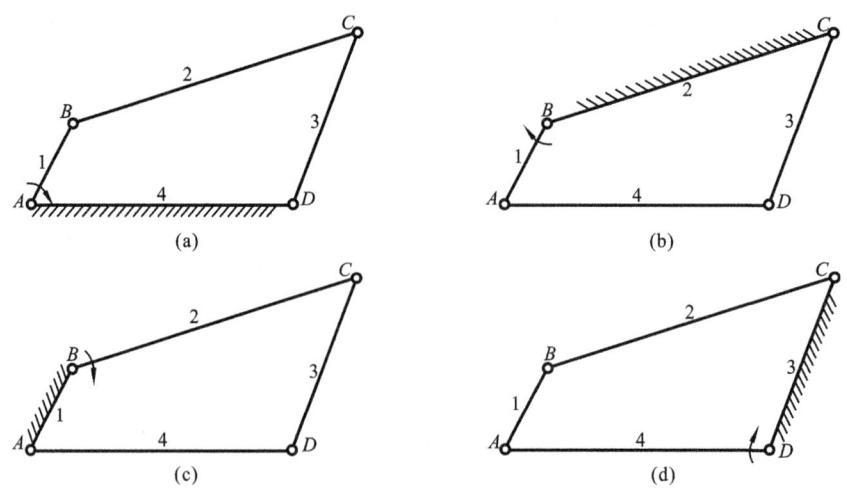

图 4-22 曲柄摇杆机构的演化

如果铰链四杆机构各杆的长度不满足杆长条件,则无周转副,此时无论以何杆为机架,均为双摇杆机构。对于含有移动副的四杆机构,根据机构演化原理,移动副是转动副中心在无穷远处的转动副,因此可将机构转化为铰链四杆机构来分析其曲柄存在的条件。

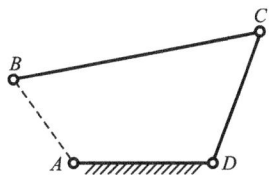

图 4-23　铰链四杆机构

例 4-1　在图 4-23 中,已知 $l_{BC}=120$ mm,$l_{CD}=90$ mm,$l_{AD}=70$ mm,AD 为机架。

(1) 如果该机构能成为曲柄摇杆机构,且 AB 为曲柄,求 l_{AB} 的值;

(2) 如果该机构能成为双曲柄机构,求 l_{AB} 的值;

(3) 如果该机构能成为双摇杆机构,求 l_{AB} 的值。

解　(1) 能成为曲柄摇杆机构,则机构必须满足最长杆与最短杆长度之和小于或等于其他两杆长度之和,且 AB 为最短杆。则有

$$l_{AB}+l_{BC} \leqslant l_{CD}+l_{AD}$$

$$l_{AB} \leqslant 40 \text{ mm}$$

(2) 能成为双曲柄机构,则应满足最长杆与最短杆长度之和小于或等于其他两杆长度之和,且机架 AD 为最短杆。则有以下两种情况。

① 若 BC 为最长杆,即 $l_{AB} \leqslant 120$ mm,则

$$l_{BC}+l_{AD} \leqslant l_{AB}+l_{CD}$$

$$l_{AB} \geqslant 100 \text{ mm}$$

所以　　　　　　　　　　$100 \text{ mm} \leqslant l_{AB} \leqslant 120 \text{ mm}$

② 若 AB 为最长杆即 $l_{AB} \geqslant 120$ mm,则

$$l_{AB}+l_{AD} \leqslant l_{BC}+l_{CD}$$

$$l_{AB} \leqslant 140 \text{ mm}$$

所以　　　　　　　　　　$120 \text{ mm} \leqslant l_{AB} \leqslant 140 \text{ mm}$

综上所述,l_{AB} 的值应在下述范围内选取,即

$$100 \text{ mm} \leqslant l_{AB} \leqslant 140 \text{ mm}$$

(3) 能成为双摇杆机构,由于连杆 BC 不是最短杆,则机构应不满足杆长条件,分以下三种情况讨论。

① 当 $l_{AB}<70$ mm,AB 为最短杆,BC 为最长杆,则

$$l_{AB}+l_{BC}>l_{CD}+l_{AD}$$

$$l_{AB}>40 \text{ mm}$$

即　　　　　　　　　　　$40 \text{ mm} < l_{AB} < 70 \text{ mm}$

② 当 $l_{AB} \in [70,120)$ 时,AD 为最短杆,BC 为最长杆,则

$$l_{AD}+l_{BC}>l_{AB}+l_{CD}$$

$$l_{AB}<100 \text{ mm}$$

即　　　　　　　　　　　$70 \text{ mm} \leqslant l_{AB} < 100 \text{ mm}$

③ 当 $l_{AB} > 120$ mm 时,AB 为最长杆,AD 为最短杆,则

$$l_{AD} + l_{AB} > l_{BC} + l_{CD}$$

$$l_{AB} > 140 \text{ mm}$$

当 AB 增大时,BC 和 CD 成拉直共线时,需构成三角形的关系,即

$$l_{AB} < l_{BC} + l_{CD} + l_{AD}$$

$$l_{AB} < 280 \text{ mm}$$

则　　　　　　　　　$140 \text{ mm} < l_{AB} < 280 \text{ mm}$

综上分析,得 l_{AB} 的取值范围为

$$\begin{cases} 40 \text{ mm} < l_{AB} < 100 \text{ mm} \\ 140 \text{ mm} < l_{AB} < 280 \text{ mm} \end{cases}$$

4.3.2　四杆机构的急回特性和行程速比系数

在图 4-24 所示的曲柄摇杆机构中,当主动曲柄 1 沿顺时针方向以等角速度 ω_1 转过 α_1,即铰链 B 从 B_1 运动到 B_2 时,摇杆 3 自左极限位置 C_1D 摆动至右极限位置 C_2D (常作为从动件的工作行程和负载行程),设所需的时间为 t_1,点 C 的平均速度为 v_1;而当曲柄 1 再继续转过 α_2,即铰链 B 从 B_2 运动到 B_1 时,摇杆 3 自右极限位置 C_2D 摆动至左极限位置 C_1D(常称为空回行程或空载行程),设所需的时间为 t_2,点 C 的平均速度为 v_2。摇杆在左右两个极限位置时,曲柄 AB 所在两个位置之间所夹的锐角 θ 称为极位夹角。不难看出,由于 $\alpha_1 = 180° + \theta$,$\alpha_2 = 180° - \theta$,$\alpha_1 > \alpha_2$,所以 $t_1 > t_2$。又因摇杆 3 上的点 C 在两极限位置间往返走过的弧长相等,而所用的时间却不相同,所以点 C 往返的平均速度也不同,即 $v_2 > v_1$。由此说明:曲柄 1 虽做等速转动,而摇杆 3 空回行程的平均速度却大于工作行程的平均速度,因此把铰链四杆机构的这种运动性质称为急回特性。

摆动导杆机构同样具有急回特性。如图 4-25 所示,当曲柄 AB 两次转到与导杆垂直时,导杆 BC 处于两侧极限位置,其摆角 φ 正好等于机构的极位夹角 θ,即 $\theta = \varphi$。

在许多机械中,如抽油机、牛头刨床、插床等,常利用机构的急回特性来减少空回行程的时间,以提高生产效率。

机构急回运动的急回程度用行程速比系数 K 来衡量。对于图 4-24 所示的铰链四杆机构,有

$$K = \frac{v_2}{v_1} = \frac{\overset{\frown}{C_2C_1}/t_2}{\overset{\frown}{C_1C_2}/t_1} = \frac{t_1}{t_2} = \frac{\alpha_1}{\alpha_2} = \frac{180° + \theta}{180° - \theta} \tag{4-6}$$

式中:K 为反正行程速比系数,简称行程速比系数;v_2 为从动件空回行程的平均速度;v_1 为从动件工作行程的平均速度;θ 为极位夹角。

上式表明:当原动件为曲柄,从动件存在着正、反行程的极限位置,机构存在极位夹角 θ,即 $\theta \neq 0°$ 时,机构便具有急回运动特性。θ 角愈大,K 值愈大,机构的急回特性就愈显著,机械的生产效率也愈高。

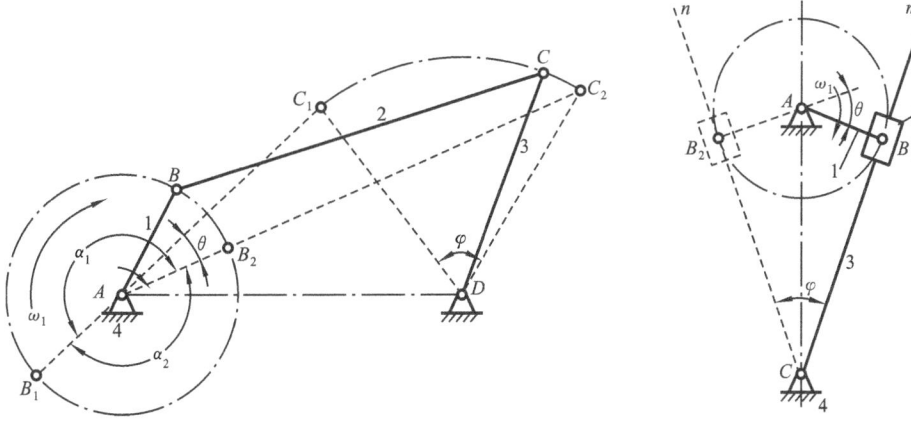

图 4-24　曲柄摇杆机构运动特性分析　　　　　图 4-25　摆动导杆机构
　　　　　　　　　　　　　　　　　　　　　　　　　　　　运动特性分析

　　图 4-26(a)所示的对心曲柄滑块机构中,必有 $\theta=0°$,致使 $K=1$,故无急回特性;而图(b)所示的偏置曲柄滑块机构中,$\theta\neq0°$,因而具有急回特性。

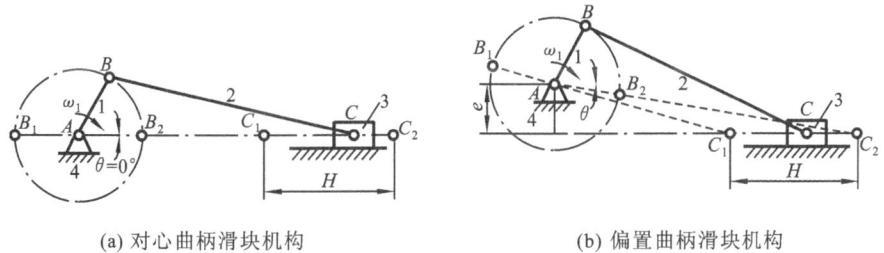

(a) 对心曲柄滑块机构　　　　　　　　　　　(b) 偏置曲柄滑块机构

图 4-26　两种曲柄滑块机构

　　对于一些要求具有急回运动性质的机械,如牛头刨床、往复式运输机等,在设计时,要根据所需的行程速比系数 K 来设计,此时应先利用式(4-7)求出 θ 角,然后再设计各杆的尺寸。

$$\theta=180°\frac{K-1}{K+1} \tag{4-7}$$

4.3.3　四杆机构的压力角和传动角

　　在生产实践中,连杆机构不仅应能实现给定的运动规律,而且还要运转轻便、效率较高,即要具有良好的传力性能。而压力角和传动角则是判断一个连杆机构传力性能优劣的重要标志。在图 4-27 所示的曲柄摇杆机构中,若忽略各杆的质量和运动副的摩擦,则主动曲柄 1 通过连杆 2 作用于从动摇杆 3 上的力 **F** 是沿 BC 方向的。力 **F** 与点 C 的速度方向所夹的锐角 α 称为机构在此位置时的压力角。力 **F** 在速度方向的分力为切向分力 $F_t=F\cos\alpha$,此力为有效分力,能做有效功;而沿摇杆 CD 方

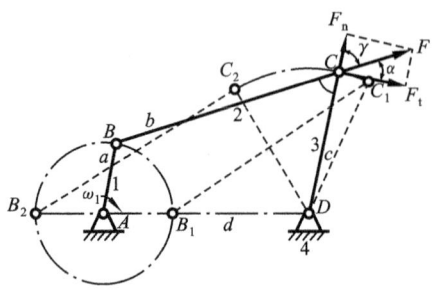

图 4-27　曲柄摇杆机构传力性能分析

向的分力为法向分力 $F_n = F \sin\alpha$，此力为有害分力，非但不能做有用功，而且还增大了运动副的摩擦阻力。显然压力角 α 越小，F_t 越大，传力性能就越好。为度量方便，常用压力角的余角 γ 来判断连杆机构的传力性能，γ 角称为传动角。$\alpha + \gamma = 90°$，α 越小，γ 越大，机构的传力性能就越好；反之，就越差。当 $\gamma = 0$ 时，摇杆 3 将不可能有任何运动而发生自锁。

在机构运动过程中，压力角 α 和传动角 γ 的大小是变化的，为保证机构传力性能良好，应使 $\gamma_{min} \geqslant 40° \sim 50°$，具体数值应根据传递功率的大小而定，传递功率大时，传动角应取大些，如颚式破碎机、冲床等可取 $\gamma_{min} \geqslant 50°$；而在一些控制机构和仪表机构中，$\gamma_{min}$ 甚至可小于 $40°$。

对于曲柄摇杆机构，γ_{min} 出现在主动曲柄与机架共线的两位置之一，这时

$$\gamma_1 = \angle B_1 C_1 D = \arccos \frac{b^2 + c^2 - (d-a)^2}{2bc} \tag{4-8}$$

$$\gamma_2 = \angle B_2 C_2 D = \arccos \frac{b^2 + c^2 - (d+a)^2}{2bc} \quad (当 \angle B_2 C_2 D < 90° 时) \tag{4-9}$$

$$\gamma_2 = 180° - \arccos \frac{b^2 + c^2 - (d+a)^2}{2bc} \quad (当 \angle B_2 C_2 D > 90° 时) \tag{4-10}$$

式中：γ_1、γ_2 中的小者即为 γ_{min}。

由上述三式可见，传动角的大小与机构中各杆的长度有关，故可按给定的许用传动角来设计四杆机构。

4.3.4　四杆机构的死点

在图 4-27 所示的曲柄摇杆机构中，若取摇杆 3 为原动件，曲柄 1 为从动件，当摇杆 3 处于两极限位置 $C_1 D$、$C_2 D$ 时，连杆 2 与曲柄 1 将出现两次共线。这时，如不计各杆的质量和运动副中的摩擦，则摇杆 3 通过连杆 2 传给曲柄 1 的力必通过铰链中心 A。因为该作用力对点 A 的力矩为零，故曲柄 1 不会转动。机构的这种位置称为死点位置，即压力角 $\alpha = 90°$ 或传动角 $\gamma = 0°$ 时机构所处的位置。同理，对于曲柄滑块机构，当滑块为主动件时，若连杆与从动件曲柄共线，机构也处于死点位置。

实际应用中，死点位置常使机构从动件无法运动或出现运动的不确定现象，如图 4-28 所示的缝纫机的驱动机构在曲柄与连杆拉直共线（图 4-28(a)）和重叠共线（图 4-28(b)）时，即为死点位置。为保证机构正常运转，可在曲柄轴上装一飞轮，利用其惯性作用使机构闯过死点位置，也可采用相同机构错位排列通过死点位置，如六缸内燃机即采用这种方式。对于传动机构来说死点位置的出现是有害的，应设法避免。但是在工程中也可利用机构的死点位置来满足某些工作要求。如图 4-29 所示的工件夹紧机构，就是利用死点的实例。当在手柄(连杆 2)上加力 **F** 夹紧工件时，杆 2、3

的三个铰链 B、C、D 处于同一直线上。而去掉力 F 后,工件作用于直角杆 1 上的反力经杆 2 传给杆 3 并通过铰链中心 D,对 D 的力矩为零。所以杆 3 不会转动,从而使工件处于夹紧状态,便可对工件进行加工。当需要卸下工件时,只需在手柄(连杆 2)上加一相反的力 F 即可。F_N 为工件对夹头的支反力。这种夹具常在机械加工中使用。

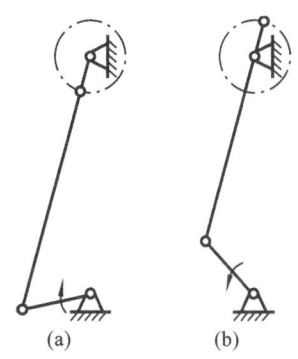

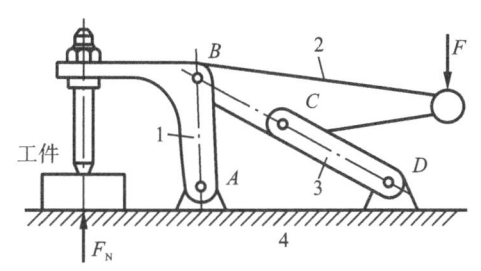

图 4-28　缝纫机驱动机构的死点位置　　　　图 4-29　利用死点位置夹紧工件

如图 4-30 所示的飞机起落架机构,在机轮放下时,杆 BC 与杆 CD 成一直线,此时机轮上虽受到很大的力,但由于机构处于死点位置,起落架不会反转折回,这可使飞机起落和停放可靠。当飞机飞行时,转动杆 CD,起落架即收缩回 $AB_2C_2DE_2$ 位置。

综上所述,机构的极位和死点实际上是机构的同一位置,所不同的仅仅是机构的原动件不同。当原动件与连杆共线时为极位。在极位附近,由于从动件的速度接近于零,可获得很大的增力效果。如图 4-31 所示的拉铆机,当把手柄向内靠拢时,使 ABC(或 $A'B'C'$)接近于直线,可使芯杆 1 产生很大的向下的拉铆力。当从动件与连杆共线时为死点。机构在死点时根本不能运动,但如因振动、冲击等原因使机构离开

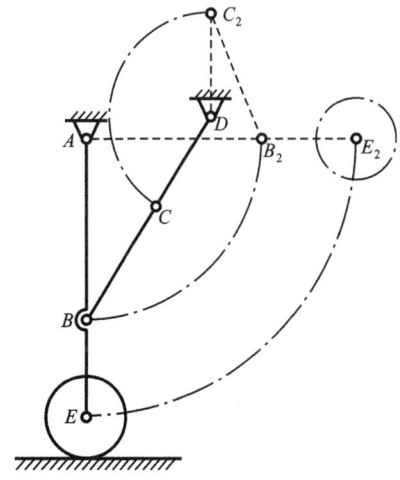

图 4-30　飞机起落架机构

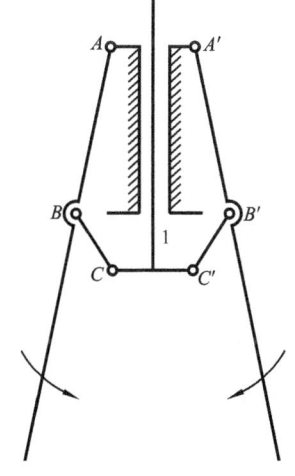

图 4-31　拉铆机增力机构

死点而继续运动,这时从动件的运动方向是不确定的,既可能正转,也可能反转,故机构的死点位置也是机构的运动转折点。

4.4　平面四杆机构的设计

4.4.1　平面连杆机构设计的基本问题

连杆机构设计的基本问题是根据给定的要求选定机构的类型,确定各构件的尺寸,同时还要满足结构条件(如要求存在曲柄、杆长比恰当等)、动力条件(如适当的传动角等)和运动连续条件等。

机械的用途和性能的不同,其连杆机构设计的要求也不同,但这些设计要求可归纳为以下三类。

(1) 满足预定的连杆位置要求。要求连杆能占据一系列的预定位置。因这类设计问题要求机构能引导连杆按一定方位通过预定位置,故又称为刚体导引问题。

(2) 满足预定的运动规律要求。如要求两连架杆的转角能够满足预定的对应位置关系;或要求在原动件运动规律一定的条件下,从动件能够准确地或近似地满足预定的运动规律。

(3) 满足预定的轨迹要求。要求在机构运动过程中,连杆上某些点的轨迹能符合预定的轨迹要求。如图 4-14 所示的鹤式起重机构,为避免货物做不必要的上下起伏运动,连杆上吊钩滑轮的中心点 E 应沿水平直线 EE' 移动;而对图 4-5 所示的搅拌机机构,应保证连杆上的搅拌端点能按预定的轨迹运动,以完成搅拌运动等。

4.4.2　四杆机构的设计方法

设计四杆机构的方法很多,下面首先重点讨论三种图解设计法,然后介绍一种解析设计法。

1. 四杆机构的图解设计法

1) 按给定的行程速比系数设计四杆机构

给定行程速比系数 K,也就是给定了四杆机构具有急回运动的条件。设计时先按 K 值算出极位夹角 θ,再按极限位置的几何关系,结合给定的有关辅助条件,确定机构的尺寸参数。

现以曲柄摇杆机构的设计为例说明其设计过程。

例 4-2　已知曲柄摇杆机构中摇杆 CD 的长度、摆角 φ 和行程速比系数 K,试设计该曲柄摇杆机构。

解　根据已知条件可知,本题实质是确定曲柄 AB 的固定铰链点 A,由此便不难求出其他各杆长度。设计步骤如下。

（1）由给定的行程速比系数 K，用式（4-7）算出极位夹角 θ。

$$\theta = 180° \frac{K-1}{K+1}$$

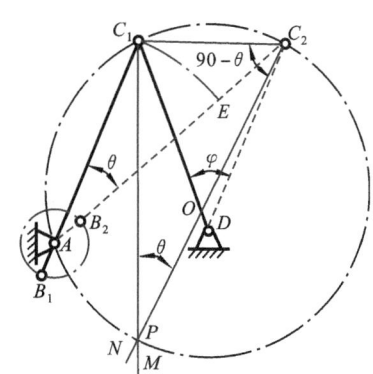

（2）任选一固定铰链点 D，选取长度比例尺 μ_l 并按摇杆长 l_{CD} 和摆角 φ 作出摇杆的两个极限位置 $C_1 D$ 和 $C_2 D$，如图 4-32 所示。

（3）连接 C_1、C_2，并自 C_1（或 C_2）作 $C_1 C_2$ 的垂直线 $C_1 M$。

（4）作 $\angle C_1 C_2 N = 90° - \theta$，则直线 $C_2 N$ 与 $C_1 M$ 相交于点 P。由三角形的三内角和等于 $180°$ 可知，直角三角形 $C_1 P C_2$ 中，$\angle C_1 P C_2 = \theta$。

图 4-32　曲柄摇杆机构设计

（5）以 $C_2 P$ 为直径作直角三角形 $C_1 P C_2$ 的外接圆（圆心为 O），在圆弧 $\overparen{C_1 P C_2}$ 上任选一点 A 作为曲柄 AB 的机架铰链点，并分别与 C_1、C_2 相连。则 $\angle C_1 A C_2 = \angle C_1 P C_2 = \theta$（同一弧所对的圆周角相等）。

（6）由图可知，摇杆在两极限位置时曲柄和连杆共线，故有 $\overline{AC_1} = \overline{BC} - \overline{AB}$ 和 $\overline{AC_2} = \overline{BC} + \overline{AB}$。解此两方程可得 $\overline{AB} = \dfrac{\overline{AC_2} - \overline{AC_1}}{2}$，$\overline{BC} = \dfrac{\overline{AC_1} + \overline{AC_2}}{2}$。此结果也可通过作图在图上直接求出。方法是：以 A 为圆心，AC_1 为半径作圆弧交 AC_2 直线于 E 点，则 $\overline{EC_2} = 2\,\overline{AB}$。然后，再以 A 为圆心，以 $\overline{EC_2}/2$ 为半径作圆交 $C_1 A$ 的延长线和 $C_2 A$ 于点 B_1 和 B_2，则 $\overline{AB_1} = \overline{AB_2} = \overline{AB}$ 即为曲柄长，$\overline{B_1 C_1} = \overline{B_2 C_2} = \overline{BC}$ 为连杆长，$\overline{AD}$ 为机架长，则铰链四杆机构 $AB_1 C_1 D$ 即为所求。

由于点 A 可在圆弧 $\overparen{C_1 P C_2}$ 上任选（φ 角之对顶角对应的圆弧除外），故在满足行程速比系数 K 的条件下可有无穷多解。

如前所述，点 A 位置不同，机构传动角大小也不同。为了获得较好的传力性能，可按最小传动角或其他辅助条件来确定点 A 的位置。

2）按给定连杆的两个位置（或三个位置）设计四杆机构

在生产实践中，常需要根据连杆的两个位置或三个位置来设计平面四杆机构。如加热炉炉门的启闭机构，铸造厂的翻台震实式造型机的翻转机构等都是要求实现连杆两个位置的问题。下面介绍其设计方法和步骤。

设已给定连杆 BC 的长度 l_{BC} 及其两个位置 $B_1 C_1$ 和 $B_2 C_2$，如图 4-33 所示，试设计一铰链四杆机构以实现连杆给定的这两个位置。

由于连杆上铰链中心 B 和 C 的位置已经给定，因此它们应该分别在各自的圆弧上运动。所以，只需找出两个圆弧的中心并作为机架铰链点即可求得四杆机构。作图步骤如下。

（1）连接 B_1B_2 和 C_1C_2 并分别作它们的垂直平分线 b_{12} 和 c_{12}，如图 4-33 所示。

（2）在 b_{12} 上任选一点 A、在 c_{12} 上任选一点 D 作为机架的两个铰链点。显然，B_1、B_2 必在以 A 为圆心以 AB_1 为半径的圆弧上；C_1、C_2 必在以 D 为圆心以 DC_1 为半径的圆弧上。连接 AB_1 和 DC_1，则 AB_1C_1D 即为所求的铰链四杆机构。

（3）由于 A、D 可分别在 b_{12} 和 c_{12} 上任选，故有无穷多解。

由上述方法同样可设计铰链四杆机构以实现连杆给定的三个位置。但由于连杆有三个确定位置，其铰链点 B_1、B_2、B_3（或 C_1、C_2、C_3）三点通过的圆周只有一个，因此，机架铰链点 A（或 D）的位置只有一个确定解。

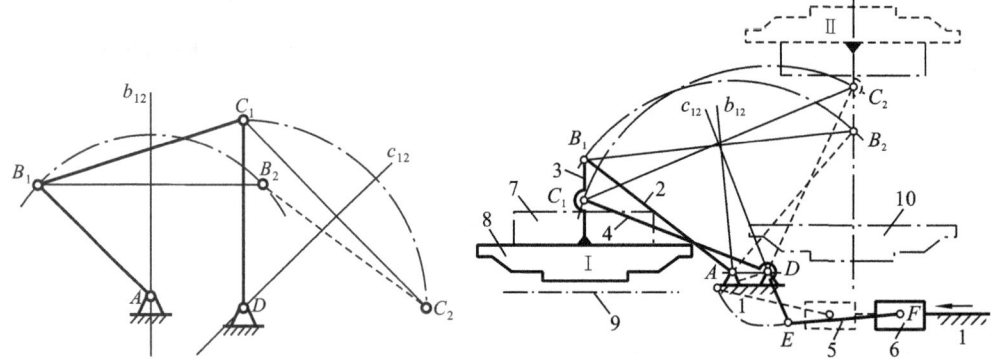

图 4-33　按连杆位置设计四杆机构　　　图 4-34　翻台震实式造型机构的翻转机构

例 4-3　图 4-34 所示为铸工车间用的翻台震实式造型机的翻转机构，它是应用一铰链四杆机构 $ABCD$ 来实现翻台的两个工作位置的。在图中的实线位置 Ⅰ 时，放有砂箱 7 的翻台 8 在振实台 9 上造型震实。当压力油推动活塞 6 时，通过连杆 5 推动摇杆 4 摆动，从而将翻台与砂箱转到虚线位置Ⅱ。然后拖台 10 上升接触砂箱并起模。

设已知连杆 BC 长 $l_{BC}=0.5$ m 及其两个位置 B_1C_1 和 B_2C_2，机架铰链点 A、D 取在同一水平线上且 $l_{AD}=l_{BC}$，试设计此翻台机构。

解　按前述原理作图步骤如下。

（1）取长度比例尺 $\mu_l=0.1$ m/mm，经换算得 $\overline{BC}=l_{BC}/\mu_l=5$ mm，按给定位置作 B_1C_1 和 B_2C_2。

（2）连接 B_1B_2、C_1C_2，并分别作它们的垂直平分线 b_{12}、c_{12}。

（3）按 A、D 在同一水平线上，且 $l_{AD}=l_{BC}$ 条件，在 b_{12} 上得点 A，在 c_{12} 上得点 D。

（4）连接 AB_1C_1D 即得所求的四杆机构。由图量得其各杆长度为

$$l_{AB}=\mu_l\,\overline{AB_1}=2.5\ \text{m}, \qquad l_{CD}=\mu_l\,\overline{C_1D}=2.7\ \text{m}$$

3）按两连架杆预定的对应位置设计四杆机构

如图 4-35 所示，当连杆占据每一个预定位置时，两连架杆都相应地有一对对应的转角 α_i、φ_i，或一组对应位置 AB_i 与 DC_i（$i=1,2$）。所以按连杆预定的位置设计四杆机构，和按两连架杆预定的对应位置设计四杆机构的方法，实质上可认为是一样

的。我们给出了四杆机构的两个位置,其两连架杆的对应转角为 α_1、φ_1 和 α_2、φ_2。现在,如果设想将整个机构绕构件 CD 的轴心 D 按与构件 CD 的转向相反的方向转过 $\varphi_1 - \varphi_2$ 角。显然这并不影响各构件间的相对运动。但此时构件 CD 已由 DC_2 位置转回到了 DC_1,而构件 AB 则由 AB_2 运动到了 $A_1'B_2'$ 位置。经过这样的转化,可以认为此机构已成为以 CD 为机架,以 AB 为连杆的四杆机构,因而按两连架杆预定的对应位置设计四杆机构的问题,也就转化成了按连杆预定位置设计四杆机构的问题。上述这种方法称为反转法或转化机构法。下面举例加以说明。

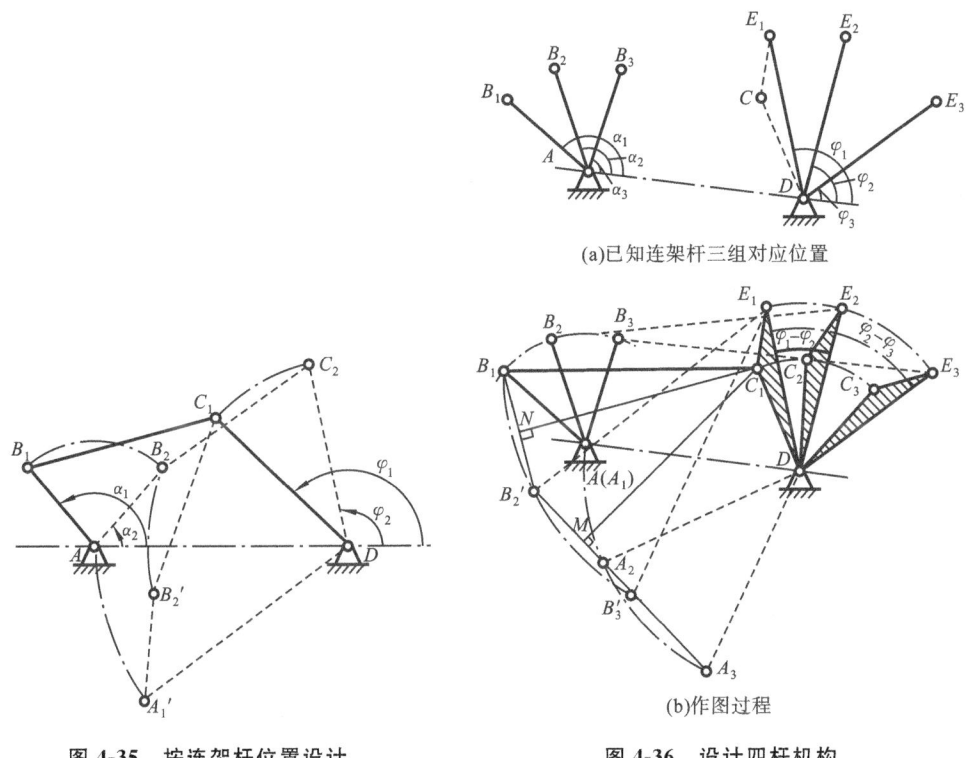

(a)已知连架杆三组对应位置

图 4-35 按连架杆位置设计
四杆机构

图 4-36 设计四杆机构

(b)作图过程

如图 4-36(a)所示,设已知构件 AB 和机架 AD 的长度,要求在该四杆机构的传动过程中,构件 AB 和构件 CD 上某一标线 DE 能占据三组预定的对应位置 AB_1、AB_2、AB_3 与 DE_1、DE_2、DE_3(亦即三组对应摆角 α_1、α_2、α_3 和 φ_1、φ_2、φ_3)。现需设计此四杆机构。

如上所述,此设计问题可以转化为以构件 CD 为机架,以构件 AB 为连杆,按照构件 AB 相对于构件 CD 依次占据的三个位置进行设计的问题。而为了求出构件 AB 相对于构件 CD 依次占据的三个位置,以 E_1D 为底边依次作四边形 $E_1B_2'A_2D \cong E_2B_2AD$,$E_1B_3'A_3D \cong E_3B_3AD$(相当于将机构绕点 D 依次反转 $\varphi_1 - \varphi_2$、$\varphi_1 - \varphi_3$),从而求得构件 AB 相对于构件 CD 运动时所占据的三个位置 A_1B_1、A_2B_2' 及 A_3B_3'。

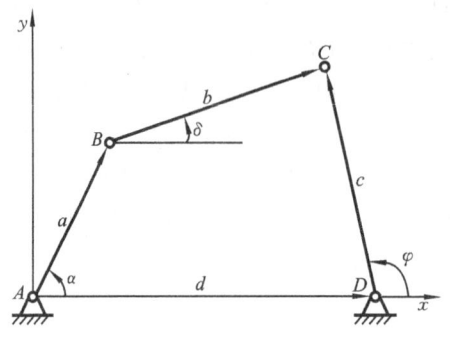

图 4-37　解析法设计四杆机构

然后,分别作 $B_1 B_2'$ 和 $B_2' B_3'$ 的垂直平分线,此两平分线的交点即为所求铰链 C 的位置。图示 $AB_1 C_1 D$ 即为所求的四杆机构。

如果只要求两连架杆依次占据两组对应位置,则可以有无穷多解。

2. 连杆机构的代数解析设计法

在图 4-37 所示的铰链四杆机构中,已知连架杆 AB、CD 的三对对应位置 α_1、φ_1、α_2、φ_2、α_3、φ_3,要确定各杆的长度 a、b、c 和 d。现以解析法求解。

如图 4-37 所示,该机构的运动变量为三个可动构件的转角 α、δ、φ,其中 α、φ 是已知的,只有 δ 未知。因为当机构各杆长度按同一比例增减时,各杆运动间的关系不变,故只需确定各杆的相对长度。取 $a = 1$,则该机构的待求参数只有三个。

现如图建立 Axy 坐标系,并把各杆当作杆矢量,则由矢量方程 $\boldsymbol{a} + \boldsymbol{b} = \boldsymbol{d} + \boldsymbol{c}$ 在 x、y 坐标轴上的投影可得

$$\begin{cases} \cos\alpha + b\cos\delta = d + c\cos\varphi \\ \sin\alpha + b\sin\delta = c\sin\varphi \end{cases} \tag{4-11}$$

将 $\cos\alpha$ 和 $\sin\alpha$ 移到等式右边,再把等式两边平方相加,即可消去 δ,整理后得

$$\cos\alpha = \frac{d^2 + c^2 + 1 - b^2}{2d} + c\cos\varphi - \frac{c}{d}\cos(\varphi - \alpha)$$

为简化上式,令

$$\begin{cases} P_0 = c \\ P_1 = -c/d \\ P_2 = (d^2 + c^2 + 1 - b^2)/(2d) \end{cases} \tag{4-12}$$

则有
$$\cos\alpha = P_0\cos\varphi + P_1\cos(\varphi - \alpha) + P_2 \tag{4-13}$$

式(4-13)即为两连架杆转角之间的关系式。将已知的三对对应转角 α_1、φ_1、α_2、φ_2、α_3、φ_3,分别代入式(4-13)可得到方程组

$$\begin{cases} \cos\alpha_1 = P_0\cos\varphi_1 + P_1\cos(\varphi_1 - \alpha_1) + P_2 \\ \cos\alpha_2 = P_0\cos\varphi_2 + P_1\cos(\varphi_2 - \alpha_2) + P_2 \\ \cos\alpha_3 = P_0\cos\varphi_3 + P_1\cos(\varphi_3 - \alpha_3) + P_2 \end{cases} \tag{4-14}$$

由方程组可以解出三个未知数 P_0、P_1 和 P_2,将它们代入式(4-12),即可求得 b、c、d。以上求出的杆长 a、b、c、d 可同时乘以任意比例常数,所得的机构都能实现对应的转角。

若仅给定连架杆两对位置,则方程组中只能得到两个方程,P_0、P_1、P_2 三个参数中的一个可以任意给定,所以有无穷多解。

例 4-4　如图 4-38 所示偏置曲柄滑块机构中,已知滑块的行程 $H = 500$ mm,行

程速比系数 $K=1.4$，曲柄与连杆长度之比 $\lambda=\dfrac{a}{b}=\dfrac{1}{3}$，导路中心线位于曲柄回转中

心的下方。试以解析法求：

(1) 曲柄与连杆的长度 a、b；

(2) 偏距 e 与最大压力角 α_{max}。

解　(1) 先求极位夹角 θ。

$$\theta = 180^\circ \frac{K-1}{K+1} = 30^\circ$$

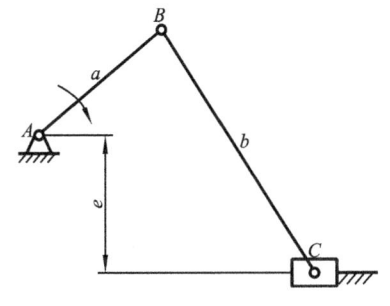

图 4-38　偏置曲柄滑块机构　　　　　　　图 4-39　滑块极限位置

再利用极位夹角求曲柄与连杆的长度 a 和 b。作示意图见图 4-39，C_1、C_2 为滑块
的两极限位置。因 $\lambda=1/3$，则

$$l_{AC1} = b - a = 2a$$

而

$$l_{AC2} = 4a$$

根据余弦定理有

$$l_{AC1}^2 + l_{AC2}^2 - 2l_{AC1}l_{AC2}\cos\theta = l_{C1C2}^2 = H^2$$

即

$$(2a)^2 + (4a)^2 - 2(2a)(4a)\cos30^\circ = 500^2$$

由此解得

$$a = 201.78 \text{ mm}, \quad b = 605.34 \text{ mm}$$

(2) 在 $\triangle AC_1C_2$ 中，有如下关系：

$$\frac{b-a}{\sin\beta} = \frac{H}{\sin\theta}$$

将 $H=500$ mm、$b-a=2a=403.56$ mm、$\theta=30^\circ$ 代入上式求得

$$\sin\beta = 0.403\,56$$

由图 4-39 可知

$$e = l_{AC2}\sin\beta = 325.72 \text{ mm}$$

要求此机构的最大压力角 α_{max}，必须找到杆 AB 为原动件且出现 α_{max} 时机构所
处的位置。因为滑块始终沿水平方向移动，因此，仅当连杆 BC 之点 B 距滑块导路中
心线最远时，才会出现最大压力角，现作出最大压力角 α_{max} 出现的示意图如图 4-40
所示。

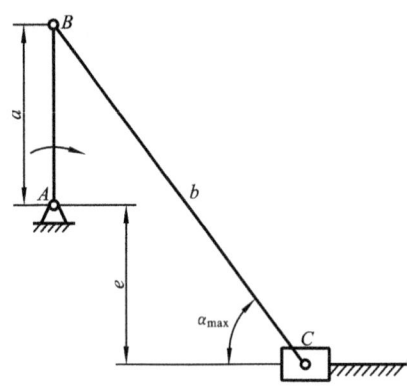

图 4-40　偏置曲柄滑块机构
的最大压力角

由图可知:

$$\alpha_{\max} = \arcsin\left(\frac{a+e}{b}\right) = 60.623\ 0°$$

例 4-5　试设计一个铰链四杆机构作为夹紧机构。已知连杆 BC 的长度 $l_{BC} = 40$ mm,它的两个位置如图 4-41(a)所示。现要求连杆到达夹紧位置 B_2C_2 时,机构处于死点位置,且摇杆 C_2D 位于 B_1C_1 的垂直方向上。求构件尺寸 l_{AB}、l_{CD} 和 l_{AD}。

解　此题要求按连杆的两个给定位置来设计机构,在通常情况下可有无穷多解。但此题给出了两个附加条件,则可获得唯一解。设计此机构的关键是要确定固定铰链 A 和 D 的位置。

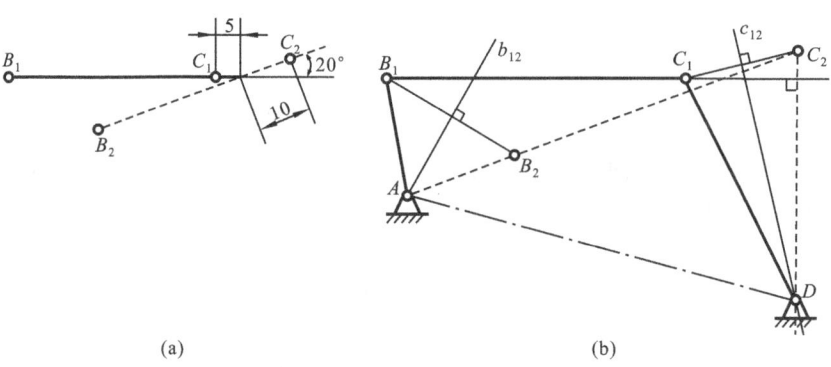

　　　　(a)　　　　　　　　　　　　　　　(b)

图 4-41　夹紧机构设计

铰链 A 应该在 B_1B_2 的中垂线上;又要求当连杆位于 B_2C_2 时,机构处于死点位置,从而可知铰链 A 又应在 B_2C_2(或其延长线)上。铰链 D 应该在 C_1C_2 的中垂线上,又要求 $C_2D \perp B_1C_1$。从而可知解题步骤如下。

在图 4-41(b)中,取长度比例尺 $\mu_l = 1$ mm/mm,按已知条件先画出 B_1C_1 和 B_2C_2。连 B_1B_2 并作其垂直平分线 b_{12},交 B_2C_2 的延长线于点 A。连 C_1C_2 并作其垂直平分线 c_{12},过点 C_2 作 B_1C_1 的垂线,交 c_{12} 于点 D。则 AB_1C_1D 即为所设计的机构。各构件的长度分别为

$$l_{AB} = \mu_l\ \overline{AB_1} = 1 \times 15.5\ \text{mm} = 15.5\ \text{mm}$$

$$l_{CD} = \mu_l\ \overline{C_1D} = 1 \times 32.2\ \text{mm} = 32.2\ \text{mm}$$

$$l_{AD} = \mu_l\ \overline{AD} = 1 \times 53.9\ \text{mm} = 53.9\ \text{mm}$$

例 4-6　在图 4-42(a)中,以长度比例尺 μ_l 画出了一个四铰链机构的机架 AD 和连架杆 AB 的长度,要求当 AB 分别处于图示的三个位置时,另一连架杆 CD 应该分别到达如图所示的三个相应位置。试用图解法设计此机构,求出连杆 BC 和连架杆

CD 的长度 l_{BC} 和 l_{CD}。

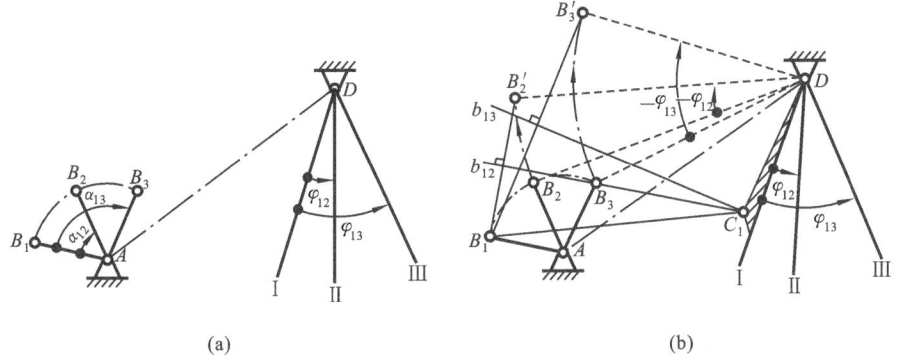

(a)   (b)

图 4-42　按连架杆三对应位置设计四杆机构

解　此题给定了两个连架杆的三组对应角位置，以及机架和一个连架杆的长度，因此需要用反转法来设计这一机构。此题的设计步骤如下。

（1）按同样的长度比例尺在图 4-42(b)中画出铰链 A、D 和连架杆 AB 的三个位置 AB_1、AB_2、AB_3，以及另一连架杆的三个位置 Ⅰ、Ⅱ、Ⅲ。

（2）连接 DB_2，并将 DB_2 绕点 D 顺时针转过 $-\varphi_{12}$ 角（因 φ_{12} 为逆时针方向），得 B_2 的转位点 B_2'。

（3）连接 DB_3，并将 DB_3 绕点 D 顺时针转过 $-\varphi_{13}$ 角，得 B_3 的转位点 B_3'。

（4）连接 B_1B_2' 和 B_1B_3'，分别作其垂直平分线 b_{12} 和 b_{13}，二者相交于点 C_1，C_1 就是在位置 Ⅰ 时铰链 C 的位置。将射线 Ⅰ 向点 C_1 扩大，并连接 B_1C_1，则 AB_1C_1D 即为所设计的机构，且

$$l_{BC} = \mu_l \overline{B_1 C_1}$$
$$l_{CD} = \mu_l \overline{C_1 D}$$

小　　结

连杆机构是应用最普遍的机构，也是自有人类社会以来应用历史最悠久的机构。连杆机构结构简单，制造与使用方便，在现代机械中仍被广泛应用。铰链四杆机构是平面连杆机构最基本的类型。学习本章时，应充分理解连架杆、连杆、曲柄、摇杆及运动副等的特征或基本概念。

铰链四杆机构可通过选取不同的构件为机架、改变构件的形状和相对长度，以及通过扩大运动副的尺寸等方式演化出不同形式的四杆机构。学会收集和分析四杆机构在工程中的应用实例有助于启发创新思维。

平面连杆机构的工作特性包括运动特性和传力特性两方面。运动特性包括连架杆成为曲柄的条件、从动件的急回运动特性等。传力特性包括压力角、传动角、机构

的死点及机械的增益。从动件的急回运动用行程速比系数来表示,行程速比系数与极位夹角密切相关。压力角是衡量机构传力性能好坏的重要指标,传力机构的压力角应尽可能小或传动角应尽可能大。机构运动过程中,其压力角和传动角是不断变化的;机构从动件所处位置不同,其压力角也不同,并会存在一个最大压力角。设计连杆机构时应使最大压力角小于或等于许用压力角。压力角为 90° 或传动角为 0° 时,机构即处于通常所说的死点位置。利用构件惯性或相同机构的错位排列等办法可以克服死点,以使机构顺利运转。

设计平面连杆机构的方法有图解法或解析法两大类,设计时可以选择的机构参数较为有限,而工程实际问题提出的设计要求却繁杂多样,因此,一般只能做到近似设计。设计的基本过程为:明确设计任务,选择连杆机构的类型,选用合适的设计方法,确定机构参数,校验和评价。

思　考　题

4-1　平面连杆机构有哪些优缺点?

4-2　铰链四杆机构有几种基本类型? 它们的运动特点如何?

4-3　什么是曲柄、摇杆、连杆、导杆? 它们的运动特征如何?

4-4　铰链四杆机构曲柄存在的条件是什么?

4-5　什么是行程速比系数 K? $K>1$、$K=1$ 各表示什么意义?

4-6　什么是连杆机构的压力角、传动角? 它们的大小对连杆机构的工作有何影响?

4-7　讨论机构的死点位置有何实际意义?

4-8　如何实现连杆三个位置的设计? 实现连架杆对应位置的设计方法如何?

4-9　铰链四杆机构有哪三种基本形式? 试用机架变换的方法加以说明。

4-10　曲柄滑块机构是怎样由曲柄摇杆机构演化来的? 这两种机构之间有哪些区别和联系?

4-11　什么是杆长条件? 机构中具有双周转副的构件,是否为最短构件?

4-12　铰链四杆机构、曲柄滑块机构和导杆机构中存在具有周转副构件的几何条件分别是什么?

4-13　压力角 α 和传动角 γ 是如何定义的? 其物理意义如何?

4-14　当摇杆或滑块为从动件时,如何求出曲柄摇杆机构或曲柄滑块机构的最大压力角 α_{max} 或最小传动角 γ_{min}?

4-15　机构的死点位置与极限位置有什么区别? 当曲柄为主动件时,你能找出平面四杆机构的死点位置吗?

练 习 题

4-1 试根据题 4-1 图中所注明的尺寸判别各铰链四杆机构的类型。

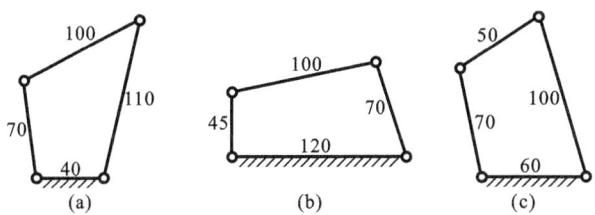

(a)　　　　　　(b)　　　　　　(c)

题 4-1 图

4-2 画出题 4-2 图所示各机构的传动角和压力角。图中标注箭头的构件为原动件。

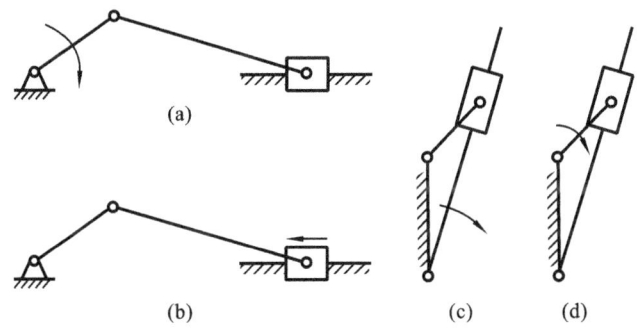

(a)

(b)　　　　　　(c)　　(d)

题 4-2 图

4-3 设计如题 4-3 图所示的一脚踏轧棉机的曲柄摇杆机构。踏板为主动,要求踏板 CD 在水平位置上下各摆 $10°$。且 $l_{CD}=500$ mm,$l_{AD}=1\,000$ mm。试用图解法求曲柄 AB 和连杆 BC 的长度。

4-4 设计一曲柄滑块机构,如题 4-4 图所示。已知滑块的行程 $H=50$ mm,偏

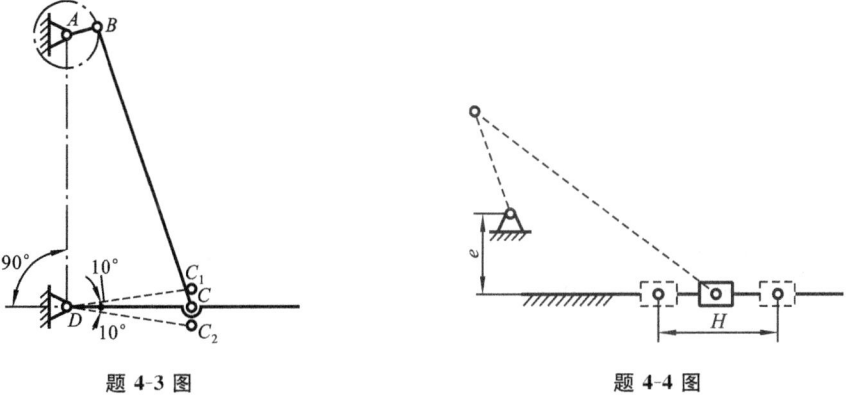

题 4-3 图　　　　　　　　　　　题 4-4 图

距 $e=10$ mm,行程速比系数 $K=1.2$,试用图解法求出曲柄和连杆的长度。

4-5　题 4-5 图所示为某加热炉炉门的两个位置,实线为关闭位置,虚线为开启位置;要求开启位置时炉门处于水平位置而当成小平台使用。试按图示尺寸设计一四杆机构并满足连杆(即炉门)的两个位置的要求。

4-6　题 4-6 图所示为一椭圆仪机构。试证明:当机构运动时,构件 2 上任一点(端点 A、B 及其中点除外)的轨迹为一椭圆。

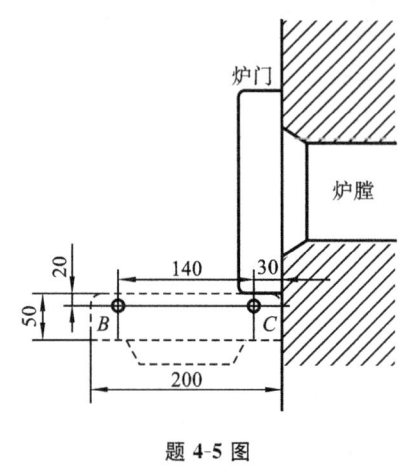

题 4-5 图

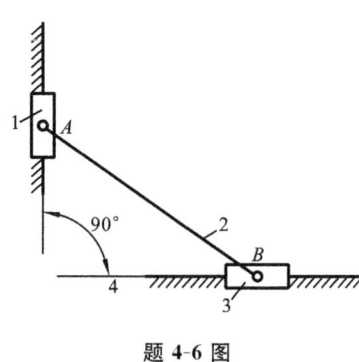

题 4-6 图

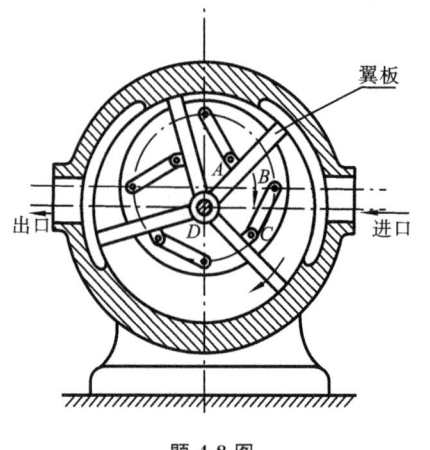

题 4-8 图

4-7　设计一导杆机构。已知机架长 $l_4=100$ mm,行程速比系数 $K=1.4$,求曲柄长度。

4-8　题 4-8 图所示为转动翼板式油泵,由四个四杆机构组成,主动圆盘绕其中心轴线 A 转动,而各翼板空套在固定轴 D 上,并绕其转动,试绘出其中一个四杆机构的机构运动简图,说明其为何种四杆机构,为什么?

4-9　试画出题 4-9 图所示两种机构的机构运动简图,说明它们各为何种机构?

(1)　在图(a)中偏心盘 1 绕固定轴 O 转动,迫使滑块 2 在圆盘 3 的槽中来回滑动,而圆盘 3 又相对于机架 4 转动。

(2)　在图(b)中偏心盘 1 绕固定轴 O 转动,通过构件 2,使滑块 3 相对于机架往复移动。

4-10　如题 4-10 图所示,设已知四杆机构各构件的长度分别为 $a=240$ mm,$b=600$ mm,$c=400$ mm,$d=500$ mm。试问:

(1)　当取杆 4 为机架时,是否有曲柄存在?

(2)　若各杆长度不变,能否以选不同杆为机架的办法获得双曲柄机构和双摇杆机构？如何获得？

（3）若 a、b、c 三杆的长度不变，取杆 4 为机架，要获得曲柄摇杆机构，d 的取值范围应为何值？

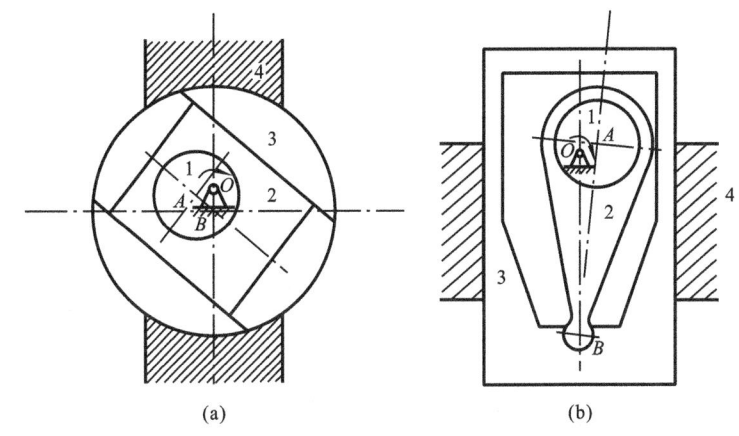

(a)　　　　　　　　　　　　　　(b)

题 4-9 图

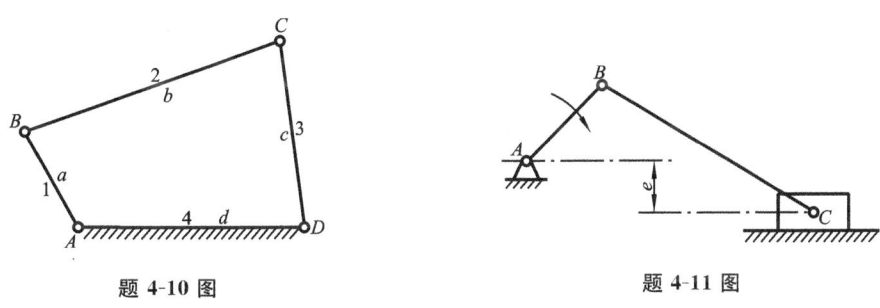

题 4-10 图　　　　　　　　　　　　　　题 4-11 图

4-11　题 4-11 图中为一偏置曲柄滑块机构，试求杆 AB 为曲柄的条件。若偏距 $e=0$，则杆 AB 为曲柄的条件又如何？

4-12　在题 4-12 图所示的铰链四杆机构中，各杆的长度为 $l_1=28$ mm，$l_2=52$ mm，$l_3=50$ mm，$l_4=72$ mm，试求：

（1）当取杆 4 为机架时，该机构的极位夹角 θ、杆 3 的最大摆角 φ、最小传动角 $\gamma_{\min}$ 和行程速比系数 K；

（2）当取杆 1 为机架时，将演化成何种类型的机构？为什么？试说明这时 C、D 两个转动副是周转副还是摆转副；

（3）当取杆 3 为机架时，又将演化成何种机构？这时 A、B 两个转动副是否仍为周转副？

4-13　在题 4-13 图所示的连杆机构中，已知各构件的尺寸为：$l_{AB}=160$ mm，$l_{BC}=260$ mm，$l_{CD}=200$ mm，$l_{AD}=80$ mm；构件 AB 为原动件，沿顺时针方向匀速回转，试确定：

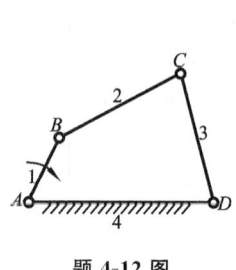

题 4-12 图

题 4-13 图

(1) 四杆机构 $ABCD$ 的类型；

(2) 该四杆机构的最小传动角 $\gamma_{\min}$；

(3) 滑块 F 的行程速比系数 K。

4-14　试作图说明对心曲柄滑块机构当以曲柄为主动件时,其传动角在何处最大,何处最小。

4-15　在正弦机构(见图 4-16(b))和导杆机构(见图 4-25)中,当以曲柄为主动件时,最小传动角 $\gamma_{\min}$ 为多少? 传动角按什么规律变化?

4-16　如题 4-16 图所示,假设要求四杆机构两连架杆的三组对应位置分别为: $\alpha_1=35°$, $\varphi_1=50°$; $\alpha_2=80°$, $\varphi_2=75°$; $\alpha_3=125°$, $\varphi_3=105°$。试以解析法设计此四杆机构。

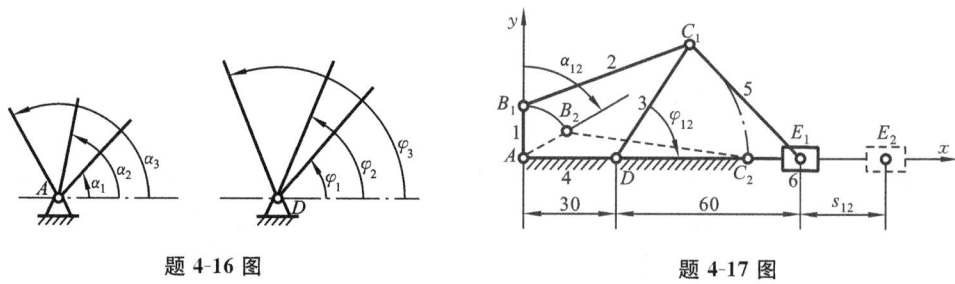

题 4-16 图

题 4-17 图

4-17　试设计如题 4-17 图所示的六杆机构。该机构当原动件 1 自 y 轴顺时针转过 $\alpha_{12}=60°$,构件 3 顺时针转过 $\varphi_{12}=45°$恰与 x 轴重合。此时滑块 6 自 E_1 移动到 E_2,位移 $s_{12}=20$ mm。试确定铰链 B 及 C 的位置。

4-18　现欲设计一四杆机构翻书器。如题 4-18 图所示,当踩动脚踏板时,连杆上的点 M 自 M_1 移至 M_2,就可翻过一页书。现已知固定铰链 A、D 的位置,连架杆 AB 的长度及三个位置,以及描点 M 的三个位置。试设计该四杆机构(压重用以保证每次翻书时只翻过一页)。

4-19　如题 4-19 图所示为公共汽车车门启闭机构。已知车门上铰链 C 沿水平

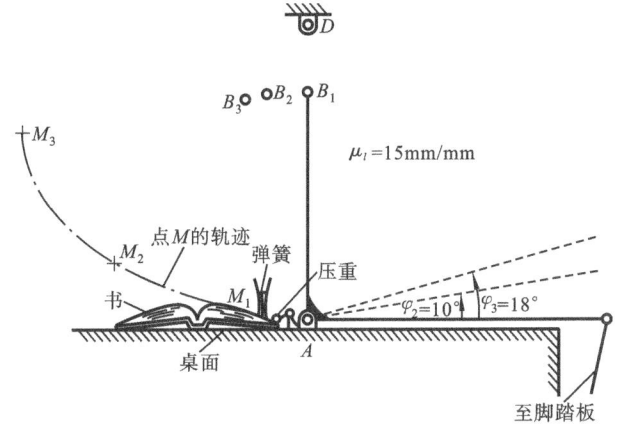

题 4-18 图

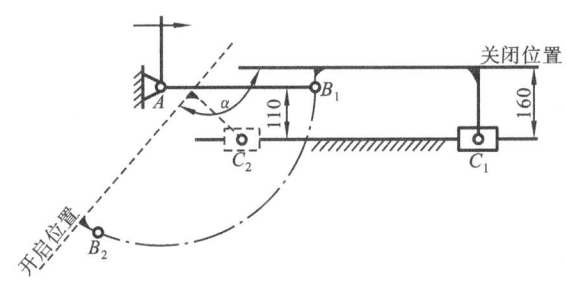

题 4-19 图

直线移动,铰链 B 绕固定铰链 A 转动,车门关闭位置与开启位置夹角为 $\alpha = 115°$,$AB_1 /\!/ C_1 C_2$,$l_{BC} = 400$ mm,$l_{C_1 C_2} = 550$ mm。试求构件 AB 长度,验算最小传动角,并绘出在运动中车门所占据的空间(作为公共汽车的车门,要求其在启闭中所占据的空间越小越好)。

4-20　如题 4-20 图所示为一用推拉缆操作的长杆夹持器,并用一四杆机构 $ABCD$ 来实现夹持动作。已知两连架杆上标线的对应角度如图所示,试确定该四杆机构各杆的长度。

4-21　如题 4-21 图所示为一汽车引擎油门控制装置。此装置由四杆机构 $ABCD$、平行四边形机构 $DEFG$ 及油门装置所组成,由绕 O 轴转动的油门踏板 OI 驱动可实现油门踏板与油门的协调配合动作。当油门踏板的转角分别为 $0°$、$5°$、$15°$ 及 $20°$ 时,杆 MAB 相对应的转角分别为 $0°$、$32°$、$52°$ 及 $63°$(逆时针方向),与之相应油门开启程度为 $0°$(关闭)、$14°$、$44°$ 及 $60°$(全开)四个状态。现设 $l_{AD} = 120$ mm,试以作图法设计此四杆机构 $ABCD$,并确定杆 AB 及 CD 的安装角度 β_1 及 β_2 的大小(当踏板转过 $20°$ 时,AM 与 OA 重合,DE 与 AD 重合)。

4-22　如题 4-22 图所示,设已知破碎机的行程速比系数 $K = 1.2$,颚板长度

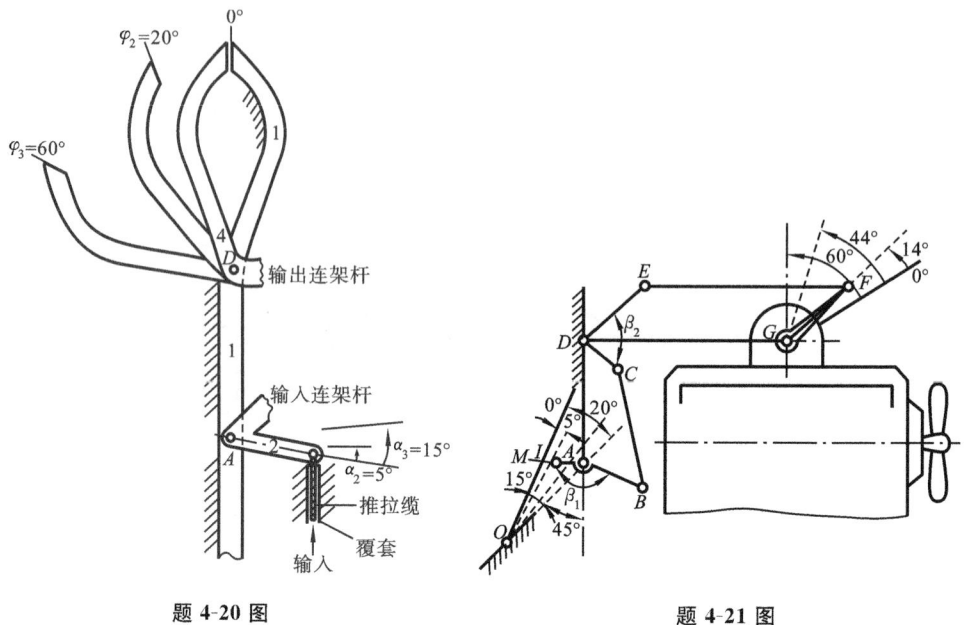

题 4-20 图　　　　　　　　　　　　　题 4-21 图

$l_{CD}=300$ mm,颚板摆角 $\varphi=35°$,曲柄长度 $l_{AB}=80$ mm。求连杆的长度,并验算最小传动角 $\gamma_{\min}$ 是否在允许的范围内。

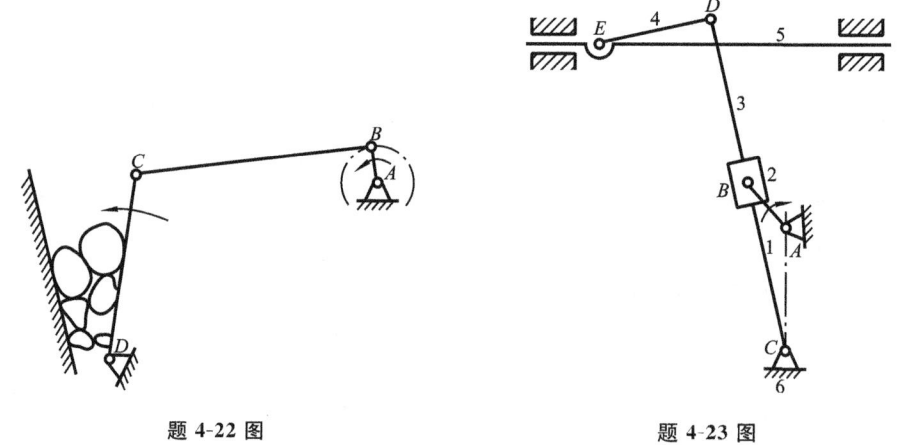

题 4-22 图　　　　　　　　　　　　　题 4-23 图

4-23　题 4-23 图所示为一牛头刨床的主传动机构,已知 $l_{AB}=75$ mm,$l_{DE}=100$ mm,行程速比系数 $K=2$,刨头 5 的行程 $H=300$ mm,要求在整个行程中,推动刨头 5 有较小的压力角,试设计此机构。

4-24　试设计一曲柄滑块机构,设已知滑块的行程速比系数 $K=1.5$,滑块的冲程 $H=50$ mm,偏距 $e=20$ mm,并求其最大压力角 $\alpha_{\max}$。

第5章 凸轮机构原理与设计

本章重点 凸轮机构基本名词术语;凸轮机构类型和应用;凸轮机构从动件常用运动规律及其特点和应用;凸轮机构设计时凸轮轮廓的绘制;凸轮机构基本尺寸的确定原则和方法。

本章难点 凸轮机构从动件常用运动规律及其描述;反转法原理及其应用;凸轮机构基本尺寸的确定。

5.1 概 述

凸轮机构具有结构紧凑、设计简单、可精确实现复杂运动规律等特点而被广泛用于各种机械中,尤其是自动机械和自动控制装置中。

图 5-1 所示凸轮机构为内燃机配气系统。凸轮 1 连续转动,当其轮廓的不同部分与配气阀 3 的平底接触时,配气阀 3 即沿导套 2 轴线方向运动以实现开启—停歇—关闭—停歇的有规律运动(关闭是借弹簧 4 的作用)。

图 5-2 所示的凸轮机构用来控制自动机床刀架的运动。凸轮 1 连续转动,其上凹槽通过铰接于构件 2 末端的滚子 3 迫使构件 2 绕轴 O 往复摆动,扇形齿轮-齿条副驱使刀架往复移动。

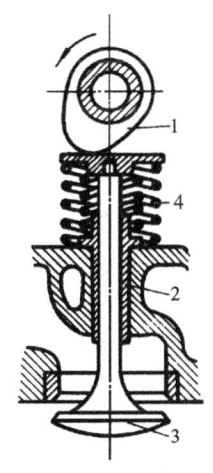

图 5-1 内燃机配气系统

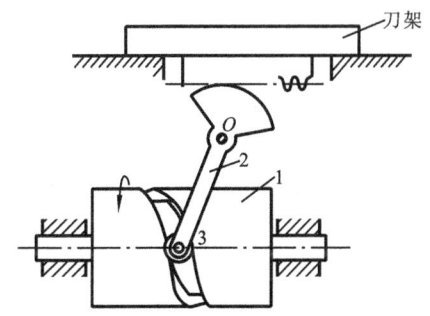

图 5-2 自动机床刀架系统

通过以上两例不难看出,凸轮机构由凸轮、从动件和机架三个构件组成;凸轮是一个具有曲线轮廓或者凹槽的构件,它通常绕自身轴线连续回转;从动件(又称为推杆)与凸轮通过高副连接,在一个周期内往复移动或摆动。

5.1.1　凸轮机构的特点

凸轮机构的优点在于,只要确定适当的凸轮轮廓,从动件即可实现较复杂的运动规律,运动可靠,结构简单紧凑。

凸轮机构也有以下缺点:从动件与凸轮是高副接触,不易润滑,易磨损;部分运动规律存在冲击;一般只用于载荷不大的场合。

5.1.2　凸轮机构的分类

1. 按凸轮形状分类

(1) 盘形凸轮。盘形凸轮是一个具有变化向径的盘形构件(见图 5-1)。工作时它做定轴转动,可推动从动件在垂直于凸轮轴的平面内运动。

(2) 圆柱凸轮。圆柱凸轮用于空间凸轮机构,它是在圆柱面上开有曲线凹槽(见图 5-2)或是在圆柱端面上作出曲线轮廓(见图 5-3)的构件。后者也称为端面凸轮。

(3) 移动凸轮。移动凸轮可以视为一个转动半径无穷大的盘形凸轮的一部分,它是一个具有曲线轮廓的做往复直线移动的构件(见图 5-4)。

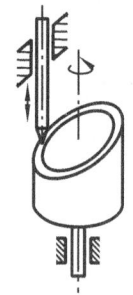

图 5-3　端面凸轮机构

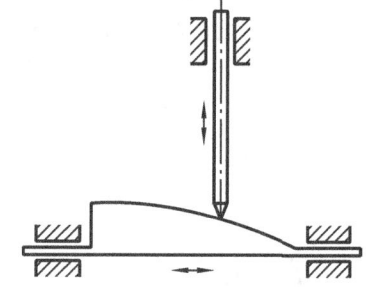

图 5-4　移动凸轮机构

2. 按从动件形状分类

(1) 尖顶从动件。尖顶从动件(见图 5-5(a)、(d))的结构最为简单,可根据凸轮轮廓实现任意复杂的运动规律,但尖顶与凸轮之间的摩擦属滑动摩擦,磨损较快,所以只能用于低速或传力不大的场合。

(2) 滚子从动件。滚子从动件(见图 5-5(b)、(e))与凸轮间的摩擦属滚动摩擦,所以磨损较小,可用于速度较快、载荷较大的场合,是三种从动件中应用最广的一种。

(3) 平底从动件。平底从动件(见图 5-5(c)、(f))与凸轮接触部分容易形成油膜,润滑良好,不易磨损,适用于高速传动的场合。另外,大多数的平底从动件凸轮机构的压力角为零,所以这种机构具有良好的传力性能。

3. 按从动件运动形式分类

凸轮机构从动件的运动形式有两种。一种是做往复直线运动,称为直动从动件,

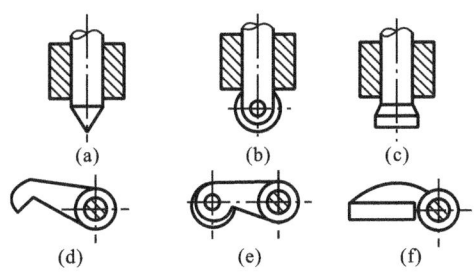

图 5-5　形状不同的三类从动件

如图 5-5(a)、(b)、(c)所示。另一种是在一定角度范围内摆动,称为摆动从动件,如图 5-5(d)、(e)、(f)所示。在直动从动件中,根据其运动导路是否通过凸轮回转中心又分为对心直动从动件和偏置直动从动件。

4. 按封闭形式分类

从动件的运动完全取决于凸轮轮廓,所以工作时要求从动件与凸轮轮廓始终保持接触。这种维持凸轮与从动件高副连接的方法称为封闭或者锁合。

(1) 力封闭(锁合)。所谓力封闭,就是利用从动件自身的重力或者在从动件上施加额外的弹簧力使从动件与凸轮保持接触,如图 5-1 所示的凸轮机构。

(2) 几何封闭(锁合)。几何封闭则利用凸轮或从动件特殊的几何形状使二者保持接触。

图 5-2 所示的沟槽凸轮机构是利用在圆柱体上加工出一个宽度等于滚子直径的曲线凹槽来实现封闭的,显然这种凸轮机构只能采用滚子从动件。

图 5-6(a)所示机构称为等宽凸轮机构。这种凸轮机构的特点是从动件内框与凸轮轮廓有两个切点,两切点间的距离恒等于从动件内框的宽度,且根据虚约束条件可知两切点的法线重合;否则,将产生两个高副,从而导致机构的自由度 $F=0$,机构被卡死。

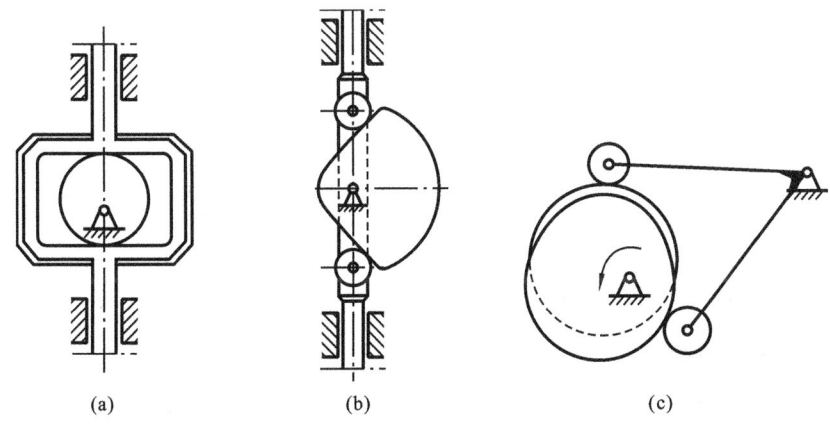

图 5-6　几何封闭凸轮机构

图 5-6(b)所示为等径凸轮机构,要求凸轮理论轮廓线上同一条向径线上的距离处处相等。此种等径凸轮机构同样应满足虚约束条件。

值得注意的是,图 5-6(a)、(b)所示的两种凸轮只能在 180°范围内自由设计轮廓曲线,而另 180°的轮廓应根据等宽或者等径条件确定。

图 5-6(c)所示机构称为主回凸轮机构或者共轭凸轮机构,它是利用固联在一起但是不在同一平面的两个凸轮来控制同一个从动件,从而达到封闭的目的。

5.2　从动件的常用运动规律

凸轮机构设计的主要任务是设计凸轮的轮廓曲线,以确保从动件按照预定的运动规律运动。因此,有必要在设计凸轮轮廓曲线之前,先对从动件的运动规律有一个初步的认识。本节主要介绍几种从动件常用的运动规律,并对组合运动规律作一简要陈述。

5.2.1　基本名词术语

图 5-7(a)所示为一个偏置直动尖顶从动件盘形凸轮机构。图中点 O 为凸轮的转动中心,以点 O 为圆心,以凸轮轮廓到点 O 的最小向径为半径所作的圆称为基圆,其半径 r_0 称为基圆半径。导路至转动中心 O 的距离 e 称为偏距,以点 O 为圆心、偏距 e 为半径所作的圆称为偏距圆。从动件与轮廓线上点 A(基圆上)接触时,从动件处于最低位置,当凸轮沿逆时针方向开始转动后,轮廓上的 AB 段与从动件接触,随着向径的增加从动件从最低位置开始向上运动,到达点 B' 后处于最高位置,从动件运动的这一过程称为推程,凸轮对应的转角 Φ 称为推程运动角。当凸轮继续沿逆时针方向转过 Φ_s 时,轮廓上的 BC 段与从动件接触,该段轮廓向径值没有变化,从动件在距转动中心最远处停歇,称为远休止,凸轮对应转角 Φ_s 称为远休止角。凸轮继续

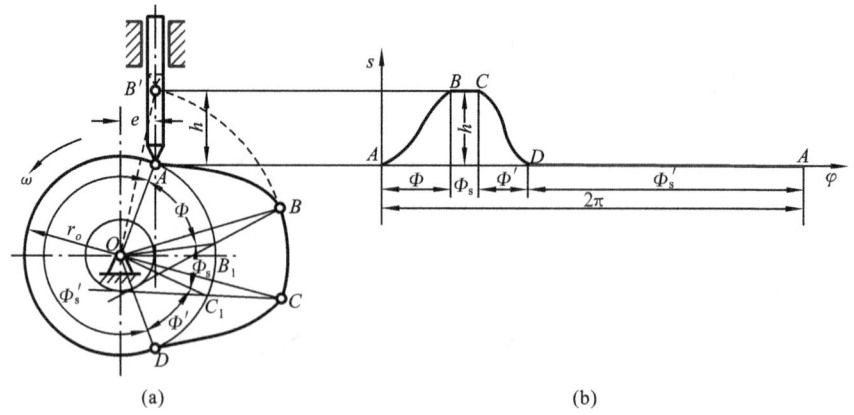

(a)　　　　　　　　　　　　　　　　　(b)

图 5-7　凸轮转角与从动件位移的关系

沿逆时针方向转动,轮廓上的 CD 段与从动件接触,从动件随着接触点向径的减小开始回落,到达点 D 时回到最低位置,从动件运动的这一过程称为回程,凸轮的对应转角 Φ' 称为回程运动角。最后,轮廓的 DA 段(在基圆上)与从动件接触,从动件在距转动中心最近处停歇,称为近休止,凸轮对应转角 Φ_s' 称为近休止角。若凸轮继续转动,则重复以上过程。从动件在推程和回程中移动的距离 h 称为行程。

在上述凸轮机构中,从动件的循环运动可用升—停—回—停来描述。从动件的循环运动还可以是升—回—停、升—停—回和升—回几种形式。

所谓从动件的运动规律指的是从动件在推程或回程时,其位移 s、速度 v、加速度 a 随时间 t 变化的规律。又因凸轮一般为等速运动,即其转角 φ 与时间 t 成正比,所以从动件的运动规律通常表示为上述运动参数随凸轮转角 φ 变化的规律。例如图 5-7(b)显示了在上述凸轮机构中从动件位移 s 与凸轮转角 φ 之间的关系。

5.2.2　多项式运动规律

多项式运动规律的运动方程可一般表示为

$$\begin{cases} s = C_0 + C_1\varphi + C_2\varphi^2 + \cdots + C_n\varphi^n \\ v = C_1\omega + 2C_2\omega\varphi + \cdots + nC_n\omega\varphi^{n-1} \\ a = 2C_2\omega^2 + 6C_3\omega^2\varphi + \cdots + n(n-1)C_n\omega^2\varphi^{n-2} \end{cases} \qquad (5\text{-}1)$$

式中:$C_i(i = 0,1,2,\cdots,n)$ 为待定系数;φ 为凸轮转角;ω 为凸轮角速度。

1. 一次多项式运动规律

一次多项式运动规律运动方程为

$$\begin{cases} s = C_0 + C_1\varphi \\ v = \mathrm{d}s/\mathrm{d}t = C_1\omega \\ a = \mathrm{d}v/\mathrm{d}t = 0 \end{cases} \qquad (5\text{-}2)$$

将边界条件,即起点处 $\varphi=0$,$s=0$ 和终点处 $\varphi=\Phi$,s $=h$ 代入式(5-2),求得 $C_0=0$,$C_1=h/\Phi$。由此得从动件推程段的运动方程为

$$\begin{cases} s = (h/\Phi)\varphi \\ v = (h/\Phi)\omega \\ a = 0 \end{cases} \qquad (5\text{-}3\mathrm{a})$$

同理,通过给定边界条件,可得回程段的运动方程为

$$\begin{cases} s = h[1 - (\varphi/\Phi')] \\ v = -(h/\Phi')\omega \\ a = 0 \end{cases} \qquad (5\text{-}3\mathrm{b})$$

由运动方程可知,当从动件以一次多项式运动规律运动时,从动件就以某一恒定的速度完成推程或者回程,所以这种运动规律又称为等速运动规律,其运动线图如图 5-8 所示。

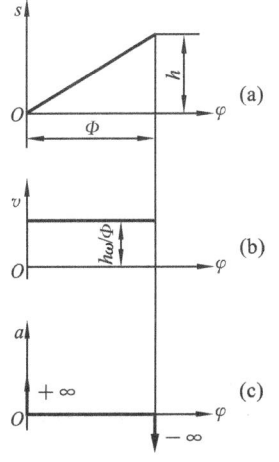

图 5-8　等速运动规律线图

由图可见,该运动规律的速度线图在起始和结束位置出现了突变。由高等数学知识可知,速度在这两个位置处的导数将趋于无穷大,即加速度在理论上将变得无穷大。再由牛顿第二定律 $F=ma$ 可知,此时的惯性力也将趋于无穷大(实际上由于零件的弹性变形而不会达到无穷大),从而使得从动件受到了极大的冲击。称这种由于速度在某点产生突变后引起的冲击为刚性冲击。

2. 二次多项式运动规律

二次多项式运动规律的运动方程为

$$\begin{cases} s = C_0 + C_1\varphi + C_2\varphi^2 \\ v = \mathrm{d}s/\mathrm{d}t = C_1\omega + 2C_2\omega\varphi \\ a = \mathrm{d}v/\mathrm{d}t = 2C_2\omega^2 \end{cases} \tag{5-4}$$

由式(5-4)可知,该运动规律中从动件的加速度 a 为一常数。为保证机构运动的平稳性,通常的做法是让从动件在推程(或回程)的前半段做等加速运动,而在后半段做等减速运动。

据此,确定推程加速度段的边界条件为:起点处 $\varphi=0$,$s=0$,$v=0$;终点处 $\varphi=\Phi/2$,$s=h/2$。求得 $C_0=0$,$C_1=0$,$C_2=2h/\Phi^2$。代入式(5-4)可得从动件推程加速段的运动方程为

$$\begin{cases} s = \dfrac{2h}{\Phi^2}\varphi^2 \\[2mm] v = \dfrac{4h\omega}{\Phi^2}\varphi \\[2mm] a = \dfrac{4h\omega^2}{\Phi^2} \end{cases} \tag{5-5a}$$

从动件推程减速段的边界条件为:起点处 $\varphi=\Phi/2$,$s=h/2$;终点处 $\varphi=\Phi$,$s=h$,$v=0$。求得 $C_0=-h$,$C_1=4h/\Phi$,$C_2=-2h/\Phi^2$。代入式(5-4)可得从动件推程减速段的运动方程为

$$\begin{cases} s = h - \dfrac{2h}{\Phi^2}(\Phi-\varphi)^2 \\[2mm] v = \dfrac{4h\omega}{\Phi^2}(\Phi-\varphi) \\[2mm] a = -\dfrac{4h\omega^2}{\Phi^2} \end{cases} \tag{5-5b}$$

由式(5-5a)、式(5-5b)可知,从动件的位移曲线为一段开口向上的抛物线(推程加速段)和一段开口向下的抛物线(推程减速段)连接而得。即从动件在推程前半段做等加速运动,后半段做等减速运动,两段运动的加速度绝对值相等,方向相反。所以二次多项式运动规律又称为等加速等减速运动规律,其运动线图如图 5-9 所示。

由图可见,加速度线图中的起始位置、中间位置和结束位置都存在突变现象,同样也会导致惯性力产生突变,但这个突变为一有限值,由此引起的冲击也较小,因此

称这种冲击为柔性冲击。

同理,可以根据合理的边界条件,求出待定系数 C_0、C_1 和 C_2 并将其代入式(5-4),即得到等加速等减速运动规律回程运动方程。

回程加速段($\varphi = 0 \sim \Phi'/2$)运动方程为

$$\begin{cases} s = h - \dfrac{2h}{\Phi'^2}\varphi^2 \\[2mm] v = -\dfrac{4h\omega}{\Phi'^2}\varphi \\[2mm] a = -\dfrac{4h\omega^2}{\Phi'^2} \end{cases} \quad (5\text{-}5c)$$

回程减速段($\varphi = \Phi'/2 \sim \Phi'$)运动方程为

$$\begin{cases} s = \dfrac{2h}{\Phi'^2}(\Phi' - \varphi)^2 \\[2mm] v = -\dfrac{4h\omega}{\Phi'^2}(\Phi' - \varphi) \\[2mm] a = \dfrac{4h\omega^2}{\Phi'^2} \end{cases} \quad (5\text{-}5d)$$

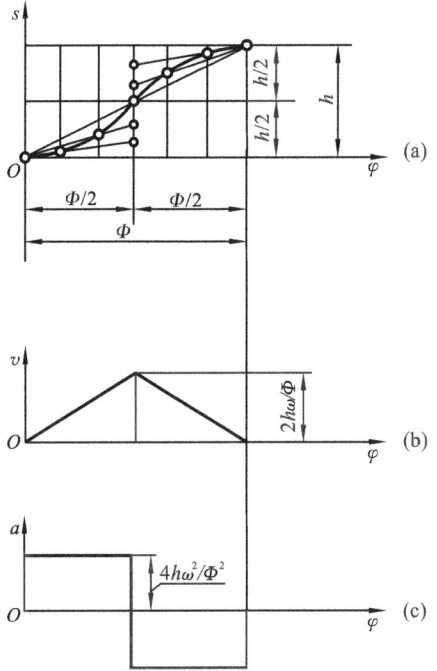

图 5-9 等加速等减速运动规律线图

3. 五次多项式运动规律

五次多项式运动规律运动方程为

$$\begin{cases} s = C_0 + C_1\varphi + C_2\varphi^2 + C_3\varphi^3 + C_4\varphi^4 + C_5\varphi^5 \\[2mm] v = \mathrm{d}s/\mathrm{d}t = C_1\omega + 2C_2\omega\varphi + 3C_3\omega\varphi^2 + 4C_4\omega\varphi^3 + 5C_5\omega\varphi^4 \\[2mm] a = \mathrm{d}v/\mathrm{d}t = 2C_2\omega^2 + 6C_3\omega^2\varphi + 12C_4\omega^2\varphi^2 + 20C_5\omega^2\varphi^3 \end{cases} \quad (5\text{-}6)$$

代入起点处 $\varphi = 0$、$s = 0$、$v = 0$、$a = 0$,以及终点处 $\varphi = \Phi$、$s = h$、$v = 0$、$a = 0$ 共 6 个边界条件,求得 $C_0 = C_1 = C_2 = 0$,$C_3 = 10h/\Phi^3$,$C_4 = -15h/\Phi^4$,$C_5 = 6h/\Phi^5$。将式(5-6)整理得五次多项式运动规律推程运动方程为

$$\begin{cases} s = \dfrac{10h}{\Phi^3}\varphi^3 - \dfrac{15h}{\Phi^4}\varphi^4 + \dfrac{6h}{\Phi^5}\varphi^5 \\[2mm] v = \dfrac{30h\omega}{\Phi^3}\varphi^2 - \dfrac{60h\omega}{\Phi^4}\varphi^3 + \dfrac{30h\omega}{\Phi^5}\varphi^4 \\[2mm] a = \dfrac{60h\omega^2}{\Phi^3}\varphi - \dfrac{180h\omega^2}{\Phi^4}\varphi^2 + \dfrac{120h\omega^2}{\Phi^5}\varphi^3 \end{cases} \quad (5\text{-}7a)$$

回程运动方程为

$$\begin{cases} s = h - \left(\dfrac{10h}{\Phi'^3}\varphi^3 - \dfrac{15h}{\Phi'^4}\varphi^4 + \dfrac{6h}{\Phi'^5}\varphi^5\right) \\[2mm] v = -\dfrac{30h\omega}{\Phi'^3}\varphi^2 + \dfrac{60h\omega}{\Phi'^4}\varphi^3 - \dfrac{30h\omega}{\Phi'^5}\varphi^4 \\[2mm] a = -\dfrac{60h\omega^2}{\Phi'^3}\varphi + \dfrac{180h\omega^2}{\Phi'^4}\varphi^2 - \dfrac{120h\omega^2}{\Phi'^5}\varphi^3 \end{cases} \quad (5\text{-}7b)$$

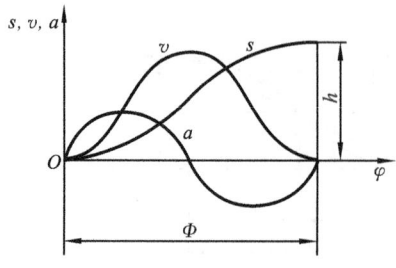

图 5-10   五次多项式运动规律线图

其运动规律线图如图 5-10 所示,由图可知,五次多项式运动规律位移 s、速度 v、加速度 a 的三条运动曲线均为光滑连续曲线,该运动规律既无刚性冲击也无柔性冲击,适用于高速凸轮机构。

5.2.3   三角函数运动规律

1. 余弦加速度运动规律

一质点在圆周上做匀速运动,其在圆周任一直径上的投影所构成的运动称为简谐运动。当从动件按简谐运动规律运动时,其加速度曲线为余弦曲线,所以简谐运动规律又称为余弦加速度运动规律。

推程运动方程为

$$\begin{cases} s = \dfrac{h}{2}\left[1 - \cos\left(\dfrac{\pi}{\Phi}\varphi\right)\right] \\[2mm] v = \dfrac{\pi h\omega}{2\Phi}\sin\left(\dfrac{\pi}{\Phi}\varphi\right) \\[2mm] a = \dfrac{\pi^2 h\omega^2}{2\Phi^2}\cos\left(\dfrac{\pi}{\Phi}\varphi\right) \end{cases} \tag{5-8a}$$

回程运动方程为

$$\begin{cases} s = \dfrac{h}{2}\left[1 + \cos\left(\dfrac{\pi}{\Phi'}\varphi\right)\right] \\[2mm] v = -\dfrac{\pi h\omega}{2\Phi'}\sin\left(\dfrac{\pi}{\Phi'}\varphi\right) \\[2mm] a = -\dfrac{\pi^2 h\omega^2}{2\Phi'^2}\cos\left(\dfrac{\pi}{\Phi'}\varphi\right) \end{cases} \tag{5-8b}$$

余弦加速度运动规律推程段的运动线图如图 5-11 所示,其中加速度线图在起始和终止位置产生突变,所以该运动规律在起始位置和终止位置存在柔性冲击而无刚性冲击。

2. 正弦加速度运动规律

当滚子沿纵坐标轴做匀速纯滚动时,圆周上一点的轨迹为一摆线。此时该点在纵坐标轴上的投影随时间变化的规律称为摆线运动规律。当从动件按摆线运动规律运动时,其加速度曲线为正弦曲线,所以摆线运动规律又称为正弦加速度运动规律。

推程运动方程为

$$\begin{cases} s = h\left[\dfrac{\varphi}{\Phi} - \dfrac{1}{2\pi}\sin\left(\dfrac{2\pi}{\Phi}\varphi\right)\right] \\[2mm] v = \dfrac{h\omega}{\Phi}\left[1 - \cos\left(\dfrac{2\pi}{\Phi}\varphi\right)\right] \\[2mm] a = \dfrac{2\pi h\omega^2}{\Phi^2}\sin\left(\dfrac{2\pi}{\Phi}\varphi\right) \end{cases} \tag{5-9a}$$

回程运动方程为

$$\begin{cases} s = h\left[1 - \dfrac{\varphi}{\Phi'} + \dfrac{1}{2\pi}\sin\left(\dfrac{2\pi}{\Phi'}\varphi\right)\right] \\[2mm] v = \dfrac{h\omega}{\Phi'}\left[\cos\left(\dfrac{2\pi}{\Phi'}\varphi\right) - 1\right] \\[2mm] a = -\dfrac{2\pi h\omega^2}{\Phi'^2}\sin\left(\dfrac{2\pi}{\Phi'}\varphi\right) \end{cases} \tag{5-9b}$$

正弦加速度运动规律推程段的运动线图如图 5-12 所示,由图可知,该运动规律既无刚性冲击也无柔性冲击,适用于高速轻载的场合。

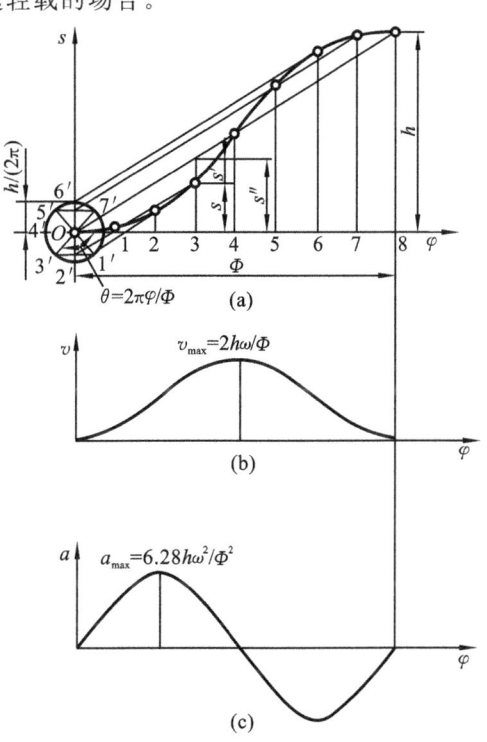

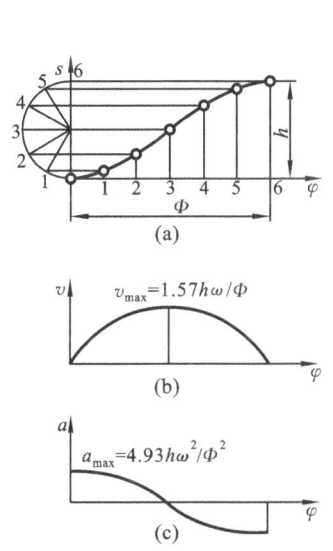

图 5-11　余弦加速度运动规律线图　　　　　图 5-12　正弦加速度运动规律线图

5.2.4　组合运动规律简介

工程实际中,常出现前面所介绍的五种基本运动规律都无法满足使用要求的情况,这就对从动件的运动规律提出了新的要求。为了获得更好的运动特性,可以把几种常用运动规律组合起来加以应用,这种组合称为运动曲线的拼接。例如,某高速凸轮机构中,要求从动件的推程按等速运动规律运动。但由前面的知识可知,等速运动规律由于存在刚性冲击是不适合用于高速凸轮机构的,为了满足这一特殊的运动要求,可以利用其他运动规律和等速运动规律进行组合,从而使从动件的运动规律达到使用要求,如图 5-13 所示。

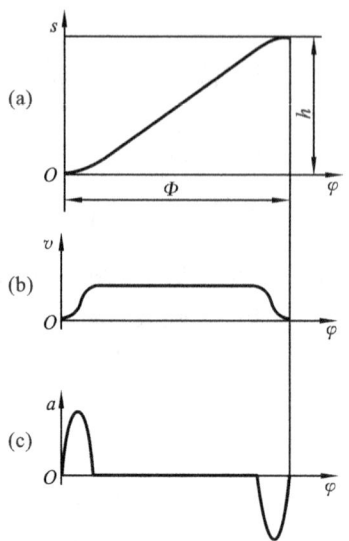

图 5-13　正弦改进型等速运动规律

5.2.5　从动件运动规律的选择

在选择从动件运动规律时,除了要满足机器的工作要求之外,还应使凸轮机构具有良好的动力特性和凸轮便于加工,在此做一简要说明。

1. 对运动规律无特殊要求时

当机器的工作只要求凸轮转过一个角度 φ,从动件相应地完成一行程 h 或一摆角 ψ,而对从动件的具体运动规律没有特殊要求时,可考虑采用圆弧、直线或其他易于加工的简单曲线作为凸轮的轮廓曲线。

2. 对运动规律有特殊要求时

当机器的工作过程对从动件的运动有具体的要求,如刀架的进给机构,或是凸轮转角 φ 与从动件的位移 s(角位移 ψ)需满足特定的函数关系时,只能根据实际运动要求设计凸轮轮廓。

3. 高速凸轮机构

当凸轮转速较高时,需保证凸轮机构具有良好的运动和动力特性,除了应避免刚性冲击和柔性冲击之外,还应考虑限制从动件所具有的最大速度 v_{max} 和最大加速度 a_{max}。

(1) v_{max} 越大,则从动件的动量 mv 就越大。若机构意外被卡死,过大的动量将会导致极大的冲击力,进而危及人员与财产的安全。因此,对于重载凸轮,为了减小动量,应选择 v_{max} 较小的运动规律。

(2) a_{max} 越大,则从动件惯性力 $-ma$ 就越大,由高副作用产生的应力也越大,这就对机构的强度和耐磨性提出了很高的要求。因此,对于高速凸轮,为了减小惯性力的危害,应选择 a_{max} 较小的运动规律。为了方便在选择具体运动规律时进行比较,表 5-1 列出了几种常用运动规律的 v_{max}、a_{max} 和冲击特性。

表 5-1　从动件常用运动规律特性

运 动 规 律	v_{max} $(h\omega/\Phi) \times$	a_{max} $(h\omega^2/\Phi^2) \times$	冲 击 特 性	适 用 场 合
一次多项式 (等速运动)	1.00	∞	刚性冲击	低速轻载
二次多项式 (等加速等减速)	2.00	4.00	柔性冲击	中速轻载
五次多项式	1.88	5.77	无冲击	高速中载
余弦加速度 (简谐运动)	1.57	4.93	柔性冲击	中速中载
正弦加速度 (摆线运动)	2.00	6.28	无冲击	高速轻载

5.3　盘形凸轮轮廓的绘制原理与方法

凸轮轮廓曲线的设计,是整个凸轮机构设计的主要任务。通常的做法是根据反转原理,利用作图法或解析法求出凸轮轮廓曲线。

5.3.1　反转原理

绘制凸轮轮廓曲线时通常使用反转原理,用反转原理设计凸轮机构的方法称为反转法。所谓反转原理是根据相对运动的理论,对凸轮-从动件-机架三者组成的系统,施加一个与凸轮实际转动方向相反、大小相等的公共角速度 $-\omega$。这样做的结果是,凸轮固定不动,从动件一边以角速度 $-\omega$ 绕点 O 转动,一边以原有运动规律相对于凸轮运动。

图 5-14(a)所示的对心直动尖顶从动件盘形凸轮机构,当凸轮以 ω 逆时针转动一个角度 φ 以后,从动件滑过凸轮轮廓线上的 AB 段后与点 B 接触,与此同时,从动件沿导路上升位移 s;图 5-14(b)则是运用了反转原理以后的情况。从动件以 $-\omega$ 顺时针转过一个角度 φ 后,与轮廓上的 B 点接触,同时沿导路产生位移 s,其间,从动件滑过的凸轮轮廓为 AB 段。由此可见,反转后从动件所经过的凸轮轮廓、产生的位移,以及凸轮和从动件之间的相对转角均与实际情况相符;而且反转期间从动件尖顶的轨迹就构成了凸轮轮廓。显然,若从动件以 $-\omega$ 顺时针转过一周后,将得到一条完整的凸轮轮廓曲线。反转法适用于各种凸轮轮廓的设计。

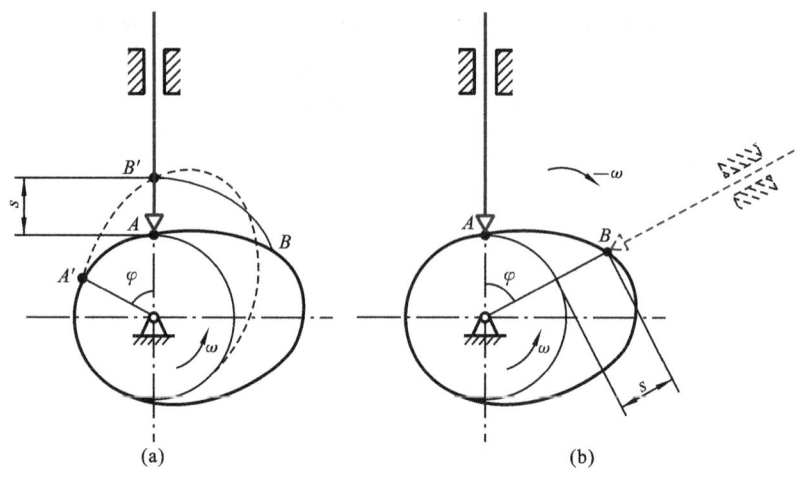

图 5-14 凸轮机构反转原理

5.3.2 作图法设计凸轮轮廓

1. 对心直动尖顶从动件盘形凸轮机构

如图 5-15(a)所示,已知某对心直动尖顶从动件盘形凸轮机构的基圆半径为 r_0,凸轮以角速度 ω 沿逆时针方向转动,行程为 h,推程运动角 $\Phi=120°$,远休止角 $\Phi_s=60°$,回程运动角 $\Phi'=90°$,近休止角 $\Phi'_s=90°$,凸轮的位移曲线如图 5-15(b)所示。

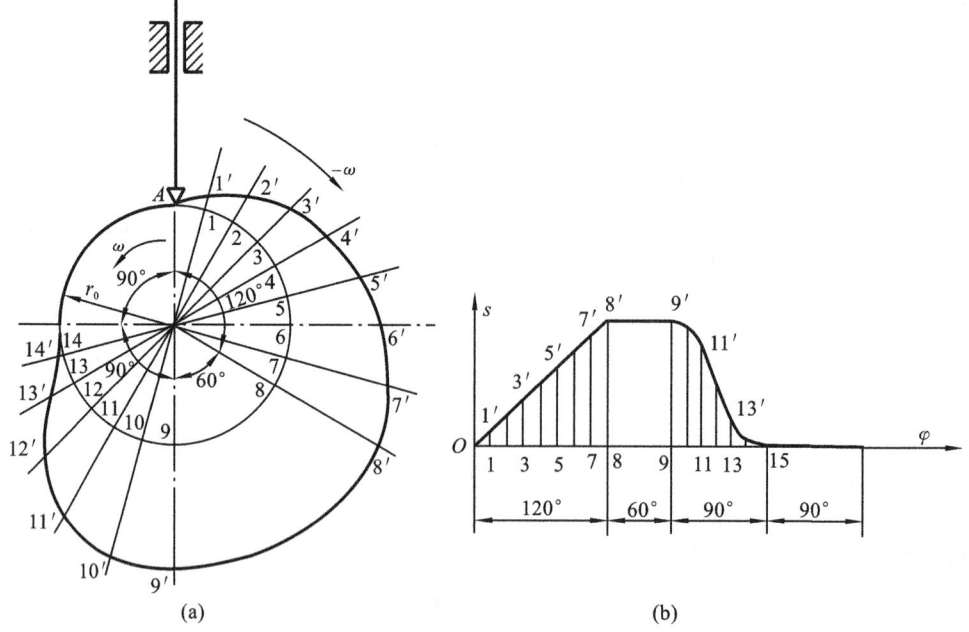

图 5-15 对心直动尖顶从动件盘形凸轮轮廓图解法

试用作图法求凸轮轮廓。

作图步骤如下。

(1) 任选凸轮转动中心 O,选择适当比例尺后由给定半径 r_0 作基圆。

(2) 在基圆上沿 $-\omega$ 方向依次标出推程运动角 Φ、远休止角 Φ_s、回程运动角 Φ' 及近休止角 Φ'_s,按照"陡密缓疏"的原则将推程运动角和回程运动角等分,并延长等分线,等分线与基圆分别交于 $1,2,3,\cdots$。本例中,推程运动角 $\Phi=120°$,回程运动角 $\Phi'=90°$,均按每份 $15°$ 等分。

(3) 在位移线图横坐标上将各运动角等分为相同的份数,并作垂线与位移线图分别交于 $1',2',3',\cdots$。

(4) 在位移线图上分别量取 $11',22',33',\cdots$,并在基圆等分线延长线上截取相同长度 $11',22',33',\cdots$。

(5) 光滑连接基圆起点 A 以及点 $1',2',3',\cdots$,即得到一条完整的凸轮轮廓曲线,如图 5-15(a)所示。

2. 对心直动滚子从动件盘形凸轮机构

已知条件同前,将原来的尖顶从动件换成滚子从动件,试用作图法求凸轮轮廓。

作图步骤如下。

(1) 将滚子中心视为尖顶,按直动尖顶从动件作图方法作出理论轮廓 η。

(2) 以理论轮廓 η 上各点为中心,作出一系列滚子,这些滚子的内包络线 η' 即为盘形凸轮的实际轮廓,对于凹槽凸轮则还应包括外包络线 η'',如图 5-16 所示。

凸轮的基圆半径通常系指理论轮廓的基圆半径,即图中所示的 r_0。

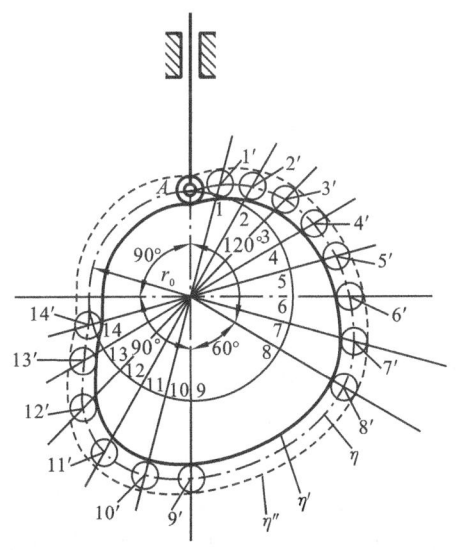

图 5-16　对心直动滚子从动件盘形凸轮轮廓图解法

3. 对心直动平底从动件盘形凸轮机构

同样保留前面的已知条件,将从动件换为平底从动件,试用作图法求凸轮轮廓。

作图步骤如下。

(1) 视平底和导路的交点 A 为尖顶,按尖顶直动从动件作图方法作出点 $1'$,$2'$,$3'$,$\cdots$。

(2) 过点 $1'$,$2'$,$3'$,$\cdots$作出一系列的平底,得到一个代表平底的直线簇。

(3) 作直线簇的包络线即得所求凸轮轮廓,如图 5-17 所示。

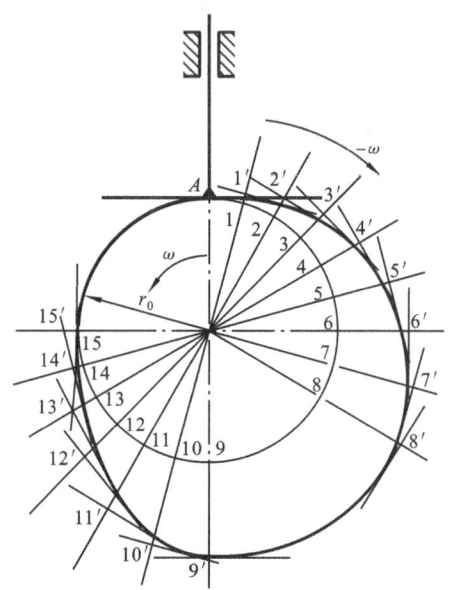

图 5-17　对心直动平底从动件盘形凸轮轮廓图解法

4. 偏置直动尖顶从动件盘形凸轮机构

已知某偏置直动尖顶从动件盘形凸轮机构的基圆半径为 r_0,偏距为 e,凸轮以角速度 ω 沿逆时针方向转动,行程为 h,推程运动角 $\Phi=120°$,远休止角 $\Phi_s=60°$,回程运动角 $\Phi'=90°$,近休止角 $\Phi'_s=90°$,凸轮的位移曲线如图 5-15(b)所示。试用作图法求凸轮轮廓。

作图步骤如下。

(1) 任选凸轮转动中心 O,选择适当比例尺后由给定半径 r_0 作基圆。

(2) 以 O 为圆心,偏距 e 为半径作偏距圆。

(3) 在偏距圆上沿 $-\omega$ 方向依次标出推程运动角 Φ、远休止角 Φ_s、回程运动角 Φ' 及近休止角 Φ'_s,按照"陡密缓疏"原则将推程运动角和回程运动角等分。本例中,推程运动角 $\Phi=120°$,回程运动角 $\Phi'=90°$,均按每份 15°等分。

(4) 过偏距圆的各等分点作偏距圆的切线,切线与基圆分别交于 1,2,3,$\cdots$。

(5) 在位移线图横坐标上将各运动角等分为相同的份数,并作垂线与位移线图分别交于 $1'$,$2'$,$3'$,$\cdots$。

(6) 在位移线图上分别量取 $11'$,$22'$,$33'$,$\cdots$,并依次在偏距圆的各切线上截取相

同长度 $11'$,$22'$,$33'$,$\cdots$。

　　（7）光滑连接基圆起点 A 及点 $1'$,$2'$,$3'$,$\cdots$，即得到该偏置直动尖顶从动件盘形凸轮的轮廓曲线，如图 5-18 所示。

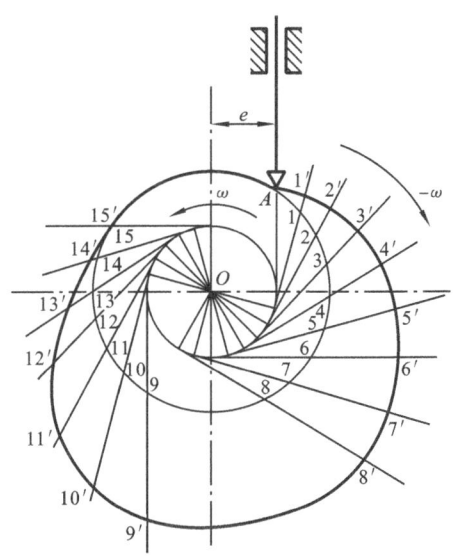

图 5-18　偏置直动尖顶从动件盘形凸轮轮廓图解法

　　另外，偏置直动滚子从动件盘形凸轮和偏置直动平底从动件盘形凸轮的轮廓曲线作图方法与相对应的对心从动件盘形凸轮轮廓的作图法相仿，但需注意的是，从动件的位移必须是在偏距圆的切线上量取，起点在基圆上。

5. 摆动尖顶从动件盘形凸轮机构

　　图 5-19 所示摆动尖顶从动件盘形凸轮机构，其凸轮轮廓作图方法与直动从动件盘形凸轮机构的作图方法相似。所不同的是摆动从动件的位移应改为角位移，用 ψ 表示。假设该凸轮机构的运动规律如图 5-19（b）所示，其纵坐标的比例尺为 μ_ψ（μ_ψ 是 1 mm 长度代表的角度值），从动件摆动中心 A 到凸轮转动中心 O 的距离为 a，从动件长度为 l，试用作图法求凸轮轮廓。

　　作图步骤如下。

　　（1）任选凸轮转动中心 O，选择适当比例尺后由给定半径 r_0 作基圆。

　　（2）以 O 为圆心，中心距 a 为半径作从动件回转中心的轨迹圆（运用反转法后从动件的转动中心 A 将绕点 O 反向转动）。

　　（3）在轨迹圆上沿 $-\omega$ 方向依次标出推程运动角 Φ、远休止角 Φ_s、回程运动角 Φ' 及近休止角 Φ'_s，按照"陡密缓疏"原则将各运动角等分。本例中推程运动角和回程运动角均按每份 30° 等分，得各等分点 A_1,A_2,A_3,$\cdots$。

　　（4）以起点 A 和各等分点 A_1,A_2,A_3,$\cdots$ 为圆心，l 为半径，作圆弧，分别与基圆交于 B 和 B_1,B_2,B_3,$\cdots$。

(5) 分别以 A_1B_1,A_2B_2,A_3B_3,… 为基准量取角位移,使 $\angle B_1A_1B_1' = \psi_1$,$\angle B_2A_2B_2' = \psi_2$,$\angle B_3A_3B_3' = \psi_3$,…,得 B_1',B_2',B_3',…。

(6) 光滑连接 B 和 B_1',B_2',B_3',…,即得所求凸轮轮廓曲线,如图 5-19(a)所示。

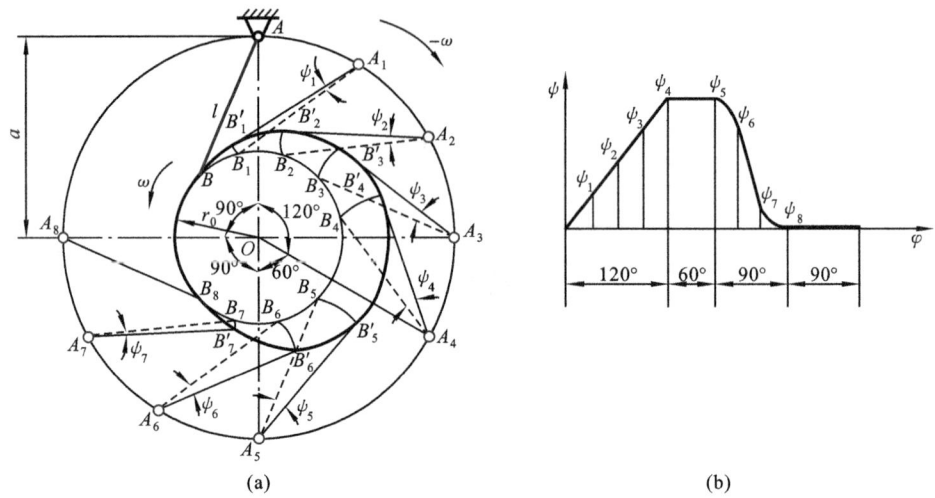

(a) 　　　　　　　　　　(b)

图 5-19　摆动尖顶从动件盘形凸轮轮廓图解法

若将从动件的形状改成滚子或者平底,则只需将滚子中心和平底与导路的交点视为尖顶,求出理论轮廓或者平底位置后,通过作包络线的办法得到凸轮实际轮廓,这和直动从动件是一样的,这里就不再赘述了。

6. 圆柱凸轮设计简介

现以直动从动件圆柱凸轮机构为例,简要介绍圆柱凸轮轮廓的作图法。

图 5-20 所示为一直动从动件圆柱凸轮机构。可假设将此圆柱凸轮展开成一平面,如此可得到一个长度为 $2\pi R$,移动速度 $V = \omega R$ 的移动凸轮。根据反转法原理可知,若对该凸轮机构施加一个 $-V$ 后,凸轮将静止不动,而从动件将一边沿 $-V$ 方向移动,一边在导轨中按原来的运动规律运动。因此,可参照盘形凸轮的作图方法求出

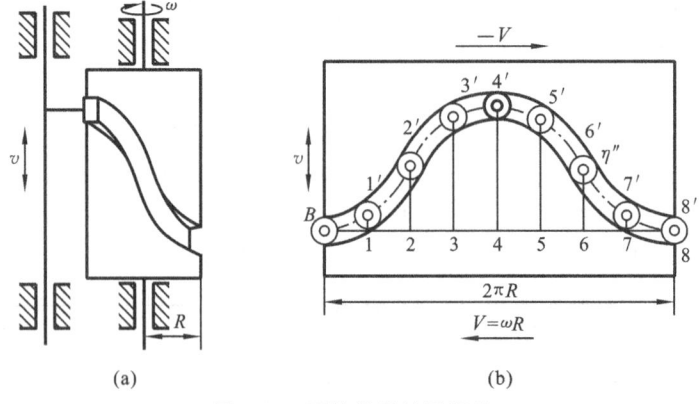

(a) 　　　　　　　　　　(b)

图 5-20　圆柱凸轮的图解法

圆柱凸轮展开成平面时的轮廓曲线,然后再将得到的轮廓曲线还原到圆柱表面后即
可得所求圆柱凸轮的轮廓曲线。

5.3.3　解析法设计凸轮轮廓

随着计算机技术在制造业的广泛应用,更精确的设计方法在凸轮机构的设计中
也被逐渐推广开来。下面以盘形凸轮机构为例介绍凸轮轮廓设计的解析法。

1. 偏置直动滚子从动件盘形凸轮机构

在如图 5-21(a)所示的偏置直动滚子从动件盘形凸轮机构中,r_0 为基圆半径,e 为
偏距,以点 O 为坐标原点,建立如图所示的直角坐标系,则由 $\triangle B_0OE$ 可知 $s_0 =$
$\sqrt{r_0^2 - e^2}$。由反转法原理可知,当凸轮转过角度 φ,从动件沿 $-\omega$ 方向转过相同角度
φ 后,与凸轮轮廓线上的点 B 接触,如图 5-21(b)所示。此时点 B 坐标为

$$\begin{cases} x = (s_0 + s)\sin\varphi + e\cos\varphi \\ y = (s_0 + s)\cos\varphi - e\sin\varphi \end{cases} \tag{5-10}$$

式(5-10)即为该盘形凸轮理论轮廓方程式。

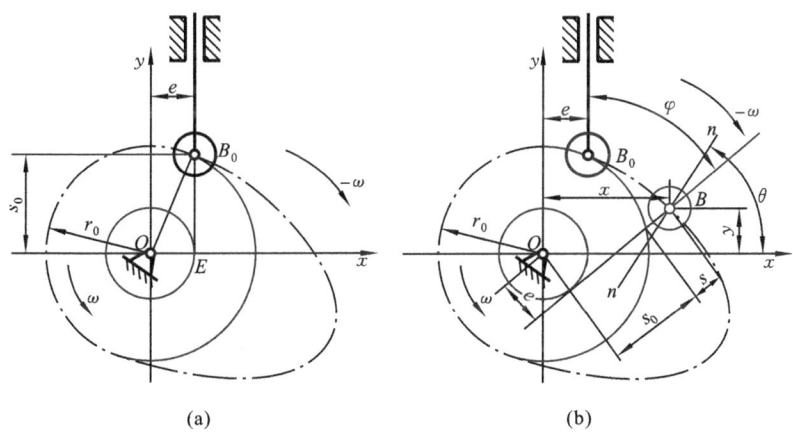

图 5-21　偏置直动滚子从动件盘形凸轮轮廓的解析法

滚子从动件盘形凸轮的实际轮廓与理论轮廓互为等距曲线,即法向上的距离处
处相等,且等于滚子半径 r_r。那么,当知道理论轮廓上任意点的坐标 $B(x,y)$ 后,只需
在此基础上沿该点轮廓线的法线方向加上(外等距曲线)或者减去(内等距曲线)滚子
半径,即可得实际轮廓线上的相应点 $B'(x',y')$。

由高等数学的相关知识可知,曲线上任意点的切线与法线斜率互为负倒数,所以
理论轮廓上点 B 处的斜率为

$$\tan\theta = -\frac{\mathrm{d}x}{\mathrm{d}y} = -\frac{\mathrm{d}x/\mathrm{d}\varphi}{\mathrm{d}y/\mathrm{d}\varphi} = \frac{\sin\theta}{\cos\theta} \tag{5-11}$$

对式(5-10)求导得

$$\begin{cases} \dfrac{\mathrm{d}x}{\mathrm{d}\varphi} = \left(\dfrac{\mathrm{d}s}{\mathrm{d}\varphi} - e\right)\sin\varphi + (s_0 + s)\cos\varphi \\[3mm] \dfrac{\mathrm{d}y}{\mathrm{d}\varphi} = \left(\dfrac{\mathrm{d}s}{\mathrm{d}\varphi} - e\right)\cos\varphi - (s_0 + s)\sin\varphi \end{cases} \tag{5-12}$$

则有

$$\begin{cases} \sin\theta = \left(\dfrac{\mathrm{d}x}{\mathrm{d}\varphi}\right) \Big/ \sqrt{\left(\dfrac{\mathrm{d}x}{\mathrm{d}\varphi}\right)^2 + \left(\dfrac{\mathrm{d}y}{\mathrm{d}\varphi}\right)^2} \\[4mm] \cos\theta = -\left(\dfrac{\mathrm{d}y}{\mathrm{d}\varphi}\right) \Big/ \sqrt{\left(\dfrac{\mathrm{d}x}{\mathrm{d}\varphi}\right)^2 + \left(\dfrac{\mathrm{d}y}{\mathrm{d}\varphi}\right)^2} \end{cases} \tag{5-13}$$

所以,实际轮廓上的对应点的直角坐标为

$$\begin{cases} x' = x \mp r_{\mathrm{r}}\cos\theta \\ y' = y \mp r_{\mathrm{r}}\sin\theta \end{cases} \tag{5-14}$$

此即为该盘形凸轮的实际轮廓方程式,其中,"一"用于内等距曲线,"十"用于外等距曲线。

　　另外,需要对式(5-12)中 e 值的正负进行说明。设从动件均向上工作,如图 5-21(a)所示,若从动件运动导路与 x 轴的交点 E(将点 E 视为固联在凸轮上的一个点)的绝对速度 v_E 向上时 e 值取正,若 v_E 向下时则 e 值取负。当凸轮转动方向或从动件偏置方向改变时亦按此方法进行判断。

2. 对心直动平底从动件盘形凸轮机构

　　如图 5-22 所示,当凸轮沿 ω 方向转过一个角度 φ 时,从动件产生位移 s,根据反转法原理可知,此时平底与凸轮轮廓在点 B 相切。由瞬心法可知,此时从动件的速度为

$$v = v_B = v_P = \overline{OP}\omega$$

所以

$$\overline{OP} = \frac{v}{\omega} = \frac{\mathrm{d}s/\mathrm{d}t}{\mathrm{d}\varphi/\mathrm{d}t} = \frac{\mathrm{d}s}{\mathrm{d}\varphi}$$

由此可知,凸轮轮廓方程式为

$$\begin{cases} x = (r_0 + s)\sin\varphi + \dfrac{\mathrm{d}s}{\mathrm{d}\varphi}\cos\varphi \\[3mm] y = (r_0 + s)\cos\varphi - \dfrac{\mathrm{d}s}{\mathrm{d}\varphi}\sin\varphi \end{cases} \tag{5-15}$$

3. 摆动滚子从动件盘形凸轮机构

　　如图 5-23 所示,从动件的初始角位移为 ψ_0。根据反转法原理,当凸轮沿 ω 方向转过一个角度 φ 后,从动件沿 $-\omega$ 方向转动到图示位置,并产生角位移 ψ,此时滚子中心点 B 的直角坐标为

$$\begin{cases} x = a\sin\varphi - l\sin(\varphi + \psi_0 + \psi) \\ y = a\cos\varphi - l\cos(\varphi + \psi_0 + \psi) \end{cases} \tag{5-16}$$

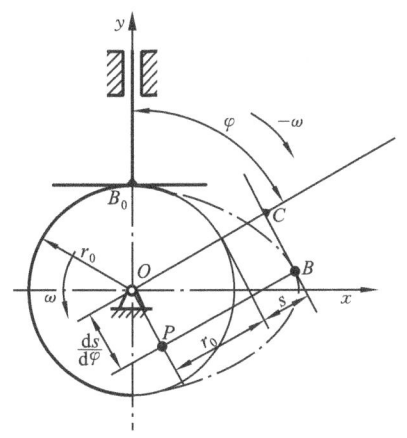

图 5-22　对心直动平底从动件盘形
凸轮轮廓的解析法

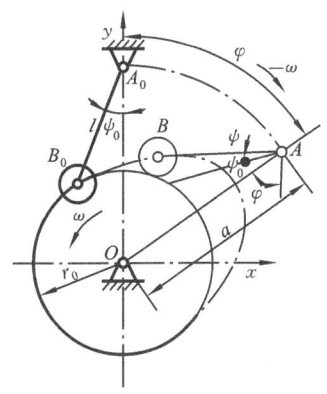

图 5-23　摆动滚子从动件盘形
凸轮轮廓的解析法

式中,从动件初始角位移 ψ_0 按下式计算:

$$\psi_0 = \arccos \sqrt{(a^2 + l^2 - r_0^2)/2al} \tag{5-17}$$

式(5-16)即为摆动滚子从动件盘形凸轮理论轮廓线直角坐标方程,其实际轮廓线的方程按式(5-14)进行计算。

5.4　凸轮机构基本尺寸的确定

在凸轮机构的设计过程中,通常根据实际情况事先确定凸轮机构的基圆半径、偏距、滚子半径、平底长度等基本尺寸参数。本节主要讨论以上参数的确定原则及方法。

5.4.1　凸轮机构的压力角

图 5-24 所示为一直动尖顶从动件盘形凸轮机构工作时的受力情况,其中:F 为凸轮对从动件的作用力,即驱动力;G 为从动件受到的竖直方向作用力,包括其自身重力、弹簧力等;F_{R1} 和 F_{R2} 为从动件运动时导轨两侧对从动件所施加的总反力,φ_1 和 φ_2 为摩擦角;d 为从动件直径,l 为导轨长度,b 为导轨至接触点 B 的距离(悬臂);α 为从动件所受正压力方向(n—n 方向)与其速度方向(v 方向)的夹角,称为凸轮机构的压力角。

由图建立平衡方程 $\sum F_x = 0$、$\sum F_y = 0$ 和 $\sum M_B = 0$,分别得

$$-F\sin(\alpha + \varphi_1) + (F_{R1} - F_{R2})\cos\varphi_2 = 0$$

$$-G + F\cos(\alpha + \varphi_1) - (F_{R1} + F_{R2})\sin\varphi_2 = 0$$

$$F_{R2}\cos\varphi_2(l + b) - F_{R1}\cos\varphi_2 b = 0$$

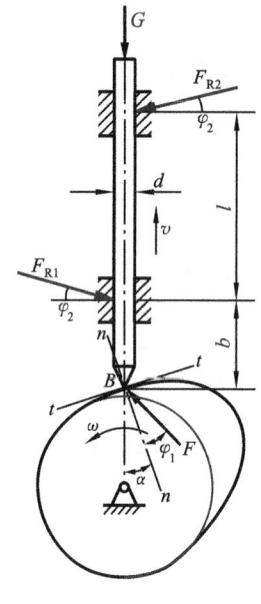

图 5-24　凸轮机构的
受力分析

联立以上三式，消去 F_{R1} 和 F_{R2}，整理后可得

$$F = \frac{G}{\cos(\alpha + \varphi_1) - (1 + 2b/l)\sin(\alpha + \varphi_1)\tan\varphi_2}$$

(5-18)

由式(5-18)可知，当凸轮机构的压力角 α 增大时，分母将减小，所需的驱动力 F 也将增大。由此可见，当 α 增大到某个值时，分母将趋近于 0，驱动力 F 则将增大至无穷，此时该凸轮机构将发生自锁。称刚好使凸轮机构自锁时的压力角为临界压力角，用 α_c 表示，其值为

$$\alpha_c = \arctan\frac{1}{(1 + 2b/l)\tan\varphi_2} - \varphi_1 \qquad (5\text{-}19)$$

从式(5-19)可以看出，增加导轨长度 l 和减小悬臂长度 b 可增大临界压力角 α_c，这对避免机构出现自锁是有利的。在凸轮机构的设计过程中，通常规定凸轮机构的最大压力角应小于许用压力角，而许用压力角应小于临界压力角，即

$$\alpha_{\max} \leqslant [\alpha] < \alpha_c \qquad (5\text{-}20)$$

工程上规定，对于直动从动件取 $[\alpha] = 30°$；对于摆动从动件取 $[\alpha] = 35° \sim 45°$；回程时凸轮没有正压力作用在从动件上，而只是依靠自身的重力或者弹簧力回落，因而取回程许用压力角 $[\alpha]' = 70° \sim 80°$。应该注意，平底垂直于导路的平底凸轮机构压力角 $\alpha \equiv 0$，所以这种凸轮机构具有良好的传力性能。

5.4.2　影响凸轮机构压力角的因素

凸轮机构压力角的影响因素有很多，这里我们讨论结构尺寸的影响，即偏距 e 和基圆半径 r_0 对凸轮机构压力角 α 的影响。

图 5-25(a)所示为一偏置直动尖顶从动件盘形凸轮机构，由瞬心概念可知点 P 的速度 $v_P = v = \omega\overline{OP}$，从而有

$$\overline{OP} = \frac{v}{\omega} = \frac{\mathrm{d}s/\mathrm{d}t}{\mathrm{d}\varphi/\mathrm{d}t} = \mathrm{d}s/\mathrm{d}\varphi \qquad (5\text{-}21)$$

1. 偏距对凸轮机构压力角的影响

由图 5-25(a)中的 $\triangle COD$ 可知 $s_0 = \sqrt{r_0^2 - e^2}$，又由 $\triangle BCP$ 可知：

$$\tan\alpha = \frac{\overline{OP} - e}{s_0 + s} = \frac{(\mathrm{d}s/\mathrm{d}\varphi) - e}{\sqrt{r_0^2 - e^2} + s} \qquad (5\text{-}22a)$$

图 5-25(b)所示为另一偏置直动尖顶从动件盘形凸轮机构，与前述类似可以得到

$$\tan\alpha = \frac{\overline{OP} + e}{s_0 + s} = \frac{(\mathrm{d}s/\mathrm{d}\varphi) + e}{\sqrt{r_0^2 - e^2} + s} \qquad (5\text{-}22b)$$

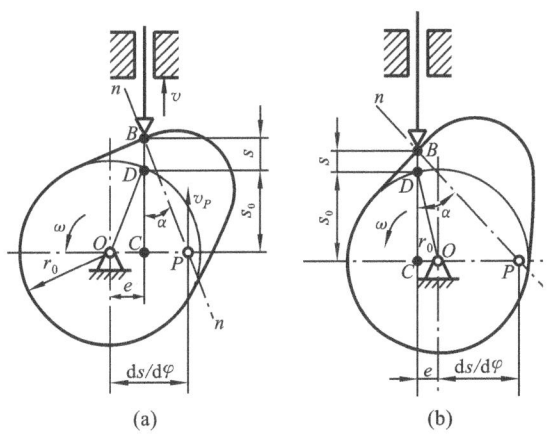

图 5-25　偏距对凸轮机构压力角的影响

由此可见,当凸轮机构采用偏置从动件时,其压力角会因为偏置方向的不同而较从动件对心时增加或者减小。因此,设计凸轮时应注意从动件偏置方向是否正确,选择正确的偏置方向时,凸轮机构的推程压力角会减小;反之,如果偏置方向不正确,反而会增加凸轮机构的推程压力角,这对机构的传力性能是不利的。根据图 5-25 所示的两种偏置从动件凸轮机构和式(5-22a)、式(5-22b)可知,当从动件导路和相对瞬心 P 位于凸轮转动中心的同一侧时,为正确的偏置,此时凸轮压力角将减小;而当从动件导路和相对瞬心 P 分别位于凸轮转动中心两侧时,为错误的偏置,此时凸轮的推程压力角将增大。应该注意的是,当选择正确偏置以后,不能一味地增加偏距 e 的值来减小凸轮机构的推程压力角;否则,将可能因为回程压力角 α' 过大而使从动件锁死。

2. 基圆半径对凸轮机构压力角的影响

由前面的分析还可看出,当其他条件不变时,增加基圆半径 r_0,可减小凸轮机构的压力角 α,使机构具有较好的传力性能,但凸轮机构的尺寸也会随之增加。因此,在设计时应合理选择凸轮基圆半径,使凸轮机构具有较好的传力性能的同时也具有较为紧凑的结构。工程上常使用诺模图来选择最小基圆半径 $r_{\min}$,如图 5-26 所示。

例如某凸轮机构,其推程按正弦加速度规律运动,推程运动角 $\Phi=45°$,推程 $h=50$ mm,许用压力角 $[\alpha]=30°$,则根据诺模图作连接该凸轮机构推程运动角和最大压力角(即许用压力角)的直线,得到该直线与表示 h/r_0 的直径的交点读数为 0.26,则该凸轮机构的基圆半径应满足

$$r_0 \geqslant h/0.26 = 50/0.26 \text{ mm} = 192.31 \text{ mm}$$

5.4.3　滚子半径的选择

当凸轮内凹轮廓与滚子接触时,由图 5-27(a)可知,滚子半径 r_r,该段理论轮廓的曲率半径 ρ 与实际轮廓的曲率半径 ρ' 之间的关系为 $\rho'=\rho+r_r>0$,该段轮廓为一光滑曲线;当凸轮外凸轮廓与滚子接触时,以上三者关系则变为 $\rho'=\rho-r_r$。

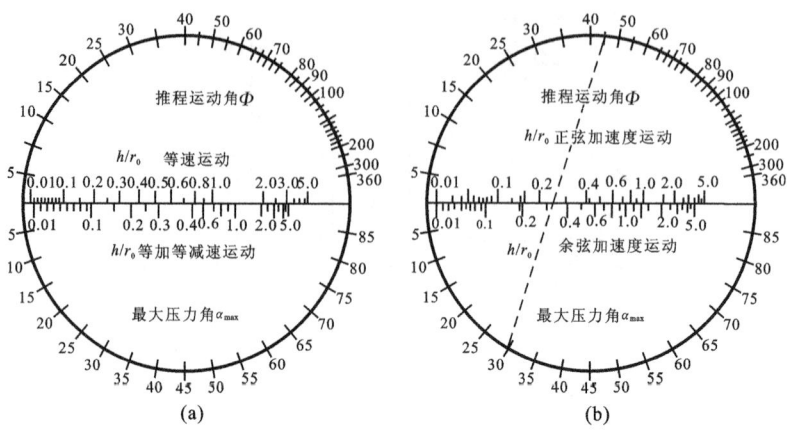

图 5-26　基圆半径对凸轮机构压力角的影响

（1）$\rho > r_r$ 时，$\rho' = \rho - r_r > 0$，凸轮轮廓为一光滑曲线，如图 5-27(b)所示。

（2）$\rho = r_r$ 时，$\rho' = \rho - r_r = 0$，凸轮轮廓在接触点处为一尖点，如图 5-27(c)所示，这种现象称为变尖现象。尖点极易被磨损，当过度磨损后从动件实际运动规律与预期运动规律不相符合，所以此种凸轮轮廓不可取。

（3）$\rho < r_r$ 时，$\rho' = \rho - r_r < 0$，凸轮实际轮廓出现交叉的情况，如图 5-27(d)所示。此时由于该段轮廓交点以外的部分将在加工时被切去，从动件不能按预期运动规律运动，称此种现象为运动失真。

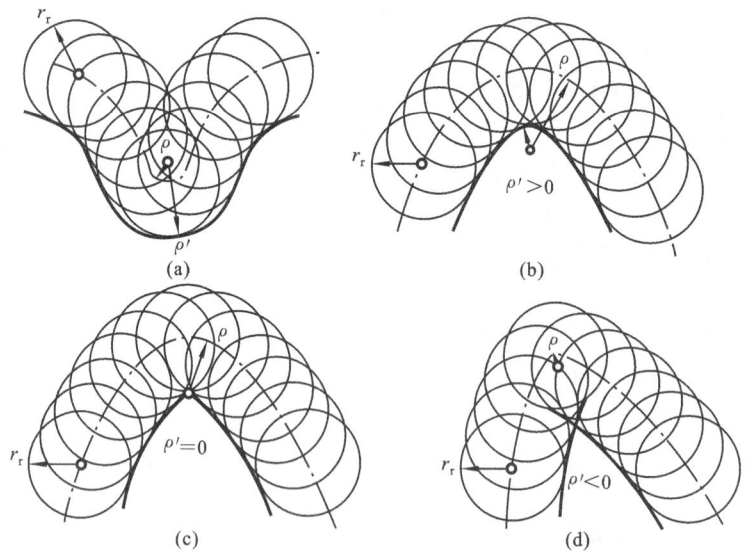

图 5-27　滚子半径的选择

由前面的分析可以看出，如果滚子半径选择不当，会直接导致从动件的运动规律不符合预期的运动规律。对于内凹轮廓部分，滚子半径理论上可以取任意值，但对于外凸轮廓部分,应使滚子半径 r_r 小于理论轮廓线最小曲率半径 ρ_{min},如果该条件不能满足,则应适当增大凸轮的基圆半径,重新设计凸轮。设计时建议取 $r_r \leqslant 0.8\rho_{min}$。

5.4.4　平底尺寸的确定

1. 平底从动件运动失真的问题

当凸轮基圆半径选择过小时,除可能出现 $\alpha_{max} > [\alpha]$ 的情况外,对于平底从动件还有可能出现运动失真的情况。

如图 5-28(a)所示的凸轮机构,基圆半径为 r_0,此时凸轮实际轮廓线无法与平底第二位置 L_{II} 相切,从动件不能按预期运动规律运动,出现运动失真现象;如将基圆半径增大至 r_0',如图 5-28(b)所示,失真现象则可避免。

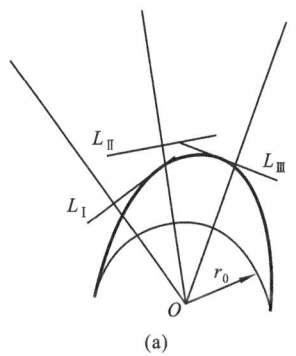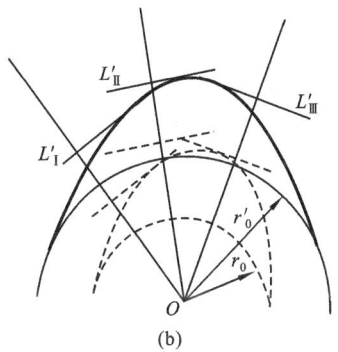

(a)　　　　　　　　　　　　　　　(b)

图 5-28　平底凸轮的运动失真

2. 平底尺寸的确定

由图 5-29 所示,P 为该凸轮机构的相对瞬心,由式 (5-21)可知 $\overline{OP} = ds/d\varphi$,则平底尺寸 l 应为 $2\overline{OP}$,考虑到 $ds/d\varphi$ 的符号和在平底上留出适当余量,平底从动件的尺寸可记为

$$l = 2\,|ds/d\varphi|_{max} + (5 \sim 7)\ \text{mm} \qquad (5\text{-}23)$$

综上所述,在进行凸轮机构的设计时应首先确定凸轮机构的基圆半径,然后再确定凸轮机构的其他结构尺寸,保证从动件能按预期的运动规律运动,且使凸轮机构既有合理的结构尺寸,又有较好的传力性能,这就是进行凸轮基本尺寸设计的原则。

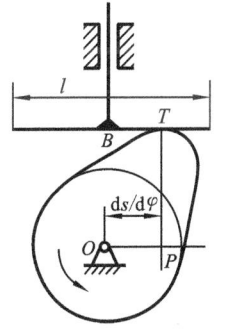

图 5-29　平底尺寸的确定

小　　结

本章主要讨论了凸轮机构的种类及其组成,从动件的常用运动规律及其特性,凸轮轮廓设计的反转原理及设计方法,凸轮机构基本尺寸的确定原则等问题。

(1) 凸轮的形状有盘形和圆柱(端面)两种,前者属平面凸轮,后者属空间凸轮;从动件有尖顶、滚子和平底三种,运动形式有直动(移动)和摆动之分,其中导路垂直平底的平底凸轮具有良好的传力性能。

(2) 凸轮从动件的约束方式有力约束和几何约束两种。

(3) 基圆是凸轮轮廓线上具有最小向径的圆。对于滚子从动件,基圆应在理论轮廓线上度量;偏距圆始终与直动从动件运动导路相切;对于偏置直动从动件凸轮机构,凸轮的转角应为偏距圆切点所对的圆心角。

(4) 速度突变引起刚性冲击,加速度突变引起柔性冲击。

(5) 反转原理是设计凸轮轮廓曲线的根本,是相对运动原理在凸轮设计中的具体应用,反转后凸轮固定不动,从动件一边沿 $-\omega$ 方向转动,一边按原有运动规律运动,产生位移或者角位移。

(6) 基圆半径的选择应充分考虑凸轮机构的结构尺寸、传力性能,以及从动件运动是否失真等因素。

思　考　题

5-1　从动件的常用运动规律有哪几种?它们各自有什么特点?适用于什么场合?

5-2　滚子从动件盘形凸轮机构凸轮的理论轮廓和实际轮廓之间存在什么关系?两者是否相似?

5-3　有一直动尖顶从动件盘形凸轮机构,为了减小摩擦,现决定用滚子从动件替换原尖顶从动件,试问从动件的运动规律是否会发生变化?

5-4　某偏置直动滚子从动件盘形凸轮机构,凸轮沿顺时针方向转动,从动件运动导路位于凸轮转动中心右侧,此偏置方向是否合理?若凸轮改为逆时针方向转动,情况又会如何?

5-5　平底从动件盘形凸轮机构凸轮轮廓曲线为何一定要外凸?为何滚子从动件盘形凸轮理论轮廓曲线却允许内凹,且在内凹段一定不会出现运动失真现象吗?

练　习　题

5-1　试补全题 5-1 图中不完整的从动件位移、速度和加速度线图,并判断哪些位置有刚性冲击,哪些位置有柔性冲击。

5-2　试标出题 5-2 图所示凸轮逆时针转过 30° 后机构的压力角。

5-3　已知凸轮沿逆时针方向转动,偏距 $e=10$ mm,基圆半径 $r_0=60$ mm,滚子半径 $r_r=10$ mm,从动件行程 $h=30$ mm。当凸轮转过 150° 期间,从动件按简谐运动规律完成推程;然后凸轮继续转过 30° 时,从动件静止不动;凸轮再转过 120° 时,从动件以二次多项式运动规律回到初始位置;最后凸轮转过 60° 时,从动件静止不动。试

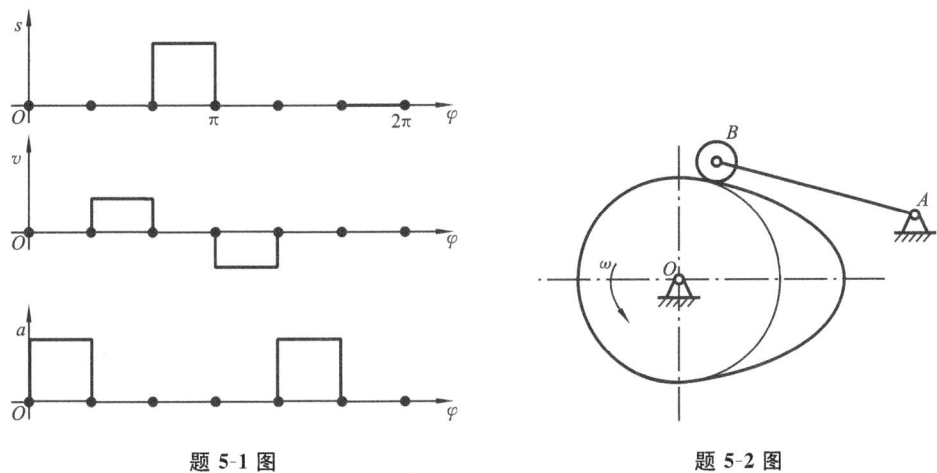

题 5-1 图　　　　　　　　　　　题 5-2 图

用作图法设计该凸轮机构(要求合理选择从动件偏置方向)。

5-4　绘出题 5-3 中凸轮机构的运动线图,并指出哪些位置存在刚性冲击,哪些位置存在柔性冲击。

5-5　设计一对心直动平底从动件盘形凸轮机构,凸轮顺时针转动,基圆半径 r_0 $=50$ mm,从动件行程 $h=20$ mm。从动件运动规律如下:$\Phi=150°,\Phi_s=60°,\Phi'=120°,\Phi'_s=30°$,按正弦加速度运动规律上升,按等速运动规律回落。

5-6　题 5-6 图所示圆盘凸轮的半径为 R,试写出凸轮机构压力角 α 与凸轮转角 φ 之间的关系。若该凸轮机构的最大压力角 $\alpha_{\max}>[\alpha]$,可采用哪些改进措施?

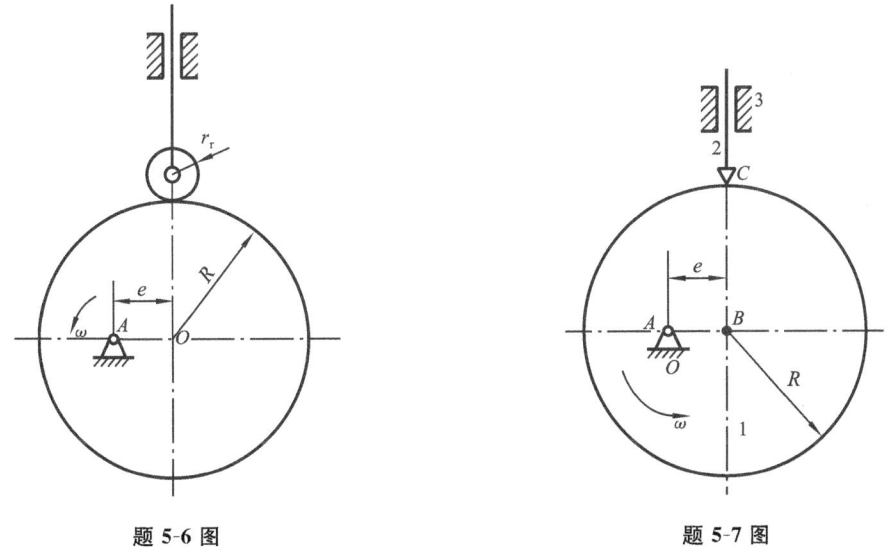

题 5-6 图　　　　　　　　　　　题 5-7 图

5-7　在如题 5-7 图所示的偏置直动从动件盘形凸轮机构中,已知凸轮为一偏心圆盘。圆盘半径 $R=25$ mm,凸轮回转中心到圆盘中心的距离 $e=10$ mm。

(1) 绘出凸轮的理论轮廓线;

(2) 确定凸轮的基圆半径 r_0;

(3) 凸轮 1 以角速度 ω 匀速回转,使推杆 2 上下运动,试计算图示位置凸轮已转过的角度 φ 和推杆的位移 s(图中尺寸单位为 mm);

(4) 求图示位置机构的压力角 α。

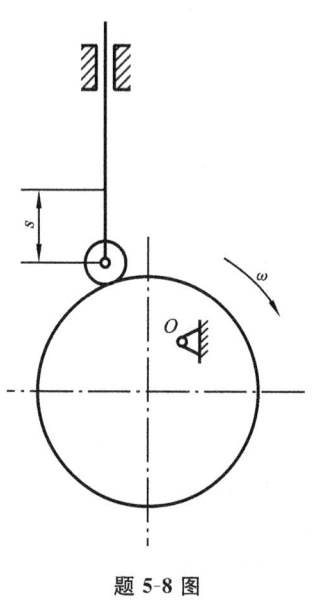

题 5-8 图

5-8　标出题 5-8 图所示直动滚子从动件盘形凸轮机构推杆从图示位置升高位移 s 时,凸轮的转角 φ 和凸轮机构的压力角 α。

5-9　设凸轮以角速度 ω 匀速运动,其推程运动角 Φ 和从动件行程 h 均为已知,当从动件按五次多项式运动规律运动时,其最大和最小加速度出现在什么位置? α_{max} 为多少?

5-10　设凸轮以角速度 ω 匀速运动,其推程运动角 Φ 和从动件行程 h 均为已知。现要求从动件在起始和终止位置的 v、a 和加速度对时间的导数 a' 的数值均为零,试导出用七次多项式表示的从动件位移方程。

5-11　试用解析法设计一偏置直动滚子从动件盘形凸轮机构凸轮的理论轮廓曲线和实际轮廓曲线。已知偏距 $e=20$ mm,基圆半径 $r_0=50$ mm,滚子半径 $r_r=10$ mm,$h=50$ mm,推程以正弦加速度运动规律运动,$\Phi=120°$,回程以余弦加速度运动规律运动,$\Phi'=60°$,另外,$\Phi_s=30°$,$\Phi'_s=150°$。要求合理选择凸轮转动方向和从动件的偏置方向。

5-12　某对心直动平底从动件盘形凸轮机构,已知凸轮沿顺时针方向以角速度 ω 匀速转动,基圆半径 $r_0=50$ mm,从动件行程 $h=40$ mm,推程以等加速等减速运动规律运动,$\Phi=180°$。试求出平底与凸轮的接触点到导路的最大距离 l_{max},并求出 $\varphi=\pi/6$ 和 $\varphi=\pi/2$ 时的凸轮轮廓线上点的直角坐标值。

第6章 齿轮机构原理与设计

本章重点 齿廓啮合基本定律;渐开线的性质;渐开线标准直齿圆柱齿轮及其啮合传动;渐开线齿廓的加工与变位齿轮;斜齿圆柱齿轮传动、蜗杆传动及圆锥齿轮传动的特点。

本章难点 渐开线性质;渐开线齿轮传动的正确啮合条件;齿轮连续传动条件;渐开线齿廓的加工及变位齿轮传动;斜齿轮的重合度与当量齿数。

6.1 齿轮机构类型与应用

齿轮机构是现代机械中应用最为广泛的一种传动机构,主要用来传递空间任意两轴间的回转运动和动力,或者实现回转运动和直线运动之间的转换。齿轮机构具有传递功率范围大、传动效率高、传动比准确、使用寿命长和工作可靠等优点。但由于齿轮轮齿的齿廓形状比较复杂,因此齿轮的制造、装配精度要求高,而且成本也较高。

齿轮机构的类型很多,按照一对齿轮在啮合过程中的传动比 $i_{12}=\omega_1/\omega_2$(ω_1、ω_2 分别为主、从动轮的角速度)是否恒定,齿轮机构可以分为两大类:一类是定传动比的齿轮机构,齿轮是圆形的,又称为圆形齿轮机构,是各类机械中应用最广泛的一种;另一类是变传动比的齿轮机构,齿轮一般是非圆形的,又称为非圆齿轮机构,这种齿轮机构设计加工较复杂,故仅用于一些具有特殊要求的机械中。

按照一对齿轮在传动时的相对运动是平面运动还是空间运动,可将圆形齿轮机构分为平面齿轮机构和空间齿轮机构两类。

6.1.1 平面齿轮机构

平面齿轮机构用于传递两平行轴之间的运动和动力。根据轮齿排列方向的不同,平面齿轮机构又分为如下几类。

1. 直齿圆柱齿轮机构

直齿圆柱齿轮机构中的齿轮称为直齿轮,其轮齿的齿向与轴线平行。直齿圆柱齿轮机构又可以分为以下三种。

(1) 外啮合直齿轮机构。其两个齿轮的转动方向相反,如图 6-1(a)所示。这种齿轮机构的重合度较小,传动平稳性较差,故多用于速度较低的传动,以及变速箱的换挡齿轮。

(2) 内啮合直齿轮机构。其两齿轮的转动方向相同,如图 6-1(b)所示。这种齿

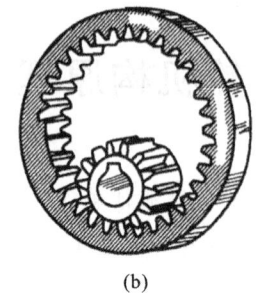
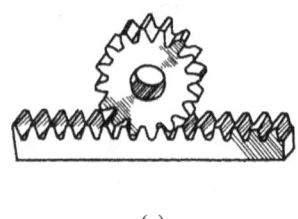

(a)　　　　　　　　　　(b)　　　　　　　　　(c)

图 6-1　直齿圆柱齿轮机构

轮机构重合度大,而且两轴间的距离小,结构紧凑,故多用于周转轮系机构。

(3) 齿轮齿条机构。内啮合齿轮机构中,一个齿轮演变成齿条,当齿轮转动时,齿条做直线移动,如图 6-1(c)所示。这种齿轮机构可以把旋转运动转变为直线运动,或者把直线运动转变为旋转运动。

2. 斜齿圆柱齿轮机构

斜齿圆柱齿轮机构中的齿轮称为斜齿轮,其轮齿的齿向相对于轴线倾斜一个角度,如图 6-2(a)所示。斜齿轮机构也有外啮合、内啮合及齿轮齿条啮合之分。这种齿轮机构重合度大,传动较平稳,承载能力较强,通常用于速度较高、载荷较大或要求结构紧凑的场合。

3. 人字齿圆柱齿轮机构

人字齿圆柱齿轮机构的齿形如"人"字,它相当于由两个全等、但轮齿倾斜方向相反的斜齿轮拼接而成,如图 6-2(b)所示。这种齿轮机构承载能力高,而且轴向力能相互抵消,故多用于重载传动。

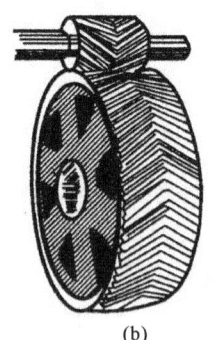
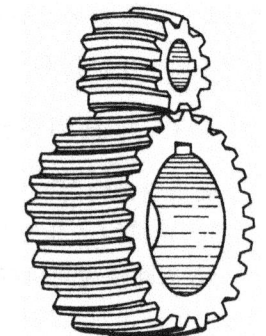

(a)　　　　　　　　　　(b)

图 6-2　斜齿圆柱齿轮机构与人字齿轮机构　　　　**图 6-3　曲线齿圆柱齿轮机构**

4. 曲线齿圆柱齿轮机构

曲线齿圆柱齿轮机构中的齿轮称为曲线齿轮,其轮齿沿轴向成弯曲的弧面,如图 6-3 所示。

6.1.2　空间齿轮机构

空间齿轮机构用来传递两相交轴或交错轴(轴线既不平行又不相交)之间的运动和动力,常用的有以下类型。

1. 圆锥齿轮机构

圆锥齿轮机构两齿轮的轴线相交,其轮齿排列在截圆锥体的表面上,它们也有直齿、斜齿和曲线齿之分,如图 6-4(a)、(b)、(c)所示。

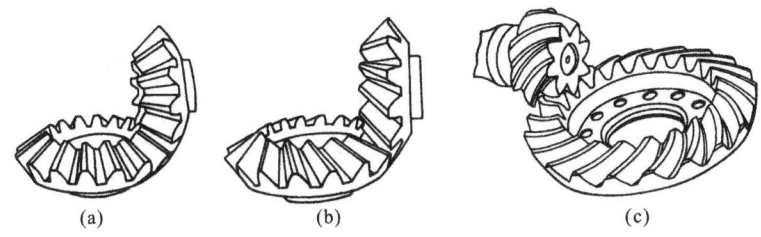

(a)　　　　　　　(b)　　　　　　　(c)

图 6-4　圆锥齿轮机构

直齿锥齿轮机构制造和装配简便,但传动平稳性差,故常用于速度低、载荷小的场合。曲线齿锥齿轮机构由于传动平稳、承载能力高,而常用于速度较高、载荷较大的场合。

2. 用于交错轴间传动的齿轮机构

图 6-5 所示为用于交错轴间传动的齿轮机构。图 6-5(a)所示为交错轴斜齿轮机构,它是由两个斜齿轮组成的两轮轴线成空间交错的齿轮机构。这种齿轮机构两轮齿为点接触,传动效率低,磨损大,常用来传递运动,或者利用两轮齿相对滑动速度大的特点,把其中一个齿轮制成刀具(剃齿刀),对另一个齿轮进行精加工。图 6-5(b)所示为蜗杆机构,这种齿轮机构的两轴一般垂直交错。蜗杆机构传动比大,结构紧凑,传动平稳,振动小,噪声低,能自锁;但传动效率低,容易发热和磨损。图 6-5(c)为准双曲面齿轮机构,这种齿轮机构的两轴线通常也是垂直交错的。

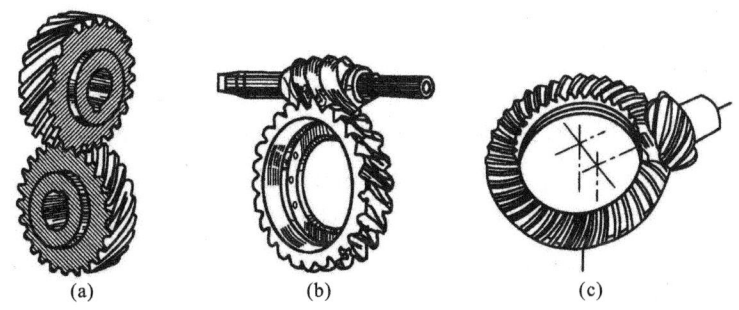

(a)　　　　　　　(b)　　　　　　　(c)

图 6-5　用于交错轴间传动的齿轮机构

本章重点分析直齿圆柱齿轮机构,在此基础上再对其他类型的齿轮机构传动特点进行介绍。

6.2　渐开线与渐开线齿廓

6.2.1　齿廓啮合基本定律

齿轮机构是通过主动轮的齿廓依次推动从动轮的齿廓来传递运动和动力的。两齿轮的传动比是否恒定,取决于轮齿的齿廓曲线形状。以下讨论齿轮轮齿的齿廓曲线与两轮传动比的关系。

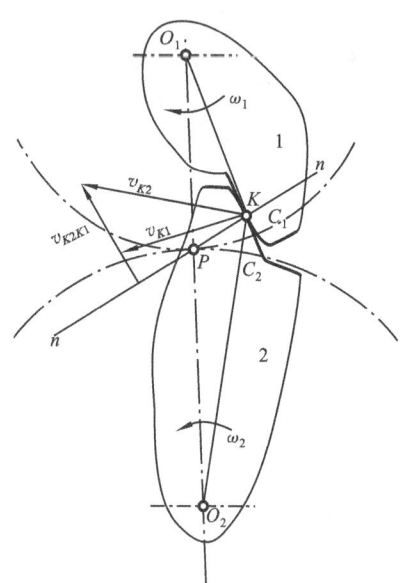

图 6-6 所示为齿轮正在啮合的一对齿廓。主动轮 1 绕 O_1 轴转动,齿廓 C_1 推动齿廓 C_2 从而使从动轮 2 绕 O_2 轴转动。两齿廓在点 K 处接触,这个接触点称为啮合点。过啮合点 K 作两齿廓的公法线 $n—n$,$n—n$ 与连心线 O_1O_2 交于点 P。要使这一对齿廓通过接触来传动,那么,它们沿接触点的公法线方向是不能有相对运动的,即各轮接触点处的绝对速度 v_{K1}、v_{K2} 在公法线 $n—n$ 方向的分速度应相等。否则,两齿廓将不是彼此分离就是相互嵌入,因而不能实现正常的传动。

齿轮机构是由三个构件组成的机构,O_1、O_2 分别是两齿轮的绝对速度瞬心,由三心定理可知,点 P 就是这一对齿轮的相对速度瞬心 P_{12}。在齿轮啮合过程中,将相对速度瞬心称为啮合节点,简称节点。根据速度瞬心的性质,两齿廓曲

图 6-6　齿廓啮合基本定律

线在节点 P 处有相同的速度,即

$$v_P = \overline{O_1P}\omega_1 = \overline{O_2P}\omega_2$$

由此可得瞬时传动比为

$$i_{12} = \omega_1/\omega_2 = \overline{O_2P}/\overline{O_1P} \tag{6-1}$$

式(6-1)表明,互相啮合传动的一对齿轮,两齿廓在任一位置接触时,该对齿轮的瞬时传动比等于连心线被节点 P 所分成的两段线段的反比。这一规律称为齿廓啮合基本定律。凡满足齿廓啮合基本定律的一对齿廓称为共轭齿廓,共轭齿廓的齿廓曲线称为共轭曲线。齿廓啮合基本定律既适用于定传动比的齿轮机构,也适用于变传动比的齿轮机构。

由式(6-1)可知,要使两齿轮做定传动比传动,则其齿廓曲线必须满足以下条件:不论两轮齿廓在何位置接触,过接触点所作的两齿廓的公法线必须与两齿轮的连心线相交于一个固定点。

分别以两轮的回转中心 O_1、O_2 为中心，以 $r_1' = \overline{O_1P}$、$r_2' = \overline{O_2P}$ 为半径，作两个圆相切于节点 P，这两个圆称为两齿轮的节圆，r_1' 和 r_2' 即为节圆半径。节圆是节点在两齿轮运动平面上的轨迹，两轮在节圆上的速度相等。因此，两齿轮的啮合传动可以视为这一对节圆做无滑动的纯滚动。

6.2.2　渐开线齿廓

1. 渐开线的形成

如图 6-7 所示，当直线 $n—n$ 沿半径为 r_b 的圆周从点 A 开始纯滚动到点 B 时，直线上任一点 K 画出的轨迹 $\overset{\frown}{AK}$ 就是该圆的渐开线。这个圆称为渐开线的基圆，半径 r_b 称为基圆半径，直线 $n—n$ 称为渐开线的发生线，$\theta_K = \angle AOK$ 称为渐开线上点 K 的展角。

2. 渐开线的性质

（1）发生线沿基圆滚过的长度等于基圆上被滚过的圆弧长度。由于发生线在基圆上做纯滚动，故由图 6-7 可知：$\overline{KB} = \overset{\frown}{AB}$。

（2）渐开线上任一点的法线恒与基圆相切。当发生线 $n—n$ 沿基圆做纯滚动时，发生线与基圆的切点 B 即为发生线上点 K 的速度瞬心，所以发生线 $n—n$ 即为渐开线在点 K 的法线。又由于发生线恒切于基圆，故可以得出结论：渐开线上任一点的法线恒与基圆相切。

（3）渐开线上离基圆越远的部分其曲率半径越大，渐开线越平直。由于发生线 $n—n$ 与基圆的切点 B 也是渐开线在点 K 的曲率中心，而线段 $\overline{BK}$ 是相应的曲率半径，故由图 6-7 可知：渐开线上离基圆越远的部分，其曲率半径越大，渐开线越平直；渐开线上离基圆越近的部分，其曲率半径越小，渐开线就越弯曲；渐开线在基圆上起

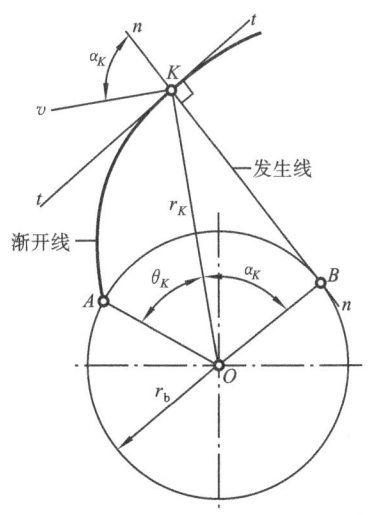

图 6-7　渐开线的形成

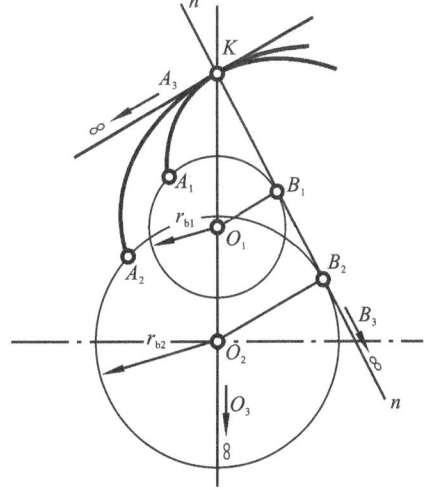

图 6-8　渐开线的形状

始点处的曲率半径为零。

（4）渐开线的形状取决于基圆的大小。如图 6-8 所示，基圆越小，渐开线越弯曲；基圆越大，渐开线越平直。当基圆半径为无穷大时，其渐开线将成为一条垂直于 B_3K 的直线，它就是后面将介绍的齿条的齿廓曲线。

（5）基圆内无渐开线。由于渐开线是由基圆开始向外展开的，所以基圆内无渐开线。

3. 渐开线方程式

在研究渐开线齿轮的啮合原理和计算其几何尺寸时，经常要用到渐开线方程式。下面讨论以极坐标形式表示的渐开线方程式。

如图 6-7 所示，点 A 为渐开线在基圆上的起始点，点 K 为渐开线上任意点。它的向径用 r_K 表示，展角用 θ_K 表示。若用此渐开线作齿轮的齿廓，则当齿轮绕点 O 转动时，齿廓上点 K 的速度方向应垂直于直线 OK，法线 BK 与点 K 速度方向线之间所夹的锐角称为渐开线齿廓在该点的压力角，以 α_K 表示，其大小等于 $\angle KOB$，即 $\alpha_K = \angle KOB$。

由 $\triangle OBK$ 可知

$$r_K = \frac{r_b}{\cos\alpha_K}$$

又

$$\tan\alpha_K = \frac{\overline{KB}}{\overline{OB}} = \frac{\widehat{AB}}{r_b} = \frac{r_b(\alpha_K + \theta_K)}{r_b}$$

即

$$\theta_K = \tan\alpha_K - \alpha_K$$

上式表明，展角 θ_K 随压力角 α_K 的变化而变化，所以 θ_K 又称为压力角 α_K 的渐开线函数，工程上用 $\mathrm{inv}\alpha_K$ 表示 θ_K。

综上所述，渐开线的极坐标方程式为

$$\begin{cases} r_K = \dfrac{r_b}{\cos\alpha_K} \\ \theta_K = \mathrm{inv}\alpha_K = \tan\alpha_K - \alpha_K \end{cases} \tag{6-2}$$

6.2.3 渐开线齿廓的啮合特性

1. 能实现定传动比传动

由式(6-1)可知，判断一对渐开线齿廓能否实现定传动比传动，关键是看过两齿廓任意接触点所作的两齿廓公法线是否与两齿轮的连心线相交于一个固定点，即节点必须是一固定点。在图 6-9 中，实线所示为一对渐开线齿廓在任意位置啮合、啮合接触点为点 K 的情况。过点 K 作这对齿廓的公法线 N_1N_2，由渐开线的性质(2)可知，此公法线 N_1N_2 必定同时与两齿廓的基圆相切，即 N_1N_2 为两基圆的一条内公切线。当两齿轮制造好以后，这一对齿轮两齿廓的基圆大小均已确定；当两齿轮装配好以后，中心距 a' 也已确定，所以在其同一方向上的内公切线只有一条。因此，两渐开

线齿廓不论在什么位置接触啮合,它们的啮合点
一定在这条内公切线上(如图中另一啮合位置的
点 K'),而内公切线与连心线 O_1O_2 只有一个交点,
即节点 P 是固定不变的。因此,渐开线齿廓能实
现定传动比传动。

渐开线齿轮的传动比可写成

$$i_{12} = \frac{\omega_1}{\omega_2} = \frac{\overline{O_2P}}{\overline{O_1P}} = \frac{r'_2}{r'_1} = \frac{r_{b2}}{r_{b1}} \qquad (6\text{-}3)$$

式(6-3)表明,两渐开线齿廓啮合时,其传动比
不仅与两轮的节圆半径成反比,也与两轮的基圆
半径成反比。

内公切线 N_1N_2 是两齿廓在啮合过程中啮合
点 K 所走过的轨迹,称为啮合线,亦即一对渐开线

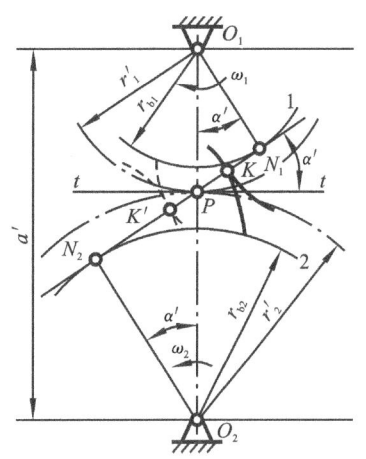

图 6-9　渐开线齿廓的啮合特性

齿廓的啮合线为一条定直线。由于啮合线与两齿廓接触啮合点的公法线重合,且为
一条定直线,所以在渐开线齿轮传动过程中,齿廓间的正压力方向始终不变,这对于
齿轮传动的平稳性极为有利。

在齿轮机构中,啮合线 N_1N_2 与两节圆的公切线 $t—t$ 所夹的锐角称为啮合角,
用 α' 表示,由图 6-9,有

$$\alpha' = \arccos \frac{r_{b1}}{r'_1} = \arccos \frac{r_{b2}}{r'_2} \qquad (6\text{-}4)$$

2. 中心距变化不影响传动比的稳定性

由式(6-3)可知,齿轮传动比取决于两轮基圆半径的反比。当齿轮制造好以后,
两基圆的大小就不变了。即使由于制造和装配误差,以及使用导致的齿轮机构的中
心距稍有变化,但由于基圆半径仍为原来的 r_{b1} 和 r_{b2},因此仍能保持原来的传动比不
变,不会影响传动比的稳定性。渐开线齿廓的这一特性称为渐开线齿轮的可分性,这
一特性对渐开线齿轮的制造、装配和使用都十分有利,这也是渐开线齿廓被广泛使用
的主要原因之一。但是齿轮机构的中心距一旦改变,将引起两齿轮基圆位置的改变,
其啮合线及节点的位置也随之改变,故两轮的节圆半径及啮合角也变化了。

3. 啮合角恒等于节圆压力角

在图 6-9 中,可看出啮合角的大小标志着啮合线的倾斜程度。由于两个节圆在
节点 P 处相切,所以当一对渐开线齿廓在节点 P 处啮合时,啮合点 K 与节点 P 重
合,这时的压力角称为节圆压力角,可以分别用 $\angle N_1O_1P$ 和 $\angle N_2O_2P$ 来度量。从图
中可知,$\angle N_1O_1P = \angle N_2O_2P = \alpha'$。因此,可得出如下结论:一对渐开线齿廓的齿轮
传动,其啮合角恒等于两齿轮在节圆的压力角。

渐开线齿轮除具有以上优点外,还有工艺性好、互换性好等优点,所以现代机械
中广泛采用渐开线作为齿轮的齿廓曲线。

6.3　渐开线标准直齿圆柱齿轮的几何尺寸计算

如图 6-10 所示为一直齿外齿轮的一部分。齿轮上每一个凸起的部分称为轮齿，每个轮齿两侧是形状相同而方向相反的渐开线齿廓。由于直齿轮的齿向平行于齿轮轴线，因此，直齿圆柱齿轮的基本参数、几何尺寸计算都在端面内进行。

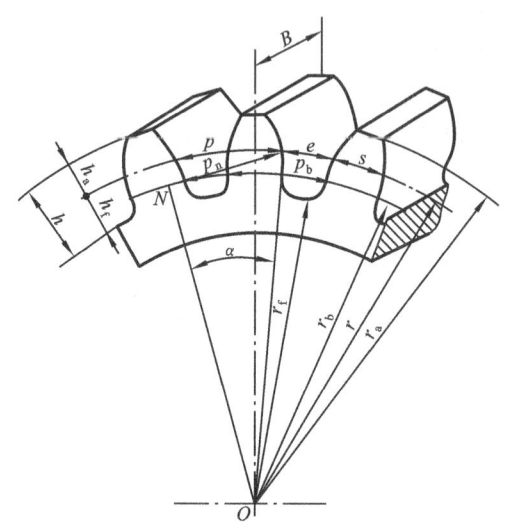

图 6-10　渐开线标准直齿轮

6.3.1　齿轮各部分的名称

(1) 分度圆。分度圆是设计齿轮的一个基准圆，其半径用 r 表示，直径用 d 表示。

(2) 齿顶圆。过所有轮齿顶端的圆称为齿顶圆，其半径用 r_a 表示，直径用 d_a 表示。分度圆与齿顶圆之间的径向距离称为齿顶高，用 h_a 表示。

(3) 齿根圆。过所有齿槽底部的圆称为齿根圆，其半径用 r_f 表示，直径用 d_f 表示。分度圆与齿根圆之间的径向距离称为齿根高，用 h_f 表示。

(4) 全齿高。齿顶圆与齿根圆之间的径向距离称为全齿高，用 h 表示，$h = h_a + h_f$。

(5) 基圆。产生渐开线的圆称为基圆，其半径用 r_b 表示，直径用 d_b 表示。

(6) 齿厚。每个轮齿上的圆周弧长称为齿厚。在半径为 r_K 的圆周上度量的弧长称为该圆上的齿厚，用 s_K 表示。在分度圆上度量的弧长称为分度圆齿厚，用 s 表示。

(7) 齿槽宽。两个轮齿间齿槽上的圆周弧长称为齿槽宽。在半径为 r_K 的圆周上度量的弧长称为该圆上的齿槽宽，用 e_K 表示。在分度圆上度量的弧长称为分度圆齿槽宽，用 e 表示。

（8）齿距。相邻两齿同侧齿廓之间的圆弧长度称为齿距。由图 6-10 可见,在同一圆周上,齿距等于齿厚与齿槽宽之和。在半径为 r_K 的圆周上度量的弧长称为该圆上的齿距,用 p_K 表示,$p_K = s_K + e_K$。在分度圆上度量的弧长称为分度圆的齿距,用 p 表示,$p = s + e$。在基圆上度量的弧长称为基圆齿距,用 p_b 表示,$p_b = s_b + e_b$,s_b 和 e_b 是基圆上的齿厚和齿槽宽。

（9）法向齿距。相邻两齿同侧齿廓在法线方向的距离称为法向齿距,用 p_n 表示。由渐开线性质可知:$p_n = p_b$。

（10）齿宽。齿轮轮齿的轴向厚度,如图 6-10 中所示尺寸 B。

6.3.2　渐开线齿轮的基本参数

为了计算齿轮各部分的几何尺寸,需要规定若干基本参数,标准齿轮有 5 个基本参数。

（1）齿数。在齿轮整个圆周上轮齿的总数称为齿数,用 z 表示。齿数应为整数。

（2）模数。为了确定齿轮各部分尺寸计算的基准,在齿顶圆与齿根圆之间选定一直径为 d 的圆,并把这个圆称为齿轮的分度圆。如图 6-10 所示,分度圆周长 $\pi d = zp$,因而分度圆直径 $d = zp/\pi$。由于 π 是无理数,分度圆直径也将为无理数,用一个无理数作为设计基准是很不方便的。为了方便设计、加工和检验,人为地把分度圆齿距 p 与 π 的比值规定为一有理数列,并把该比值称为模数,用 m 表示,单位是 mm。即

$$m = \frac{p}{\pi}$$

因此,分度圆直径 $d = mz$,分度圆齿距 $p = \pi m$。为了使齿轮便于计算、制造、检验和互换使用,我国已制定了模数的国家标准 GB/T 1357—2008,见表 6-1。

表 6-1　标准模数

第一系列	0.1　0.12　0.15　0.2　0.25　0.3　0.4　0.5　0.6　0.8　1　1.25　1.5　2 2.5　3　4　5　6　8　10　12　16　20　25　32　40　50
第二系列	0.35　0.7　0.9　1.75　2.25　2.75　（3.25）　3.5　（3.75）　4.5　5.5　（6.5） 7　9　（11）　14　18　22　28　（30）　36　45

注:选用模数时,应优先采用第一系列,其次是第二系列,括号内的模数尽可能不用。

模数 m 是决定齿轮尺寸的一个基本参数。齿数相同的齿轮,模数越大,其尺寸也越大,如图 6-11 所示。

（3）压力角。我们已经知道,渐开线齿廓上各点的压力角都不相同,由式（6-2）可知

$$\alpha_K = \arccos(r_b/r_K)$$

即对于同一渐开线齿廓,不同圆周上的压力角是不同的,基圆上的压力角为零,离基圆越远的圆,半径越大,该圆上的压力角也越大。分度圆上的压力角简称压力角,用

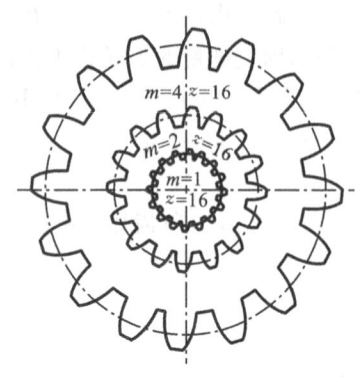

图 6-11　齿轮尺寸随模数的变化

α 表示,于是有

$$r_{\mathrm{b}} = r\cos\alpha = \frac{mz}{2}\cos\alpha$$

上式表明,当齿轮的模数 m 和齿数 z 相同时,其分度圆的大小也相同。但是压力角 α 的变化可引起基圆的变化,从而引起渐开线齿廓形状的不同。因此,压力角是决定渐开线齿廓形状的一个基本参数。为了避免齿轮设计、制造、测量及互换使用带来的不便,人们规定了分度圆压力角取标准值。我国国家标准规定,分度圆压力角的标准值一般为 20°。为了提高强度,有采用 25°压力角的齿轮。在某些装置中,也有采用分度圆压力角为 14.5°、15°、22.5°的齿轮。

至此,可以给分度圆下一个完整的定义:分度圆就是齿轮上具有标准模数和标准压力角的圆。分度圆与前述的节圆的区别在于:分度圆存在于单个齿轮中,每一个齿轮都有一个大小确定的分度圆;而节圆是当一对齿轮啮合时才出现,它是表示该对齿轮啮合特性的圆,各轮节圆的大小随中心距的变化而变化,对于单个齿轮,节圆是不存在的。

(4)齿顶高系数。齿顶高 h_{a} 可表示为齿顶高系数 h_{a}^{*} 和模数的乘积,即 $h_{\mathrm{a}} = h_{\mathrm{a}}^{*}m$。

(5)顶隙系数。齿根高 h_{f} 与齿顶高系数 h_{a}^{*}、顶隙系数 c^{*} 有关,即 $h_{\mathrm{f}} = (h_{\mathrm{a}}^{*} + c^{*})m$。由此可以看出,齿根高比齿顶高大了一个 $c^{*}m$ 值,该值称为顶隙 c,即 $c = c^{*}m$。有了顶隙 c,两个齿轮在啮合时,可在一个齿轮的齿顶圆和另一个齿轮的齿根圆之间形成间隙——顶隙,既有利于储存润滑油,又能避免两齿轮卡死。

国家标准中规定了齿顶高系数和顶隙系数的标准值,见表 6-2,有时也采用非标准的短齿制。

表 6-2　齿顶高系数和顶隙系数

系　　　数	标　准　值	短　齿　制
齿顶高系数 h_{a}^{*}	1	0.8
顶隙系数 c^{*}	0.25	0.3

6.3.3　渐开线标准直齿圆柱齿轮机构的几何尺寸计算

1. 标准齿轮的概念

具有如下特征的齿轮称为标准齿轮。

(1)分度圆上具有标准模数和标准压力角;

(2)分度圆上的齿厚和齿槽宽相等,即 $s = e = \pi m/2$;

（3）具有标准的齿顶高和齿根高，即 $h_a = h_a^* m$，$h_f = (h_a^* + c^*)m$。

不具备上述特征的齿轮称为非标准齿轮。

2. 标准直齿圆柱齿轮的几何尺寸计算

直齿圆柱齿轮有外齿轮、内齿轮之分。如图 6-10 所示为外齿轮，如图 6-12 所示为直齿内齿轮的一部分。内齿轮与外齿轮的不同之处如下。

（1）齿轮的齿顶圆小于分度圆，齿根圆大于分度圆。

（2）齿轮的齿廓是内凹的，其齿厚和齿槽宽分别对应于外齿轮的齿槽宽与齿厚。

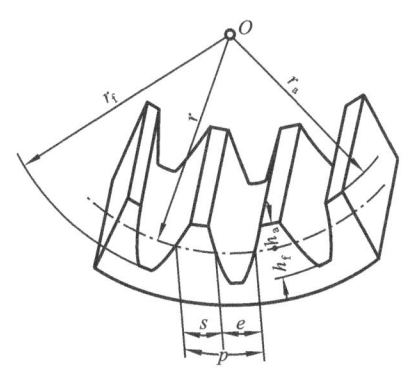

图 6-12　内齿轮

需要注意的是：为了使一个外齿轮与一个内齿轮组成的内啮合齿轮传动能正确啮合，内齿轮的齿顶圆必须大于基圆，因为基圆里面没有渐开线。

渐开线标准直齿圆柱齿轮机构的几何尺寸计算公式见表 6-3。

表 6-3　渐开线标准直齿圆柱齿轮机构的几何尺寸计算公式

基本参数		$z_1, z_2, m, \alpha, h_a^*, c^*$
名　称	符号	计　算　公　式
分度圆直径	d	$d_1 = mz_1 \qquad d_2 = mz_2$
齿顶高	h_a	$h_a = h_a^* m$
齿根高	h_f	$h_f = (h_a^* + c^*)m$
全齿高	h	$h = h_a + h_f = (2h_a^* + c^*)m$
齿顶圆直径	d_a	$d_{a1} = d_1 \pm 2h_a = (z_1 \pm 2h_a^*)m \qquad d_{a2} = d_2 \pm 2h_a = (z_2 \pm 2h_a^*)m$
齿根圆直径	d_f	$d_{f1} = d_1 \mp 2h_f = (z_1 \mp 2h_a^* \mp 2c^*)m \qquad d_{f2} = d_2 \mp 2h_f = (z_2 \mp 2h_a^* \mp 2c^*)m$
基圆直径	d_b	$d_{b1} = d_1\cos\alpha = mz_1\cos\alpha \qquad d_{b2} = d_2\cos\alpha = mz_2\cos\alpha$
齿距	p	$p = \pi m$
齿厚	s	$s = \pi m/2$
齿槽宽	e	$e = \pi m/2$
任意圆（半径为 r_i）齿厚	s_i	$s_i = s r_i / r - 2 r_i (\mathrm{inv}\alpha_i - \mathrm{inv}\alpha)$
标准中心距	a	$a = \dfrac{1}{2}(d_2 \pm d_1) = \dfrac{1}{2}m(z_2 \pm z_1)$
顶隙	c	$c = c^* m$
基圆齿距	p_b	$p_b = p_n = \pi m\cos\alpha$
法向齿距	p_n	

续表

名　称	符号	计　算　公　式
节圆直径	d'	(当中心距为标准中心距时)$d' = d$
传动比	i	$i_{12} = \omega_1/\omega_2 = z_2/z_1 = d'_2/d'_1 = d_2/d_1 = d_{b2}/d_{b1}$

注:① 符号"±"、"∓"中上面的用于外齿轮,下面的用于内齿轮。在中心距计算公式中,上面的用于外啮合,下面的用于内啮合。

② 因为 $zp_b = \pi d_b = \pi mz\cos\alpha$,所以 $p_b = \pi m\cos\alpha$。

6.3.4　标准齿条的特点

图 6-13 所示为一标准齿条。由渐开线的形成可知,当外齿轮的齿数增加到无穷多时,齿轮上的基圆半径也趋于无穷大,基圆和其他圆都变成了互相平行的直线,这时由发生线所生成的渐开线已不是一条曲线,而是一条斜直线,同侧的渐开线齿廓也变成了互相平行的斜直线齿廓,这样就形成了齿条。因此,齿条是齿轮的一种特殊形式,其齿廓面已从曲面演变成平面。齿条的特点如下。

(1) 由于齿条的齿廓是直线,所以齿廓上各点的法线是相互平行的。又由于齿条在传动时做直线运动,齿廓上各点速度的大小和方向都相同。因此,齿条齿廓上各点的压力角均相等,且等于齿廓的倾斜角,此角称为齿形角,标准值为20°。

(2) 与齿顶线平行的各直线上的齿距都相同,模数为同一标准值。其中齿厚和齿槽宽相等且与齿顶线平行的直线称为分度线(也称为中线),它相当于外齿轮的分度圆,是确定齿条各部分尺寸的基准线。

标准齿条的齿顶高和齿根高的计算与外齿轮相同。

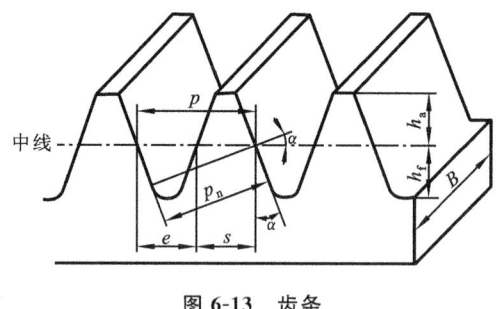

图 6-13　齿条

6.4　渐开线标准直齿圆柱齿轮的啮合传动

6.4.1　一对齿轮的正确啮合条件

齿轮传动是依靠主动轮齿与从动轮齿之间的相互啮合来实现的。从前述的渐开线齿廓的啮合特性中已知,由于渐开线轮齿在啮合过程中其啮合点始终落在同一条啮合线上,所以一对渐开线齿轮能够实现定传动比传动。但并不能由此认为,任意两个渐开线齿轮都能正确地啮合传动。如图 6-14 所示,如果一个齿轮的齿距很小,而另一个齿轮的齿距很大,这样搭配的齿轮是无法传动的。

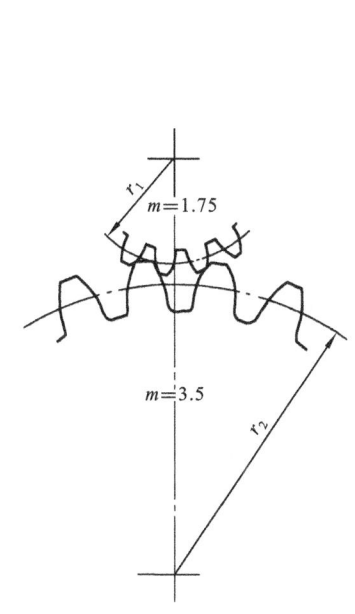

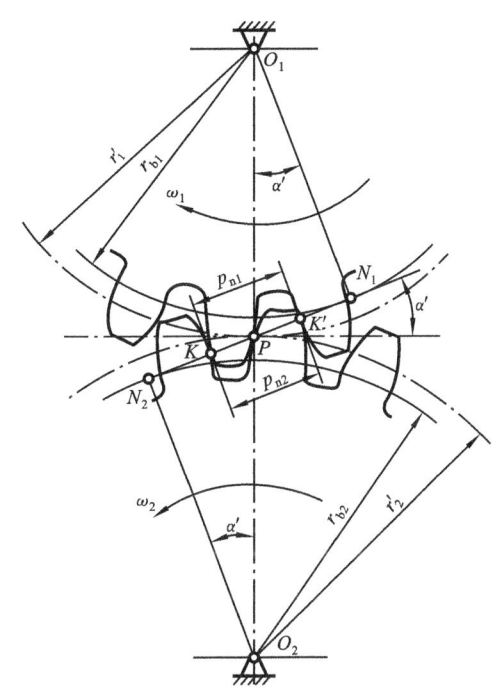

图 6-14　不同齿距的齿轮啮合情况　　　图 6-15　齿轮正确啮合条件

　　一对渐开线齿轮要能正确地啮合传动,必须满足一定的条件,即在啮合过程中,啮合轮齿的工作一侧齿廓的啮合点必须总是在啮合线 N_1N_2 上。因此,若有一对以上的轮齿同时参加啮合,则各对轮齿工作一侧齿廓的啮合点也必须同时都在啮合线上,如图 6-15 所示的啮合点 K 及 K'。又因为线段 $\overline{KK'}$ 同时是两个齿轮相邻两轮齿同侧齿廓的法向齿距,即 $\overline{KK'}=p_{n1}=p_{n2}$,显然,齿轮能实现定传动比的正确啮合条件为两齿轮的法向齿距相等。

　　由渐开线的性质可知,齿轮的法向齿距与基圆齿距相等。因此,一对渐开线齿轮的正确啮合条件又可表述为两轮的基圆齿距相等,即

$$p_{b1} = p_{b2} \tag{6-5}$$

　　将 $p_{b1}=p_{n1}=\pi m\cos\alpha_1$ 和 $p_{b2}=p_{n2}=\pi m\cos\alpha_2$ 代入式(6-5)得

$$m_1\cos\alpha_1 = m_2\cos\alpha_2$$

式中:m_1、m_2 和 α_1、α_2 分别为两轮的模数和压力角。因为齿轮的模数和压力角都已标准化,故上式若成立,则必须满足

$$\begin{cases} m_1 = m_2 = m \\ \alpha_1 = \alpha_2 = \alpha \end{cases} \tag{6-6}$$

故渐开线直齿圆柱齿轮传动的正确啮合条件又可表述为：两轮的模数和压力角必须分别相等。

6.4.2　齿轮传动的无侧隙啮合条件

一对齿轮在传动时，每个齿只有一侧齿廓为工作面，而另一侧齿廓为非工作面。两个轮齿的非工作面间留有一定的间隙，此间隙称为齿侧间隙，简称侧隙，如图 6-16 所示。侧隙的作用是防止齿轮机构由于制造和装配误差、轮齿受力变形，以及摩擦发热而膨胀所引起的挤轧现象。但侧隙的存在却会在齿轮反向转动时产生齿间冲击，影响齿轮传动的平稳性。因此，这个侧隙只能很小，通常是由制造公差来保证的，所以齿轮的运动设计仍是按无侧隙啮合进行的。

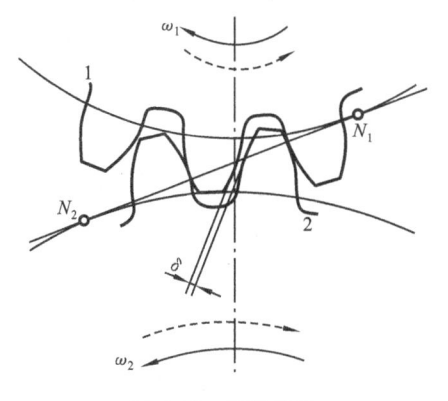

图 6-16　齿侧间隙

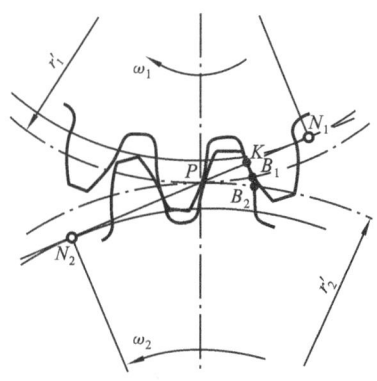

图 6-17　无侧隙啮合条件

如图 6-17 所示，两齿轮处于无侧隙啮合状态，当齿轮沿啮合线 N_1N_2 啮合，两齿廓的接触点由点 K 移动到节点 P 时，两齿廓分别在其节圆上的对应点 B_1、B_2 应同时到达点 P。因齿轮传动相当于两节圆做纯滚动，故 $\overset{\frown}{B_1P} = \overset{\frown}{B_2P}$。又因 $\overset{\frown}{B_1P} = e_1'$，$\overset{\frown}{B_2P} = s_2'$，所以 $e_1' = s_2'$。根据齿轮正确啮合条件，两轮的基圆齿距应相等，可以推知两轮的节圆齿距也是相等的，因此可得

$$e_1' = s_2' \quad 或 \quad e_2' = s_1' \tag{6-7}$$

故齿轮传动的无侧隙啮合条件是：一个齿轮节圆上的齿厚等于另一个齿轮节圆上的齿槽宽。

6.4.3　标准齿轮的安装

对于一对模数、压力角分别相等的外啮合标准齿轮，分度圆上的齿厚等于齿槽宽，即 $s_1 = e_1 = \pi m/2 = s_2 = e_2$。如果在安装时使两分度圆成相切的状态，也就是使其与两轮的节圆重合，则有 $s_1' = s_1 = e_2 = e_2' = \pi m/2$，所以能实现无侧隙啮合传动。标准

齿轮的这种安装称为标准安装,如图 6-18 所示。显然这时的啮合角 α' 等于分度圆的压力角 α,而中心距称为标准中心距。但应该注意,分度圆和压力角是单个齿轮上存在的参数和尺寸,而节圆、啮合角和中心距是两个齿轮安装后才产生的。

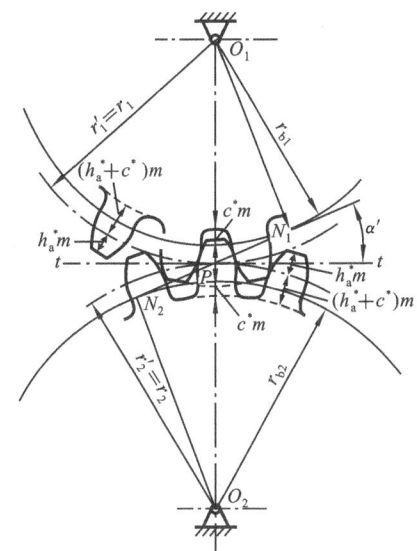

图 6-18　标准齿轮的标准安装

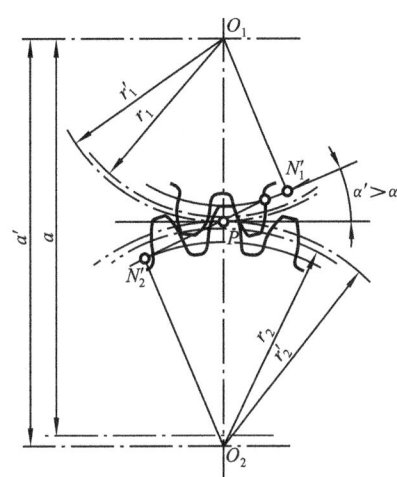

图 6-19　标准齿轮的非标准安装

因为两齿轮轮齿间无侧隙存在,所以标准中心距是标准齿轮外啮合时的最小中心距,其值为

$$a = r_1' + r_2' = r_1 + r_2 = \frac{m(z_1 + z_2)}{2} \tag{6-8}$$

当一对齿轮啮合时,为了避免一轮的齿顶端与另一轮的齿槽底相抵触,并且为了有一些空隙以便储存润滑油,故在一轮的齿顶圆与另一轮的齿根圆之间留有一定的空隙,此空隙沿半径方向测量,称为顶隙,用 c 表示。由图 6-18 可知,标准齿轮在标准安装时的顶隙为

$$c = h_f - h_a = (h_a^* + c^*)m - h_a^* m = c^* m \tag{6-9}$$

此时顶隙为标准值。

因渐开线齿轮传动具有可分性,故齿轮实际安装的中心距 a' 可以不等于标准中心距 a,这时称为非标准安装。外啮合齿轮的非标准安装如图 6-19 所示,显然,此时中心距 a' 有所加大。因齿轮的节圆半径分别为 $r_1' = \dfrac{r_{b1}}{\cos\alpha} = r_1 \dfrac{\cos\alpha}{\cos\alpha'}$ 和 $r_2' = \dfrac{r_{b2}}{\cos\alpha} = r_2 \dfrac{\cos\alpha}{\cos\alpha'}$,故实际中心距 a' 为

$$a' = r_1' + r_2' = (r_1 + r_2)\frac{\cos\alpha}{\cos\alpha'} = a\frac{\cos\alpha}{\cos\alpha'} \tag{6-10}$$

通过式(6-10)和图 6-19 可以看出,外啮合齿轮非标准安装时原来的中心距 a 增

大至 a',这时两轮的分度圆不再相切而是分开一段距离,节圆与分度圆也就不再重合,两轮的节圆半径大于各自的分度圆半径,其啮合角 α' 也大于分度圆的压力角 α。由式(6-10)可知,中心距和啮合角的关系式为

$$a'\cos\alpha' = a\cos\alpha \tag{6-11}$$

当标准齿轮的中心距增大至 a' 时,必然出现齿侧间隙,如图 6-19 所示,从而在传动过程中引起两齿廓面的冲击,影响齿轮的传动质量,因此在设计标准齿轮传动时要尽量保证获得标准中心距。

6.4.4　齿轮齿条的安装

在图 6-20 中,实线所示为标准齿轮与齿条按照齿轮分度圆与齿条中线相切进行安装,此时齿轮分度圆与节圆重合,齿条中线与节线重合,啮合角等于分度圆的压力角,这种情况称为齿轮齿条的标准安装。因为标准齿轮分度圆上的齿厚等于齿槽宽,齿条中线上的齿厚也等于齿槽宽,且等于 $\pi m/2$,所以根据无齿侧间隙啮合条件,标准齿轮与齿条能做无齿侧间隙啮合传动。

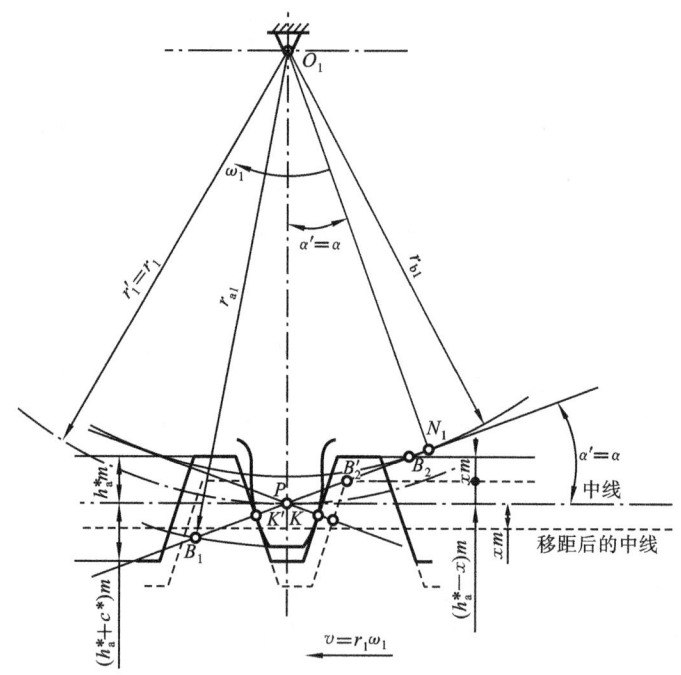

图 6-20　标准齿轮齿条传动的标准安装与非标准安装

如果把齿条由图中实线位置径向移动至虚线位置,这时齿轮和齿条将只有一侧接触,另一侧出现间隙,这种安装称为非标准安装。齿条移动的距离可用模数的 x 倍表示,即移距 xm,单位为 mm。由于齿条齿廓各点的压力角均为 α,啮合线没有变,节点 P 也没有变,所以齿轮分度圆仍然与节圆重合,啮合角 α' 也总是等于齿轮分度

圆压力角 α，即齿条的齿形角。但齿条的中线与节线不再重合，而是平移了 xm 距离。

6.4.5　轮齿的啮合过程

如前所述，一对齿轮要能正确啮合，两轮的法向齿距必须相等。但是仅满足这个条件有时还不能保证齿轮能够连续传动。齿轮的传动是依靠两轮的轮齿依次接触来实现的，为了使传动不中断，当前一对轮齿尚未脱离啮合时，后一对轮齿就应进入啮合，这样齿轮传动才具有连续性。要了解齿轮机构能否实现连续传动，就必须研究齿轮轮齿的啮合过程。

如图 6-21(a)所示，齿轮 1 为主动轮，齿轮 2 为从动轮。当两轮的一对齿开始啮合时，一定是主动轮的齿根推动从动轮的齿顶，这时从动轮齿顶圆与啮合线 N_1N_2 的交点 B_2 是一对轮齿啮合的起始点。

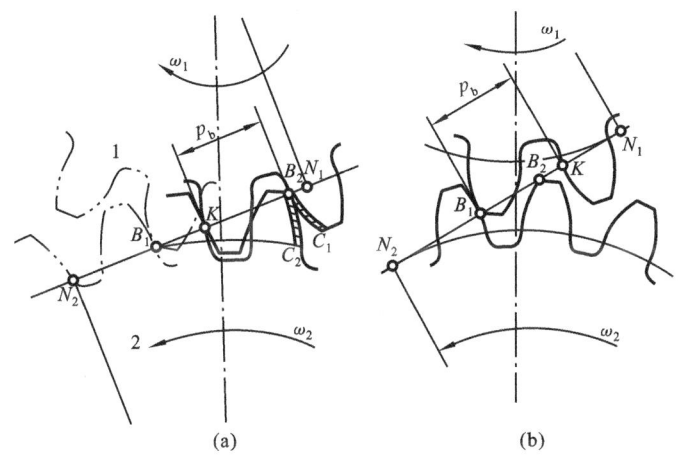

图 6-21　轮齿的啮合过程

随着啮合传动的进行，两齿廓的啮合点沿着啮合线向左下方移动，而主动齿廓上的接触点从齿根向齿顶移动，从动齿廓上的接触点从齿顶向齿根移动，一直到主动轮 1 的齿顶圆与啮合线 N_1N_2 的交点 B_1 时，两轮齿即将分离，故点 B_1 应为两轮齿的啮合终止点，如图 6-21(a)中双点画线所示。根据渐开线齿廓的啮合性质，啮合点必须落在啮合线 N_1N_2 上。因此，一对轮齿在其整个啮合过程中啮合点实际走过的轨迹只是啮合线 N_1N_2 上的一段 $\overline{B_2B_1}$ 线段，故把 $\overline{B_2B_1}$ 称为实际啮合线段。当齿高增大时，点 B_1 和 B_2 将分别趋近于点 N_1 和 N_2，实际啮合线段将向外延伸。但因基圆内无渐开线，所以实际啮合线段不能超过极限点 N_1 和 N_2，即 $\overline{N_1N_2}$ 是实际啮合线段理论上可能达到的最大长度，故把 $\overline{N_1N_2}$ 称为理论啮合线段，而 N_1、N_2 称为啮合极限点。

两轮轮齿在啮合过程中，并非全部齿廓都参加工作，而只是限于从齿顶到齿根的一段齿廓参与啮合，如图 6-21(a)中的阴影线部分所示。用作图法可求出主动轮齿廓的 B_2C_1 段和从动轮齿廓的 B_2C_2 段是参加啮合的，称为齿廓工作段，而靠近齿根圆的那一段齿廓不参与啮合,称为齿廓非工作段。

6.4.6　渐开线齿轮连续传动的条件

从轮齿的啮合过程可知,每一对齿都是沿啮合线从起始点 B_2 开始啮合,至终止点 B_1 退出啮合,显然当前一对齿在点 B_1 分离时,后一对齿必须已经进入啮合或刚好进入点 B_2 开始啮合,这样才能保证一对齿轮做连续传动。

已知在啮合线方向相邻两个齿的距离(即法向齿距)等于一个基圆齿距。如图 6-21(a)所示,若 $\overline{B_2B_1}>p_b$,那么,在前一对轮齿从点 B_2 进入啮合运行至点 K 接触时,接触点轨迹刚好走了一个基圆齿距 p_b,此时后一对轮齿刚好在点 B_2 进入啮合,从而保证了这一对齿轮能连续传动。由于前一对轮齿还没有走到啮合终止点 B_1,故在实际啮合线段上有两对轮齿同时在参与啮合,直到前一对轮齿在点 B_1 脱离啮合。因此,若 $\overline{B_2B_1}>p_b$,则有时一对轮齿啮合,有时有两对轮齿啮合,这样就保证了齿轮的连续传动。

如图 6-21(b)所示,若 $\overline{B_2B_1}<p_b$,则当前一对轮齿在 B_1 点脱离接触时,后一对轮齿尚未进入啮合,结果将使传动中断,从而引起冲击,影响传动的平稳性。

若 $\overline{B_2B_1}=p_b$,则前一对轮齿在点 B_1 分离时,后一对轮齿正好在点 B_2 进入啮合,表明传动刚好连续。在齿轮传动过程中,始终有一对轮齿啮合。

综上所述,齿轮连续传动的条件是实际啮合线段 $\overline{B_2B_1}$ 大于或等于基圆齿距 p_b,即 $\overline{B_2B_1}\geqslant p_b$。$\overline{B_2B_1}$ 与 p_b 的比值称为齿轮传动的重合度,用 ε_a 表示。因此,齿轮连续传动的条件为

$$\varepsilon_a = \frac{\overline{B_2B_1}}{p_b} \geqslant 1 \tag{6-12}$$

由于齿轮的制造、安装难免有误差,为确保齿轮传动的连续性,应使计算得到的重合度 ε_a 大于或等于给定的许用值 $[\varepsilon_a]$,即

$$\varepsilon_a \geqslant [\varepsilon_a] \tag{6-13}$$

式中的许用重合度 $[\varepsilon_a]$ 的值随齿轮机构的使用要求和制造精度而定。$[\varepsilon_a]$ 的推荐值见表 6-4。

表 6-4　$[\varepsilon_a]$ 的推荐值

使用场合	一般机械制造业	汽车拖拉机	金属切削机床
$[\varepsilon_a]$	1.4	1.1~1.2	1.3

重合度的计算可由图 6-22 得出:

$$\overline{B_2B_1} = \overline{PB_1} + \overline{PB_2}$$

$$\overline{PB_1} = r_{b1}(\tan\alpha_{a1} - \tan\alpha')$$

$$\overline{PB_2} = r_{b2}(\tan\alpha_{a2} - \tan\alpha')$$

于是可得

$$\varepsilon_\alpha = \frac{\overline{B_2 B_1}}{p_b} = \frac{\overline{PB_1} + \overline{PB_2}}{\pi m \cos\alpha} = \frac{1}{2\pi} \left[z_1 (\tan\alpha_{a1} - \tan\alpha') + z_2 (\tan\alpha_{a2} - \tan\alpha') \right]$$

$$(6-14)$$

式中:α' 为啮合角;α_{a1} 和 α_{a2} 是齿轮 1 和 2 的齿顶圆压力角,其值 $\alpha_{a1} = \arccos(r_{b1}/r_{a1})$、$\alpha_{a2} = \arccos(r_{b2}/r_{a2})$。

重合度不仅反映一对齿轮能否实现连续传动,而且还表明同时参加啮合的轮齿对数的多少。如 $\varepsilon_\alpha = 1$,表示齿轮传动的过程中始终只有一对齿在啮合。$\varepsilon_\alpha = 2$,表示始终有两对齿同时啮合。若 ε_α 不是整数,如 $\varepsilon_\alpha = 1.6$,表示在实际啮合线段 $\overline{B_2 B_1}$ 的长度上,有 $1.2p_b$ 的长度是两对轮齿在啮合,有 $0.4p_b$ 的长度是一对轮齿在啮合,如图 6-23 所示。

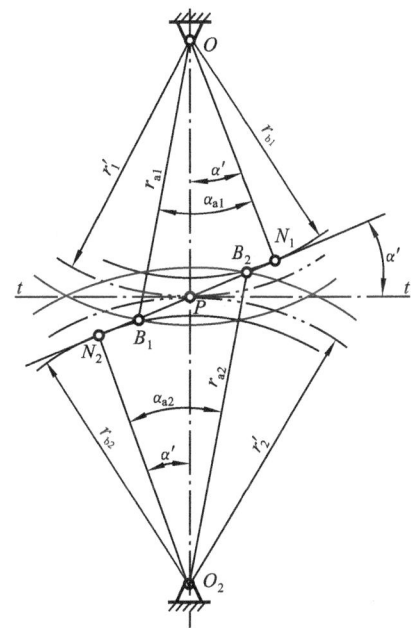

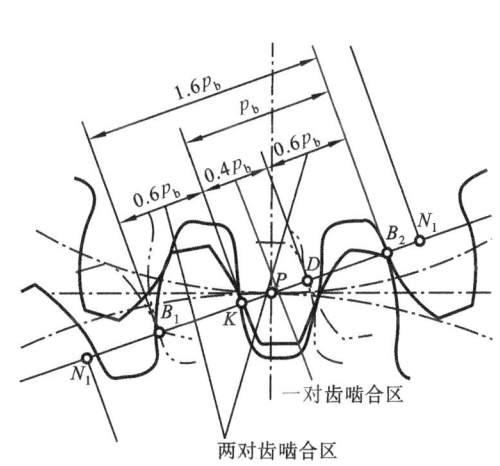

图 6-22　重合度的计算　　　　　　　　图 6-23　重合度与同时啮合的齿数

由图可知,当前一对轮齿从啮合起始点 B_2 进入啮合后运行到点 K 位置时,啮合点刚好走过一个法向齿距 p_n(等于一个基圆齿距 p_b),此时后一对轮齿正好到达点 B_2 进入啮合;此后这两对轮齿同时啮合继续运行 $0.6p_b$,前一对轮齿到达终止啮合点 B_1,后一对轮齿到达图中双点画线位置,啮合点在点 D;随着传动的进行,此后在 $\overline{DK}(\overline{DK} = 0.4p_b)$ 这一段长度上只有一对轮齿在啮合,直至该对轮齿啮合传动至点 K 位置,第三对轮齿就到达点 B_2 进入啮合状态。

齿轮传动的重合度越大,表明同时参加啮合的轮齿对数越多,而且多对轮齿啮合的时间越长,这对提高齿轮传动的承载能力和传动的平稳性都有重要的意义。

例 6-1　已知一对标准安装的外啮合标准直齿圆柱齿轮的参数为 $z_1 = 22, z_2 =$

33,$\alpha=20°$,$m=2.5$ mm,$h_a^*=1$,求其重合度。若两轮的中心距分开 1 mm,则其重合度又为多少?

解　两轮的分度圆半径分别为

$$r_1 = mz_1/2 = 2.5 \times 22/2 \text{ mm} = 27.500 \text{ mm}$$
$$r_2 = mz_2/2 = 2.5 \times 33/2 \text{ mm} = 41.250 \text{ mm}$$

两轮的齿顶圆半径分别为

$$r_{a1} = r_1 + h_a = (27.5 + 2.5 \times 1) \text{ mm} = 30.000 \text{ mm}$$
$$r_{a2} = r_2 + h_a = (41.25 + 2.5 \times 1) \text{ mm} = 43.750 \text{ mm}$$

两轮的基圆半径分别为

$$r_{b1} = r_1 \cos\alpha = 27.5 \text{ mm} \times \cos20° = 25.842 \text{ mm}$$
$$r_{b2} = r_2 \cos\alpha = 41.25 \text{ mm} \times \cos20° = 38.762 \text{ mm}$$

两轮的齿顶圆压力角分别为

$$\alpha_{a1} = \arccos(r_{b1}/r_{a1}) = \arccos(25.842/30) = 30.525\ 9°$$
$$\alpha_{a2} = \arccos(r_{b2}/r_{a2}) = \arccos(38.762/43.750) = 27.626\ 6°$$

则

$$\varepsilon_a = \frac{1}{2\pi}[z_1(\tan\alpha_{a1} - \tan\alpha') + z_2(\tan\alpha_{a2} - \tan\alpha')]$$
$$= \frac{1}{2\pi}[22 \times (\tan30.525\ 9° - \tan20°) + 33 \times (\tan27.626\ 6° - \tan20°)]$$
$$= 1.627$$

标准中心距为

$$a = r_1 + r_2 = (27.500 + 41.250) \text{ mm} = 68.750 \text{ mm}$$

当中心距增大 1 mm 时,实际中心距为

$$a' = a + 1 = 69.750 \text{ mm}$$

由式(6-11)可得啮合角

$$\alpha' = \arccos\frac{a}{a'}\cos\alpha = \frac{68.750}{69.750} \times \cos20° = 22.146\ 9°$$

于是可得

$$\varepsilon_a = \frac{1}{2\pi}[z_1(\tan\alpha_{a1} - \tan\alpha') + z_2(\tan\alpha_{a2} - \tan\alpha')]$$
$$= \frac{1}{2\pi}[22 \times (\tan30.525\ 9° - \tan22.146\ 9°) + 33 \times (\tan27.626\ 6° - \tan22.146\ 9°)]$$
$$= 1.251$$

综上所述可知,重合度 ε_a 与模数 m 无关,而随齿数 z 的增加而增大;而且当中心距 a 加大时,啮合角 α' 变大,故 ε_a 将减小。

6.5　渐开线齿廓的加工原理与变位齿轮

齿轮的加工方法很多,如切削法、铸造法、轧制法、电加工法等。其中最常用的方法是切削法,即渐开线齿轮的齿廓是在机床上采用成形法(也称仿形法)或范成法(也称展成法)切制出来的。

6.5.1　成形法的切削加工原理

所谓成形法,是指用与渐开线齿槽形状相同的成形刀具或模具将齿轮毛坯齿槽部分的材料去掉的方法。常用的方法是用圆盘铣刀或指状铣刀在普通铣床上进行加工。这种方法的特点是所采用的刀具在其轴剖面(通过刀具轴线的剖面)内,切削刃的形状和被切齿槽的形状相同。图 6-24 所示为用圆盘铣刀加工齿轮的情况。加工时,轮坯固定在铣床上,铣刀转动,同时轮坯沿自身轴线方向移动,每切出一个齿槽,轮坯退回到原来的位置,然后用分度头带动轮坯转过 $360°/z$(z 为被加工齿轮的齿数)角度,再继续加工第二个齿槽。这样连续进行,就可以切出齿轮所有的轮齿。

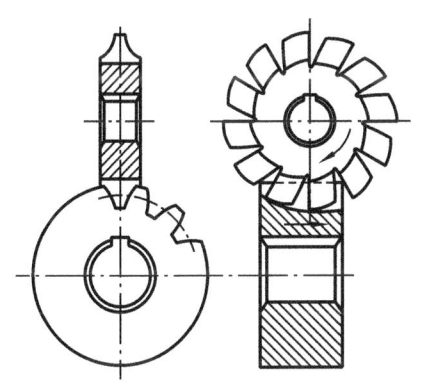

图 6-24　圆盘铣刀加工齿轮

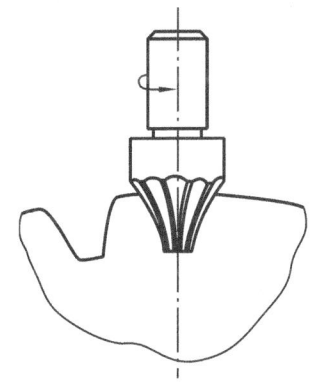

图 6-25　指状铣刀加工齿轮

图 6-25 所示为用指状铣刀加工齿轮的情况,加工方法与用盘形铣刀加工相似。不过指状铣刀常用于加工大模数($m=10\sim20$ mm)的齿轮,还可以切制人字齿轮。

很显然,用成形法加工出来的齿轮轮齿的渐开线形状由铣刀刀刃的形状来保证,而轮齿的均匀分布靠分度头来保证。然而轮齿渐开线的形状与基圆的大小有关,而基圆的大小由模数、齿数和压力角决定,即 $d_b=d\cos\alpha=mz\cos\alpha$。由于齿轮的压力角已标准化,所以基圆只与模数、齿数有关。因此,要想加工出完全准确的渐开线齿廓,加工每一种模数、每一种齿数的齿轮都应有一把相应齿形的铣刀,这样,需要的刀具的数量就非常多,这显然是不现实的。为了减少刀具数量,在生产中加工同一模数的齿轮,一般只备有 1 号至 8 号共 8 种齿轮铣刀(较精密的也只备有 1 号至 15 号共 15 种齿轮铣刀),根据被加工齿轮的齿数,选择铣刀的号数。表 6-5 所示为 8 把一组各号铣刀可加工齿轮的齿数范围。

表 6-5　8 把一组各号铣刀可加工齿轮的齿数范围

铣刀号数	1	2	3	4	5	6	7	8
加工齿数	12～13	14～16	17～20	21～25	26～34	35～54	55～134	≥135

　　由于铣刀的号数有限,而且各号铣刀的齿形是按该号中齿数最少的齿轮的渐开线齿形设计的,因此,采用成形法加工齿轮时,只有在被加工齿轮的齿数与铣刀的设计齿数相同时,才具有正确的齿形,而加工其他齿数的齿轮时,其齿形都有误差。同时,还会产生分度误差,而且生产率也较低,所以成形法主要在齿轮的少量生产和修配中采用,而不适合用于大量生产。

6.5.2　范成法的切削加工原理

　　范成法是根据共轭齿廓形成原理来加工轮齿的一种方法。其实质是将一对相啮合的齿轮(或齿轮与齿条)之一作为刀具,而另一个作为轮坯,通过齿轮加工机床的传动系统分别使齿轮刀具与被加工轮坯仍按原传动比传动,同时刀具做切削运动,便可在轮坯上加工出与刀具齿廓共轭的齿轮齿廓。

　　图 6-26(a)所示为用齿轮插刀加工齿轮的情形。齿轮插刀是一个齿廓为刀刃的外齿轮,其模数和压力角均与被加工齿轮相同。加工时,齿轮插刀与轮坯之间的相对运动有如下几种。

　　(1)范成运动。齿轮插刀与轮坯以恒定的传动比 $i = \omega_刀 / \omega_坯 = z_坯 / z_刀$ 做回转运动,这是加工齿轮的主运动,称为范成运动。

　　(2)切削运动。齿轮插刀沿轮坯轴线方向做往复运动,如图 6-26(a)中箭头所示。其目的是为了将轮坯齿槽部分的材料切去。

　　(3)进给运动。齿轮插刀向着轮坯径向移动,其目的是为了切出轮齿的高度。

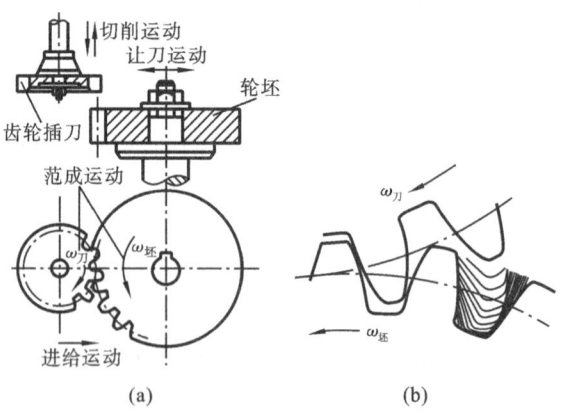

图 6-26　范成法加工齿轮原理

（4）让刀运动。齿轮插刀向上运动时,轮坯沿径向做离开齿轮插刀的微量运动,以免插刀擦伤已加工的齿面及减少插刀的磨损,在插刀向下切削到轮坯前又恢复到原来的位置。

图 6-27 所示为用齿条插刀加工齿轮的情况。齿条插刀与轮坯的范成运动相当于齿轮齿条的啮合运动,齿条的移动速度为

$$v_刀 = r_坯\,\omega_坯 = \frac{1}{2}mz_坯\,\omega_坯$$

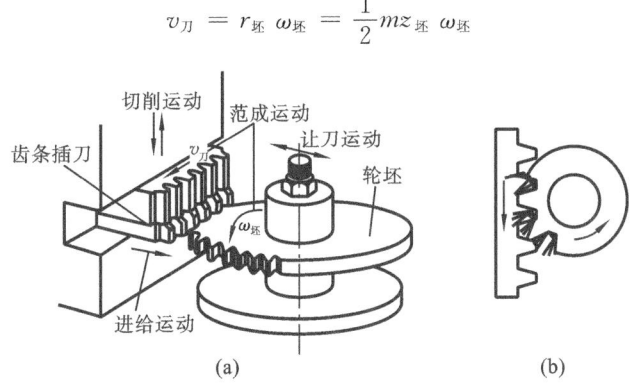

(a)　　　　　　　　　　(b)

图 6-27　齿条插刀加工齿轮

此式即为用齿条型刀具加工齿轮的运动条件。由该式可知,只有当刀具的移动速度与轮坯的转动角速度满足上述关系时,才能加工出所需齿数的齿轮,即被加工齿轮的齿数 $z_坯$ 取决于 $v_刀$ 与 $\omega_坯$ 的比值。其切齿原理与用齿轮插刀加工齿轮的原理相同。

不论是用齿轮插刀还是用齿条插刀加工齿轮,其切削都是不连续的,因而影响了生产率的提高。为此,在生产中更广泛地采用齿轮滚刀来加工齿轮。图 6-28 所示为用齿轮滚刀加工齿轮的情形。

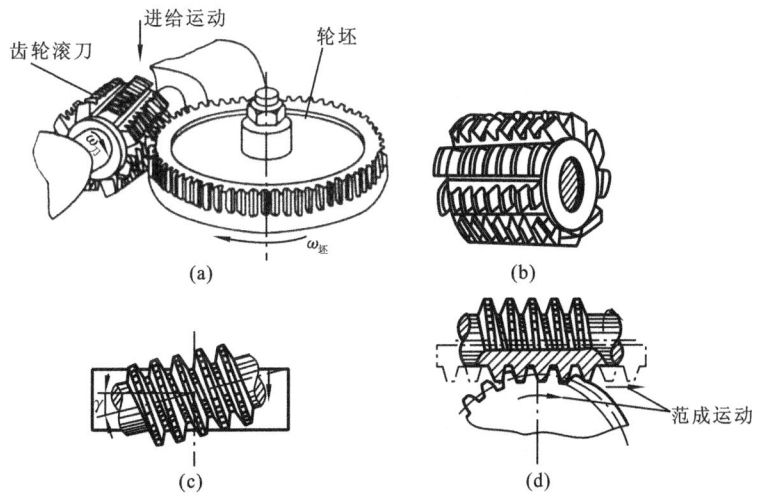

(a)　　　　　　　　　(b)

(c)　　　　　　　　　(d)

图 6-28　齿轮滚刀加工齿轮

    齿轮滚刀的形状为一开有切削刃的梯形螺纹的螺杆,其纵向开有斜槽,如图6-28(b)所示。在用滚刀加工直齿轮时,滚刀轴线与轮坯端面之间的夹角应等于滚刀的导程角 γ,如图 6-28(c)所示,这样使滚刀螺纹切线方向与轮坯的齿向一致,以便加工出齿轮的直齿槽。滚刀加工的范成运动为滚刀和轮坯分别绕自身轴线的等速转动,其传动比为 $i = \omega_{刀}/\omega_{坯} = z_{坯}/z_{刀}$。因滚刀在轮坯端面上的投影相当于一个齿条,如图6-28(d)所示,又因滚刀螺纹通常是单线的,故滚刀转一周时,其螺纹移动一个螺距,相当于齿条移过一个齿距。因此,滚刀连续移动就相当于一根无限长的齿条在做连续移动,而转动的轮坯则是与其啮合的齿轮,所以滚刀加工的范成运动实质上与齿条插刀范成加工一样。为了沿齿宽方向切出齿槽,滚刀在转动的同时,还需沿轮坯轴线方向移动,如图 6-28(a)所示。

    齿轮滚刀和齿条插刀统称为齿条型刀具,其外形与普通齿条相似,如图 6-29(a)所示,所不同的是它的顶部比普通齿条多出一段 $c^* m$,用来在被加工齿轮的齿根部分切制出顶隙和齿根圆。刀具的顶刃和侧刃之间用圆弧 ρ 光滑连接,该圆弧刀刃用来切出轮齿根部的非渐开线齿廓曲线,称为过渡曲线,该曲线将渐开线齿廓和齿根圆光滑地连接起来。

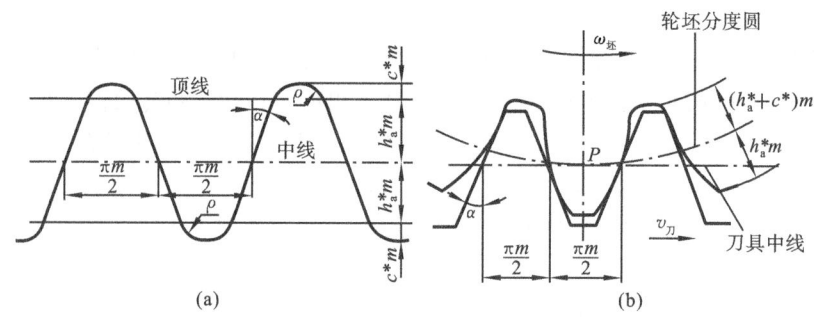

图 6-29 齿条型刀具加工标准齿轮

    用标准齿条型刀具加工标准齿轮如图 6-29(b)所示。首先根据被切齿轮的基本参数选择相应的刀具,并将轮坯的外圆按被切齿轮的齿顶圆直径预先加工好。加工齿轮时,调整机床使刀具的中线(也称分度线)与轮坯分度圆相切并做纯滚动,由于刀具中线的齿厚 s 和齿槽宽 e 均为 $\dfrac{\pi m}{2}$,故加工出来的齿轮和刀具具有相同的模数和压力角,在分度圆上 $s = e = \dfrac{\pi m}{2}$,齿顶高为 $h_a^* m$,齿根高为 $(h_a^* + c^*)m$。显然,这样加工出来的齿轮是标准齿轮。

6.5.3 渐开线齿廓的根切现象

    用范成法加工齿轮时,有时会发现刀具的齿顶部分会把被加工齿轮齿根的渐开线齿廓切去一部分,这种现象称为根切现象,如图 6-30 所示。

产生严重根切的齿轮,一方面削弱了轮齿的抗弯强度,另一方面会使实际啮合线段缩短,从而使重合度降低,影响传动的平稳性。因此,在设计齿轮时应尽量避免发生根切现象。

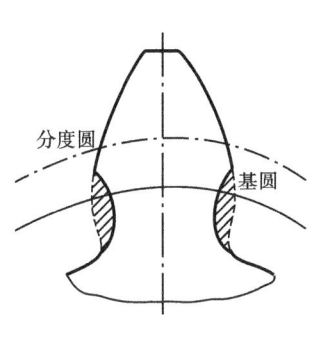

图 6-30　根切现象

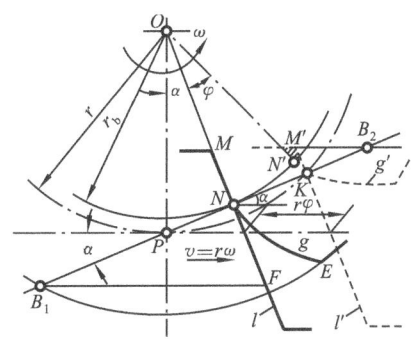

图 6-31　齿轮根切的原因

齿轮产生根切的原因是刀具的齿顶线或齿顶圆与啮合线的交点超过被加工齿轮的啮合极限点。下面以标准齿条型刀具加工齿轮为例加以说明。如图 6-31 所示,齿条刀具的中线与被切齿轮的分度圆相切于节点 P,而刀具齿顶线 MM' 与啮合线的交点 B_2 已经超过了被切齿轮的啮合极限点 N。图中点 B_1 为被切齿轮的齿顶圆与啮合线的交点。当刀具齿廓从点 B_1 开始向右加工进给到它通过 N 的位置 l 时,刀具齿廓的 NF 段便已切出轮坯的渐开线齿廓 NE。在这一段切削过程中,刀具齿顶没有切入轮坯齿根的渐开线齿廓。但是,随着加工的继续进行,机床的传动链仍按恒定的传动比强制刀具和轮坯继续做范成运动,即当刀具继续向右进给时,便开始发生根切现象,直至到达点 B_2 为止。设刀具移动距离为 $r\varphi$,则因刀具的中线与轮坯的分度圆做纯滚动,故轮坯转过的角度为 φ。这时轮坯和刀具的齿廓分别位于位置 g' 和 l',刀具齿廓与啮合线垂直交于点 K,故

$$\overline{NK} = r\varphi\cos\alpha = r_{\rm b}\varphi$$

这时轮坯上的点 N 转过的弧长为 $\overset{\frown}{NN'} = r_{\rm b}\varphi$,因此得

$$\overset{\frown}{NN'} = \overline{NK}$$

由于 $\overline{NK}$ 为点 N 到直线齿廓 l' 的垂直距离,$\overset{\frown}{NN'}$ 为圆弧,所以点 N' 必定在齿廓 l' 的左边。又因 N' 是齿廓 g' 在基圆上的起始点,故刀具的齿顶必定切入轮坯的齿根,不但基圆内的齿廓被切去一部分,而且基圆外的渐开线齿廓也被切去一部分,因此发生根切现象。

6.5.4　标准齿轮不发生根切的最小齿数

如前所述,加工标准齿轮要避免根切就必须使刀具的齿顶线不超过啮合极限点 N。如图 6-32 所示,用标准齿条刀具加工标准齿轮时,刀具的中线与被切齿轮的分度圆相切。

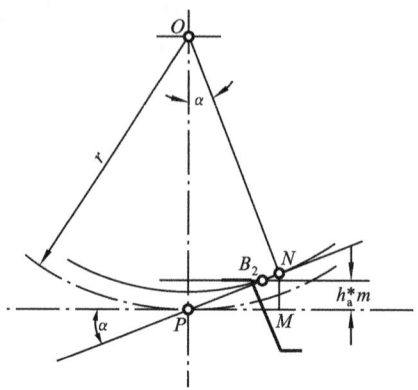

图 6-32　标准齿轮不发生根切的最小齿数

为了避免根切现象,刀具的齿顶线不得超过啮合极限点 N,即

$$h_a^* m \leqslant \overline{NM} \tag{6-15}$$

由于 $\overline{NM} = \overline{PN}\sin\alpha = r\sin^2\alpha = \dfrac{mz}{2}\sin^2\alpha$,代入式(6-15)可得

$$z \geqslant \frac{2h_a^*}{\sin^2\alpha}$$

因此,可得出标准齿轮不发生根切现象的最小齿数为

$$z_{\min} = \frac{2h_a^*}{\sin^2\alpha} \tag{6-16}$$

由此可见,标准齿轮不发生根切的最小齿数是齿顶高系数 h_a^* 及分度圆压力角 α 的函数。当 $h_a^* = 1$, $\alpha = 20°$时, $z_{\min} = 17$。

6.5.5　齿轮的变位原理

1. 标准齿轮的局限性

标准齿轮具有设计计算简单、互换性好等优点,但在工程应用中也有很多局限性,主要表现为如下几点。

(1)一对齿轮中大、小两个齿轮的强度不均衡。小齿轮的基圆小,渐开线比较弯曲,根部齿厚较小,抵抗弯曲折断的能力较差;小齿轮的轮齿参加啮合的次数较多,磨损比大齿轮严重。因此,限制了齿轮机构承载能力和寿命的提高。

(2)标准齿轮的中心距等于两轮分度圆半径之和,即 $a = m(z_1 + z_2)/2$。而机器中常要求齿轮传动的实际中心距 a' 并不等于标准中心距 a。如外啮合的齿轮传动,若 $a' < a$ 时,两齿轮无法安装;若 $a' > a$,虽然能够安装,但重合度减小,而且将出现过大的侧隙,影响传动的平稳性。在这种场合标准齿轮就无法应用。

(3)当标准齿轮的齿数小于最小齿数时,齿轮会产生根切现象。因此,在一定条件下限制了齿轮机构尺寸和重量的减小。

为了改善标准齿轮的上述不足之处,就必须突破标准齿轮的限制,对齿轮进行必要的修正。工程上最为广泛采用的方法是变位修正法。

2. 齿轮的变位原理

如前所述,若被加工齿轮的齿数 z 小于最小齿数 z_{min},这时刀具的齿顶线超过了轮坯的啮合极限点 N,则必然发生根切现象,如图 6-33 中虚线齿廓所示。为了避免根切,我们可以将齿条刀具向远离轮坯中心的方向移动一个距离 xm(为了保证全齿高,轮坯的外圆也相应地要加大),使其齿顶线刚好通过

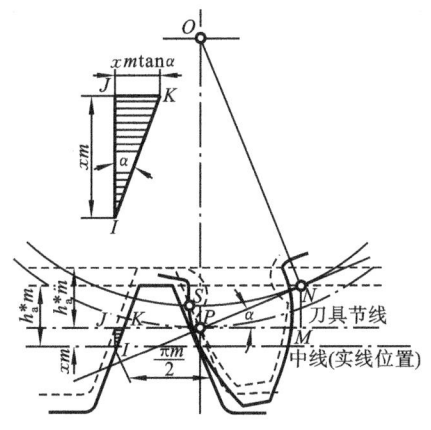

图 6-33　齿轮变位原理

点 N 或在点 N 之下,如图中实线齿廓所示,这时被加工齿轮就不会产生根切现象。

通过改变刀具与轮坯径向相对位置来加工齿轮的方法称为径向变位法。采用径向变位法加工的齿轮称为变位齿轮。

以加工标准齿轮时刀具的位置为基准,刀具向远离轮坯方向移动,称为正变位;刀具向靠近轮坯方向移动,称为负变位。刀具移动的距离 xm 称为变位量,x 称为变位系数。当正变位时,变位系数为正值;当负变位时,变位系数为负值。

加工变位齿轮时,所用的刀具及范成运动的传动比均与加工标准齿轮时一样,只是按刀具中线与被加工齿轮的相对位置,可分为三种情况。

(1)刀具中线与被加工齿轮分度圆相切,此时加工出来的齿轮是标准齿轮。

(2)刀具中线由与被加工齿轮分度圆相切位置向远离轮坯中心移动一段径向距离 xm,$xm>0$。此时是一条与刀具中线平行、距离为 xm、在齿顶高部位的刀具节线与被加工齿轮的分度圆相切,这样加工出来的齿轮称为正变位齿轮。

(3)刀具中线由与被加工齿轮分度圆相切位置向靠近轮坯中心移动一段径向距离 xm,$xm<0$。此时是一条与刀具中线平行、距离为 xm、在齿根高部位的刀具节线与被加工齿轮的分度圆相切,这样加工出来的齿轮称为负变位齿轮。

由此可知,变位齿轮和相应的标准齿轮比较,它们的模数、压力角、分度圆、齿距和基圆均相同。因为基圆不变,所以变位齿轮的齿廓曲线和相应标准齿轮的齿廓曲线都是由相同基圆展成的渐开线,只不过截取的部位不同,如图 6-34 所示。

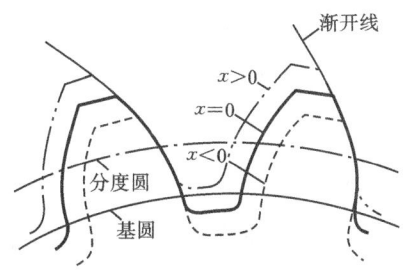

图 6-34　标准齿轮与变位齿轮的比较

由于变位齿轮随变位量的不同,其齿廓渐开线所截取的部位不同,所以也会引起变位齿轮某些尺寸参数发生改变,如齿厚、齿顶高和齿根高等。这样,就有可能利用变位来改善齿

轮传动的质量,而且这种方法简单易行,无须采用特殊的刀具和齿轮加工机床。

3. 最小变位系数

如上所述,当用范成法加工齿数小于最小齿数的齿轮时,为了避免发生根切,刀具必须做正变位切削,当刀具的变位量 xm 足以使刀具的齿顶线刚好通过轮坯的啮合极限点 N 或在 N 以下时,齿轮就不会发生根切。如图 6-33 所示,不发生根切的条件是

$$h_a^* m - xm \leqslant \overline{NM}$$

而

$$\overline{NM} = \overline{PN}\sin\alpha = \overline{OP}\sin^2\alpha = \frac{mz}{2}\sin^2\alpha$$

联立以上两式解得

$$x \geqslant h_a^* - \frac{z}{2}\sin^2\alpha$$

由式(6-16)可知,$\dfrac{\sin^2\alpha}{2} = \dfrac{h_a^*}{z_{min}}$,将其代入上式可得

$$x \geqslant h_a^* \frac{z_{min} - z}{z_{min}} \tag{6-17}$$

于是可得不发生根切的最小变位系数为

$$x_{min} = h_a^* \frac{z_{min} - z}{z_{min}} \tag{6-18}$$

对于 $\alpha = 20°$,$h_a^* = 1$ 的标准齿条型刀具,被加工齿轮的最小齿数 $z_{min} = 17$,故

$$x_{min} = \frac{17 - z}{17} \tag{6-19}$$

由式(6-19)可知,当被加工齿轮的齿数 $z < z_{min}$ 时,x_{min} 为正值,说明为了避免发生根切,应采用正变位,其变位系数 $x \geqslant x_{min}$;当被加工齿轮的齿数 $z > z_{min}$ 时,x_{min} 为负值,说明该齿轮变位系数在 $x \geqslant x_{min}$ 的情况下采用负变位也不会发生根切。

6.5.6　变位齿轮啮合传动的参数与几何尺寸

1. 变位齿轮的齿厚

如前所述,在加工变位齿轮时,刀具节线与被加工齿轮的分度圆做纯滚动。由于刀具节线上的齿厚和齿槽宽不相等,故变位齿轮分度圆上的齿厚和齿槽宽也不再相等。如图 6-33 所示,当正变位时,由于刀具节线上的齿槽宽较中线上的齿槽宽增大了 $2\overline{KJ}$,所以被加工齿轮分度圆上的齿厚也就增大了 $2\overline{KJ}$。由△IJK 可得 $\overline{KJ} = xm\tan\alpha$,因此正变位的变位齿轮的齿厚为

$$s = \frac{\pi m}{2} + 2\overline{KJ} = m\left(\frac{\pi}{2} + 2x\tan\alpha\right) \tag{6-20}$$

对于负变位齿轮,则式(6-20)中的 x 为负值。与标准齿轮相比较,正变位时,齿厚增大;负变位时,齿厚减小。需要指出的是:正变位齿轮齿厚增大有利于提高轮齿的抗弯强度,但过大的正变位可能引起齿顶变尖或齿顶厚过薄的现象,齿轮传动将因

齿顶强度不够而失效。

2. 齿根高和齿顶高

如图 6-33 所示,加工正变位齿轮时,刀具中线移出 xm 距离,被加工齿轮的齿根高比相应的标准齿轮减小了一段 xm,齿根高变为

$$h_f = (h_a^* + c^*)m - xm = (h_a^* + c^* - x)m \tag{6-21}$$

负变位时情况相反,x 为负值,则负变位齿轮的齿根高较标准齿轮增加了 xm。因此,变位齿轮的齿根圆半径为

$$r_f = r - h_f = r - (h_a^* + c^* - x)m \tag{6-22}$$

由于变位齿轮的分度圆与相应的标准齿轮相同,故变位齿轮的齿顶高取决于预留轮坯齿顶圆直径的大小。假如为了保证全齿高为标准值 $(2h_a^* + c^*)m$,对于正变位齿轮,其轮坯的齿顶圆半径就应比标准齿轮增大一段 xm,则相应的齿顶高为

$$h_a = h_a^* m + xm = (h_a^* + x)m \tag{6-23}$$

如果是负变位齿轮,x 为负值,则负变位齿轮的齿顶高较标准齿轮减小了 xm。因此,变位齿轮在保证标准全齿高不变的条件下,齿顶圆半径为

$$r_a = r + h_a = r + (h_a^* + x)m \tag{6-24}$$

需要强调的是:在实际设计齿轮机构时,并不是按式(6-24)来计算变位齿轮的齿顶圆半径的,这在后面将会进一步介绍。

3. 变位齿轮的无侧隙啮合方程式

变位齿轮传动与标准齿轮传动一样,除了要满足正确啮合条件和连续传动条件外,也应满足无侧隙啮合条件和保证标准顶隙的要求。

已知一对齿轮传动的无侧隙啮合条件是:一个齿轮节圆上的齿厚等于另一个齿轮节圆上的齿槽宽,即 $e_1' = s_2'$ 或 $e_2' = s_1'$,所以节圆的齿距为

$$p' = s_1' + e_1' = s_2' + e_2' = s_1' + s_2' \tag{6-25}$$

设啮合角即节圆的压力角为 α',两节圆半径分别为 r_1' 和 r_2',由渐开线任意圆齿厚计算公式,可得两轮节圆齿厚为

$$s_1' = s_1 \frac{r_1'}{r_1} - 2r_1'(\text{inv}\alpha' - \text{inv}\alpha)$$

$$s_2' = s_2 \frac{r_2'}{r_2} - 2r_2'(\text{inv}\alpha' - \text{inv}\alpha)$$

两轮分度圆的齿厚为

$$s_1 = m\left(\frac{\pi}{2} + 2x_1 \tan\alpha\right), \quad s_2 = m\left(\frac{\pi}{2} + 2x_2 \tan\alpha\right)$$

又因　　　　$r_b = r'\cos\alpha' = r\cos\alpha, \quad p_b = p'\cos\alpha' = p\cos\alpha$

故　　　　$\dfrac{r_1'}{r_1} = \dfrac{r_2'}{r_2} = \dfrac{p'}{p} = \dfrac{\cos\alpha}{\cos\alpha'}, \quad p = \pi m$

将以上关系式代入式(6-25)并整理后得

$$\text{inv}\alpha' = \frac{2(x_1 + x_2)}{z_1 + z_2}\tan\alpha + \text{inv}\alpha \tag{6-26}$$

上式称为齿轮无侧隙啮合方程式。它表明了一对变位齿轮在无侧隙啮合时,其啮合角 α' 与变位系数和 $x_1 + x_2$ 之间的关系,是计算变位齿轮啮合的重要公式。

4. 变位齿轮中心距 a' 与中心距变动系数 y

一对变位齿轮作无侧隙啮合传动时,相当于两个节圆在做纯滚动。因此,变位齿轮的中心距 a' 为

$$a' = r_1' + r_2' = (r_1 + r_2)\frac{\cos\alpha}{\cos\alpha'} = a\frac{\cos\alpha}{\cos\alpha'} \tag{6-27}$$

式(6-27)和式(6-26)是变位齿轮传动设计的基本关系式,通常应当成对使用。如果已知变位系数和 $x_1 + x_2$,可先由式(6-26)求出啮合角 α',再由式(6-27)算出中心距 a';如果给定了中心距 a',则先由式(6-27)求出啮合角 α',再按式(6-26)求出变位系数和 $x_1 + x_2$。

由于变位齿轮中心距 a' 与标准齿轮中心距 a 不相等,令

$$ym = a' - a = a\left(\frac{\cos\alpha}{\cos\alpha'} - 1\right) = \frac{m(z_1 + z_2)}{2}\left(\frac{\cos\alpha}{\cos\alpha'} - 1\right)$$

故

$$y = \frac{z_1 + z_2}{2}\left(\frac{\cos\alpha}{\cos\alpha'} - 1\right) \tag{6-28}$$

上式中 y 称为中心距变动系数,其值可为正、负或零。

变位齿轮的中心距也可表示为

$$a' = a + ym = \left(\frac{z_1 + z_2}{2} + y\right)m \tag{6-29}$$

5. 变位齿轮的齿高变化

式(6-21)表明,变位齿轮的齿根高发生了变化。当作正变位时,齿根高减小了。为了保持标准全齿高,齿顶高应该增大相同的尺寸,如式(6-23)所示。但这样一来,齿顶圆和齿根圆之间的标准顶隙将会减小,这对齿轮的传动很不利,现证明如下。

齿轮 1 的齿根圆和齿轮 2 的齿顶圆之间的顶隙为

$$
\begin{aligned}
c &= a' - r_{f1} - r_{a2} = a' - (r_1 - h_{f1}) - (r_2 + h_{a2}) \\
&= a' - (r_1 + r_2) + (h_{f1} - h_{a2}) = a' - a + (h_a^* + c^* - x_1)m - (h_a^* + x_2)m \\
&= c^*m - (x_1 + x_2 - y)m
\end{aligned}
$$

令

$$\Delta y = x_1 + x_2 - y \tag{6-30}$$

Δy 称为齿高变动系数。由式(6-30)的计算方式可知,Δy 只是啮合角的函数。可以证明,当 $x_1 + x_2 = 0$ 时,$\alpha' = \alpha$,$x_1 + x_2 - y = 0$;此外,无论啮合角是增大还是减小,$(x_1 + x_2 - y)$ 均为正值。也就是说,除去 $x_1 + x_2 = 0$ 的情况,如果按式(6-23)和式(6-24)设计齿顶高和齿顶圆半径,顶隙都会减小。

为了保证标准的顶隙值,变位齿轮的齿顶高应减小一些,而按下式计算

$$h_a = (h_a^* + x - \Delta y)m \tag{6-31}$$

齿顶圆半径也应按下式计算

$$r_a = r + h_a = r + (h_a^* + x - \Delta y)m \tag{6-32}$$

6.6 渐开线直齿圆柱齿轮的传动设计

所谓齿轮的传动设计,就是合理地选择齿轮的参数,使其具有良好的啮合性能,并计算出所需的全部几何尺寸。在选择参数时,应注意相关参数对齿轮强度的影响,但在此并不进行齿轮的受力分析和强度计算。为了避免齿轮的根切现象,必须采用变位齿轮,但变位齿轮并不仅仅用来避免根切,它还有很多其他的优点,而其制造成本与标准齿轮相同。在工程实际中,变位齿轮被广泛地应用于汽车、机床、船舶等机械设备中。

6.6.1 齿轮传动类型及其选择

按照一对齿轮的变位系数之和 $x_1 + x_2$ 的不同,齿轮传动可分为三种类型。

1. 零传动

如果一对齿轮的变位系数 $x_1 + x_2 = 0$,则这种齿轮传动称为零传动。零传动又可分为两种情况。

1)标准齿轮传动

标准齿轮传动两轮的变位系数都为零,即 $x_1 = x_2 = 0$。由无齿侧间隙啮合方程式可知,啮合角 α' 等于分度圆压力角 α,节圆与分度圆重合,中心距等于两轮分度圆半径之和,即 $a = r_1 + r_2$。为了避免根切,两轮的齿数须满足 $z_1 \geqslant z_{\min}$、$z_2 \geqslant z_{\min}$ 的条件。这种齿轮传动的优、缺点前面已提及,故不重述。

2)高度变位齿轮传动(或称等变位齿轮传动)

高度变位齿轮传动两轮的变位系数之和 $x_1 + x_2 = 0$,但 $x_1 = -x_2 \neq 0$。由无侧隙啮合方程式、中心距与啮合角关系式、中心距变动系数和齿高变动系数计算式可知

啮合角	$\alpha' = \alpha$
中心距	$a' = a$
中心距变动系数	$y = \dfrac{a' - a}{m} = 0$
齿高变动系数	$\Delta y = x_1 + x_2 - y = 0$

这表明,在无齿侧间隙啮合传动时,两轮的节圆与分度圆重合。在这种传动中,虽然两轮的全齿高保持标准值,但每个齿轮的齿顶高和齿根高已不是标准值,它们分别为

$$h_{a1} = (h_a^* + x_1)m, \quad h_{a2} = (h_a^* + x_2)m$$

$$h_{f1} = (h_a^* + c^* - x_1)m, \quad h_{f2} = (h_a^* + c^* - x_2)m$$

故这种齿轮传动称为高度变位齿轮传动。又由于两个齿轮的变位量绝对值相等,所以又称为等变位齿轮传动。

为了使两个齿轮都不发生根切,两轮的齿数必须满足以下条件:

$$z_1 \geqslant \frac{2(h_a^* - x_1)}{\sin^2\alpha}$$

$$z_2 \geqslant \frac{2(h_a^* - x_2)}{\sin^2\alpha}$$

$$z_1 + z_2 \geqslant \frac{4h_a^* - 2(x_1 + x_2)}{\sin^2\alpha}$$

因为 $x_1 + x_2 = 0$,所以

$$z_1 + z_2 \geqslant \frac{4h_a^*}{\sin^2\alpha} = 2z_{\min}$$

上式表明,在高度变位齿轮传动中,两轮的齿数之和必须大于或等于两倍的不发生根切的最少齿数。

在一对齿数不等的高度变位齿轮传动中,通常小齿轮采用正变位,大齿轮采用负变位。与标准齿轮传动相比,这种传动有以下优点。

(1) 可以减小齿轮机构的尺寸。由于小齿轮采用正变位,齿数 z_1 可以少于 $z_{\min}$ 而不产生根切,在传动比一定的情况下,大齿轮的齿数可以相应减少,从而减小齿轮机构的尺寸。

(2) 可以相对地提高两轮的承载能力。由于小齿轮正变位,齿根厚度增加,大齿轮负变位而齿根厚度有所减小,只要适当地选取变位系数,就可以使大、小齿轮轮齿的抗弯曲能力接近,从而相对地提高了齿轮传动的承载能力。

(3) 可以改善轮齿的磨损情况。由于小齿轮正变位,齿顶圆半径增大了;大齿轮负变位,齿顶圆半径减小,这样就使实际啮合线段向远离啮合极限点 N_1 的方向移动一段距离,从而减轻了小齿轮齿根部位的齿面磨损。

(4) 因为中心距仍为标准中心距,所以可以成对地替换标准齿轮或修复已磨损的大齿轮。

高度变位齿轮传动的主要缺点是:必须成对设计、制造和使用;小齿轮为正变位,齿顶易变尖;重合度略有减小。

由以上分析可知,与标准齿轮传动相比,高度变位齿轮传动具有较多的优点,因此,在安装中心距与标准中心距相等的情况下,应该优先考虑采用高度变位齿轮传动,以改善传动性能。

2. 正传动

如果一对齿轮的变位系数之和大于零,则这种传动称为正传动。由于 $x_1 + x_2 > 0$,所以有

啮合角 $\alpha' > \alpha$

中心距　　　　　　　　　　　　　　　　$a'>a$

中心距变动系数　　　　　　　　　　　$y>0$

齿高变动系数　　　　　　　　　　　　$\Delta y>0$

这表明在无齿侧间隙啮合传动时,节圆与分度圆相分离。因 $\Delta y>0$,故两轮的全齿高均比标准齿轮降低了 Δym。

正传动具有以下优点。

(1) 由于 $x_1+x_2>0$,两轮中必有一个齿轮采用正变位,因此两轮齿数不受 $z_1+z_2\geqslant2z_{min}$ 的限制,所以齿轮机构可以设计得更为紧凑。

(2) 由于两轮都可以正变位,所以可以使两轮的齿根厚度均增加,从而提高了轮齿的抗弯能力。或者小齿轮采用正变位,大齿轮采用负变位,也可以相对提高齿轮机构的承载能力。

(3) 由于 $a'>a$,所以轮齿在节点啮合时的综合曲率半径增加,从而降低了齿廓接触应力,提高了轮齿的接触强度。

(4) 适当地选择两轮的变位系数 x_1 和 x_2,在保证无齿侧间隙啮合的条件下可配凑给定的中心距。

(5) 可以减轻轮齿的磨损。由于啮合角增大和齿顶的降低,使得实际啮合线段 $\overline{B_2B_1}$ 会远离啮合极限点 N_1 和 N_2(图 6-22),从而可减轻两轮齿根部位的磨损。

但是,由于正传动的啮合角 $a'>a$,所以实际啮合线段将会缩短,重合度会有所下降。因此在设计正传动时,需要校核 ε_a,以保证 $\varepsilon_a\geqslant[\varepsilon_a]$。此外,正变位齿轮的齿顶易变尖,在设计时也需要校核齿顶厚 s_a,以保证 $s_a\geqslant[s_a]$。采用正传动的齿轮也必须成对地设计、制造和使用。

3. 负传动

若一对齿轮的变位系数之和小于零,则这种齿轮传动称为负传动。由于 $x_1+x_2<0$,所以有

啮合角　　　　　　　　　　　　　　　$a'<a$

中心距　　　　　　　　　　　　　　　$a'<a$

中心距变动系数　　　　　　　　　　　$y<0$

齿高变动系数　　　　　　　　　　　　$\Delta y>0$

这表明,在无齿侧间隙啮合传动时,两齿轮的分度圆呈交叉状态。由于正传动的优点恰好是负传动的缺点,因此负传动是一种缺点较多的齿轮传动。通常只是在给定的中心距 $a'<a$ 的情况下,才利用它来配凑中心距。与上述两种传动相比,负传动的重合度会略有增加。需要注意的是,由于 $x_1+x_2<0$,所以两轮的齿数之和必须大于 $2z_{min}$。采用负传动的齿轮也必须成对设计、制造和使用。

由于正传动和负传动的啮合角均不等于分度圆的压力角,即啮合角发生了变化,所以这两种传动又统称为角变位齿轮传动。

由上述各种齿轮传动的特点可以看出:正传动的优点较多,传动质量较高,所以

应多采用正传动;负传动的缺点较多,除用于配凑中心距外,一般情况下尽量不用;在传动中心距等于标准中心距时,为了提高传动质量,可采用高度变位齿轮传动来代替标准齿轮传动。

6.6.2　齿轮传动的设计步骤

应当根据给定的原始数据条件,按照相应的设计步骤来设计齿轮机构。

1. 给定的原始数据为 z_1、z_2、m、α、h_a^* 和 c^*

此种情况的设计步骤如下。

(1) 选择传动类型。若 $z_1 + z_2 < 2z_{\min}$,则必须选用正传动,否则,可考虑选择其他类型的传动。

(2) 选择变位系数 x_1 和 x_2。

(3) 计算齿轮机构的几何尺寸。

(4) 校核重合度 ε_a 和正变位齿轮的齿顶圆齿厚 s_a。

2. 给定的原始数据为 z_1、z_2、m、α、a'、h_a^* 和 c^*

此种情况的设计步骤如下。

(1) 计算标准中心距 a。

(2) 按照中心距与啮合角的关系式,计算啮合角 α'。

(3) 根据无齿侧间隙啮合方程式,计算两轮变位系数之和 $x_1 + x_2$。

(4) 分配两轮变位系数 x_1 和 x_2。

(5) 计算齿轮机构的几何尺寸。

(6) 校核重合度 ε_a 和正变位齿轮的齿顶圆齿厚 s_a。

3. 给定的原始数据为 i_{12}、m、α、a'、h_a^* 和 c^*

此种情况的设计步骤如下。

(1) 选取两轮齿数。由 $a = \dfrac{m}{2}(z_1 + z_2)$ 和 $i_{12} = \dfrac{z_2}{z_1}$ 可得

$$a = \frac{mz_1}{2}(1 + i_{12})$$

因正传动具有较多优点,应考虑优先选用正传动。当采用正传动时,有

$$a' > a = \frac{mz_1}{2}(1 + i_{12})$$

由此可得

$$z_1 < \frac{2a'}{m(1 + i_{12})}$$

在按上式选取 z_1 时,考虑到小齿轮的齿顶不变尖等原因,z_1 值不宜取得太小。

(2) 选定 z_1 后,可按 $z_2 = i_{12}z_1$ 求得 z_2。将求得的 z_2 取整数,从而确定出两轮的齿数。这时其实际的传动比为 $i_{12} = z_2/z_1$,与给定的原始数据可能不一致,但只要其误差在允许范围内,即满足要求。

其余步骤同第二种情况。

6.6.3 变位系数的选择原则

在齿轮传动的设计中,如何合理地选择变位系数是设计变位齿轮的关键,其中包括选定变位系数之和 x_1+x_2 并适当地将其分配为 x_1 和 x_2。变位系数的选择受到一系列的限制,但概括起来应满足两方面的要求。

1. 保证齿轮传动的基本要求

(1) 齿轮不发生根切。变位系数应大于不发生根切的最小变位系数。

(2) 有足够的齿顶厚度。正变位量过大时会导致齿顶变尖,一般要求齿顶圆齿厚 $s_a > (0.2 \sim 0.4)m$。

(3) 重合度应大于或等于许用重合度。

(4) 不发生过渡曲线干涉的现象。在渐开线齿廓和齿根圆之间是一段过渡曲线,当变位系数选择不当时,可能出现过渡曲线进入啮合的情况,这是不允许的。

2. 提高齿轮的传动质量

(1) 尽可能使两齿轮轮齿均衡磨损。研究表明,小齿轮的齿根部位磨损最为严重。因此在选择变位系数时,宜使实际啮合线段的 B_2 点远离极限点 N_1(图 6-22)。

(2) 尽可能使两齿轮轮齿的弯曲强度相等。

(3) 保证节点处于两对齿啮合区。渐开线齿廓在节点附近有两对齿参与啮合,可使每对齿的载荷减小,有利于提高轮齿的接触强度。

例 6-2 某机械装置中的一对正常齿标准渐开线直齿圆柱齿轮,其模数 $m=5$ mm,传动比 $i_{12}=3$,中心距 $a=100$ mm,试分析计算以下问题。

(1) 计算两轮的齿数 z_1、z_2,这两个齿轮加工时是否发生根切?

(2) 在已知条件不变,同时要求无根切的情况下,这对齿轮应采用何种类型的齿轮传动? 为什么采用这种类型的齿轮传动? 其优缺点是什么? 如何选择这两个齿轮的变位系数值?

(3) 若安装这对齿轮的箱体的齿轮轴孔中心距严重超差,实际中心距为 $a'=102$ mm,按所设计的两齿轮安装后,其传动比、啮合角、齿侧间隙、重合度会发生怎样的变化?

(4) 根据箱体实际中心距 $a'=102$ mm,齿数 z_1、z_2,模数 $m=5$ mm 不变的条件下,这对齿轮传动应选择哪种传动类型方案较佳? 简述其主要设计计算步骤。

解　(1) 由 $i_{12}=z_2/z_1$ 和 $a=\dfrac{mz_1}{2}(1+i_{12})=100$ mm,求得 $z_1=10$,$z_2=30$。

因 $z_1<17$,$z_2>17$,故齿轮 1 会发生根切,齿轮 2 不会根切。

(2) 因 $a'=a=100$ mm,而 $z_1<17$,故齿轮 1 必须采用正变位,而齿轮传动应采用等变位传动,以满足中心距是标准中心距、齿轮 1 不根切的要求。由式(6-19)可得齿轮 1 不发生根切的变位系数为 $x_1 \geqslant 0.412$,而 $x_2=-x_1$。

这种传动类型的优点如下：①可以减小齿轮机构的尺寸和重量；②相对地提高齿轮的承载能力；③改善轮齿的磨损情况；④因中心距仍为标准中心距,可以成对地替换标准齿轮及修复旧齿轮。

此种传动的缺点如下：①必须成对设计、制造和使用；②小齿轮为正变位,齿顶易变尖；③重合度略有减小。

(3) 因为 $a' = 102 \text{ mm} > a = 100 \text{ mm}$,若用上述第(2)问所设计的齿轮来进行安装,根据渐开线齿廓啮合的可分性,齿轮的传动比仍然是 $i_{12} = z_2/z_1 = 3$,但已不再是无侧隙啮合,即存在侧隙；由于中心距增大,所以顶隙也将增大,不再是标准顶隙,即 $c > c^* m$；根据 $a' \cos\alpha' = a \cos\alpha$,中心距增大,啮合角 α' 也增大,而重合度将减小。

(4) 因 $a' > a$,为配凑中心距,采用正传动较好。

根据 $a' \cos\alpha' = a \cos\alpha$,可以求出啮合角 α',再根据无侧隙啮合方程式 $\text{inv}\alpha' = \dfrac{2(x_1 + x_2)\tan\alpha}{z_1 + z_2} + \text{inv}\alpha$ 求出变位系数和 $x_\Sigma = x_1 + x_2$。为避免根切,小齿轮应采用正变位,前面已求出 $x_1 \geqslant 0.412$,而 $x_2 = x_\Sigma - x_1$。根据变位系数选择原则,选择合适的变位系数。

6.7 斜齿圆柱齿轮机构

6.7.1 斜齿圆柱齿轮齿廓曲面的形成及啮合特点

前面 6.2 节中的图 6-7 表明,发生线 n—n 和基圆相切并做纯滚动,发生线上任一点 K 的轨迹就是一条渐开线。现在设想将基圆"拉伸"为基圆柱,发生线相应被"拉伸"为发生面,任一点 K 即被"拉伸"为一条直线 K—K。在发生面与基圆柱相切并做纯滚动过程中,直线 K—K 的轨迹就在空间形成了渐开面。

如果直线 K—K 与基圆柱的母线相平行,则 K—K 的轨迹就构成直齿圆柱齿轮的齿廓曲面,如图 6-35(a)所示；若 K—K 与基圆柱的母线不平行,则构成斜齿圆柱齿轮的齿廓曲面,如图 6-35(b)所示。图中,直线 K—K 与基圆柱母线所夹锐角称为基圆柱螺旋角,通常记作 β_b。对图 6-35(a)而言,有 $\beta_b = 0$。因此,可将图(a)中的直齿轮视为图(b)所示斜齿圆柱齿轮的特例。

直齿圆柱齿轮副的一对轮齿在理论上是沿整个齿宽同时接触或同时分离的,这样的接触方式容易引起冲击、振动和噪声。所以在实际应用中,特别是高速、大功率的传动场合,斜齿圆柱齿轮传动使用更为广泛。

由图 6-35 可知,标准斜齿圆柱齿轮齿廓曲面的形成原理和直齿圆柱齿轮完全一样,都是发生面绕基圆柱做纯滚动的结果。两者的差异仅仅在于发生面上的直线 K—K 是否平行于基圆柱母线。由于形成斜齿轮渐开线齿廓曲面的直线 K—K 相对

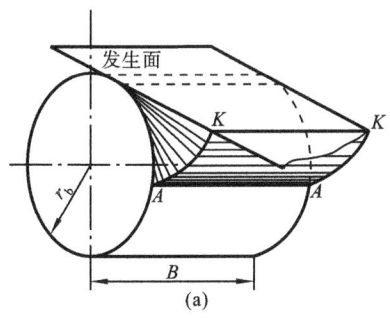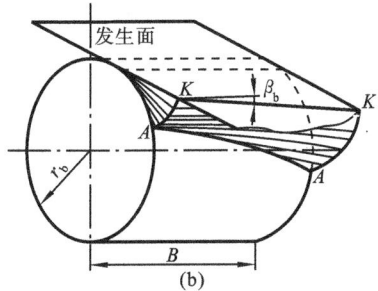

图 6-35 圆柱齿轮齿廓曲面的形成原理

于基圆柱轴线方向偏斜了一个角度,因此当发生面绕基圆柱做纯滚动时,直线 $K—K$ 上的每一点便依次而不是同时从它与基圆柱面的接触点起展成一条渐开线,这些渐开线的集合就形成了斜齿轮的渐开线齿廓曲面。与直齿轮齿廓曲面相对比,斜齿轮的两个典型特点是:第一,斜齿轮各端面(与基圆柱轴线垂直的平面)上的齿廓曲线仍是渐开线,虽然各渐开线的起始点不同,但其形状完全相同;第二,发生面上直线 $K—K$ 在空间所形成的曲面为一渐开螺旋面,它与基圆柱的交线即为一条螺旋线,直线 $K—K$ 相对于基圆柱轴线的偏斜角 β_b 就是基圆柱上该螺旋线的螺旋角。

两斜齿圆柱齿轮啮合传动时,两啮合面上接触线 $K—K$ 也是沿啮合平面(两轮基圆柱的内公切面)移动,但是 $K—K$ 线不与两轮轴线平行,而是与轴线的方向成角 β_b。其在从动轮齿面上形成的接触线如图 6-36 所示。齿面上的接触线先由短变长,然后又由长变短,直到脱离啮合为止。正是由于斜齿圆柱齿轮的轮齿啮合是个逐渐进入和退出啮合而非突然进入和分离的啮合过程,所以传动时的冲击、振动和噪声都较直齿圆柱齿轮小很多。

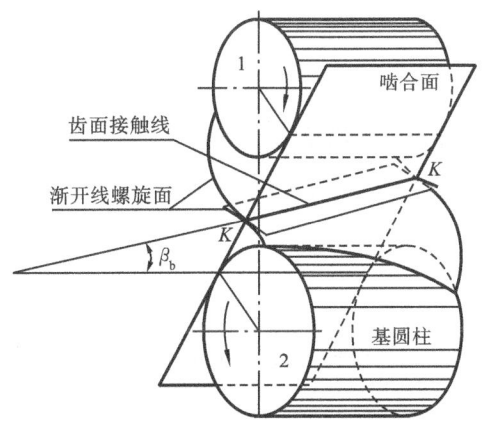

图 6-36 标准斜齿圆柱齿轮传动

6.7.2　斜齿圆柱齿轮的基本参数

斜齿圆柱齿轮的端面齿形和垂直于螺旋线方向的法面齿形是不相同的,故其几何参数分为端面几何参数与法面几何参数。而在制造斜齿轮时,加工者常用的齿条型刀具或盘状齿轮铣刀是按齿轮的法面参数来选择的;切削加工齿面时,必须沿着轮齿的螺旋线方向进刀。所以在生产上规定斜齿轮法面上的参数是斜齿轮的标准参数。但为了方便计算,仍然按照直齿轮的计算模式来计算斜齿轮的几何尺寸。因此,掌握斜齿轮法面参数与端面参数的换算关系很有必要。

1. 斜齿轮的螺旋角

将斜齿轮沿其分度圆柱面(图 6-37(a))展开,可得一如图 6-37(b)所示的矩形,矩形的高即为斜齿轮的齿宽 B;长为分度圆的周长 πd。而分度圆柱面上轮齿的螺旋线便展开为一条斜直线,其与轴线的夹角为 β,称其为斜齿轮分度圆柱面上的螺旋角。

$$\tan\beta = \pi d/l$$

式中:l 为螺旋线的导程,即螺旋线绕分度圆柱一整周后上升的高度。

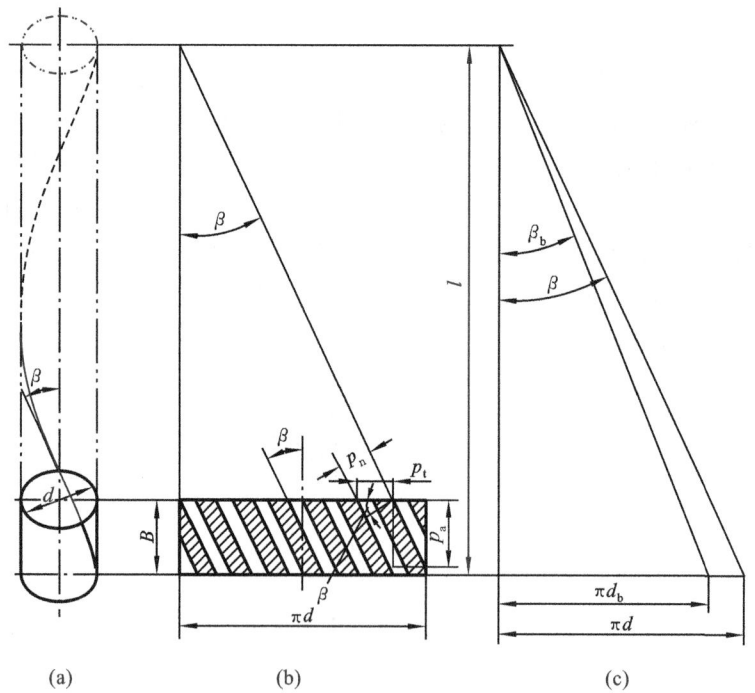

图 6-37　标准斜齿圆柱齿轮分度圆柱展开图

2. 斜齿轮的模数

在图 6-37(b)所示斜齿轮分度圆柱面的展开图中,垂直于分度圆柱面上螺旋线的平面称为法面,此法面上相邻两齿同侧齿廓之间的距离 p_n 即为法面齿距。而端面

齿距 p_t 则在垂直于齿轮轴线的平面上量取。如作一个平面通过该斜齿轮的轴线,则可截得其分度圆柱面上相邻两齿同侧齿廓之间的轴面距离,即轴面齿距 p_a。显然,p_a、p_t 与 p_n 之间有如下关系

$$p_n = p_t\cos\beta = p_a\sin\beta$$

各边同时除以 π,即得到法面模数 m_n、端面模数 m_t 和轴面模数 m_a 三者之间的关系为

$$m_n = m_t\cos\beta = m_a\sin\beta \tag{6-33}$$

3. 斜齿轮的压力角

通过斜齿条来分析轮齿法面压力角 α_n、端面压力角 α_t 和轴面压力角 α_a 的关系较为直观与方便。图 6-38 给出了斜齿条的一个轮齿。不难看出,直齿条上的法面与端面为同一个平面,而图中所示斜齿条就有端面、法面与轴面之分,各个平面上的压力角可分别在 $\triangle OAB$、$\triangle OAC$ 和 $\triangle OAD$ 中量出。图中 $\angle OAB = \alpha_t$ 称为端面压力角,$\angle OAC = \alpha_n$ 为法面压力角,$\angle OAD = \alpha_a$ 为轴面压力角。从几何关系上可以看出三个面上压力角之间有如下关系

$$\tan\alpha_n = \tan\alpha_t\cos\beta = \tan\alpha_a\sin\beta \tag{6-34}$$

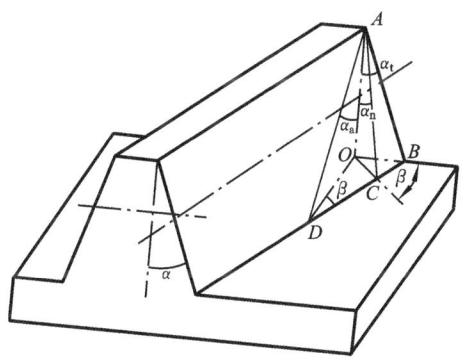

图 6-38　标准斜齿条一个轮齿上的压力角

4. 齿顶高系数和顶隙系数

无论从端面还是从法面角度进行观察,斜齿轮轮齿的齿顶高和顶隙都是相同的,即

$$h_a = h_{an}^* m_n = h_{at}^* m_t$$
$$c = c_n^* m_n = c_t^* m_t$$

将不同面上模数关系代入,即有

$$h_{at}^* = h_{an}^* \cos\beta \tag{6-35}$$
$$c_t^* = c_n^* \cos\beta \tag{6-36}$$

6.7.3　斜齿圆柱齿轮的当量齿数

用成形法切削斜齿轮轮齿时,成形刀具如指状齿轮铣刀或盘形齿轮铣刀的刀刃

都位于轮齿的法面内，并且沿轮齿的螺旋线方向进刀。毫无疑问，如此切制出的轮齿在法面上的模数、压力角和齿廓形状都与所用刀具完全相同。问题是，成形刀具的刀刃在其轴剖面上是渐开线，而斜齿轮轮齿在法面上不应该具有渐开线特征，这就必然导致轮齿齿形的加工误差。为将切削误差减到最小限度，首先有必要对斜齿轮轮齿的法面齿形进行深入研究。

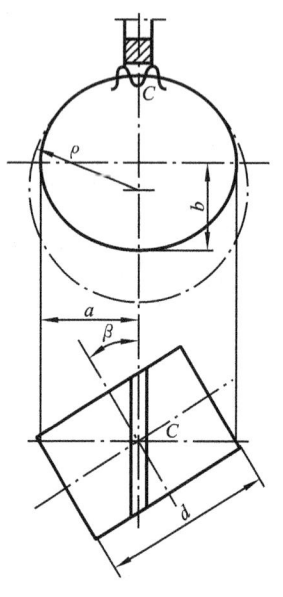

图 6-39　斜齿轮的当量齿轮

如图 6-39 所示，过斜齿轮分度圆螺旋线上一点 C，作该螺旋线的法面。该法面截得齿轮的分度圆柱为一椭圆。在此椭圆截面上，点 C 附近的齿形就是斜齿轮法面上的齿形。现以椭圆上点 C 的曲率半径为半径作一虚拟直齿轮的分度圆，该分度圆上的模数等于斜齿轮的法面模数，则该直齿轮的齿形将与椭圆截面上点 C 附近的齿形极为相似。这一虚拟直齿轮即为实际斜齿轮的当量齿轮；其虚拟齿数即为原斜齿轮的当量齿数，且记作 z_v。

在图 6-39 所示斜齿轮的法截面椭圆中，其长半轴 $a = d/(2\cos\beta)$，短半轴 $b = d/2$。由高等数学知识可知，椭圆上点 C 处的曲率半径为

$$\rho = a^2/b = d/(2\cos^2\beta)$$

在以 2ρ 为直径的虚拟分度圆上，必有

$$2\rho = d_v = m_n z_v = d/\cos^2\beta = m_n z/\cos^3\beta$$

进而求得斜齿圆柱齿轮的实际齿数与其当量齿轮的当量齿数间的关系为

$$z_v = z/\cos^3\beta \tag{6-37}$$

当量齿轮及其当量齿数的概念在工程中很有实际意义。用成形法加工斜齿轮时，必须根据其当量齿数来选择刀具。更为重要的是，斜齿轮轮齿的强度计算是与当量齿轮和当量齿数的概念紧密联系在一起的。

当采用范成法加工斜齿轮时，则无须考虑其当量齿数，而是只须根据被加工齿轮的法面模数和压力角来选择刀具。

6.7.4　平行轴斜齿轮机构的正确啮合条件和重合度

1. 平行轴斜齿轮机构正确啮合条件

前面已述，圆柱斜齿轮齿廓曲面的形成与直齿轮无异，因此一对斜齿圆柱齿轮也必须在模数和压力角分别相等时才能正确啮合。此外，如图 6-36 所示，此对斜齿轮的螺旋角还必须相匹配，否则，仍然不能正确啮合。所以，一对斜齿圆柱齿轮的正确啮合条件可以表示为

$$\begin{cases} m_{n1} = m_{n2} = m_n \\ \alpha_{n1} = \alpha_{n2} = \alpha_n \\ \beta_1 = \mp \beta_2 \end{cases}$$

式中:"一"号表示螺旋线方向相反,用于外啮合;"＋"号表示螺旋线方向相同,用于内啮合。

2. 平行轴斜齿轮传动的重合度

图 6-40(a)和(b)分别给出了直齿轮和斜齿轮的啮合面,两者的端面尺寸相等。在图 6-40(a)中 L 为啮合区。根据前面所述,直齿轮的重合度为 $\varepsilon_a = L/p_{bt}$,其中 p_{bt} 为齿轮基圆上的端面齿距。

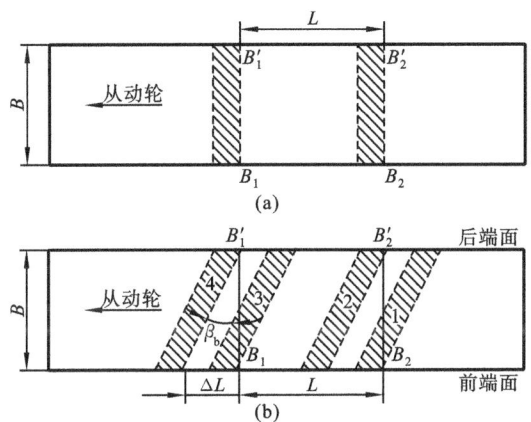

图 6-40　端面尺寸相等的直齿轮和斜齿轮的啮合区

而在图 6-40(b)所示斜齿轮啮合的情况下,其实际啮合区增加了 ΔL,于是斜齿轮啮合的总重合度为

$$\varepsilon = (L + \Delta L)/p_{bt} = \varepsilon_a + \varepsilon_\beta \tag{6-38}$$

其中, ε_a 称为端面重合度,可以参照式(6-14)写出其计算式为

$$\varepsilon_a = \frac{1}{2\pi} \left[z_1 (\tan\alpha_{at1} - \tan\alpha'_t) + z_2 (\tan\alpha_{at2} - \tan\alpha'_t) \right]$$

ε_β 称为轴向重合度,其计算式可表示为

$$\varepsilon_\beta = \Delta L/p_{bt} = B\tan\beta_b/p_{bt} = B\sin\beta/(\pi m_n)$$

6.7.5　平行轴斜齿轮机构的几何尺寸计算

由斜齿圆柱齿轮齿廓曲面的形成原理可知,斜齿轮的端面齿形与直齿轮一样都是渐开线。因此,可参照直齿轮计算方法,用端面参数来计算斜齿轮的各个几何尺寸。但是从加工与强度计算角度考虑,人们规定取斜齿轮的法面参数为标准值,因此斜齿轮几何尺寸计算式应当尽可能采用法面参数值来表示。

斜齿圆柱齿轮的标准参数为: m_n 按表 6-1 取值, $\alpha_n = 20°$, $h_{an}^* = 1$, $c_n^* = 0.25$。现

将平行轴斜齿轮机构的基本参数及主要几何尺寸的计算公式汇总于表6-6。

表 6-6　平行轴斜齿轮机构的几何尺寸计算公式

基 本 参 数		$z_1 \cdot z_2 \cdot m_n \cdot \alpha_n \cdot h_{an}^* \cdot c_n^*$ $\beta_1 \cdot \beta_2 \cdot x_{n1} \cdot x_{n2}$
名　　称	符　号	计　算　公　式
螺旋角	β	一般取 $\beta = 8° \sim 20°$
基圆柱螺旋角	β_b	$\tan\beta_b = \tan\beta\cos\alpha_t$
端面模数	m_t	$m_t = m_n / \cos\beta$
端面压力角	α_t	$\tan\alpha_t = \tan\alpha_n / \cos\beta$
法面齿距	p_n	$p_n = \pi m_n$
端面齿距	p_t	$p_t = \pi m_t = p_n / \cos\beta$
法面基圆齿距	p_{bn}	$p_{bn} = p_n \cos\alpha_n$
分度圆直径	d	$d_1 = m_n z_1 / \cos\beta \quad d_2 = m_n z_2 / \cos\beta$
齿顶高	h_a	$h_a = m_n (h_{an}^* + x_n)$
齿根高	h_f	$h_f = m_n (h_{an}^* + c_n^* - x_n)$
齿顶圆直径	d_a	$d_a = d \pm 2h_a$
齿根圆直径	d_f	$d_f = d \mp 2h_f$
基圆直径	d_b	$d_b = d\cos\alpha_t$
当量齿数	z_v	$z_v = z / \cos^3\beta$
最小齿数	z_{min}	$z_{min} = z_{vmin} \cos^3\beta$
端面变位系数	x_t	$x_t = x_n \cos\beta$
法面齿厚	s_n	$s_n = (\pi/2 + 2x_n \tan\alpha_n) m_n$
端面齿厚	s_t	$s_t = (\pi/2 + 2x_t \tan\alpha_t) m_t$
标准中心距	a	$a = \dfrac{1}{2}(d_2 \pm d_1) = \dfrac{1}{2} m_t (z_2 \pm z_1) = \dfrac{m_n (z_2 \pm z_1)}{2\cos\beta}$

注：①符号±、∓中上面的用于外齿轮,下面的用于内齿轮;在中心距计算公式中,上面的用于外啮合,下面的用于内啮合。

②m_t 应计算到小数后第四位,其余长度尺寸应计算到小数后第三位。

③螺旋角 β 的计算应精确到××°××′××″。

6.7.6　平行轴斜齿轮机构的特点及应用

1. 斜齿轮传动的主要特点

(1) 斜齿轮传动具有较大的重合度。与直齿轮重合度计算式相比,斜齿轮还增加了轴向重合度部分。因此啮合传动时,斜齿轮将有更多的轮齿同时参与啮合以共同承担外载荷。此外,斜齿轮传动过程中,轮齿都是逐渐进入或者逐渐退出啮合的,从而避免了直齿轮啮合起始或啮合终止时那样的冲击现象,因而确保了传动过程的平稳性,齿轮噪声也会因此明显降低。

(2) 斜齿轮机构更为紧凑。斜齿轮发生根切的最小齿数取决于当量齿数而不是实际齿数。与直齿轮相比,斜齿轮不易发生根切,因此斜齿轮的最小实际齿数可以小于直齿轮。同时,由于斜齿轮传动的重合度有较大增加,因此即使其尺寸做得较小,也能承担足够大的外载荷。

(3) 斜齿轮传动会产生轴向推力。斜齿轮机构传递动力时,轮齿所受法向作用力将会产生轴向分力。在同样的法向力作用下,轴向分力将随螺旋角 β 的增加而增大。这种轴向分力大多是有害的,它会降低轴承及其轴系的承载能力,会降低轴承的使用寿命,因此设计时一般将螺旋角 β 控制在 $8°\sim20°$ 范围之内。

2. 平行轴斜齿轮机构的应用

斜齿轮机构具有结构紧凑、承载能力大、冲击小且传动平稳的特点,因而广泛用于高速、重载及要求小结构尺寸和低噪声的场合。当前,国民经济各个部门几乎都采用的减速机是一种量大面广的通用产品,其减速功能由齿轮特别是斜齿轮机构来实现。

为了充分发挥斜齿轮的传动优势,工程中所用斜齿轮的螺旋角会较多地超过 $20°$;为了减小轴向推力的不利影响,可以采用人字齿轮,即将斜齿轮加工成左右对称的形状以使轴向力相互抵消。当然,人字齿轮也有制造较为困难的缺点。

例 6-3　已知某机械装置中的一对渐开线直齿圆柱齿轮,$z_1=28$,$i_{12}=4$,$m=3$ mm,$\alpha=20°$,$h_a^*=1$,$c^*=0.25$,$B=50$ mm(齿宽)。现设想在不改变原有尺寸及传动比的情况下,通过技术改造来提高设备的转速,同时确保其低噪声性能。为此建议采用斜齿轮传动,其螺旋角须控制在 $20°$ 之内。(1)试确定该斜齿轮副的模数、各轮齿数、螺旋角及其相关尺寸;(2)对比改造前后齿轮副的重合度。

解　(1)原齿轮副的中心距

$$a=\frac{1}{2}m(z_1+z_2)=\frac{1}{2}mz_1(1+i_{12})=210 \text{ mm}$$

取斜齿轮的法面模数为

$$m_n=3 \text{ mm}$$

试取 $\beta=14°$,根据

$$a'=\frac{m_n z_1(1+i_{12})}{2\cos\beta}=210 \text{ mm}$$

可求出 $z_1=27.168$。故此取

$$z_1'=27,\quad z_2'=i_{12}z_1'=108$$

精确求出螺旋角　　　　　$\beta=15.3589°=15°21'32''$

斜齿轮分度圆直径由 $d_i=\dfrac{m_n z_i'}{\cos\beta}$ 得

$$d_1 = 84.000 \text{ mm}, \quad d_2 = 336.000 \text{ mm}$$

斜齿轮齿顶圆直径　　$d_{a1} = 90.000 \text{ mm}, \quad d_{a2} = 342.000 \text{ mm}$

（2）重合度计算。

① 直齿轮副重合度。

齿顶圆压力角 $\alpha_{ai} = \arccos\left(\dfrac{r_{bi}}{r_{ai}}\right)$，其中 $r_{b1} = \dfrac{mz_1}{2}\cos\alpha = 39.467 \text{ mm}, r_{b2} = 157.868$

mm；$r_{a1} = \dfrac{mz_1}{2} + h_a^* m = 45 \text{ mm}, r_{a2} = 171 \text{ mm}$。由此求得

$$\alpha_{a1} = 28.712\,1°, \quad \alpha_{a2} = 22.600\,8°$$

代入重合度计算公式得

$$\varepsilon = \frac{1}{2\pi}\left[z_1\left(\tan\alpha_{a1} - \tan\alpha'\right) + z_2\left(\tan\alpha_{a2} - \tan\alpha'\right)\right] = 1.751$$

② 斜齿轮副重合度

由 $\tan\alpha_n = \tan\alpha_t\cos\beta$，求得 $\alpha_t = 20.679\,0°$；又由 $r_{bi} = r_i\cos\alpha_t$，其中 $r_i = \dfrac{m_n z_i'}{2\cos\beta}$，求得 r_{b1} $= 39.294 \text{ mm}, r_{b2} = 157.176 \text{ mm}; r_{a1} = r_1 + h_{an}^* m_n = 45.000 \text{ mm}, r_{a2} = 171.000 \text{ mm}$。故由 $\alpha_{ati} = \arccos\left(\dfrac{r_{bi}}{r_{ai}}\right)$ 求得 $\alpha_{at1} = 29.167\,3°, \alpha_{at2} = 23.196\,7°$。将以上数据代入斜齿轮机构重合度计算公式 $\varepsilon = \dfrac{1}{2\pi}\left[z_1'\left(\tan\alpha_{at1} - \tan\alpha_t'\right) + z_2'\left(\tan\alpha_{at2} - \tan\alpha_t'\right)\right] + \dfrac{B\sin\beta}{\pi m_n}$，可得斜齿轮副重合度为

$$\varepsilon = 3.060$$

经过计算对比可知，在中心距和标准模数相同的情况下，斜齿轮副的重合度较之直齿轮副有约 75% 的增加。

6.7.7　交错轴斜齿轮机构

1. 交错轴斜齿轮机构的形成

在平行轴外啮合斜齿轮机构中，齿轮的正确啮合条件是

$$\begin{cases} m_{n1} = m_{n2} = m_n \\ \alpha_{n1} = \alpha_{n2} = \alpha_n \\ \beta_1 = -\beta_2 \end{cases}$$

如果上述正确啮合三条件中只有前两个满足，而最后一个条件不满足，即 β_1 与 $-\beta_2$ 不相等，那么，这样的一对齿轮能够啮合吗？换言之，这样两个齿轮的轮齿能够相互嵌入以用于运动或动力的传递吗？实践表明，答案是肯定的。但是这样一对齿轮啮合时，两轮轴线不再平行，而是交错，故此称其为交错轴斜齿轮机构（或螺旋齿轮机构），如图 6-41 所示。

图中，齿轮轴线在两轮分度圆柱公切面上的投影所夹的角度称为交错角，记作

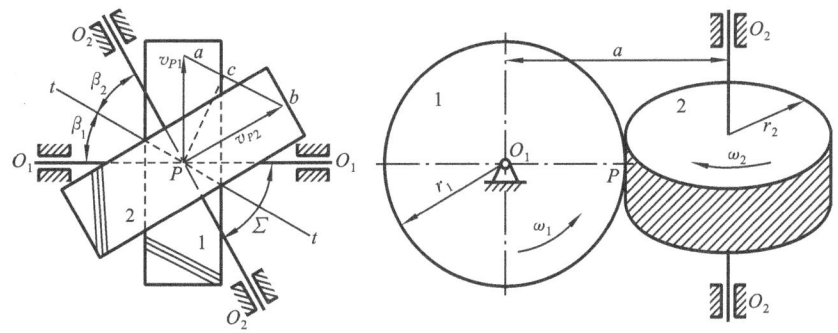

图 6-41　交错轴斜齿轮机构

Σ, 其值因两轮螺旋角方向的差异而变。若两轮螺旋角方向相同, 则有

$$\Sigma = |\beta_1| + |\beta_2| \tag{6-39}$$

若两轮螺旋角方向相反, 则有

$$\Sigma = |\beta_1| - |\beta_2| \tag{6-40}$$

从单个斜齿轮来看, 人们无法确定该齿轮属于交错轴斜齿轮还是平行轴斜齿轮。判断一对齿轮是交错轴斜齿轮机构, 还是平行轴斜齿轮机构, 其唯一依据就是两轮轴线是否平行。

2. 交错轴斜齿轮机构的正确啮合条件和传动比

1) 正确啮合条件

由于交错轴斜齿轮的交错角 $\Sigma > 0$, 两轮端面便无法在啮合时相互接触, 于是两轮轮齿只能在法面内相互嵌入以实现运动和动力的传递。因此, 交错轴斜齿轮的正确啮合条件为

$$\begin{cases} m_{n1} = m_{n2} = m_n \\ \alpha_{n1} = \alpha_{n2} = \alpha_n \end{cases} \tag{6-41}$$

由斜齿轮各模数之间关系式 $m_n = m_t \cos\beta$, 有

$$m_{t1} = \frac{m_n}{\cos\beta_1}, \quad m_{t2} = \frac{m_n}{\cos\beta_2}$$

由于交错轴斜齿轮机构中的螺旋角 β_1 和 β_2 多不相等, 因此两轮端面模数也就多不相等。这是交错轴斜齿轮机构与平行轴斜齿轮机构的又一区别。

2) 传动比

任何一对齿轮啮合时, 相互接触的一对轮齿必定是同时进入并且同时退出啮合, 因此理论上的两轮角速度比为

$$i_{12} = \frac{\omega_1}{\omega_2} = \frac{z_2}{z_1}$$

但是另一方面, 由于斜齿轮中有

$$z = \frac{d}{m_t} = \frac{d\cos\beta}{m_n}$$

因此交错轴斜齿轮机构传动比又可表示为

$$i_{12} = \frac{\omega_1}{\omega_2} = \frac{d_2\cos\beta_2}{d_1\cos\beta_1} \tag{6-42}$$

当 $\Sigma = \beta_1 + \beta_2 = 90°$ 时,式(6-42)还可表示为

$$i_{12} = \frac{\omega_1}{\omega_2} = \frac{d_2}{d_1}\tan\beta_1 \tag{6-43}$$

这些关系表明,交错轴斜齿轮机构的传动比同时受齿轮分度圆直径和螺旋角大小的影响。

3. 交错轴斜齿轮机构的特点及应用

1) 机构特点

该齿轮机构在啮合传动时,沿其齿长方向存在较大的切向相对滑动速度,因而会产生较大的摩擦磨损;另一方面,两轮齿廓处于点接触状态,其接触应力值会很大,致使齿面过早被压溃,轮齿磨损加剧。与平行轴斜齿轮机构相比,交错轴斜齿轮机构的使用寿命和机械效率都低得多。

2) 应用场合

由于交错轴斜齿轮机构具有上述特点,因此该机构不宜用于传递动力,即不宜用于高速和较重载荷的环境,一般只适合用来传递运动或用以改变运动的方向。

交错轴斜齿轮机构两个齿轮的螺旋角大小和方向都不一定相同,因而可以通过改变螺旋角 β_1 和 β_2 来调整中心距、角速比和两轮的相对转向。这就使得该齿轮机构在传动几何关系上具有较大的灵活性,易于满足任意交错轴间的运动传递要求。

6.8　蜗 杆 机 构

6.8.1　蜗杆机构的形成与类型

在 $\Sigma = 90°$ 的交错轴斜齿轮机构中,若减小其中的小齿轮直径 d_1,而将其螺旋角 β_1 增大,则由此导致轮齿呈螺旋状缠绕在较小的圆柱体上。这种缠绕轮齿的圆柱齿轮称为蜗杆。与此相对应,在增大 d_2 的同时适当减小 β_2,则此大齿轮称为蜗轮。由此可以认为,蜗杆机构是由交错轴斜齿轮机构演化而来的。蜗杆机构实现交错角 $\Sigma = \beta_1 + \beta_2 = 90°$ 的两轴间的运动与动力的传递。

在不同机械中所用的蜗杆机构会存在蜗杆本身及齿廓形状上的差异,由此便形成了蜗杆机构的多种类型。例如按蜗杆形状分就有普通圆柱蜗杆与非圆柱蜗杆机构,按齿廓曲线形状分又有阿基米德蜗杆、渐开线蜗杆及圆弧蜗杆等机构。由于机械设计课程中还要做进一步的介绍,这里就不再赘述。

6.8.2　蜗杆机构的正确啮合条件

阿基米德蜗杆传动是蜗杆传动中的最基本类型,现以此类蜗杆传动来讨论其正

确啮合条件。如图 6-42 所示,过蜗杆轴线作一平面并使其与蜗轮轴线垂直,则在此平面上,蜗杆与蜗轮的啮合就像齿条与齿轮的啮合一样。这个既是蜗杆轴面又是蜗轮端面的平面称为主平面(或中间平面)。

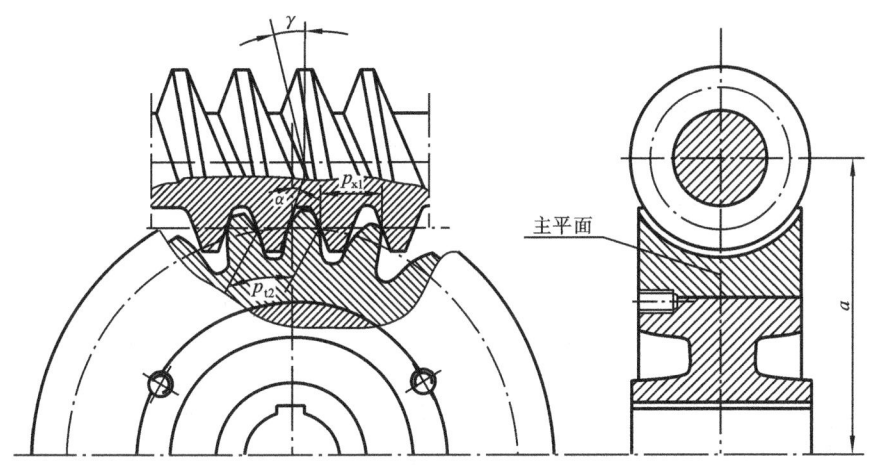

图 6-42　蜗杆与蜗轮在主平面上的啮合

显然,在主平面上蜗杆的轴向齿距等于蜗轮的端面齿距,其对应面上的压力角也应相等;此外,蜗杆轮齿的螺旋角 β_1 与其导程角 γ_1 互为余角,因此有 $\gamma_1 = \beta_2$,或者 $\gamma = \beta$。其中 γ 代表蜗杆轮齿的导程角,而 β 代表蜗轮的螺旋角。综上所述,蜗杆蜗轮正确啮合的条件表示为

$$\begin{cases} m_{a1} = m_{t2} = m \\ \alpha_{a1} = \alpha_{t2} = \alpha \\ \gamma = \beta \end{cases} \tag{6-44}$$

根据此正确啮合条件的特点,人们规定蜗杆的轴面参数和蜗轮的端面参数为标准值。

6.8.3　蜗杆机构的主要参数及几何尺寸

式(6-44)表明,模数、压力角和螺旋角(或螺旋升角)同样也是用以确定蜗杆机构几何尺寸的最主要参数。

根据渐开线齿廓的形成原理,并且对照直齿圆柱齿轮分度圆柱直径的计算公式,蜗杆分度圆直径同样也应该是端面模数与其齿数的乘积,即

$$d_1 = m_{t1} z_1$$

但是蜗杆的端面参数不是标准值。为此按式(6-33),可得 $m_{t1} = m_{a1}\tan\beta_1$,又由于 $\beta_1 + \gamma_1 = 90°$,所以有

$$d_1 = m_{a1} z_1 / \tan\gamma_1$$

在生产实际中,范成法加工蜗轮所用的滚刀在分度圆直径上应与该蜗轮配套的蜗杆一致。而上式表明,蜗杆直径同时受模数、齿数和压力角三个参数的影响,致使

同一模数的滚刀就有无数的直径系列,显然这是不可能做到的。为此引入蜗杆直径系数 q,且

$$q = \frac{z_1}{\tan\gamma}$$

由此有

$$\begin{cases} d_1 = mq \\ d_2 = mz_2 \end{cases} \tag{6-45}$$

在相关的国家标准中,模数 m 与蜗杆直径系数 q 之间具有一定的匹配关系,这就使得同一模数的蜗轮滚刀数量受到了有效的限制。一般情况下,蜗杆齿数推荐为 $z_1 = 1,2,4,6$;蜗轮齿数则推荐为 $z_2 = 28 \sim 80$。

由于蜗杆蜗轮正确啮合时,其分度圆柱相切,因此其传动中心距 $a = (d_1 + d_2)/2$,或

$$a = \frac{1}{2}m(q + z_2) \tag{6-46}$$

6.8.4 蜗杆机构的特点及应用

由式(6-44)中的 $\gamma = \beta$ 可知,在最常见的两轴交错角 $\Sigma = 90°$ 的蜗杆传动中,两者的螺旋线方向相同且和螺旋相似,蜗杆和蜗轮的螺旋线方向大多为右旋。蜗杆上的一个轮齿是缠绕在分度圆柱上的一个完整螺旋齿,当单头蜗杆与蜗轮啮合时,蜗杆转一周,蜗轮才转一个齿距;若蜗杆头数为 z_1,那么,蜗杆转一周,蜗轮就会转过 z_1 齿。因此,两者传动比为

$$i_{12} = \frac{n_1}{n_2} = \frac{\omega_1}{\omega_2} = \frac{z_2}{z_1}$$

根据上述介绍,可将蜗杆传动的特点归纳如下。

(1)蜗杆轮齿具有连续不断的螺旋齿特点,致使蜗杆驱动蜗轮时,既不存在突然啮入也不发生突然啮出现象,因此传动平稳、冲击小且噪声低。

(2)蜗杆齿数极少,蜗杆转一周,蜗轮才转一个或几个齿,因此蜗杆机构可在结构十分紧凑的条件下获得很大的传动比。

(3)蜗杆蜗轮轴线交错 $90°$,两者啮合点之间的速度也交错 $90°$,因此啮合点间存在很大的相对滑动。这就必然导致较为严重的摩擦磨损,传动的机械效率由此将大为降低;大量摩擦热的产生和积累还会加速机构的失效。

(4)缠绕在蜗杆上的螺旋齿就像螺杆上的螺纹牙一样,其导程角 γ 一般都比较小。如果 γ 值小于啮合齿间的当量摩擦角 φ_v,则该对蜗杆机构具有自锁性。在此情况下,蜗轮只能作从动件,而且机构的效率更低。

(5)为了在充分利用蜗杆机构优点的同时,又能最大限度地减小其不利因素的影响,合理选择材料配对就变得特别重要。当所选配对材料既能减摩抗磨,又能快速导热散热,同时还具有其他良好的机械性能时,蜗杆机构的优势就可得到较为充分的发挥,但是整个机构的成本会有较大程度的提高。

6.9　直齿锥齿轮机构

6.9.1　锥齿轮机构的类型及齿廓曲面的形成

1. 锥齿轮机构的特点和类型

锥齿轮机构用于两相交轴之间运动或动力的传递,其轮齿分布在一个截圆锥体上,且齿形由大端到小端逐渐变小。圆柱齿轮上有基圆柱、分度圆柱、齿顶圆柱和齿根圆柱等四个同轴线圆柱;在圆柱齿轮啮合过程中,一对节圆柱始终相切并做纯滚动。而锥齿轮上则有基圆锥、分度圆锥、齿顶圆锥和齿根圆锥等四个同轴线圆锥;一对锥齿轮啮合时,其节圆锥始终相切并做纯滚动。

和圆柱齿轮机构一样,锥齿轮机构也有外啮合和内啮合之分(见图 6-43(a)和(b))。但和圆柱齿轮机构稍有不同的是,锥齿轮机构还有一种如图 6-43(c)所示的介于外啮合与内啮合之间的平面啮合。

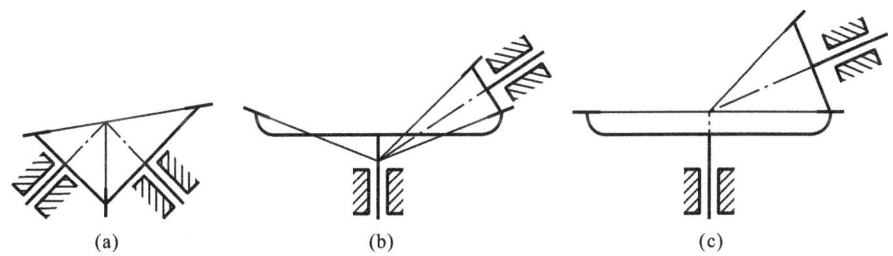

图 6-43　锥齿轮机构的啮合形式

按轮齿的形状差异,可将锥齿轮分为直齿、斜齿及曲线齿等形式。其中直齿锥齿轮制造安装都较方便,故应用较多。而在汽车、拖拉机等具有高速重载传动要求的机械中,曲线齿锥齿轮被广泛采用。

2. 锥齿轮齿廓曲面的形成原理

一对直齿锥齿轮传动时,两轮锥顶理论上应重合于一点 O。这就意味着在两个轮齿啮合的齿廓上,只有与锥顶为等距离的对应点才能相互接触,所以两轮之间的相对运动变为球面运动。锥齿轮理论上的齿廓曲线因此与圆柱齿轮有着明显的差异。如前所述,一平面与一基圆柱相切并做纯滚动时,平面上一点将形成一条平面渐开线。但当一平面与一基圆锥相切并做纯滚动时,该平面上的一点将与锥顶 O 始终保持接触,平面上另一点 $K(K')$ 所形成的渐开线 $AK(A'K')$ 就必定位于以锥顶 O 为球心、以点 $K(K')$ 到锥顶 O 之距离 $OK(OK')$ 为半径的球面上。因此,锥齿轮的齿廓曲线为球面渐开线,OK 线上的线段 KK' 就展出了一个截圆锥上的齿廓曲面,如图 6-44 所示。

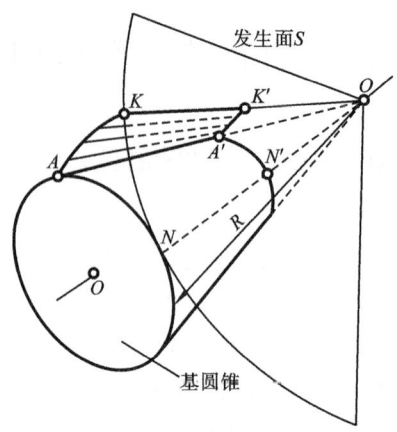

图 6-44　直齿锥齿轮齿廓曲面的形成原理

6.9.2　直齿锥齿轮的背锥和当量齿数

按照上述原理形成的球面渐开线是锥齿轮的理论齿廓曲线,但是球面渐开线无法展成平面渐开线,因而给锥齿轮的设计计算与制造带来很多困难。为便于工程应用,只得采用近似的方法来处理球面渐开线。

图 6-45 所示为一锥齿轮的轴向半剖面图,OAB 代表其分度圆锥,AB 代表分度圆锥大端的端面;OCD 及 OEF 分别代表其齿顶圆锥和齿根圆锥。过大端上的点 A 作球面的切线 O_1A 与其轴线相交于点 O_1,设想以 OO_1 为轴、O_1A 为母线作一圆锥,与锥齿轮大端的球面相切,则 O_1AB 即代表该圆锥,此圆锥即称为该锥齿轮的背锥(或辅助圆锥)。显然,背锥与球面相切于锥齿轮大端的分度圆。

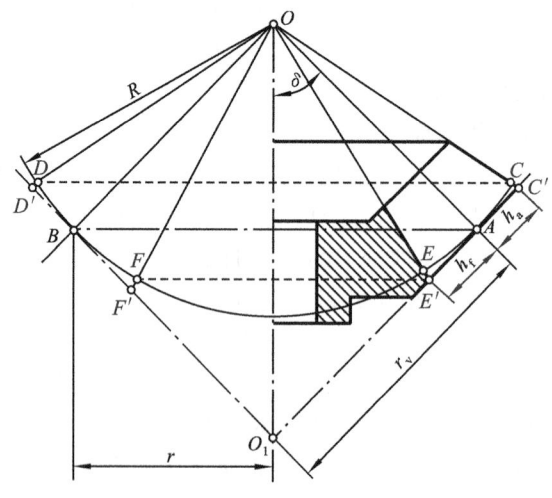

图 6-45　直齿圆锥齿轮轴剖面图

由于背锥在点 A 和球面相切,球面上的渐开线就会在背锥上形成投影,如图中渐开线上的点 C、D、E、F 对应的投影为 C'、D'、E'、F'。显然,背锥可以展开为一扇形平面,其上的投影展开后将与平面渐开线十分相似。如果将此扇形补全为一个整圆,并且假想以此圆为分度圆作一个圆柱齿轮,该圆柱齿轮的齿廓渐开线将与球面渐开线在扇形面上的投影十分相似,则该圆柱齿轮就称为该锥齿轮的当量齿轮。扇形齿轮是当量齿轮的一部分。当量齿轮的渐开线齿廓就称为背锥上的渐开线。这个当量齿轮的齿廓就被近似作为直齿锥齿轮的齿廓,如图 6-46 所示。

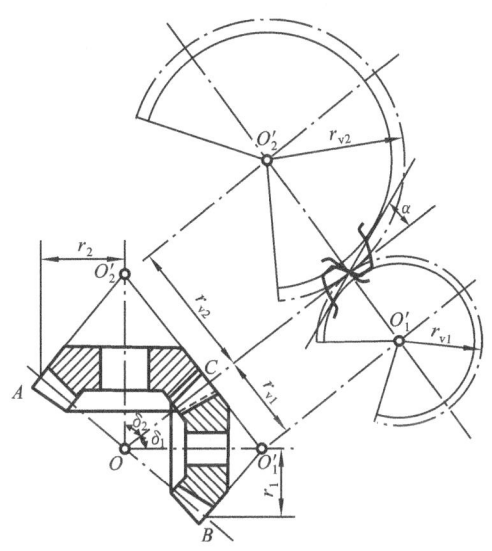

图 6-46　直齿锥齿轮背锥展开图

当量齿轮的齿数称为该锥齿轮的当量齿数,记作 z_v。锥齿轮的当量齿数 z_v 与其实际齿数 z 之间的关系可表示为

$$r_v = \frac{1}{2}mz_v = \frac{r}{\cos\delta} = \frac{mz}{2\cos\delta}$$

因此
$$z_v = \frac{z}{\cos\delta}$$

6.9.3　直齿锥齿轮机构的参数和几何尺寸计算

直齿圆柱齿轮的端面参数被定为标准值。但直齿锥齿轮的轮齿沿圆锥母线从大端到小端逐渐收缩,故在锥齿轮不同端面上,其直径与模数等就有大端和小端之分。为减小测量误差,也为了便于加工及估计机构尺寸,通常取锥齿轮的大端参数为标准值,其大端模数按 GB/T 12368—1990 选取。但是无论大端或者小端,直齿锥齿轮不同背锥上的齿顶高系数 h_a^*、径向顶隙系数 c^* 和压力角 α 均相等。其中 $\alpha=20°$;一般取 $h_a^*=1$,$c^*=0.2$。

标准直齿锥齿轮机构的几何尺寸如图 6-47 所示,其计算公式可参见表 6-7。

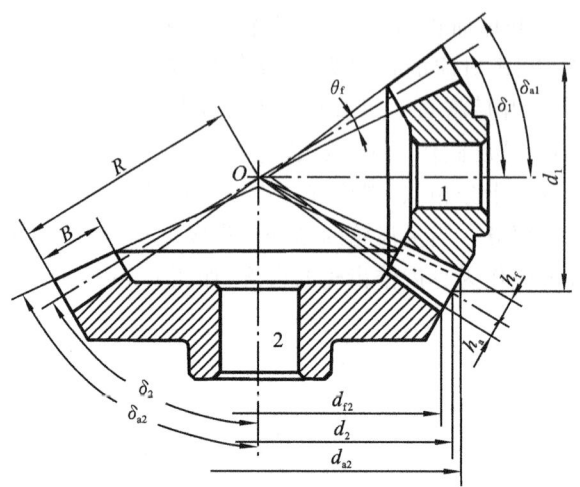

图 6-47　直齿锥齿轮机构的几何尺寸

表 6-7　标准直齿锥齿轮机构的几何尺寸计算公式($\Sigma=90°$)

基 本 参 数		$z_1,z_2,m,\alpha,h_a^*,c^*$
名　称	符　号	计 算 公 式
分度圆锥角	δ	$\delta_1=\mathrm{arccot}(z_2/z_1)$　　$\delta_2=90°-\delta_1$
分度圆直径	d	$d_1=mz_1=2R\sin\delta_1$　　$d_2=mz_2=2R\sin\delta_2$
齿顶高	h_a	$h_a=h_a^*m$
齿根高	h_f	$h_f=(h_a^*+c^*)m$
齿顶圆直径	d_a	$d_{a1}=d_1\pm2h_a\cos\delta_1$　　$d_{a2}=d_2\pm2h_a\cos\delta_2$
齿根圆直径	d_f	$d_{f1}=d_1\mp2h_f\cos\delta_1$　　$d_{f2}=d_2\mp2h_f\cos\delta_2$
锥距	R	$R=1/2\ \sqrt{d_1^2+d_2^2}=m/2\ \sqrt{z_1^2+z_2^2}=mz/(2\sin\delta)$
齿顶角	θ_a	$\theta_a=\arctan(h_a/R)$　　(收缩顶隙传动)
齿根角	θ_f	$\theta_f=\arctan(h_f/R)$
当量齿数	z_v	$z_{v1}=z_1/\cos\delta_1$　　$z_{v2}=z_2/\cos\delta_2$
顶锥角	δ_a	$\delta_{a1}=\delta_1+\theta_a$　　$\delta_{a2}=\delta_2+\theta_a$　　(收缩顶隙传动) $\delta_{a1}=\delta_1+\theta_f$　　$\delta_{a2}=\delta_2+\theta_f$　　(等顶隙传动)
根锥角	δ_f	$\delta_{f1}=\delta_1-\theta_f$　　$\delta_{f2}=\delta_2-\theta_f$
顶隙	c	$c=c^*m$
分度圆齿厚	s	$s=\pi m/2$
齿宽	B	$B\leqslant R/3$
传动比	i	$i_{12}=\omega_1/\omega_2=z_2/z_1=d_2/d_1=\sin\delta_2/\sin\delta_1=\tan\delta_2$

注:符号±、∓中上面的用于外齿轮,下面的用于内齿轮。

6.10　其他曲线齿廓的齿轮机构简介

以上各节介绍的都是渐开线齿廓齿轮机构,这种机构虽然有其突出的优点而被广泛采用,但也由于其固有的几何特性而存在以下难以克服的缺陷。

(1) 渐开线齿轮传动时接触应力大。一对渐开线齿轮啮合传动时,两轮齿外凸齿廓曲面接触处会产生很大的接触应力。为了提高机构的承载能力,必须较多地增大齿轮的尺寸。在这种情况下,机构的工作能力与结构的紧凑性之间的矛盾很难统一起来。有关这方面的内容将在后续机械设计课程作系统研究。

(2) 相互啮合的轮齿都是线接触,载荷难以均布。齿轮在制造和安装过程中,不可避免地会产生误差与变形。因此,齿轮大多仅在轮齿一端或少数一些点上保持接触。载荷集中作用在轮齿的少数点上,会加速齿轮的失效。

(3) 相啮合的渐开线齿廓在不同位置接触时,齿面间的相对滑动速度差异很大。一方面,在节点处相对滑动速度为零;而在啮合的起始点及终止点,相对滑动速度最大,在此两点发生的最大相对滑动是突然生成或突然消失的,因此会形成摩擦激励导致高频率噪声。另一方面,齿面间的相对滑动摩擦要消耗系统的能量,从而降低齿轮的传动效率。齿面间相对滑动速度是沿齿高变化的,轮齿各部分的磨损状况各不相同,齿轮的承载能力和使用寿命将因此受到限制。

为减少或消除上述缺陷带来的不良影响,人们一直在努力寻求更适合的齿廓,以满足机械传动不断提高的要求。下面对采用圆弧齿廓和摆线齿廓的两种齿轮机构分别进行简要介绍。

6.10.1　圆弧齿廓齿轮机构

1. 圆弧齿轮机构简介

啮合传动中的一对圆弧齿轮,其轮齿的端面齿廓或法面齿廓为圆弧。当该对圆弧齿轮为单圆弧时,小齿轮轮齿的齿廓外凸,而大齿轮的齿廓内凹。设两齿轮的啮合齿廓在点 K 接触,则在两齿轮的传动过程中,此接触点 K 在静止空间中,沿着与两轮轴线相平行的直线 $K—K$ 做等速移动,直线 $K—K$ 即为两轮的啮合线。而接触点 K 在两轮运动空间中的轨迹将分别为螺旋线 KA 与 KB,如图 6-48 所示。

一对轮齿的啮合过程,实际就是啮合点沿 $K—K$ 线由齿的一端逐渐移向另外一端的过程。于是只有将圆弧轮齿做成斜齿,才能确保齿轮的连续传动。

这样的一对齿廓曲面在理论上为点接触,但由于形成两齿廓曲面的凹凸圆弧半径的半径差很小,在经过初步磨损之后,齿面间实际上会形成一段弧线的接触传动。

在工程实际中,为了便于生产制造,普遍将轮齿的法面齿廓做成圆弧齿廓,其外形如图 6-49 所示。

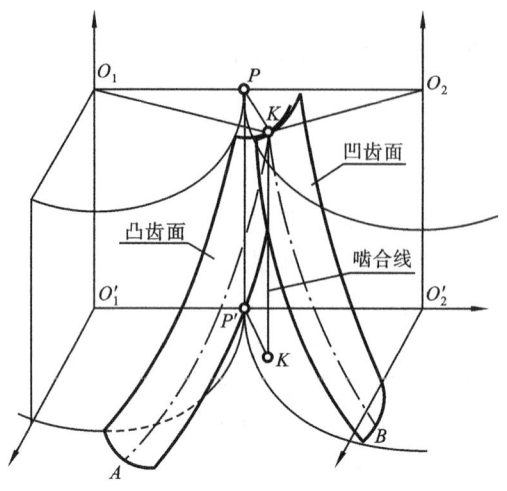

图 6-48　圆弧齿轮齿廓形成原理图

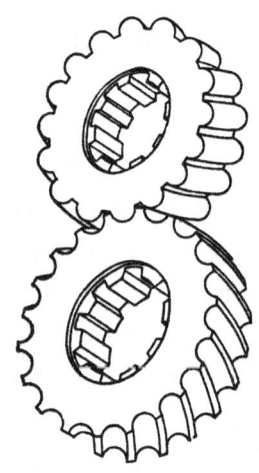

图 6-49　圆弧齿轮外形图

2. 圆弧齿轮传动的优点

圆弧齿轮传动与渐开线齿轮传动相比有下列优点。

(1) 圆弧齿轮传动时轮齿具有较大的接触强度,齿轮的承载能力得以提高。在齿轮尺寸和材料等情况相同时,圆弧齿轮的承载能力大约是渐开线齿轮的 1.5~2 倍。

(2) 圆弧齿轮对制造精度和安装精度要求不高,主要是因为其实际啮合时的接触面是在加载后磨合形成的。

(3) 没有根切问题,所以机构的尺寸可以更小。

3. 圆弧齿轮传动的缺点

(1) 中心距的误差将使其承载能力显著降低。

(2) 轮齿的弯曲强度一般较弱。

(3) 凸齿面的齿轮与凹齿面的齿轮要用不同的刀具加工。

如果将单圆弧轮齿改成双圆弧轮齿,那么,圆弧齿轮的上述缺点就可得以克服。所谓双圆弧是指齿轮的轮齿均由两段圆弧组成:齿顶部分为凸圆弧而齿根部分为凹圆弧。具有双圆弧特征的刀具可用来加工同一模数不同齿数的齿轮。

6.10.2　摆线齿轮机构

为了避免渐开线齿轮在实际应用中的一些缺点,人们在一些场合中使用的齿轮采用摆线作为齿廓曲线。现代钟表和许多仪表就采用摆线齿轮传动。

1. 摆线齿轮齿廓的形成原理

如图 6-50 所示,当圆 S_2 沿固定圆 C_1 的外表面做纯滚动时,圆 S_2 上任一点的轨迹为一外摆线;而当圆 S_2 沿固定圆 C_2 的内表面做纯滚动时,圆 S_2 上任一点的轨迹为一内摆线。摆线齿轮的齿廓即由一段外摆线和一段内摆线构成。

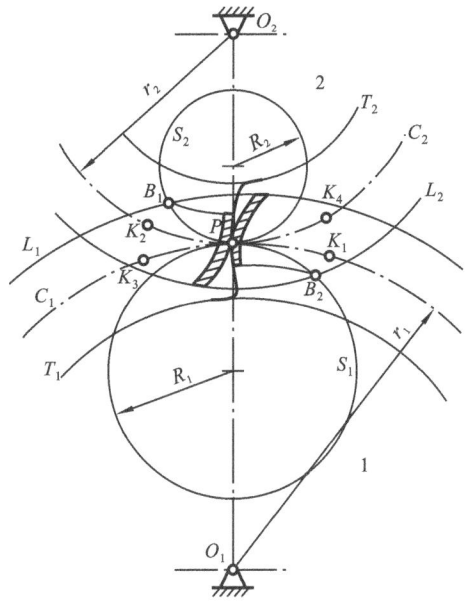

图 6-50　摆线齿轮齿廓形成原理图

2. 摆线齿轮传动的优缺点

1）摆线齿轮传动的优点

（1）相互啮合的两齿面为一凹一凸，故接触应力小。

（2）重合度较大。

（3）无根切现象，故机构可以更为紧凑。

2）摆线齿轮传动的缺点

（1）两轮的中心距必须精确，否则传动比不稳定。

（2）由于啮合角的变化，齿廓间的作用力也是变化的。

（3）精度要求高，制造时不易保证精确尺寸。

小　　结

在现代机械用以传递运动和动力的机构中，齿轮机构具有传动比稳定、结构紧凑、传动效率高及使用寿命长的特点，因而被广泛使用。当前工程中所使用的齿轮基本都是采用渐开线作为齿廓曲线的。渐开线固有的几何性质，一方面为人们检测齿轮的几何尺寸精度提供了理论依据，另一方面渐开线齿轮不但自动满足啮合基本定律，而且为中心距变动情况下的传动比始终稳定提供了保证，即渐开线齿轮具有可分性。

　　齿轮大多是通过范成法加工出来的。每个齿轮都有四个同心圆,其中齿顶圆和齿根圆均可见;而分度圆与基圆虽然不可见,但两者客观存在并且特别重要。齿轮分度圆与刀具中线或分度线之间的相对位置,决定了被加工的齿轮是标准齿轮还是变位齿轮。无论哪种齿轮,其分度圆上的模数和压力角一律被规定为标准值。

　　齿轮总要通过成对安装才能实现运动与动力的传递,于是一对齿轮就形成了中心距、节圆和啮合角。一对齿轮的分度圆半径之和即为标准中心距,而安装后齿轮副的实际中心距取决于节圆的大小。齿轮副的实际中心距与齿轮模数、齿数、变位系数以及啮合角等因素有关。

　　本章重点介绍了直齿圆柱齿轮机构,随后介绍了斜齿圆柱齿轮机构、蜗杆机构及锥齿轮机构。这些齿轮机构的主要几何尺寸、啮合过程与特点、标准参数的相关规定,以及当量齿轮与当量齿数的概念等都应该在学习中加以重视。此外,应该通过练习与对比,掌握蜗杆机构的相对运动关系。

思　考　题

　　6-1　齿廓啮合的基本定律是什么?什么叫共轭齿廓?一对渐开线齿轮传动能满足齿廓啮合基本定律吗?为什么?

　　6-2　节圆与分度圆、啮合角与压力角分别有什么区别?啮合角与分度圆压力角及节圆压力角有什么关系?

　　6-3　标准齿轮的齿根圆一定大于基圆吗?

　　6-4　齿轮啮合的正确条件是什么?满足正确啮合条件的一对直齿圆柱齿轮一定能保证连续传动吗?

　　6-5　重合度的定义是什么?它的计算方法是什么?

　　6-6　什么是根切?它有什么危害,如何避免?

　　6-7　什么叫标准中心距?什么叫安装中心距(实际中心距)?它们之间有什么关系?

　　6-8　齿轮为什么要变位?齿轮正变位后和变位前比较,参数 z、m、a、h_a、h_f、d、d_a、d_f、d_b、s、e 有什么变化?

　　6-9　斜齿轮传动有哪些优点和缺点?斜齿轮的当量齿数的概念是什么?

　　6-10　为什么取斜齿轮的法面模数为标准值?

　　6-11　平行轴斜齿轮传动和交错轴斜齿轮传动有哪些异同点?

练　习　题

　　6-1　已知点 K 为从半径 $r_b = 50$ mm 的基圆上展开成的渐开线上的一个点,求:
(1) 当点 K 处的向径 $r_K = 60$ mm 时,渐开线在点 K 处的压力角 α_K、展角 θ_K 和

曲率半径 ρ_K 的值;

(2) 当 $\theta_K = 20°$ 时,渐开线在点 K 处的压力角 α_K 和向径 r_K 的值。

6-2 设有一渐开线标准齿轮,$z = 30$,$m = 3$ mm,$h_a^* = 1$,$\alpha = 20°$,求其齿廓曲线在分度圆及齿顶圆上的曲率半径及齿顶圆压力角。

6-3 已知一对正确安装的标准直齿轮,其传动比 $i_{12} = 4$,模数 $m = 3$ mm,中心距 $a = 150$ mm,$h_a^* = 1$,压力角 $\alpha = 20°$。试求两齿轮齿数、分度圆半径、基圆半径、齿顶圆半径、齿根圆半径、齿厚、齿槽宽、齿距及基圆齿距。

6-4 已知标准直齿圆柱齿轮的齿数 $z = 21$,齿厚 $s = 4.64$ mm,$\alpha = 20°$,$h_a^* = 1$,试求其基圆上齿厚 s_b、齿顶圆齿厚 s_a。

6-5 一对渐开线齿轮的基圆半径 $r_{b1} = 20$ mm、$r_{b2} = 30$ mm,压力角 $\alpha = 20°$,试求:

(1) 如果中心距 $a' = 55$ mm,则啮合角 α' 为多少?两个齿轮的节圆半径 r_1' 和 r_2' 各为多少?

(2) 如果中心距 $a' = 60$ mm,则此时啮合角 α' 为多少?节圆半径 r_1' 和 r_2' 各为多少?

(3) 以上两种情况下两对节圆半径的比值有何种关系?为什么?

6-6 某一机床变速箱内有一对标准直齿圆柱渐开线齿轮,小齿轮丢失。现已知大齿轮齿数 $z_2 = 50$,齿顶圆直径 $d_{a2} = 130$ mm,标准安装中心距 $a = 90$ mm。若需要重新加工小齿轮,请给出小齿轮的齿数、模数、齿顶圆直径、分度圆直径及齿根圆直径。

6-7 已知一对外啮合的直齿圆柱齿轮传动,$z_1 = z_2 = 15$,$m = 10$ mm,$\alpha = 20°$,$h_a^* = 1$,$a' = 160$ mm,试设计这对齿轮。

6-8 有一标准齿轮齿条传动,已知齿轮 $z_1 = 26$,$m = 3$ mm,$\alpha = 20°$,$h_a^* = 1$,试计算其重合度。

6-9 一对啮合传动的渐开线齿轮的齿顶圆、齿根圆和基圆如题 6-9 图所示。试用图解法求出其理论啮合线段 $\overline{N_1 N_2}$、实际啮合线段 $\overline{B_1 B_2}$、啮合角 α' 及节圆半径 r_1' 和 r_2'。

6-10 有一标准外啮合直齿圆柱齿轮传动,压力角 $\alpha = 20°$、$m = 5$ mm、$z_1 = 20$、$z_2 = 42$,试求其重合度 ε_a,并绘出单齿及双齿啮合区域。

6-11 参数为 $m = 12$ mm、$\alpha = 20°$、$h_a^* = 1$、$c_a^* = 0.25$ 的齿条型刀具,用范成法切制 $z = 10$ 的齿轮。

(1) 当加工标准齿轮时,求被切齿轮的 r_a、r_f、s_a、p_b 的大小。

(2) 当按最小变位系数加工变位齿轮时(即取 $x = x_{min}$),求被切齿轮的 r_a、r_f、s_a、p_b 的大小。

6-12 有一负变位直齿圆柱齿轮的参数为 $z = 21$,$m = 4$ mm,$\alpha = 20°$,$h_a^* = 1$,$c^* = 0.25$,$x = 0.235$。试计算齿轮的 r_a、r_b、r、s 的值,并判断是否会发生根切现象。

6-13 已知一对外啮合斜齿圆柱齿轮传动,$z_1 = 25$,$z_2 = 80$,$m_n = 4$ mm、$a = 220$ mm,

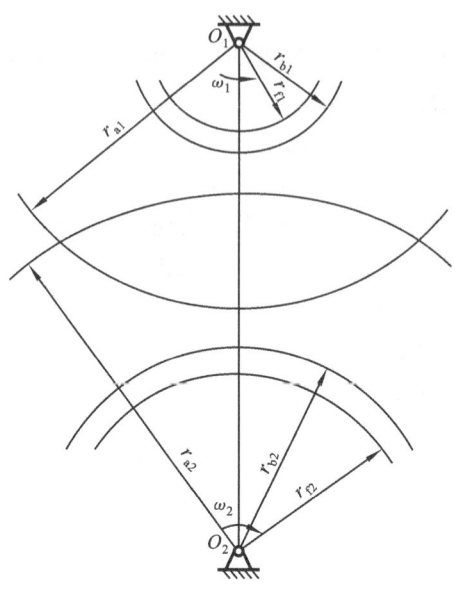

题 6-9 图

试求两齿轮各部分的几何尺寸。

6-14　已知一交错轴斜齿轮传动，$\beta_1 + \beta_2 = 80°$、$\beta_1 = 30°$、$i_{12} = 2$、$z_1 = 35$、$p_n = 12.56$，试求中心距 a。

6-15　某蜗杆机构的参数为：蜗杆 $z_1 = 2$、$q = 8$，蜗轮 $z_2 = 46$，模数 $m = 8$ mm。试求：

(1) 传动比 i_{12}；

(2) 中心距 a；

(3) 蜗杆和蜗轮的分度圆直径 d_1 和 d_2；

(4) 蜗杆和蜗轮的主要尺寸。

6-16　已知一对直齿锥齿轮的齿数 $z_1 = 20$、$z_2 = 40$，模数 $m = 5$ mm，分度圆压力角 $\alpha = 20°$，齿顶高系数 $h_a^* = 1$，径向间隙系数 $c^* = 0.25$ 及轴交角 $\Sigma = 90°$。求两轮的分度圆锥角、分度圆半径、锥距 R、齿顶角 θ_a、齿根圆半径及当量齿数。

第7章 齿轮系原理与设计

本章重点 轮系的结构组成、功能、类型及特点；定轴轮系、周转轮系（差动轮系、行星轮系）和复合轮系传动比的计算。

本章难点 复合轮系传动比的计算。

7.1 齿轮系的类型

在第 6 章中，我们研究了一对齿轮的啮合原理和运动设计方法，这种简单的齿轮机构所能得到的传动比实际上并不大。在实际机械中，为了满足不同的工作要求，经常采用若干对互相啮合的齿轮进行传动，例如汽车和摩托车的变速器、机械手表等。这种由一系列相互啮合的齿轮所组成的传动系统称为齿轮系，简称轮系。它通常介于原动机和执行机构之间，把原动机的运动和动力传递给执行机构。

根据轮系在传动时各齿轮轴线在空间的相对位置是否变动，轮系可分为定轴轮系、周转轮系和复合轮系三类。

7.1.1 定轴轮系

在轮系运转时，各个齿轮的轴线相对于机架的位置均固定不变，这种轮系就称为定轴轮系（或普通轮系），如图 7-1 所示。

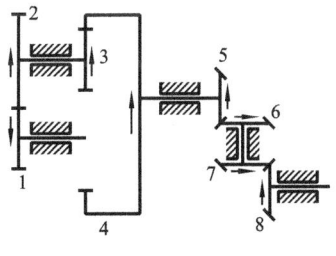

图 7-1 定轴轮系

7.1.2 周转轮系

在轮系运转时，若其中至少有一个齿轮轴线的位置并不固定，而是绕着其他齿轮的固定轴线回转，则这种轮系称为周转轮系。在图 7-2 所示的轮系中，外齿轮 1 和内齿轮 3 都是绕着固定的轴线 O 回转的，这种齿轮称为中心轮（又称为太阳轮）。齿轮 2 的轴承装在构件 H 上，而构件 H 是绕固定轴线 O 回转的。当轮系运转时，齿轮 2

绕自己的轴线 O_1 回转,同时又随着构件 H 一起绕固定轴线 O 回转,就像行星的运动一样,既有自转又有公转,故称齿轮 2 为行星轮。带动行星轮 2 做公转的构件 H 则称为行星架(也称转臂或系杆)。

由于中心轮 1、3 和行星架 H 的回转轴线的位置均固定且重合,一般以它们作为运动的输入或输出构件,故称其为周转轮系的基本构件。基本构件都是围绕着同一固定轴线回转的。

根据周转轮系所具有的自由度数目的不同,周转轮系可划分为差动轮系和行星轮系两类。

1. 差动轮系

在图 7-2(a)所示的周转轮系中,中心轮 1 和 3 均可转动,则整个轮系的自由度为 2,这种自由度为 2 的周转轮系称为差动轮系。为了使这种轮系中各构件具有确定的相对运动,必须给定两个构件的运动(两个构件的转速及其转向),才能求出第三个构件的运动。

2. 行星轮系

在图 7-2(b)所示的周转轮系中,若将中心轮 3(或 1)固定,则整个轮系的自由度为 1,这种自由度为 1 的周转轮系称为行星轮系。这种轮系只需给定一个构件的运动(转速及转向),就可求出另一构件的运动。

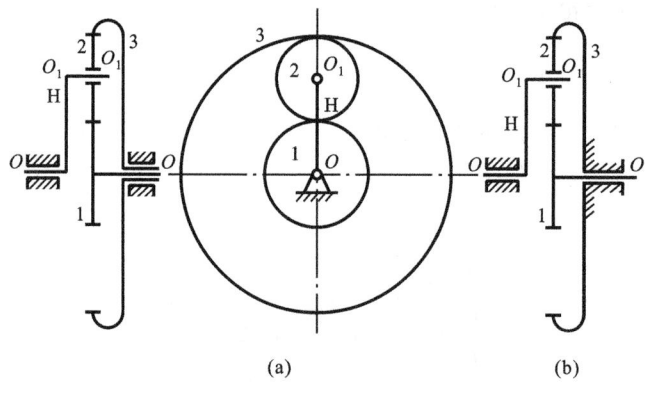

(a)　　　　　　　　　　(b)

图 7-2　周转轮系

7.1.3　复合轮系

在实际机械中,除了采用单一的定轴轮系或单一的周转轮系外,还经常采用由基本周转轮系与定轴轮系相组合或者由若干个基本周转轮系相组合而成的复杂轮系,通常将这种复杂轮系称为复合轮系(或混合轮系)。所谓基本轮系,指的是单一的定轴轮系或单一的周转轮系。

7.2　定轴轮系的传动比计算

轮系的传动比,指的是轮系中输入轴的角速度(或转速)与输出轴的角速度(或转速)之比,用 i 表示。设 1 为轮系的输入轴,K 为输出轴,则该轮系的传动比 $i_{1K} = \omega_1/\omega_K = n_1/n_K$。式中的 ω 与 n 分别表示转轴的角速度和转速。

轮系传动比的计算,包括计算传动比的大小和确定其输入轴和输出轴间的转向关系。

7.2.1　定轴轮系传动比大小的计算

图 7-3 所示为一定轴轮系,齿轮 1 为主动轮(输入轴),齿轮 5 为最后的从动轮,各齿轮的齿数已知,求传动比 i_{15}。

由图可见,主动轮 1 到从动轮 5 之间的传动,是通过一对对齿轮依次啮合来实现的,要求出总传动比 $i_{15} = \dfrac{\omega_1}{\omega_5} = \dfrac{n_1}{n_5}$,可先求出各对啮合齿轮的传动比的大小

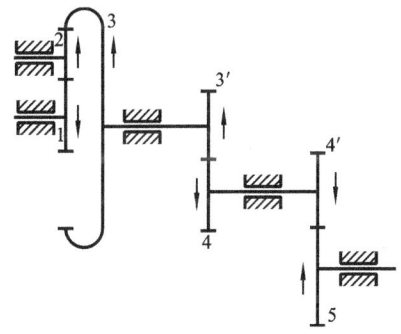

$$i_{12} = \frac{\omega_1}{\omega_2} = \frac{z_2}{z_1}$$

$$i_{23} = \frac{\omega_2}{\omega_3} = \frac{z_3}{z_2}$$

$$i_{3'4} = \frac{\omega_{3'}}{\omega_4} = \frac{z_4}{z_{3'}}$$

$$i_{4'5} = \frac{\omega_{4'}}{\omega_5} = \frac{z_5}{z_{4'}}$$

图 7-3　定轴轮系

将以上各式两边分别连乘,并考虑到齿轮 3 和 $3'$、齿轮 4 和 $4'$ 均固定在同一轴上,即有 $\omega_3 = \omega_{3'}$,$\omega_4 = \omega_{4'}$,于是可得

$$i_{12} \cdot i_{23} \cdot i_{3'4} \cdot i_{4'5} = \frac{\omega_1}{\omega_2} \cdot \frac{\omega_2}{\omega_3} \cdot \frac{\omega_{3'}}{\omega_4} \cdot \frac{\omega_{4'}}{\omega_5}$$

即

$$i_{15} = \frac{\omega_1}{\omega_5} = i_{12} \cdot i_{23} \cdot i_{3'4} \cdot i_{4'5} = \frac{z_2 z_3 z_4 z_5}{z_1 z_2 z_{3'} z_{4'}} \tag{7-1}$$

上式表明,定轴轮系的传动比等于组成该轮系的各对啮合齿轮传动比的连乘积;其大小等于各对齿轮中所有从动轮齿数的连乘积与所有主动轮齿数的连乘积之比。

在图 7-3 中,齿轮 2 同时与齿轮 1 和齿轮 3 相啮合,对于齿轮 1 来讲,它是从动轮;对于齿轮 3 来讲,它又是主动轮。因此,其齿数在式(7-1)的分子和分母中将同时出现而被约去,所以齿轮 2 的齿数多少并不影响传动比的大小,而仅起着中间过渡和改变从动轮转向的作用。轮系中的这种齿轮称为过轮或中介轮。而齿轮3—$3'$(或齿轮

4—4′)是安装在同一轴上的两个齿轮,它们分别起从动轮与主动轮的作用,其齿数影响传动比大小。

设 A、B 分别为某定轴轮系中的主动轮与从动轮,则将式(7-1)推而广之,即得 A、B 之间传动比计算的一般性公式为

$$i_{AB} = \frac{\omega_A}{\omega_B} = \frac{\text{由 A 至 B 所有从动轮齿数的连乘积}}{\text{由 A 至 B 所有主动轮齿数的连乘积}} \tag{7-2}$$

7.2.2　定轴轮系主、从动轮转向关系的确定

在实际机械中,不仅需要知道轮系传动比的大小,还需要根据主动轮的转动方向来确定从动轮的转动方向。这可根据各齿轮轴线是否平行而采用下述方法进行判断。

1. 轮系中各齿轮的轴线相互平行的情况

组成这种轮系的各对啮合齿轮均为直齿或斜齿圆柱齿轮,即各齿轮的轴线都相互平行。由于一对内啮合两齿轮的转向相同,而一对外啮合两齿轮的转向相反,所以每经过一对外啮合就改变一次方向,故可用轮系中外啮合的对数来确定轮系中主、从动轮的转向。若用 m 来表示轮系中外啮合的对数,则可用 $(-1)^m$ 来确定轮系传动比的正负号。若计算结果为正,说明主、从动轮转向相同;若结果为负,则说明主、从动轮转向相反。对于图 7-3 所示的轮系,$m=3$,所以其传动比为

$$i_{15} = (-1)^3 \frac{z_2 z_3 z_4 z_5}{z_1 z_2 z_{3'} z_{4'}} = -\frac{z_3 z_4 z_5}{z_1 z_{3'} z_{4'}}$$

这说明从动轮 5 的转向与主动轮 1 的转向相反。

2. 轮系中各轮的轴线不完全平行,但首、末两轮轴线相互平行的情况

在图 7-1 所示的轮系中,齿轮 5 和 6,齿轮 7 和 8 的几何轴线不平行,它们的转向无所谓相同或相反。在这种情况下,不可用 $(-1)^m$ 来确定首、末两轮的转向,只能在图上用画箭头的方法来表示各轮的转向。对于锥齿轮传动,表示方向的箭头应该同时指向啮合点即箭头对箭头,或同时背离啮合点即箭尾对箭尾。由于该轮系中首、末两轮的轴线相互平行,通过画箭头,就可在传动比的计算结果中加上"+"或"—"号来表示主、从动轮的转向关系。如图 7-1 所示,主动轮 1 和从动轮 8 的转向相反,故其传动比

$$i_{18} = \frac{\omega_1}{\omega_8} = -\frac{z_2 z_4 z_6 z_8}{z_1 z_3 z_5 z_7}$$

3. 轮系中首、末两轮轴线不平行的情况

如果轮系中首、末两轮的轴线不平行,便不能采用在传动比的计算结果中加"+"或"—"号的方法来表示主、从动轮转向间的关系。这时它们的转向关系只能在图上用箭头表示。

7.3 周转轮系的传动比计算

在周转轮系中,由于行星架的转动,从而使得行星轮既有自转又有公转,因此计算周转轮系传动比时不能直接套用定轴轮系的传动比公式。

7.3.1 周转轮系传动比计算的基本思路

为了解决周转轮系的传动比计算问题,要设法将周转轮系转化为定轴轮系。周转轮系与定轴轮系的根本差别在于周转轮系中有转动着的行星架,从而使得行星轮既有自转又有公转。如果在保持周转轮系中各构件之间相互运动关系不变的条件下,使行星架固定不动,那么,周转轮系就可转化成一个定轴轮系。为此,假想给周转轮系的每一个构件加上一个公共的角速度"$-\omega_H$",使它绕行星架的固定轴线回转。根据相对运动的原理可知,这时各构件之间的相对运动仍将保持不变,但行星架的角速度却变成了 $\omega_H - \omega_H = 0$,即行星架可视为静止不动。于是,周转轮系便转化成了定轴轮系。这种经过转化所得的假想的定轴轮系,称为原周转轮系的转化轮系或转化机构。

图 7-4 所示为周转轮系中的差动轮系,齿轮 1、2、3 及行星架的角速度分别为 ω_1、ω_2、ω_3 和 ω_H,当给整个轮系加上公共角速度"$-\omega_H$"后,轮系中各构件的角速度变化情况如表 7-1 所示。

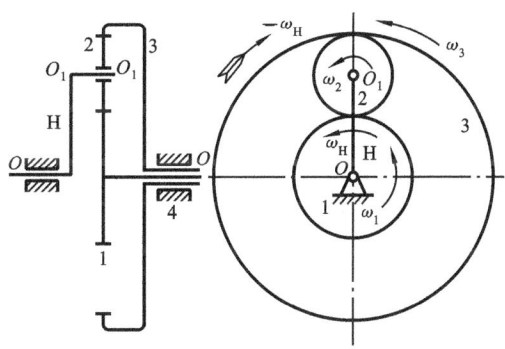

图 7-4 差动轮系

表 7-1 周转轮系转化前后各构件的角速度

构 件 名 称	原有角速度	在转化轮系中的角速度 (即相对于行星架的角速度)
中心轮 1	ω_1	$\omega_1^H = \omega_1 - \omega_H$
行星轮 2	ω_2	$\omega_2^H = \omega_2 - \omega_H$
中心轮 3	ω_3	$\omega_3^H = \omega_3 - \omega_H$
行星架 H	ω_H	$\omega_H^H = \omega_H - \omega_H = 0$
机架 4	$\omega_4 = 0$	$\omega_4^H = \omega_4 - \omega_H = -\omega_H$

　　由表可见,由于 $\omega_H^H = 0$,表明转化轮系中的行星架静止不动,该周转轮系已转化成图 7-5 所示的定轴轮系。ω_1^H、ω_2^H、ω_3^H 分别表示行星架固定后齿轮 1、2、3 在转化轮系中的角速度。因此,该转化轮系的传动比就可以按照定轴轮系传动比的计算方法来计算。

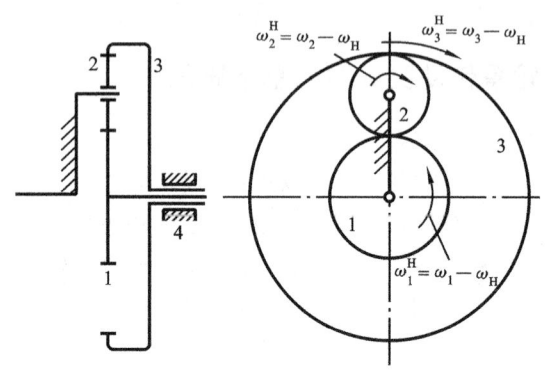

图 7-5　转化轮系

　　通过转化轮系传动比的计算,就可以得到周转轮系中各构件的真实角速度之间的关系,进而求得周转轮系的传动比。

7.3.2　周转轮系传动比的计算方法

　　由于转化轮系相当于定轴轮系,故设图 7-5 所示的转化轮系中齿轮 1 对齿轮 3 的传动比为 i_{13}^H,根据定轴轮系传动比的计算公式可得

$$i_{13}^H = \frac{\omega_1^H}{\omega_3^H} = \frac{\omega_1 - \omega_H}{\omega_3 - \omega_H} = -\frac{z_3}{z_1}$$

式中,齿数比前的负号表示在转化轮系中齿轮 1 和齿轮 3 的转向相反。

　　由上式可见,式中包含了原周转轮系中齿轮 1、3 和行星架的角速度和各轮齿数之间的关系。而各轮的齿数在计算轮系的传动比时应是已知的,又因该周转轮系为具有两个自由度的差动轮系,所以若给定 ω_1、ω_3 和 ω_H 中任意两构件的角速度,便可求得另一构件的角速度;若给定其中任意一个构件的角速度,便可求得另两个构件的传动比。

　　借助转化轮系的传动比计算公式,来导出周转轮系中各基本构件绝对角速度(或转速)之间的关系式,是周转轮系传动比计算的关键步骤。

　　根据以上分析,可得出计算周转轮系的转化轮系传动比的一般公式。设周转轮系中两个齿轮为 A 和 B(包括 A、B 中可能有一个是行星轮的情况),行星架为 H,则其转化轮系的传动比 i_{AB}^H 可表示为

$$i_{AB}^H = \frac{\omega_A^H}{\omega_B^H} = \frac{\omega_A - \omega_H}{\omega_B - \omega_H} = \pm \frac{\text{由 A 至 B 所有从动轮齿数的连乘积}}{\text{由 A 至 B 所有主动轮齿数的连乘积}} \quad (7-3)$$

应用上式时应注意以下问题。

（1）式中 i_{AB}^H 是转化轮系中 A 和 B 两齿轮的传动比，其大小和正负完全按定轴轮系来处理。这不仅表明在转化轮系中齿轮 A 和 B 之间的关系，而且将直接影响到周转轮系实际传动比的大小和正负号。

（2）ω_A、ω_B 和 ω_H 是周转轮系中各构件的真实角速度，若需将其中两个已知的数值代入式中，可先假定某一已知构件的转向为正号，那么，另一构件的转向与其相同时取正号，与其相反时取负号，则第三个构件的转向根据计算结果的正负号来确定。

（3）式（7-3）也适用于由圆锥齿轮所组成的周转轮系，不过齿轮 A、B 和行星架的轴线必须互相平行且其转化轮系传动比 i_{AB}^H 的正、负号必须用画箭头的方法来确定。

（4）对于行星轮系来说，由于其中一个中心轮是固定的（例如中心轮 B 固定，即 $\omega_B = 0$），故式（7-3）可改写为如下形式

$$i_{AB}^H = \frac{\omega_A - \omega_H}{0 - \omega_H} = 1 - \frac{\omega_A}{\omega_H} = 1 - i_{AH}$$

即

$$i_{AH} = 1 - i_{AB}^H \tag{7-4}$$

式（7-4）表明，行星轮系中活动中心轮 A 对行星架的实际传动比等于 1 减去转化轮系中活动中心轮 A 对原来固定中心轮的传动比。记住这个公式，在求解行星轮系的传动比时就可以很方便地直接套用。

为了进一步理解和掌握周转轮系传动比的计算方法，现举例如下。

例 7-1　在图 7-4 所示的轮系中，设 $z_1 = z_2 = 30$，$z_3 = 90$。求当构件 1 和 3 的转速分别为 $n_1 = 1$ r/min 及 $n_3 = -1$ r/min（设逆时针为正）时，n_H 及 i_{1H} 的值。

解　由式（7-3）可求得此轮系的转化轮系的传动比为

$$i_{13}^H = \frac{n_1 - n_H}{n_3 - n_H} = -\frac{z_2 z_3}{z_1 z_2} = -\frac{z_3}{z_1}$$

将已知数据代入（注意：n_1、n_3 代入时必须带有自己的符号）后有

$$\frac{1 - n_H}{-1 - n_H} = -\frac{90}{30} = -3$$

由此得

$$n_H = -\frac{1}{2} \text{ r/min}$$

而

$$i_{1H} = \frac{n_1}{n_H} = \frac{1}{-\frac{1}{2}} = -2$$

即当轮 1 逆时针转 1 圈，轮 3 顺时针转 1 圈时，行星架 H 将顺时针转 1/2 圈。轮 1 和行星架 H 之间的传动比为"-2"，表明两者的转向相反。

例 7-2　在图 7-6 所示的差动轮系中，已知各轮的齿数为：$z_1 = z_2 = 48$，$z_{2'} = 18$，$z_3 = 24$，$n_1 = 250$ r/min，$n_3 = 100$ r/min，转向如图所示。求行星架 H 的转速 n_H 的大小及方向。

解　这是一个由锥齿轮所组成的周转轮系，由式（7-3）计算其转化轮系的传动比。

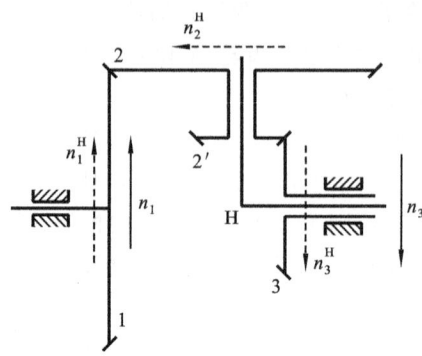

图 7-6　锥齿轮组成的差动轮系

$$i_{13}^{H} = \frac{n_1^H}{n_3^H} = \frac{n_1 - n_H}{n_3 - n_H} = -\frac{z_2 z_3}{z_1 z_{2'}} = -\frac{48 \times 24}{48 \times 18} = -\frac{4}{3}$$

式中:齿数比前的负号表示在周转轮系的转化轮系中,齿轮 1、3 的转向相反,它是通过图中用虚线箭头所表示的 n_1^H、n_2^H、n_3^H 的转向确定的。

　　将已知的 n_1、n_3 的值代入上式。由于 n_1 和 n_3 的实际转向相反,故若 n_1 取正值,则 n_3 为负值,有

$$\frac{n_1 - n_H}{n_3 - n_H} = \frac{250 - n_H}{-100 - n_H} = -\frac{4}{3}$$

　　解上式可得

$$n_H = \frac{350}{7} \ \text{r/min} = 50 \ \text{r/min}$$

计算结果为正,表明行星架 H 的转向与齿轮 1 的转向相同,与齿轮 3 相反。

　　注意:对于由锥齿轮所组成的周转轮系,由于其行星轮与中心轮或行星架的回转轴线不平行,因此不能用式(7-3)来计算行星轮的转速(或角速度)。

7.4　复合轮系的传动比计算

　　在实际机械中,除了广泛应用单一的定轴轮系和单一的周转轮系外,还大量使用由定轴轮系与周转轮系组成的复合轮系,或由几个单一的周转轮系组合而成的复合轮系。

　　在计算复合轮系传动比时,这种轮系既不能转化成单一的定轴轮系,也不能转化成单一的周转轮系,所以不能用一个公式来求解。

　　计算复合轮系传动比的正确步骤如下。

　　(1) 首先将各个基本轮系正确区分开来;

　　(2) 找出把各基本轮系联系起来的构件;

　　(3) 分别列出计算各基本轮系传动比的方程式;

　　(4) 将各基本轮系传动比方程式联立求解,即可求得复合轮系的传动比。

从复合轮系中找基本轮系的方法如下。

（1）找基本定轴轮系的方法。如果一系列相互啮合的齿轮的几何轴线都是固定不动的，那么，这些齿轮和机架便组成一个基本定轴轮系。

（2）找基本周转轮系的方法。先找行星轮，即找出那些几何轴线位置不固定而是绕其他定轴齿轮几何轴线转动的齿轮。找到行星轮后，支撑行星轮的构件就是行星架，而几何轴线与行星架轴线重合且直接与行星轮相啮合的定轴齿轮就是中心轮。这一由行星轮、行星架、中心轮所组成的轮系，就是一个基本的周转轮系。在一个复合轮系中，可能包含有几个周转轮系，每一个行星架就对应一个基本周转轮系。

例 7-3　在图 7-7 所示的电动卷扬机的减速器中，已知各轮的齿数为 $z_1 = 24$，$z_2 = 48$，$z_{2'} = 30$，$z_3 = 90$，$z_{3'} = 20$，$z_5 = 80$，求传动比 i_{1H}。又若电动机的转速为 $n_1 = 1\,450$ r/min，求卷筒的转速 n_H。

解　在该减速器中，当卷筒 H 回转时，轮 2 和轮 $2'$ 的几何轴线围绕轮 1 的轴线转动，故轮 2 和 $2'$ 是双联行星轮。支撑该行星轮的构件齿轮 5 即为行星架 H，而与齿轮 2、$2'$ 分别啮合的定轴齿轮 1 和 3 即为中心轮，它们组成了一个差动轮系。而齿轮 $3'$、4、5 的几何轴线均固定不动，所以它们组成一个定轴轮系。这个定轴轮系将差动轮系的中心轮 3 与行星架 H 联系起来。因 H 和 5 为一整体，而 3 和 $3'$ 为双联齿轮，故 $n_5 = n_H$ 及 $n_{3'} = n_3$。

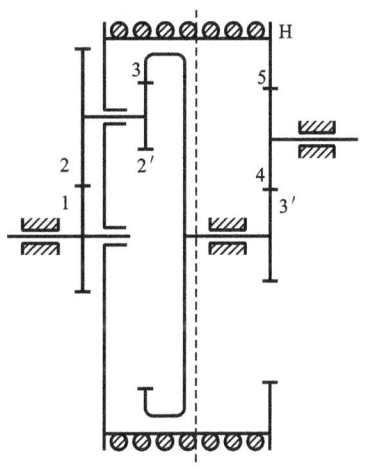

图 7-7　复合轮系减速器

由差动轮系 1-2-$2'$-3-H 得

$$i_{13}^H = \frac{n_1 - n_H}{n_3 - n_H} = -\frac{z_2 z_3}{z_1 z_{2'}} = -\frac{48 \times 90}{24 \times 30} = -6 \tag{a}$$

由定轴轮系 $3'$-4-5 得

$$i_{3'5} = \frac{n_{3'}}{n_5} = -\frac{z_5}{z_{3'}} = -\frac{80}{20} = -4 \tag{b}$$

即
$$n_{3'} = -4n_5$$

注意到
$$n_5 = n_H, \quad n_{3'} = n_3$$

故
$$n_3 = n_{3'} = -4n_5 = -4n_H \tag{c}$$

将式（c）带入式（a）得

$$\frac{n_1 - n_H}{-4n_H - n_H} = -6$$

整理后可得

$$i_{1H} = \frac{n_1}{n_H} = 31$$

故
$$n_H = \frac{n_1}{i_{1H}} = \frac{1\ 450}{31}\ \text{r/min} \approx 46.77\ \text{r/min}$$

例 7-4 在图 7-8 所示极大传动比的减速器中,已知 1 和 5 均为单头右旋蜗杆,各轮的齿数为:$z_{1'}=101, z_2=99, z_{2'}=z_4, z_{4'}=z_{5'}=100$,求传动比 i_{1H}。又若 1 的轴直接连在转速为 1 375 r/min 的电动机轴上,求输出轴 H 转一周所需的时间 t。

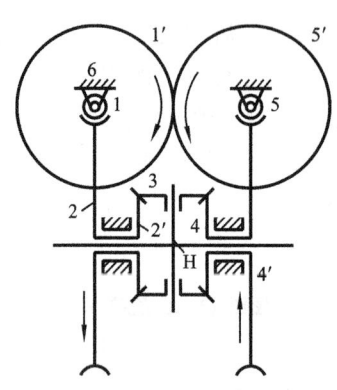

图 7-8 极大传动比减速器

解 这是一个比较复杂的复合轮系。要计算其传动比,首先要划分出各个基本轮系。该减速器是由两个定轴轮系 1-2 和 1′-5′-5-4′ 及一个差动轮系 2′-3-4-H 所组成的复合轮系。两个定轴轮系分别将差动轮系的两个中心轮 2′ 和 4 联系起来。因 1 和 1′、2 和 2′、4 和 4′、5 和 5′ 均分别为同一构件,故有 $n_1=n_{1'}$、$n_2=n_{2'}$、$n_4=n_{4'}$、$n_5=n_{5'}$。

在定轴轮系 1-2 中,有
$$i_{12} = \frac{n_1}{n_2} = \frac{z_2}{z_1} = \frac{99}{1} = 99$$

即
$$n_2 = n_{2'} = \frac{n_1}{99} \tag{a}$$

在定轴轮系 1′-5′-5-4′ 中,有
$$i_{1'4'} = \frac{n_{1'}}{n_{4'}} = \frac{z_{5'}z_{4'}}{z_{1'}z_5} = \frac{100 \times 100}{101 \times 1} = \frac{10\ 000}{101}$$

即
$$n_{1'} = n_4 = \frac{101}{10\ 000}n_{1'} = \frac{101}{10\ 000}n_1 \tag{b}$$

在差动轮系 2′-3-4-H 中,有
$$i_{2'4}^H = \frac{n_{2'} - n_H}{n_4 - n_H} = \frac{n_2 - n_H}{n_{4'} - n_H} = -\frac{z_4}{z_{2'}} = -1 \tag{c}$$

因 1 和 5 均为右旋蜗杆,故如图所示,当 1 顺时针方向回转时,2 的回转方向从左向右看为顺时针方向,而 4′ 的回转方向从左向右看为逆时针方向,因此,将式(a)的 n_2 为正和式(b)的 $n_{4'}$ 为负代入式(c)可得
$$\frac{\dfrac{n_1}{99} - n_H}{-\dfrac{101}{10\ 000}n_1 - n_H} = -1$$

整理后可得
$$i_{1H} = \frac{n_1}{n_H} = \frac{2}{\dfrac{1}{99} - \dfrac{101}{10\ 000}} = 1\ 980\ 000$$

上式表明,H 转一周时,蜗杆 1 转 1 980 000 周。所以输出轴 H 转一周的时间为

$$t = \frac{1\,980\,000}{1\,375 \times 60}\ \text{h} = 24\ \text{h}$$

7.5　轮系的功用

轮系在各种机械中的应用十分广泛,其功用可概括为以下几个方面。

7.5.1　实现大传动比传动

当两轴之间需要较大的传动比时,如果仅用一对齿轮传动,必然使两轮的尺寸悬殊过大,如图 7-9 中虚线所示。这样,将使传动机构的外廓尺寸庞大,所以两轴间需要较大的传动比时,就可以利用定轴轮系的多级传动来实现,如图 7-9 中实线所示,这样便可克服上述缺点。

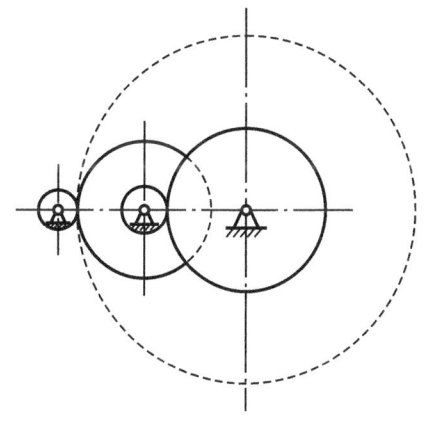

图 7-9　定轴轮系多级传动

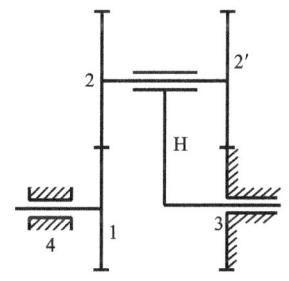

图 7-10　大传动比行星轮系

为了获得大的传动比,也可以采用周转轮系或复合轮系。如图 7-10 所示的行星轮系中,若各轮的齿数分别为 $z_1 = 100, z_2 = 101, z_{2'} = 100, z_3 = 99$,则输入构件 H 对输出构件 1 的传动比 $i_{H1} = 10\,000$。可见,行星轮系可根据需要获得很大的传动比。

7.5.2　实现变速与换向运动

在图 7-11 所示的轮系中,轴 Ⅰ 和轴 Ⅱ 分别为主动轴和从动轴,齿轮 1 与齿轮 3 固定在轴 Ⅰ 上,齿轮 2 与齿轮 2′ 为双联齿轮,与轴 Ⅱ 用导向键相连,可在轴 Ⅱ 上滑动。当操纵控制手柄使双联滑移齿轮分别形成 1 与 2 或 3 与 2′ 啮合时,就可得到两种不同的传动比,从而实现变速传动。

变速传动也可利用周转轮系来实现,如图 7-12 即为周转轮系变速器。当分别通过制动器 A、B 固定不同的中心轮 3 或 6 而得到轮系不同的传动比,从而在主动轮转

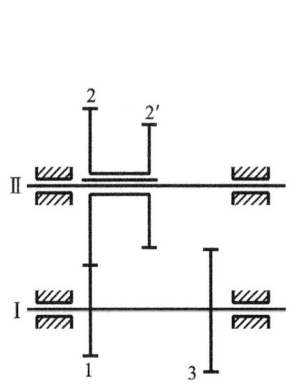

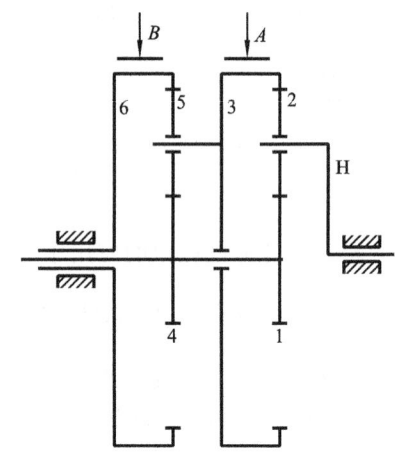

图 7-11　定轴轮系变速传动　　　　　图 7-12　周转轮系变速传动

速不变的条件下,可使从动轴 H 得到两种不同的转速。与定轴轮系变速器比较,周转轮系变速器较复杂,但操纵方便,可在运动中变速。

7.5.3　实现结构紧凑的大功率传动

用作动力传动的周转轮系通常都采用具有多个行星轮的结构,如图 7-13 所示。各行星轮均匀地分布在中心轮的四周,这样,载荷由多对齿轮承受,以减小齿轮尺寸,同时又可使各个啮合处的径向分力和行星轮公转所产生的离心惯性力各自得以平衡,以减小主轴承内的作用力,增加运转的平稳性,实现大功率传动。

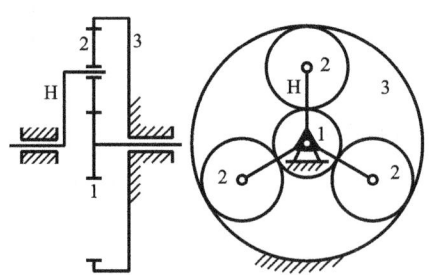

图 7-13　大功率传动的周转轮系

7.5.4　实现分路传动

利用轮系可以通过一个主动轴带动若干个从动轴同时旋转,从而实现分路传动。如图 7-14 所示滚齿机中的工作台和滚刀的传动机构,就利用了定轴轮系实现分路传动。电动机带动主动轴旋转,通过该轴上的齿轮 1 和 3 实现两路传动,其中一路由齿轮 1 和 2 驱动单线滚刀 A,另一路则经齿轮 3、4、5、6、7、蜗杆 8 和蜗轮 9 带动轮坯 B 转动,从而使刀具和轮坯之间具有确定的运动关系,以便切制出符合要求的齿轮。

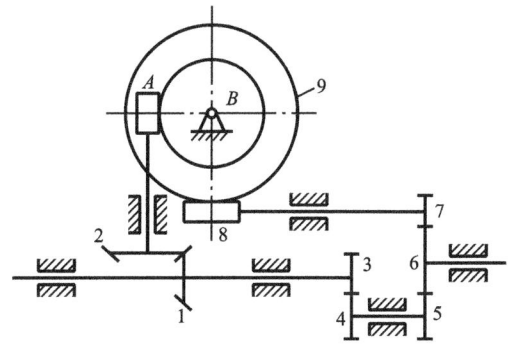

图 7-14　分路传动

7.5.5　实现运动的合成与分解

由于差动轮系有两个自由度,利用差动轮系的这一特性,不仅能将两个独立的运动合成为一个运动,而且还可以将一个主动构件的运动按可变的比例分解为两个从动构件的不同的运动。图 7-15 所示为装在汽车上的差动轮系(常称差速器)。发动机通过传动轴驱动齿轮 5,齿轮 4 与齿轮 5 啮合并在齿轮 4 上固连着行星架 H,其上装有行星轮 2。齿轮 1、2、3 及行星架 H 组成一差动轮系。

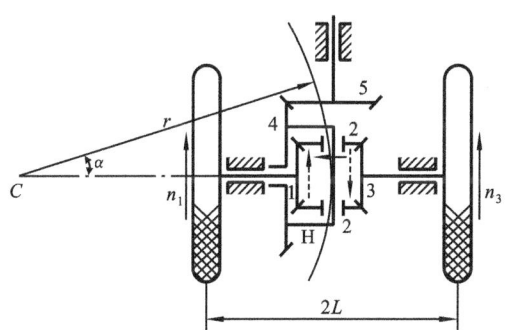

图 7-15　汽车后桥差速器

在该轮系中,$z_1 = z_3$,$n_H = n_4$,故根据式(7-3),有

$$i_{13}^H = \frac{n_1 - n_4}{n_3 - n_4} = -\frac{z_3}{z_1} = -1 \qquad (a)$$

故

$$n_4 = \frac{1}{2}(n_1 + n_3)$$

由于左、右两车轮分别与轴 1、3 固联,因此当汽车直线行驶时,两个车轮所走过的路程相同,即要求齿轮 1、3 转速相等,$n_1 = n_3 = n_4$,即齿轮 1、2、3 和行星架 H 之间没有相对运动,整个差动轮系相当于同齿轮 4 固联成一个整体,随齿轮 4 一起转动,此时行星轮 2 相对于行星架没有转动。

当汽车转弯时,由于左右两车轮行驶的路程不相等,所以轮 1 和轮 3 的转速不同。此时摩擦力会使车轮在路面上做纯滚动,处于弯道内侧的车轮走一个小圆弧,而外侧车轮则走一个大圆弧。设两车轮中心距为 $2L$,弯道平均半径为 r,由于两车轮的转速应与弯道半径成正比,故由图可得

$$\frac{n_1}{n_3} = \frac{r-L}{r+L} \tag{b}$$

联立解(a)、(b)两式,可求得此时汽车两车轮的转速分别为

$$n_1 = \frac{r-L}{r} n_4$$

$$n_3 = \frac{r+L}{r} n_4$$

此时行星轮除随 H 一起公转外,还绕其自身轴线自转。公转转速 n_4 通过差动轮系分解成 n_1 和 n_3 两个不同的转速,转速的大小随弯道半径的不同而改变。

7.6　行星轮系设计

行星轮系是一种共轴式(即输入轴线与输出轴线重合)的传动装置。为了充分利用内、外中心轮之间的空间和使行星架负荷均衡,一般均采用两个以上的行星轮,而每一个行星轮又与一个以上的中心轮相啮合。为了实现这种多行星轮的结构,轮系中各轮的齿数和行星轮数的选择必须满足下列四个条件,方能装配起来并正常运转和实现给定的传动比。此外,行星轮系多采用均载装置,以使每个行星轮所受载荷尽量均匀。

7.6.1　传动比条件

所谓传动比条件就是所设计的行星轮系必须能够实现给定的传动比 i_{1H}。现以图 7-2(b)所示的行星轮系为例进行说明。由式(7-4)可知,两中心轮的齿数必须满足下列关系

$$i_{1H} = 1 - i_{13}^H = 1 + \frac{z_3}{z_1}$$

即

$$z_3 = (i_{1H} - 1) z_1$$

对于其他结构形式的轮系,也可以用同样的方法得出齿数与传动比的关系。

7.6.2　同心条件

同心条件是指行星架的回转轴线应与中心轮的几何轴线相重合。对于图 7-2(b)所示的行星轮系,轮 1 和轮 2 的中心距 a'_{12} 应等于轮 3 和轮 2 的中心距 a'_{23},即 $a'_{12}=a'_{23}$,得

$$r'_1 + r'_2 = r'_3 - r'_2$$

式中,r'_1、r'_2、r'_3 分别为中心轮和行星轮的节圆半径。

如果采用标准齿轮或等变位齿轮传动，则上式可用分度圆半径来表示，即

$$r_1 + r_2 = r_3 - r_2$$

又由于轮 2 同时与轮 1 和轮 3 啮合，它们的模数应相同，因此

$$\frac{m(z_1 + z_2)}{2} = \frac{m(z_3 - z_2)}{2}$$

则

$$z_2 = \frac{z_3 - z_1}{2} = \frac{z_1(i_{1H} - 2)}{2}$$

上式表明两中心轮的齿数应同时为偶数或同时为奇数。

7.6.3　装配条件

为了使行星轮在运转中产生的离心力相互抵消，以减小行星架的支撑反力和振动，必须保证几个行星轮均匀分布在行星架和两中心轮之间。当第一个行星轮装好后，中心轮和行星轮的相对位置便确定了。因为均匀分布的行星轮的中心位置和行星架的位置也是确定的，所以在一般情况下其余行星轮的齿便有可能无法同时插入内、外两中心轮的齿槽中，以至于无法装配起来。那么，行星轮系各轮齿数应当满足什么样的关系才能使所有行星轮装配到预定位置呢？下面以图 7-16 所示的行星轮系为例进行分析。

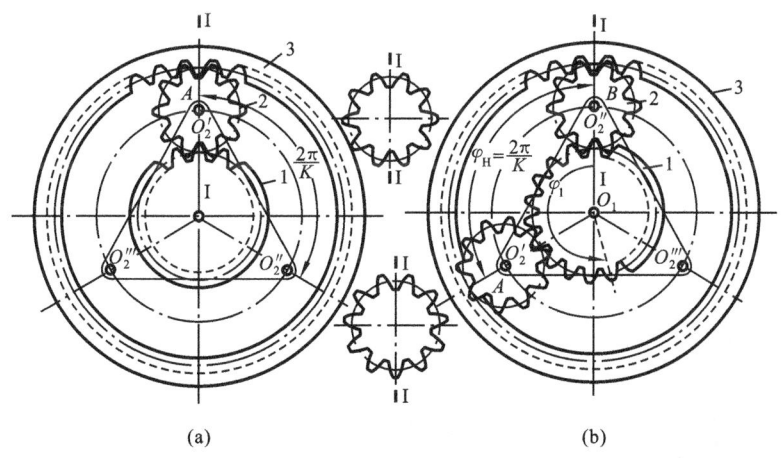

图 7-16　装配条件

设该轮系有 K 个行星轮（本例 $K=3$），则各行星轮之间的中心角为 $\varphi_H = 2\pi/K$。显然行星架上的行星轮轴孔 O_2'，O_2''，⋯应按此角度均布。在图 7-16(a)中，取中心轮 3 的某一齿厚的中线为 Ⅰ—Ⅰ 位置。若行星轮的齿数为偶数，取中心轮 1 的某一齿厚的中线也为 Ⅰ—Ⅰ 位置；若行星轮的齿数为奇数，则取中心轮 1 的齿间中线为 Ⅰ—Ⅰ 位置。这样，只要把行星架的轴孔 O_2' 也转到 Ⅰ—Ⅰ 位置，就可以把第一个行星轮 A 装上。装上轮 A 后，中心轮 1 和 3 的相对位置便确定了，不能任意调整。固定中

心轮 3 不动,将行星架转过 $\varphi_H = 2\pi/K$ 角度,使轴孔 O_2'' 转到中线 Ⅰ—Ⅰ 位置,此时行星轮带动中心轮 1 也转过一个角度 φ_1,如图 7-16(b)所示。

由于

$$\frac{\varphi_1}{\varphi_H} = \frac{\varphi_1}{2\pi/K} = \frac{\omega_1}{\omega_H} = i_{1H}$$

则

$$\varphi_1 = \frac{2\pi}{K} i_{1H} = \left(1 + \frac{z_3}{z_1}\right)\frac{2\pi}{K}$$

现在欲将第二个行星轮 B 装上,则必须要求中心轮 1 转过的角度 φ_1 刚好是齿轮周节的整数倍,也就是对应 Ⅰ—Ⅰ 位置刚好是齿厚(或齿间)的中线。因为每个齿距所定的中心角为 $2\pi/z_1$,所以当轮 1 转过齿距的整数倍 N 时,其转过的角度为

$$\varphi_1 = N\frac{2\pi}{z_1} = \left(1 + \frac{z_3}{z_1}\right)\frac{2\pi}{K}$$

即

$$N = \frac{z_1 + z_3}{K} = \frac{z_1 i_{1H}}{K}$$

装上第二个行星轮 B 之后,再将行星架转过 $2\pi/K$ 角度,此时中心轮 1 相应转过 $2\pi N/z_1$ 角度,则又可以装上第三个行星轮,依此类推。

所以,这种行星轮系的装配条件是:两个中心轮的齿数和 $z_1 + z_3$ 应为行星轮个数 K 的整数倍。

7.6.4　邻接条件

邻接条件是指相邻两行星轮的齿顶不发生碰撞和干涉。如图 7-17 所示,要求两相邻行星轮的中心距 l_{AB} 应大于 2 个行星轮齿顶圆半径之和(一般要求其间隙大于 0.5 mm),即

$$2r_{a2} < 2a_{12}\sin\frac{\pi}{K}$$

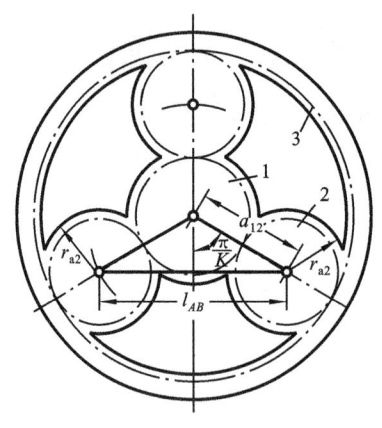

式中:r_{a2} 为行星轮的齿顶圆半径,其值 $r_{a2} = \frac{1}{2}mz_2 + h_a^* m$;$a_{12}$ 为中心轮 1 与行星轮 2 的中心距,其值

$$a_{12} = \frac{1}{2}m(z_1 + z_2)$$

代入上式整理后得邻接条件为

图 7-17　邻接条件

$$z_2 + 2h_a^* < (z_1 + z_2)\sin\frac{\pi}{K}$$

此式适用于标准齿轮,而且仅作为在确定各轮齿数之后进行检核。当采用变位齿轮传动时,其邻接条件应根据齿轮的实际尺寸进行校核。在双排行星轮的结构中邻接条件应以直径较大的一个行星轮作为计算依据。

在一般情况下,当行星轮的数目较少时,其邻接条件是容易满足的。但随着行星轮数目和传动比的增加,就容易发生齿顶碰撞,所以行星轮数目与齿轮的齿数是相互制约的。当行星轮数目增加时,其传动比的值就受到限制,不能任意选择。

7.6.5　行星轮系的均载装置

行星轮系的主要特点之一,就是在两中心轮之间的空间采用多个行星轮来分担载荷,并且使中心轮、行星架等基本构件实现无径向负荷地传递转矩。一般说,随着行星轮数的增多,其结构更为紧凑,重量随之减轻。在相同功率和转速条件下,有四个行星轮的行星轮系的径向尺寸仅为单行星轮的一半。但实际上,由于零件不可避免地存在制造误差(如基本构件轴孔的不同心度、行星架的孔系误差、齿轮偏心及各种齿形误差等)、装配误差和工作受力后的变形,往往会造成行星轮间的载荷不均衡。为了尽可能降低载荷分配不均的现象,使每个行星轮上所受的载荷尽可能均匀,提高行星轮系的承载能力,通常可采取以下两种措施。

1. 提高零件的制造精度

提高行星轮、中心轮、行星架和机架的制造精度,特别是孔系的位置精度;采用能保证装配精度的方法来装配行星轮,从而实现行星轮系的均载。

2. 采用均载装置

从结构设计上采取措施,使各个构件间能够自动补偿各种误差,从而达到每个行星轮受载均衡的目的。常见的均载装置有如下几种。

1) 采用柔性构件浮动的均载装置

所谓"浮动",是指把行星轮系中某一基本构件设计成允许轴线作径向及偏转位移的支撑,当几个行星轮受载不均匀时,柔性构件便作柔性自动定位,直至几个行星轮的载荷自动调节趋于均匀分布为止,从而达到载荷均衡的目的。

基本构件浮动最常用的方法是采用双齿或单齿式联轴器。图 7-18(a)、(b)所示为中心外齿轮浮动的情况,图 7-18(c)、(d)为中心内齿轮浮动的情况。

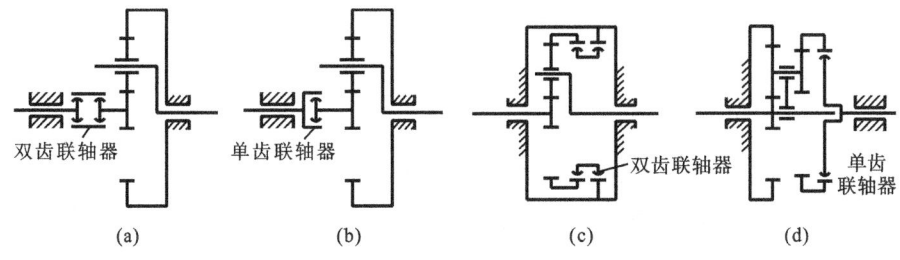

双齿联轴器　　　单齿联轴器　　　　　　　　　双齿联轴器　　　　单齿联轴器

(a)　　　　　　　(b)　　　　　　　(c)　　　　　　　(d)

图 7-18　采用柔性构件浮动的均载装置

实践证明,这种浮动式均衡装置的效果甚好,特别是中心外齿轮浮动,由于结构简单、制造容易、拆卸方便而得到较为广泛的应用。但是当一个基本构件浮动时,对其他两个基本构件的制造与装配的精度仍有较高的要求,否则,会在运转时产生周期性的噪音。因此,这种结构一般适用于中、低转速的三行星轮的轮系中。为了避免上述缺陷,可以采用两个中心轮同时浮动或中心轮和行星架同时浮动等结构类型。

2) 采用弹性元件的均载装置

这种装置的特点是通过弹性元件变形使行星轮之间的载荷得到均匀分配。其优点是具有良好的减振性,结构比较简单;缺点是载荷不均衡系数与弹性元件的刚度及总的制造误差成正比。

弹性均载装置类型很多。图 7-19 所示为这类均载装置的几种结构。图(a)所示为行星轮装在弹性轴上;图(b)所示为行星轮装在非金属弹性衬套上;图(c)所示为行星轮内孔与轴承上所套的介轮之间留出较大间隙(≥0.3 mm)以形成厚油膜的所谓"油膜弹性浮动"的结构。这几种类型可以用于行星轮数目大于 3 的行星减速器中,而且不论功率大小和转速高低均可使用。

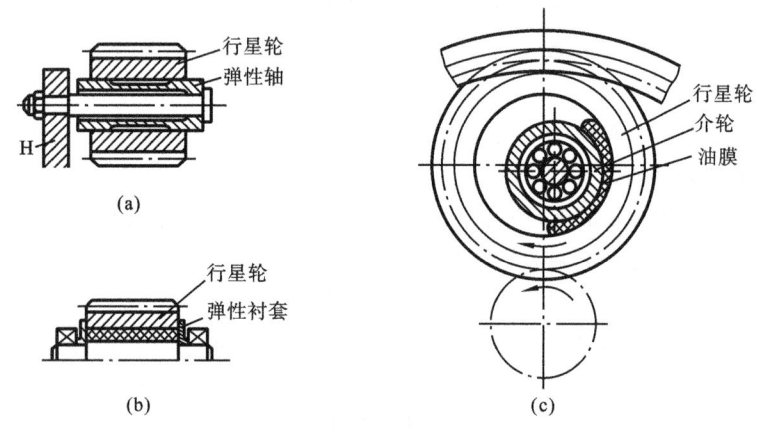

图 7-19　采用弹性元件的均载装置

3) 采用杠杆联动的均载装置

这种装置是利用杠杆联动机构使行星轮在受力不均时自行调整其位置来取得负载均衡的效果。它适用于具有 2~4 个行星轮的周转轮系。其优点是均衡效果好,缺点是结构较复杂。

如图 7-20(a)所示,三个行星轮分别装在偏心轴 O_1、O_2、O_3 上,偏心轴的轴承 G_1、G_2、G_3 固定在行星架上。偏心距 e 相等并偏向里,偏心轴与平衡臂 1 刚性连接,平衡臂另一端上的销轴插在浮动环 c 的弧形槽内,组成偏心轴-平衡臂-浮动环的均衡机构。

当三个行星轮的载荷分配均衡,即 $2F_1=2F_2=2F_3$ 时,作用在浮动环上的力大小相等,即 $K_1=K_2=K_3$。此时,浮动环在相互成 120°位置的三个大小相等的力作用下处于平衡位置,整个均衡机构像刚性系统一样和行星架一起转动。

当机构由于制造误差而使三个行星轮装配后存在不同齿侧间隙时,其载荷就出现不均匀分配,如图 7-20(b)所示。当只有行星轮 g_1 接触而其他行星轮不接触时,则

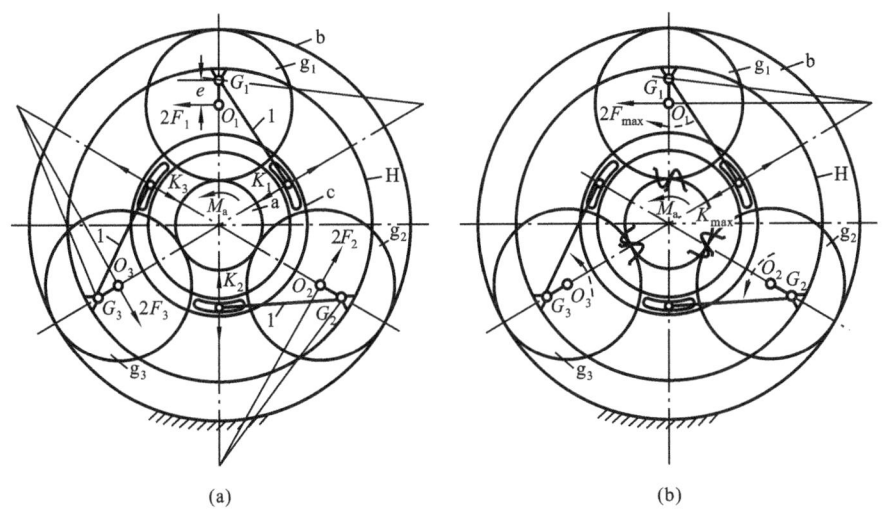

图 7-20　采用杠杆联动的均载装置

轮 g_1 承受最大的载荷 $F_1 = F_{max}$，而其他行星轮受力则为 $F_2 = F_3 = 0$。此时，行星轮 g_1 的偏心轴——平衡臂在力矩 $M_1 = 2F_{max}e$ 的作用下绕 G_1 轴产生转动（图上虚线箭头方向），使浮动环得到一个不平衡力 $K_{max} = 2F_{max}e/l$（式中 l 为平衡臂的长度），在此力作用下浮动环开始向力的作用方向产生位移，并通过浮动环推动行星轮 g_2 和 g_3 的偏心轴—平衡臂转动，进而使轮 g_2 和轮 g_3 分别绕 G_2 和 G_3 轴转动（图示虚线箭头方向），促使齿侧间隙消除，增加负载。这一过程持续至作用在浮动环上的三个力 K_1、K_2、K_3 的大小相等为止。因此通过这套均载装置，可使各行星轮的负载趋向均衡。

7.7　其他类型的行星传动简介

行星齿轮传动一般比定轴轮系的传动比范围广、承载能力高、结构紧凑、质量小、效率高。随着生产的发展，它的应用越来越广泛，现简要介绍几种其他类型的行星传动。

7.7.1　渐开线少齿差行星传动

图 7-21 所示为渐开线少齿差行星传动的简图。其中，齿轮 1 为固定的渐开线内齿轮，齿轮 2 为行星轮，H 为行星架，W 为等角速比输出机构，V 为输出轴。它与前述各种行星轮系的不同在于，当用于减速传动时，行星架为输入轴，输出轴 V 的转速为行星轮 2 的绝对转速。

由于中心轮和行星轮的齿数相差很少（一般为 1~4），故称为渐开线少齿差行星传动。又因其只有一个中心轮、一个行星架和一个带输出机构的输出轴 V，故又称为 K-H-V 型行星轮系。

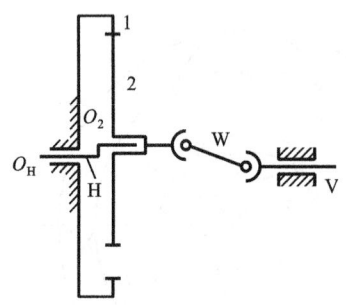

图 7-21　渐开线少齿差行星传动

其转化轮系的传动比可根据式(7-3)计算

$$i_{21}^{H} = \frac{n_2 - n_H}{n_1 - n_H} = \frac{n_2 - n_H}{-n_H} = 1 - \frac{n_2}{n_H} = \frac{z_1}{z_2}$$

由此可得

$$\frac{n_2}{n_H} = 1 - \frac{z_1}{z_2} = -\frac{z_1 - z_2}{z_2}$$

故　　　　$$i_{HV} = i_{H2} = \frac{n_H}{n_2} = -\frac{z_2}{z_1 - z_2} \qquad (7\text{-}5)$$

上式表明:当齿数差很小时,传动比 i_{HV} 可以很大;当 $z_1 - z_2 = 1$ 时,称为一齿差行星传动,其传动比 $i_{HV} = -z_2$,负号表示其输出与输入转向相反。

　　由于行星轮是做复合平面运动的,行星轮 2 除自转外还有随行星架 H 的公转运动,故其中心 O_2 不可能固定在一点,因此要用一根轴直接把行星轮的运动输出来是不可能的。为了将行星轮的转速传递给具有固定回转轴线的输出轴 V,需要在两者之间安装能实现等角速比传动的输出机构,如万向联轴器、十字滑块联轴器和孔销式输出机构。由于万向联轴器轴向尺寸较大,十字滑块联轴器效率较低,所以常采用图 7-22 所示的孔销式输出机构。

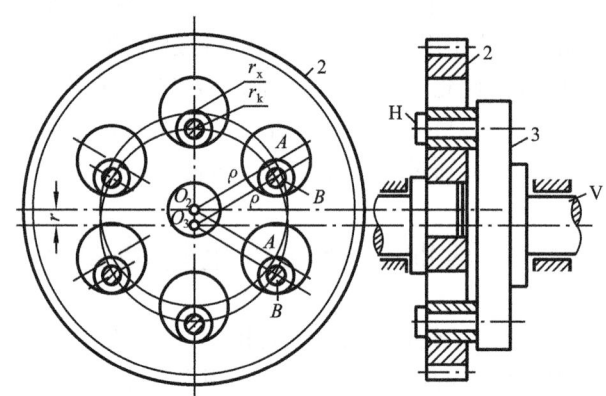

图 7-22　孔销式输出机构

　　图中 O_2、O_3 分别为行星轮 2 和输出轴圆盘的中心。在输出轴圆盘上,沿半径为 ρ 的圆周上均匀分布有若干个轴销(一般为 6～12 个),其中心为 B。为了减少摩擦磨损,在这些圆柱销的外套边有半径为 r_x 的销套。在行星轮腹板上以 O_2 为圆心、半径亦为 ρ 的圆周上,均布有相同数量的圆孔,其中心为 A。将这些带有销套的轴销对应的插入行星轮轮辐上中心为 A、半径为 r_k 的销孔内,从而将行星轮与输出轴连接起来。设计时取行星架的偏心距为 e(齿轮 1、2 的中心距),当 $e = r_k - r_x$,则 O_2、O_3、A、B 将构成平行四边形 $O_2 A B O_3$。由于在运动过程中,位于行星轮上的 $O_2 A$ 和位于输出轴圆盘上的 $O_3 B$ 始终保持平行,故输出轴 V 将始终与行星轮 2 等速同向转动。

　　渐开线少齿差行星传动具有传动比大(一级 $i_{HV} \geqslant 135$,二级 $i_{HV} \geqslant 10\,000$)、结构紧凑、质量小、加工维修方便、效率高(可达 $80\% \sim 94\%$)等优点。其主要缺点是同时啮合齿数少,又是内啮合传动,为避免产生齿廓重叠干涉,一般需要采用啮合角很大的正传动,从而导致轴承压力增大。渐开线少齿差行星传动适用于大传动比和中、小功率传动,在食品工业、轻化工业、仪表、机床以及起重机械中得到广泛应用。

7.7.2　摆线针轮行星传动(摆线少齿差传动)

　　图 7-23 所示为摆线针轮行星传动机构的工作原理图。其中,1 为针轮,2 为摆线行星轮,H 为行星架,3 为输出机构。输出机构与渐开线少齿差行星齿轮传动机构基本相同,不同之处在于固定齿轮(中心轮)的轮齿由固定在机壳上带有套筒的圆柱销(针齿销)组成,行星轮的齿廓曲线也不是渐开线,而是延长外摆线的等距曲线。因此称为摆线针轮行星传动。

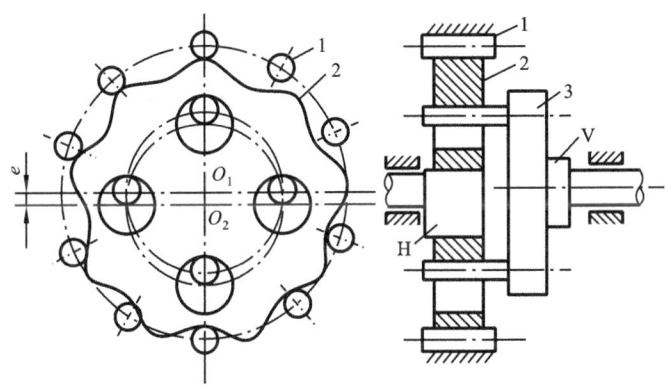

图 7-23　摆线针轮行星传动

　　同渐开线少齿差行星传动一样,其传动比为

$$i_{HV} = i_{H2} = \frac{n_H}{n_2} = -\frac{z_2}{z_1 - z_2} \tag{7-6}$$

　　由于摆线针轮行星传动只能做成一齿差,即 $z_1 - z_2 = 1$,故 $i_{HV} = -z_2$,所以利用摆线针轮行星传动可获得大传动比。

　　摆线针轮行星传动的主要优点是传动比大(一级减速 $i_{HV} = 9 \sim 97$,双级 $i_{HV} = 121 \sim 7569$)、结构紧凑、传动效率高(90%以上)、传动平稳、承载能力高、无齿顶相碰和齿廓重叠干涉、磨损小、寿命长。主要缺点是加工工艺复杂、制造成本高。这种机构在军工、矿山、冶金、运输、化工等工业部门得到广泛应用。

7.7.3　谐波齿轮传动

　　谐波齿轮传动是利用行星轮系的传动原理发展起来的一种新型传动。如图7-24所示,它由三个基本构件组成:即波发生器 H(相当于行星架)、刚轮 1(相当于中心

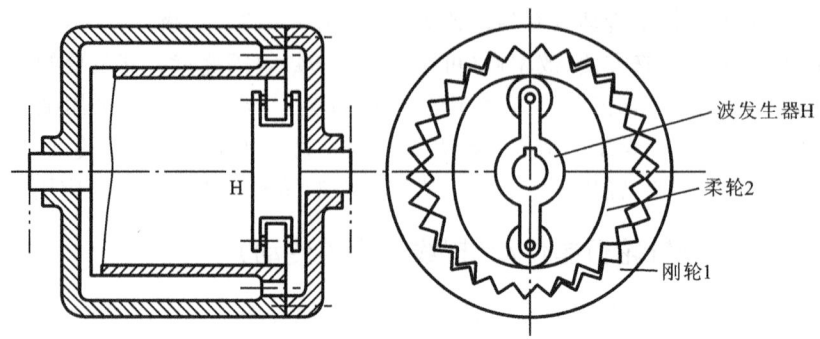

图 7-24　谐波齿轮传动机构(双波传动)

轮)、柔轮 2(相当于行星轮)。刚轮是始终保持固定形状的刚性内齿轮,柔轮是具有一定弹性变形量的薄壁齿轮。

谐波齿轮传动机构中的任何一个基本构件均可作为主动件,其余两个一个为从动件,另一个为固定件。一般多采用波发生器为主动件。

当波发生器装入柔轮的内孔时,由于前者的总长大于后者的内孔直径,故柔轮变为椭圆形,于是在椭圆长轴两端产生了柔轮与刚轮轮齿的两个局部啮合区,而在椭圆短轴两端,两轮轮齿则完全脱开。其余各处的轮齿,或处于啮入状态,或处于啮出状态。当波发生器连续转动时,柔轮变形部位也随之转动,使柔轮的齿依次进入啮合,然后再依次退出啮合。实现柔轮相对于刚轮的转动。

根据波发生器形状的不同,谐波齿轮传动可分为双波(见图 7-24)和三波(见图 7-25)传动。目前,用得较多的为双波传动。为了有利于柔轮的力平衡和防止轮齿干涉,刚轮和柔轮的齿数差应等于波数的整倍数,通常使其等于波数。

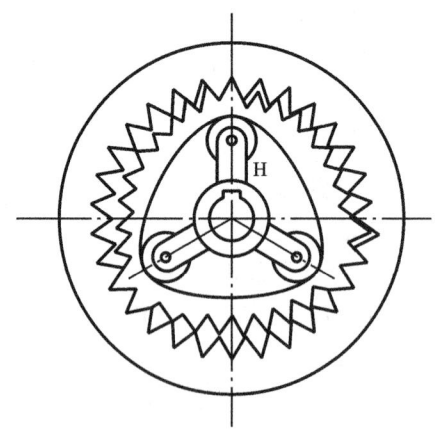

图 7-25　谐波齿轮传动机构(三波传动)

由于在传动过程中,柔轮与刚轮的啮合过程与行星齿轮传动类似,故其传动比可按周转轮系计算方法求得。

当刚轮 1 固定，波发生器主动，柔轮 2 从动时，其传动比可计算为

$$i_{21}^H = \frac{\omega_2 - \omega_H}{\omega_1 - \omega_H} = \frac{\omega_2 - \omega_H}{-\omega_H} = 1 - \frac{\omega_2}{\omega_H} = \frac{z_1}{z_2}$$

即

$$i_{H2} = \frac{\omega_H}{\omega_2} = -\frac{z_2}{z_1 - z_2}$$

柔轮与波发生器的转向相反。

谐波齿轮传动的优点是，传动比大、范围宽（单级 $i_{H2} = 50 \sim 500$）；在大传动比下，仍具较高的效率，零件数量少、质量小、结构紧凑；同时，啮合的齿数多，承载能力高；传动平稳、运动精度高；具有通过密封壁传递运动的能力。其缺点是：启动力矩较大；柔轮易发生疲劳破坏；发热较大；制造工艺复杂。

由于谐波齿轮传动的独特优点，它在军工、航天航空、冶金、矿山、造船等部门得到广泛应用。

小　　结

1. 轮系的传动比计算

轮系的类型不同，其传动比的计算方法也不同。首先，要判断轮系属于何种类型，然后采用相应的方法计算其传动比的大小并确定主、从动轮的转向关系。

定轴轮系的传动比计算

$$i_{AB} = \frac{\omega_A}{\omega_B} = (-1)^m \frac{\text{由 A 至 B 所有从动轮齿数的连乘积}}{\text{由 A 至 B 所有主动轮齿数的连乘积}}$$

要注意主、从动轮的转向要根据各齿轮轴线是否平行进行准确的判断。

2. 周转轮系的传动比计算

周转轮系与定轴轮系的根本区别在于，周转轮系有一个转动着的行星架，由于它的存在，使行星轮既有自转又有公转。为解决周转轮系的传动比计算问题，把周转轮系转化为定轴轮系，这个假想的定轴轮系称为周转轮系的"转化轮系"，它是解决周转轮系传动比计算的一个"桥梁"。因此，可用定轴轮系传动比计算的方法来计算转化轮系的传动比，即

$$i_{AB}^H = \frac{\omega_A^H}{\omega_B^H} = \frac{\omega_A - \omega_H}{\omega_B - \omega_H} = \pm \frac{\text{由 A 至 B 所有从动齿轮数的连乘积}}{\text{由 A 至 B 所有主动齿轮数的连乘积}}$$

正、负号的判别按照定轴轮系相应方法进行确定。在已知各轮齿数的情况下，转化轮系中齿轮 A 和 B 的传动比 i_{AB}^H 总可以求出。我们的目的并非要求转化轮系的传动比，但通过上式可以看出，式中含有轮系中三个构件 A、B 和 H 的原有角速度（绝对角速度）ω_A、ω_B 和 ω_H，因此，只要给出三者中的任意两个参数，则可求得第三个参数，从而可以得到周转轮系中任意两个构件之间的真实传动比 i_{AH}、i_{BH}、i_{AB}；或者只要给出 ω_A、ω_B 和 ω_H 中的任一个参数，就可以求出另外两个构件的传动比。

对于行星轮系，若中心轮 B 固定，则可由上式导出行星轮系中活动构件 A 和 H

的传动比为

$$i_{\mathrm{AH}} = 1 - i_{\mathrm{AB}}^{\mathrm{H}}$$

若给定主动件的转速,则可求得输出构件转速的大小。

3. 复合轮系的传动比计算

分清复合轮系中的定轴轮系和周转轮系是复合轮系传动比正确计算的关键和难点,也是轮系传动比计算的难点,应很好地掌握。复合轮系传动比的计算方法和步骤如下。

(1) 划分基本轮系。正确领会教材中划分基本轮系的方法,并通过对例题的研究掌握划分轮系的技巧和能力。这里需要注意以下两点。①在划分基本轮系的过程中,把所属某一轮系的各构件用构件号表示出来,如:定轴轮系 1-2-3-4,差动轮系 1-2-3-H 等。这样可避免在划分较复杂的轮系时出错。②注意查找把两个轮系连接起来的连接构件,该构件通常既是一个轮系的输出构件,又是另一个轮系的输入构件,因此,该构件在这两个轮系中的转速相等。这个构件应该同时出现在所划分的基本轮系中,这样就便于以后求解复合轮系的传动比。

(2) 分别列出各基本轮系传动比计算公式。注意:既要把连接构件的有关参数(转速或齿数)都列入到相关联的基本轮系传动比计算公式中,还须把要求传动比的两个构件的参数列入在有关的公式中。

(3) 联立求解。根据各基本轮系传动比的计算公式联立求解。

4. 行星轮系机构的特点

(1) 齿数条件。行星轮系最重要的特点之一是各轮齿数的确定要满足以下四个条件。

① 满足传动比条件:$z_3 = (i_{1\mathrm{H}} - 1) z_1$。

② 满足同心条件:$z_2 = \dfrac{z_3 - z_1}{2} = \dfrac{z_1 (i_{1\mathrm{H}} - 2)}{2}$。

③ 满足装配条件:$N = \dfrac{z_{\mathrm{a}} + z_{\mathrm{b}}}{K} = \dfrac{z_{\mathrm{a}} i_{\mathrm{aH}}}{K}$。

④ 满足邻接条件:$z_{\mathrm{g}} + 2h_{\mathrm{a}}^* < (z_{\mathrm{a}} + z_{\mathrm{g}}) \sin \dfrac{\pi}{K}$。

(2) 均载装置。为了降低载荷分配不均的现象,使每个行星轮上所受的载荷尽可能均匀。为提高行星轮系的承载能力,通常可采取以下两种措施。

① 提高零件的制造精度。

② 采用均载装置。

思　考　题

7-1　齿轮系如何分类?周转轮系可作几种分类?具体如何分法?

7-2　在给定轮系主动轮的转向后,用什么方法来确定定轴轮系从动轮的转向?

7-3　如何计算周转轮系的传动比？何谓周转轮系的转化轮系？i_{AB}^H 是不是周转轮系中 A、B 两轮的传动比？为什么？周转轮系中主、从动件的转向关系又用什么方法来确定？

7-4　怎样从一个复合轮系中划分哪些构件组成一个周转轮系？哪些构件组成一个定轴轮系？怎样求复合轮系的传动比？

7-5　在计算行星轮系的传动比时，公式 $i_{AH}=1-i_{AB}^H$ 只有在什么情况下才是正确的？

练 习 题

7-1　题 7-1 图所示的手摇提升装置中，已知各轮齿数为：$z_1=20$、$z_2=50$、$z_{2'}=15$、$z_3=30$、$z_4=40$、$z_{4'}=18$、$z_5=52$，蜗杆螺旋线头数 $z_{3'}=1$，右旋。求传动比 i_{15}，并用箭头指出提升重物时手柄的转向。

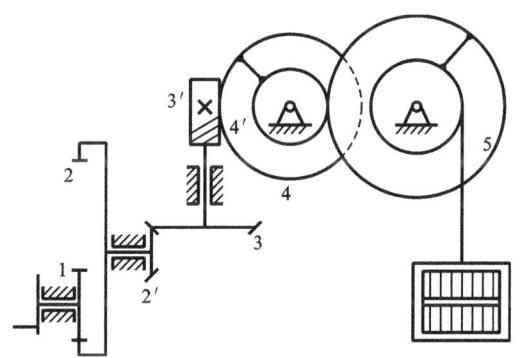

题 7-1 图

7-2　在图 7-14 的滚齿机工作台传动机构中，工作台与蜗轮 9 固联，被加工的轮坯安装在工作台上。已知各轮的齿数为 $z_1=15$、$z_2=28$、$z_3=15$、$z_4=35$、$z_9=40$，若被切轮坯齿数为 64，要求确定齿数比 z_5/z_7。

7-3　在题 7-3 图所示的行星减速器中，设已知 $n_3=2\,400$ r/min、$z_1=105$、$z_3=135$，求行星架 H 的转速 n_H。

7-4　如题 7-4 图所示的差动轮系中，设已知各轮的齿数为 $z_1=15$、$z_2=25$、$z_{2'}=20$、$z_3=60$，又 $n_1=200$ r/min、$n_3=50$r/min，求行星架 H 的转速 n_H 的大小和方向：(1)当 n_1、n_3 转向相同时；(2)当 n_1、n_3 转向相反时。

7-5　在如题 7-5 图所示的轮系中，已知：$z_1=22$、$z_3=88$、$z_{3'}=z_5$，求传动比 i_{15}。

7-6　如题 7-6 图所示为大速比减速器示意图。动力由齿轮 1 输入，H 输出。已知各轮齿数为 $z_1=12$、$z_2=51$、$z_3=76$、$z_{2'}=49$、$z_4=12$、$z_{3'}=73$。(1)求传动比 i_{1H}；(2)若将齿轮 2 的齿数改为 52(即增加一个齿)则传动比 i_{1H} 又为多少？

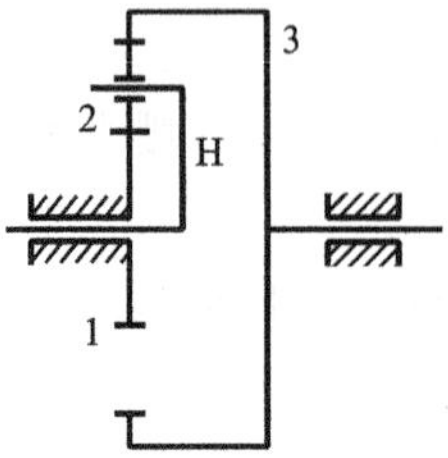

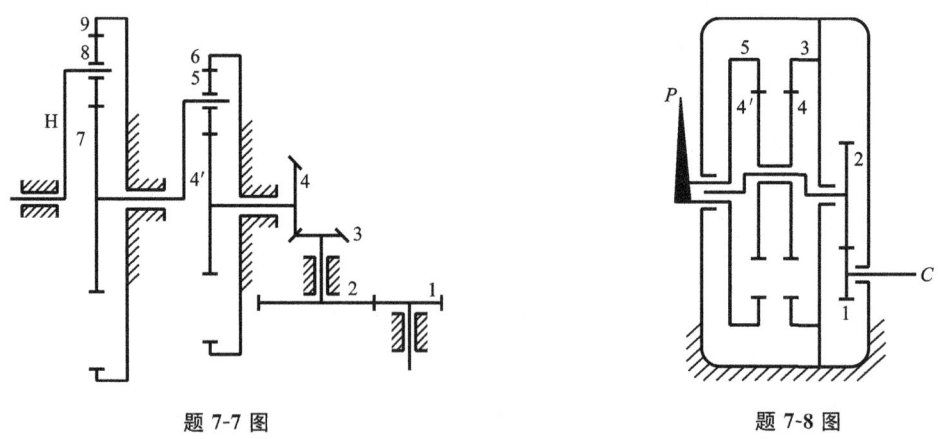

题 7-3 图 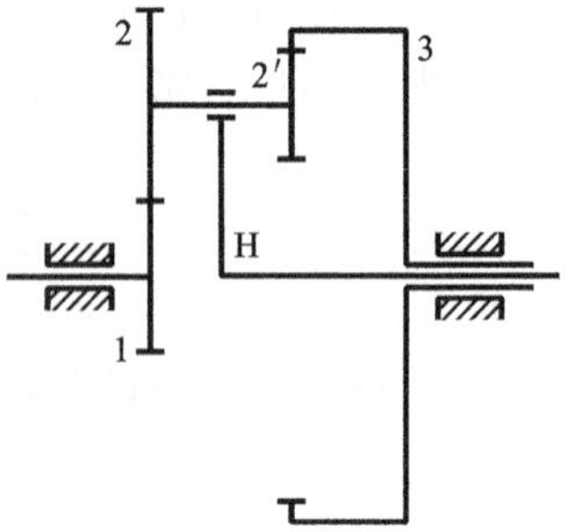　　　　　　　　　　　　题 7-4 图

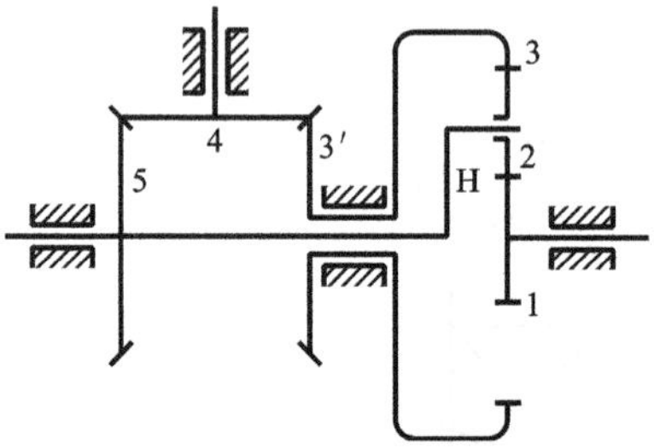

题 7-5 图 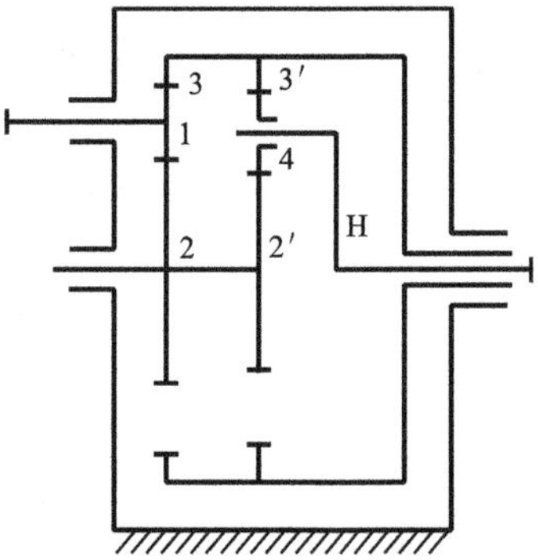　　　　　　　　　　　　题 7-6 图

7-7　在如题 7-7 图所示的轮系中,已知各轮的齿数为 $z_1=36$、$z_2=60$、$z_3=23$、$z_4=49$、$z_{4'}=69$、$z_5=31$、$z_6=131$、$z_7=94$、$z_8=36$、$z_9=167$,设 $n_1=3\ 549$ r/min。求行星架 H 的转速 n_H。

题 7-7 图　　　　　　　　　　　　题 7-8 图

7-8　在如题 7-8 图所示的自行车里程表机构中,C 为车轮轴,P 为里程表指针。已知各轮的齿数为:$z_1=17$,$z_3=23$、$z_4=19$,$z_{4'}=20$,$z_5=24$。设轮胎受压变形后使

28 in(1 in＝2.54 cm)车轮的有效直径为 0.7 m,当车行 1 km 时,表上的指针刚好回转一周。求齿轮 2 的齿数。

7-9　如题 7-9 图所示为汽车自动变速器中的预选式行星变速器,各轮的齿数分别为:$z_1＝z_4＝80$、$z_3＝z_6＝40$、$z_2＝z_5＝20$,求:

(1)当齿轮 4 固定时,传动比 i_{1H_2};

(2)当齿轮 3 固定时,传动比 i_{1H_2}。

7-10　如题 7-10 图所示的电动卷扬机减速器中,已知各轮齿数为 $z_1＝24$、$z_2＝36$、$z_{2'}＝30$、$z_3＝60$、$z_{3'}＝20$、$z_4＝40$、$z_{4'}＝100$,求齿轮 1 与卷筒 H 的传动比 i_{1H}。

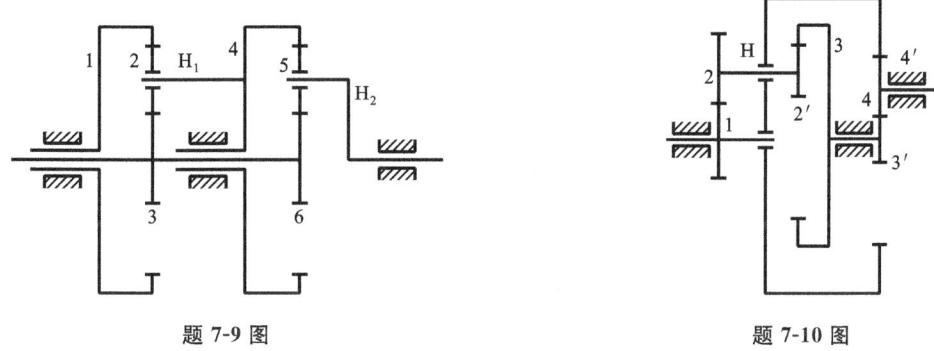

题 7-9 图　　　　　　　　　　　　　　　　　　　　题 7-10 图

7-11　在如题 7-11 图所示的轮系中,已知各轮的齿数 $z_1＝20$、$z_2＝30$、$z_3＝z_4＝12$、$z_5＝36$、$z_6＝18$、$z_7＝68$,求该轮系的传动比。

7-12　在如题 7-12 图所示的轮系中,各齿轮模数和压力角均相同,都是标准齿轮,各轮的齿数为 $z_1＝23$、$z_2＝51$、$z_3＝92$、$z_{3'}＝80$、$z_4＝40$、$z_{4'}＝17$、$z_5＝33$、$n_1＝1500$ r/min,转向如图所示。试求齿轮 $2'$ 的齿数 $z_{2'}$ 及 n_A 的大小和方向。

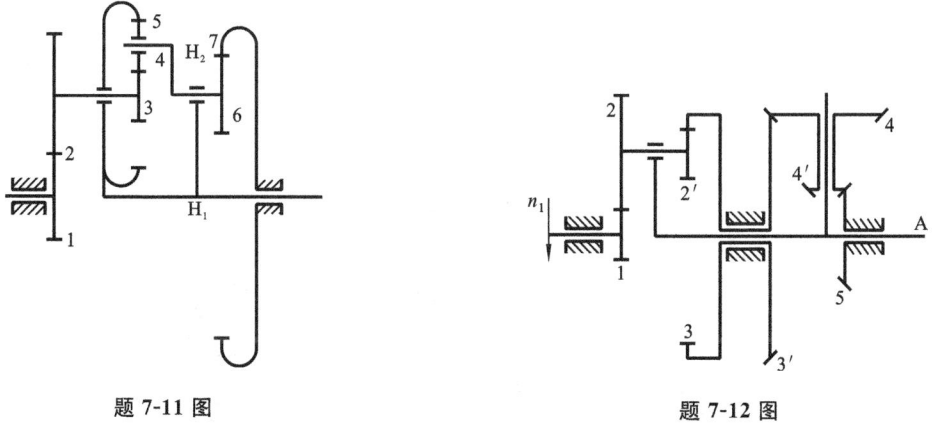

题 7-11 图　　　　　　　　　　　　　　　　　　　　题 7-12 图

第8章 其他常用机构

本章重点 棘轮机构、槽轮机构、螺旋机构和万向铰链机构的工作原理、运动特点及其应用。

本章难点 间歇运动机构运动系数计算;螺纹旋向及螺距对螺旋机构工作的影响;双万向铰链的特点。

在各种机器中,除了广泛采用前面介绍的连杆机构、凸轮机构、齿轮机构等几种典型机构外,还经常用到其他类型的一些机构,如能实现间歇运动的棘轮机构、槽轮机构、不完全齿轮机构和凸轮式间歇运动机构,获得变速传动的非圆齿轮机构,实现旋转运动变为直线运动的螺旋机构,传递相交轴或平行轴之间运动的万向铰链机构等。本章将对这些机构的工作原理、类型、特点、应用及设计等方面予以简要介绍。

8.1 棘 轮 机 构

8.1.1 棘轮机构的工作原理

棘轮机构的典型结构形式如图 8-1 所示,该机构由摇杆 1、棘爪 2、棘轮 3、止动爪 4 和机架等组成。弹簧 5 用来使止动爪 4 和棘轮 3 保持接触。同样,可在摇杆 1 与棘爪 2 之间设置弹簧,以维持棘爪 2 与棘轮 3 的接触。棘轮 3 固连在从动轴 O 上,而摇杆 1 作为主动件则是空套在从动轴上。当摇杆 1 逆时针摆动时,棘爪 2 便插入棘

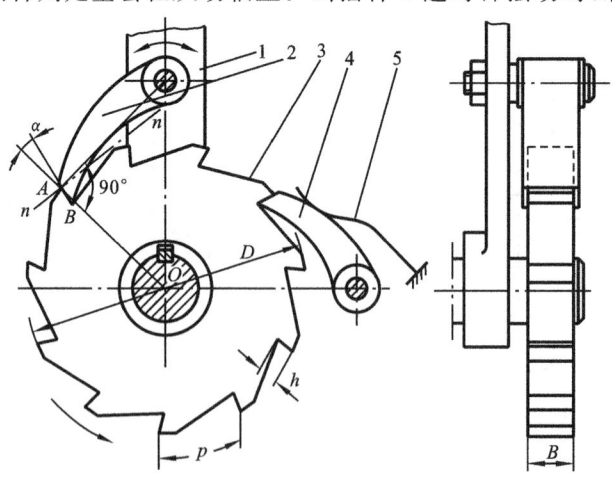

图 8-1 齿式外棘轮机构

轮 3 的齿间,推动棘轮 3 转过某一角度。当摇杆 1 顺时针转动时,止动爪 4 阻止棘轮 3 顺时针转动,同时棘爪 2 在棘轮 3 的齿背上滑过,故棘轮 3 静止不动。这样,当摇杆 1 连续往复摆动时,棘轮 3 便得到单向的间歇运动。

8.1.2　棘轮机构的类型

根据棘轮机构的结构特点,常用的棘轮机构可分为齿式和摩擦式两大类型。

1. 齿式棘轮机构

这种棘轮机构的棘轮具有刚性的轮齿。棘轮上的齿大多是做在棘轮的外缘上,构成外棘轮机构(见图 8-1),也有做在棘轮内缘上的,这时构成内棘轮机构(见图 8-2)。

按照机构的运动情况,齿式棘轮机构可分为以下几种。

(1) 单动式棘轮机构。如图 8-1、图 8-2 所示的棘轮机构都是单动式间歇传动的。当主动件向一个方向摆动时,棘轮沿同方向转过某一角度;而当主动件反向摆动时,棘轮则静止不动。

(2) 双动式棘轮机构。图 8-3 所示为双动式棘轮机构。其特点是当主动件往复摆动一次时,棘轮沿同一方向间歇转动两次。此种机构的棘爪可制成钩头的(见图 8-3(a))或直推的(见图 8-3(b))两种形式。

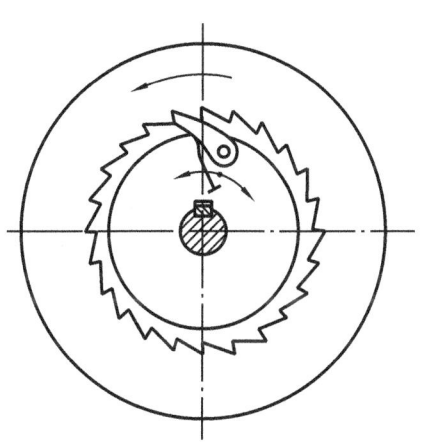

图 8-2　齿式内棘轮机构

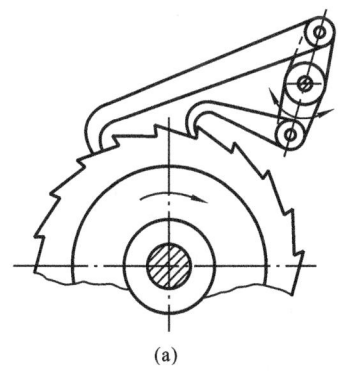

(a)

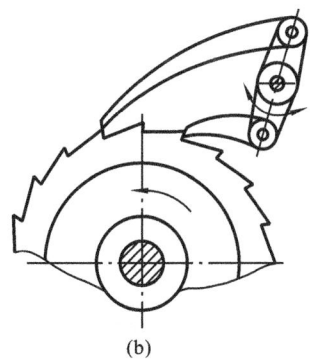

(b)

图 8-3　双动式棘轮机构

(3) 可变向式棘轮机构。如果根据工作要求,需使棘轮得到不同转向的间歇运动时,则可如图 8-4(a)所示,把棘轮的齿制成矩形,而棘爪制成可翻转的。如此,当棘爪处在图示位置 B 时,棘轮可获得逆时针单向间歇运动;而当把棘爪绕其轴销 A 翻

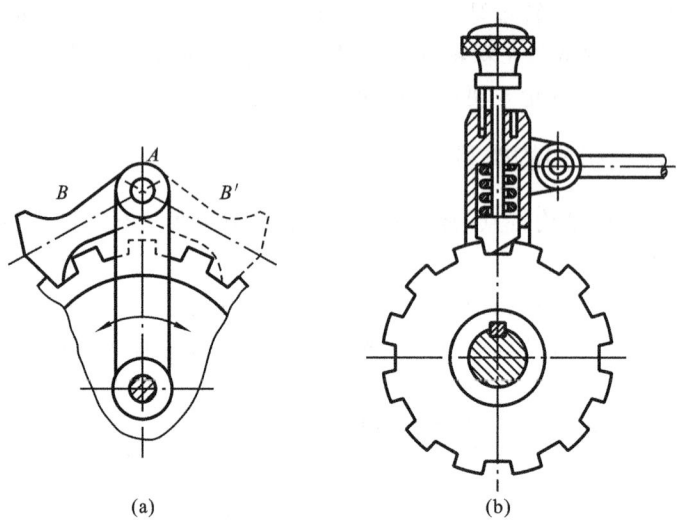

图 8-4　双向式棘轮机构

转到虚线所示位置 B' 时,棘轮即可获得顺时针单向间歇运动。又如图 8-4(b)所示的棘轮机构,当棘爪按图示位置放置时,棘轮可获得逆时针单向间歇转动;当把棘爪提起,并绕其本身轴线旋转 180° 后再放下,就使棘爪的工作边与棘轮轮齿的左侧齿廓相接触,从而使棘轮获得顺时针单向间歇运动。

2. 摩擦式棘轮机构

这种棘轮机构借助摩擦力来实现从动轮的间歇转动。按照产生摩擦力的方式,可分为偏心楔块式棘轮机构和滚子楔紧式棘轮机构两种。

(1) 偏心楔块式棘轮机构。如图 8-5 所示为偏心楔块式棘轮机构,其中图 8-5(a)是外接式的,图 8-5(b)是内接式的。当主动件 1 逆时针摆动时,偏心扇形楔块 2 在摩擦力作用下楔紧从动轮 3,与之成为一体,从而推动从动轮同向转动;当主动件 1 顺时针摆动时,扇形楔块 2 在从动轮 3 上打滑。

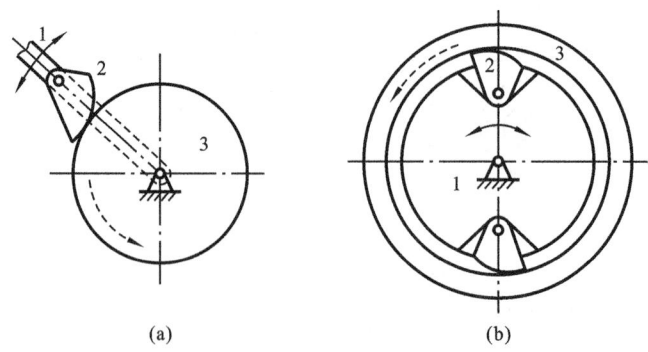

图 8-5　偏心楔块式棘轮机构

（2）滚子楔紧式棘轮机构。如图 8-6 所示
为滚子楔紧式棘轮机构。此机构由星轮 1、套筒
2、弹簧顶杆 3 及滚子 4 等组成。当星轮 1 为主
动件，则当其逆时针回转时，滚子借摩擦力而滚
向楔形空隙的小端，并将套筒楔紧，使其随星轮
一同回转；当星轮顺时针回转时，滚子被滚到空
隙的大端，而将套筒松开，这时套筒静止不动。
此种机构可同时用作单向离合器和超越离合
器。所谓单向离合器，是指当主动星轮 1 逆时
针转动时，套筒 2 与星轮 1 结合在一起转动，而
在星轮 1 顺时针转动时，两者分离。而所谓超
越离合器，是指当主动星轮 1 逆时针转动时，如

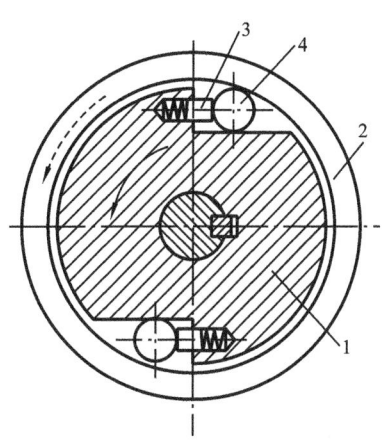

图 8-6　滚子楔紧式棘轮机构

果套筒 2 逆时针转动的速度超过了主动星轮 1 的转速，两者便将自动分离，套筒 2 以
较高的速度自由转动。

8.1.3　棘轮机构的特点与应用

1. 棘轮机构的特点

齿式棘轮机构的优点：结构简单、制造方便、运动可靠；此外，棘轮轴的动程（即每
次转过的角度）可以在较大的范围内有级调节。其缺点是工作时有较大的冲击和噪
声，而且运动精度较差。所以齿式棘轮机构常用于速度较低和载荷不大的场合。

摩擦式棘轮机构的优点：传动平稳、无噪声、棘轮轴转角可作无级调节。其缺点
是因打滑造成运动准确性较差。因此，它不宜用在运动精度要求较高的场合。

2. 棘轮机构的应用

棘轮机构常用于各种机械设备中，以实现进给、转位或分度的功能。图 8-7 所示

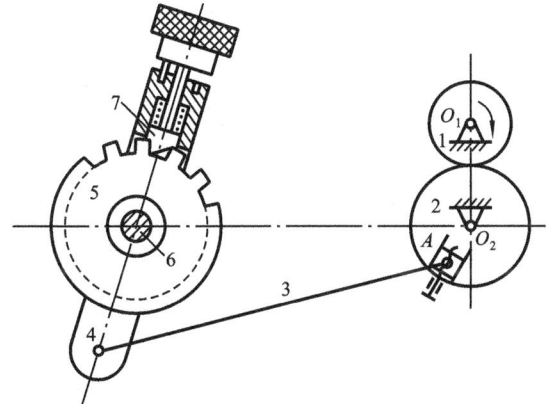

图 8-7　牛头刨床工作台的横向进给机构

的牛头刨床工作台的横向进给运动,就是通过齿轮传动 1-2,曲柄摇杆机构 2-3-4,棘轮机构 4-5-6-7 来使与棘轮固联的丝杠 6 做间歇转动,从而使牛头刨床工作台实现横向间歇进给。若要改变工作台横向进给的大小,可通过改变曲柄 O_2A 的长度来实现。当棘爪 7 处在图示状态时,棘轮 5 沿逆时针方向做间歇进给。若将棘爪 7 拔出绕本身轴线转 180° 后再放下,由于棘爪工作面的改变,棘轮将改为沿顺时针方向间歇进给。

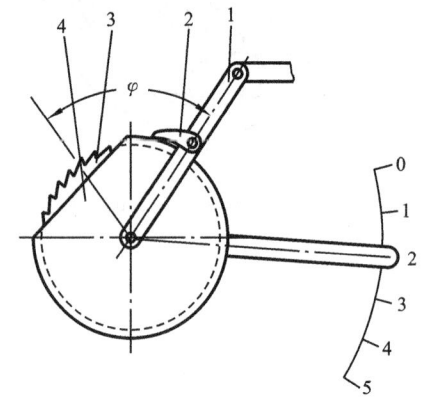

图 8-8　带有棘轮罩的棘轮机构

为改变棘轮每次转过角度的大小,还可采用图 8-8 所示的方法,即在棘轮外加装一个棘轮罩 4,用以遮盖摇杆摆角范围内的一部分棘齿。这样,当摇杆逆时针摆动时,棘爪 2 先在罩上滑动,然后才嵌入棘轮的齿间来推动棘轮转动。被罩遮住的齿越多,则棘轮每次转过的角度就越小。

棘轮机构除了可以实现间歇进给、转位或分度等运动以外,还能实现超越运动。图 8-2 和图 8-6 所示的棘轮机构均可用作超越离合器。图 8-9 所示自行车中的"飞轮"就是一例,当主动链轮轴停转、自行车依靠惯性前进时,后轮轴可以超越从动链轮而转动。

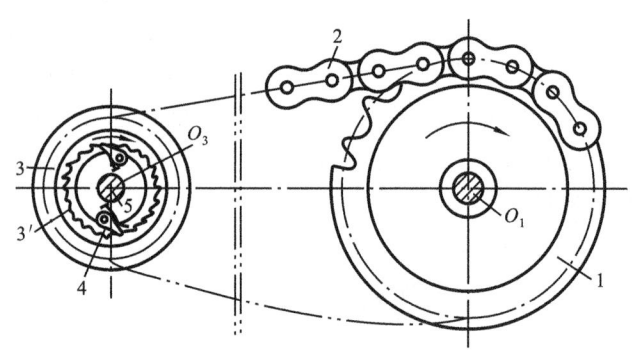

图 8-9　棘轮机构用于超越离合器

8.1.4　齿式棘轮机构的设计要点

在设计齿式棘轮机构时,首要的问题是确定棘轮轮齿的倾斜角。因为为了保证棘轮机构工作的可靠性,在工作行程时,棘爪应能顺利地滑入棘轮齿底。下面就来讨论这个问题。

如图 8-10 所示,设棘轮齿的工作齿面与向径 OA 倾斜 α 角,棘爪轴心 O' 和棘轮轴心 O 与棘轮齿顶点 A 的连线之间的夹角为 Σ。若不计棘爪的重力和转动副中的摩擦,则当棘爪由棘轮齿顶沿工作齿面 AB 滑向齿底时,棘爪将受到棘轮轮齿对其作

用的法向反力 F_N 和摩擦力 F_f 的作用。为了使
棘爪能顺利进入棘轮的齿底而不致从棘轮轮齿
上滑脱出来,则要求 F_N 和 F_f 的合力 F_R 对 O' 的
力矩方向,应迫使棘爪进入棘轮齿底。即合力
F_R 的作用线应位于 OO' 之间,亦即应使

$$\beta < \Sigma \tag{8-1}$$

式中:β 是合力 F_R 与 OA 方向之间的夹角。又
由图可知,$\beta = 90° - \alpha + \varphi$(其中 φ 为摩擦角),代
入式(8-1)后得

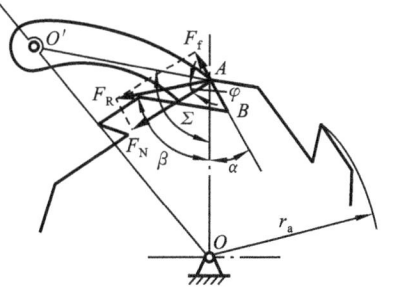

图 8-10 棘轮机构的受力分析

$$\alpha > 90° + \varphi - \Sigma \tag{8-2}$$

为了在传递相同的转矩时,棘爪受力最小,一般取 $\Sigma = 90°$,此时有

$$\alpha > \varphi \tag{8-3}$$

即棘齿的倾斜角 α 应大于摩擦角 φ。当 $f = 0.2$ 时,$\varphi = 11°30'$,故常取 $\alpha = 20°$。

关于棘轮机构的其他参数和几何尺寸计算可参阅有关技术资料。

8.2 槽 轮 机 构

8.2.1 槽轮机构的工作原理

槽轮机构如图 8-11 所示,它由主动拨盘 1、从动槽轮 2 和机架组成。拨盘 1 以等
角速度 ω_1 做连续回转,当拨盘上的圆销 A 未进入槽轮的径向槽时,由于槽轮的内凹
圆弧 $\overset{\frown}{mnp}$(内锁止弧)被拨盘 1 的外凸圆弧 $\overset{\frown}{abc}$(外锁止弧)卡住,故槽轮不动。当圆销
A 开始进入槽轮径向槽时,内、外锁止弧处在图示的相对位置,此时已不起锁止作用,
圆销 A 就带动槽轮,使其按与 ω_1 相反的方向转过一个角度,拨盘上的缺口为槽轮的
转动提供空间。当圆销 A 从槽轮的径向槽内脱出时,槽轮的另一内锁止弧又被拨盘
的外锁止弧卡住,不能转动。直至圆销 A 再次进入槽轮的另一个径向槽时,又重复
上述运动。所以槽轮机构能把主动拨盘的连续转动转变为从动槽轮的单向间歇转
动。

8.2.2 槽轮机构的类型

按主动拨盘与槽轮轴线的相对位置,可将槽轮机构分为平面槽轮机构和空间槽
轮机构。

1. 平面槽轮机构

平面槽轮机构有外槽轮机构(见图 8-11)和内槽轮机构(见图 8-12)之分。它们
均用于平行轴之间的间歇传动。但前者的槽轮与拨盘转向相反,而后者则转向相同。
外槽轮机构的应用比较广泛。

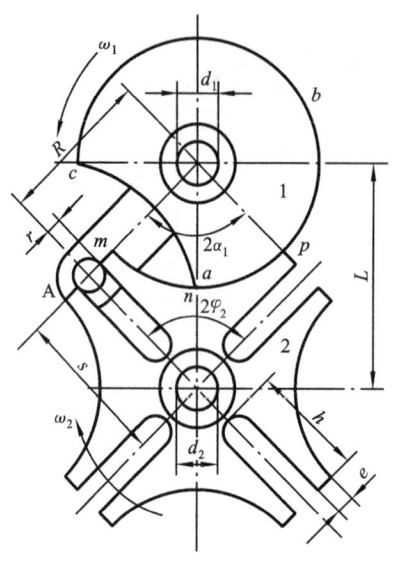

图 8-11　外槽轮机构

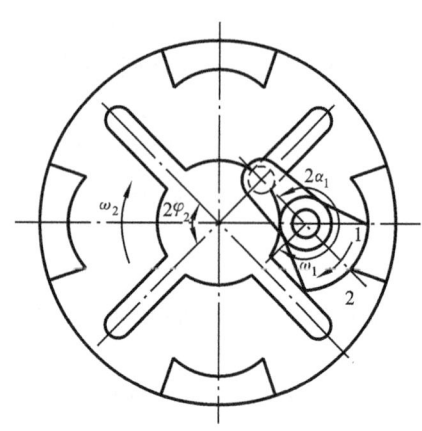

图 8-12　内槽轮机构

　　为了满足某些特殊的工作要求,在某些机械中还会用到一些特殊类型的槽轮机构。如图 8-13 所示的不等臂长的多销槽轮机构,其径向槽的径向尺寸是不同的,拨盘上圆销的分布也是不均匀的。这样,在槽轮转一周中,可以实现在几个运动时间和停歇时间均不相同的运动要求。

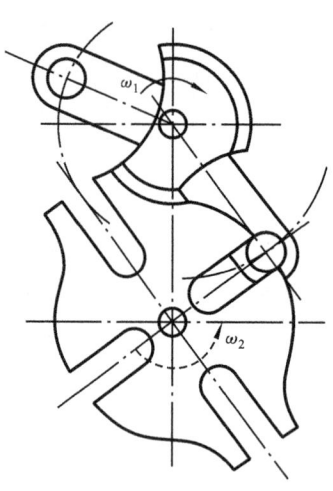

图 8-13　不等臂长的多销槽轮机构

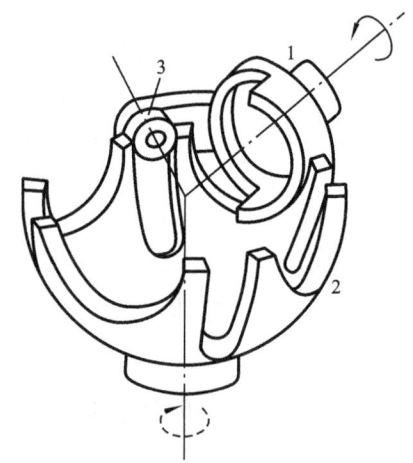

图 8-14　球面槽轮机构

2. 空间槽轮机构

　　当需要在两相交轴之间进行间歇传动时,可采用空间槽轮机构。图 8-14 所示为两相交轴间夹角为 90° 的球面槽轮机构。其从动槽轮 2 呈半球形,主动拨轮 1 的轴线及拨销 3 的轴线均通过球心。该机构的工作过程与平面槽轮机构相似。主动拨轮上的拨销通常只有一个,所以槽轮的动、停时间是相等的。如果在主动拨轮上对称地安装两个拨销,则当一侧的拨销即将由槽轮的槽中脱出时,另一拨销也即将进入槽轮的另一相邻的槽中,故槽轮能够连续转动。

8.2.3　槽轮机构的特点及应用

槽轮机构的结构简单,外形尺寸小,其机械效率高,并能较平稳地、间歇地进行转位,但因传动时尚存在柔性冲击,故常用于速度不太高的场合。

槽轮机构在各种自动机械中应用广泛。图 8-15 所示为外槽轮机构在电影放映机中的应用情况,而图 8-16 所示则为在单轴六角自动车床转塔刀架转位机构中的应用情况。在图 8-16 中,1 和 2 为圆锥齿轮副,3 为拨盘,4 为槽轮,5 为转塔刀架,6 为与圆锥齿轮 2 固连的圆柱凸轮,7 为杠杆,8 为定位销,9 为拨盘 3 上的圆销。定位销8 通过杠杆 7 的控制可实现槽轮机构停歇位置的精确定位。

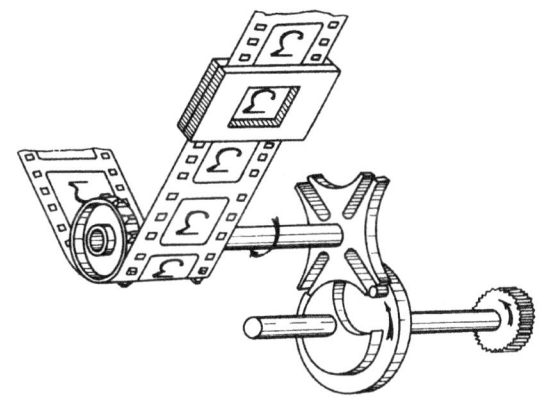

图 8-15　电影放映机的卷片机构

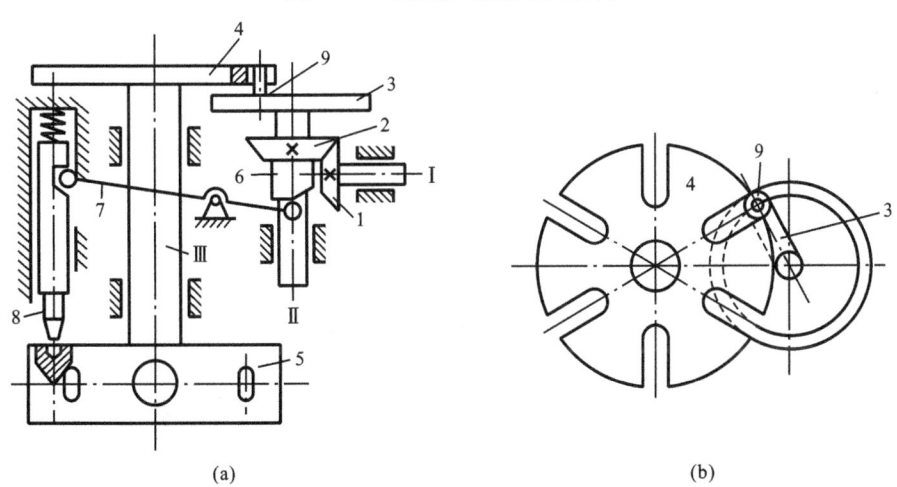

(a)　　　　　　　　　　　　　　　　　(b)

图 8-16　六角自动车床的转位机构

8.2.4　普通槽轮机构的运动分析

1. 普通槽轮机构的运动系数

在图 8-11 所示的外槽轮机构中,当主动拨盘 1 回转一周时,槽轮 2 的运动时间 t_d 与主动拨盘转一周的总时间 t 之比,称为槽轮机构的运动系数,并以 k 表示,即

$$k = t_d/t \tag{8-4}$$

因为拨盘 1 一般为等速回转,所以时间之比也可以用拨盘转角之比来表示。对图 8-11 所示的单圆销外槽轮机构,时间 t_d 与 t 所对应的拨盘转角分别为 $2\alpha_1$ 与 2π。又为了避免圆销 A 和径向槽发生刚性冲击,圆销开始进入或脱出径向槽的瞬时,其线速度方向应沿着径向槽的中心线。于是由图可知,$2\alpha_1 = \pi - 2\varphi_2$。其中 $2\varphi_2$ 为槽轮两径向槽之间所夹的角。设槽轮有 z 个均布槽,则 $2\varphi_2 = 2\pi/z$,将上述关系代入式(8-4),得外槽轮机构的运动系数为

$$k = \frac{t_d}{t} = \frac{2\alpha_1}{2\pi} = \frac{\pi - 2\varphi_2}{2\pi} = \frac{\pi - (2\pi/z)}{2\pi} = \frac{1}{2} - \frac{1}{z} \tag{8-5}$$

因为运动系数 k 应大于零,所以由上式可知,外槽轮的槽数 z 应大于或等于 3。又由上式可知,运动系数 k 总是小于 0.5 的,故这种单销槽轮机构槽轮的运动时间总小于其静止时间。

如果在拨盘 1 上均匀地布置 n 个圆销,则当拨盘转动一周时,槽轮将被拨动 n 次,故运动系数是单圆销的 n 倍,即

$$k = n(1/2 - 1/z) \tag{8-6}$$

又因 k 值应小于或等于 1,即

$$n(1/2 - 1/z) \leqslant 1$$

由此得

$$n \leqslant 2z/(n-2) \tag{8-7}$$

由式(8-7)可得槽数与圆销数的关系如表 8-1 所示。

表 8-1　槽轮槽数与圆销数的关系

槽数 z	3	4	5、6	$\geqslant 7$
圆销数 n	1~6	1~4	1~3	1~2

对于图 8-12 所示的单圆销内槽轮机构,其运动系数为

$$k = \frac{t_d}{t} = \frac{2\alpha_1}{2\pi} = \frac{\pi + 2\varphi_2}{2\pi} = \frac{\pi + (2\pi/z)}{2\pi} = \frac{1}{2} + \frac{1}{z} \tag{8-8}$$

显然 $k > 0.5$。

2. 普通槽轮机构的运动特性

图 8-17 所示为外槽轮机构在运动过程中的任一位置。设拨盘的位置用 α 来表

示,槽轮的位置用角度 φ 来表示,并规定 α 和 φ
在圆销进入区为负,在圆销离开区为正,即 α 和
φ 的变化区间分别为:$-\alpha_1 \leqslant \alpha \leqslant \alpha_1$ 和 $-\varphi_2 \leqslant \varphi \leqslant$
φ_2。从图中可以看出,圆销的回转半径 R 是不
变的,而在圆销推动槽轮运动的过程中,圆销
至槽轮回转轴心的距离 r_x 却是变化的。在图
示位置时,由几何关系可得

$$R\sin\alpha = r_x\sin\varphi$$

$$R\cos\alpha + r_x\cos\varphi = L$$

从上两式中消去 r_x,并令 $R/L = \lambda$,可得

$$\tan\varphi = \lambda\sin\alpha/(1-\lambda\cos\alpha) \qquad (8\text{-}9)$$

将上式对时间 t 求一阶和二阶导数,并令
$\mathrm{d}\varphi/\mathrm{d}t = \omega_2$,$\mathrm{d}^2\varphi/\mathrm{d}t^2 = \alpha_2$,则得

$$\omega_2/\omega_1 = \lambda(\cos\alpha - \lambda)/(1-2\lambda\cos\alpha + \lambda^2)$$

$$(8\text{-}10)$$

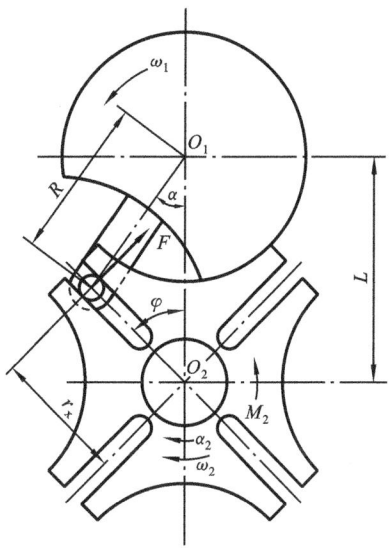

图 8-17　外槽轮机构的运动分析

$$\alpha_2/\omega_1^2 = \lambda(\lambda^2-1)\sin\alpha/(1-2\lambda\cos\alpha + \lambda^2)^2 \qquad (8\text{-}11)$$

由图 8-11 可见,$\lambda = R/L = \sin(\pi/z)$,将其代入式(8-10)和式(8-11)可知,当拨盘
的角速度 ω_1 一定时,槽轮的角速度及角加速度的变化取决于槽轮的槽数 z。图 8-18
给出了槽数 $z=3,4,6$ 时的外槽轮机构的角速度和角加速度的变化曲线。由图可看
出,槽轮运动的角速度和角加速度的最大值随槽数 z 的增多而减小。此外,当圆销开

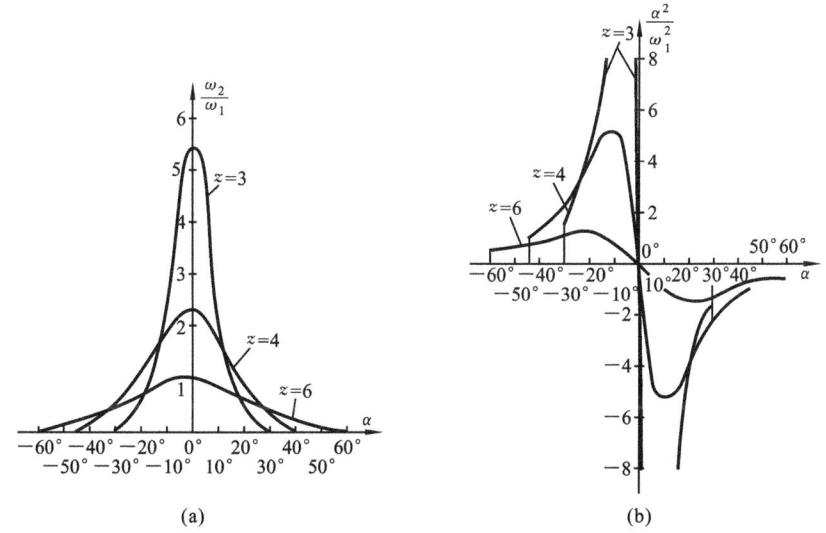

图 8-18　外槽轮机构的角速度和角加速度的变化曲线

始进入和离开径向槽时,由于角加速度存在突变,故在此两瞬时有柔性冲击。而且槽轮的槽数 z 愈少,柔性冲击将愈大。在机构运转速度较高,或槽轮轴系惯性较大的情况下,冲击就显得更为突出。

用上述同样方法,可获得四槽内槽轮机构的角速度和角加速度的变化曲线,如图 8-19 所示。由图可见,当圆销开始进入和离开径向槽时,和外槽轮机构一样,也有角加速度突变,且其值与外槽轮者相等。但当 $|\alpha| \to 0$ 时,角加速度数值迅速下降并趋于零。可见,内槽轮机构的动力性能比外槽轮机构好得多。

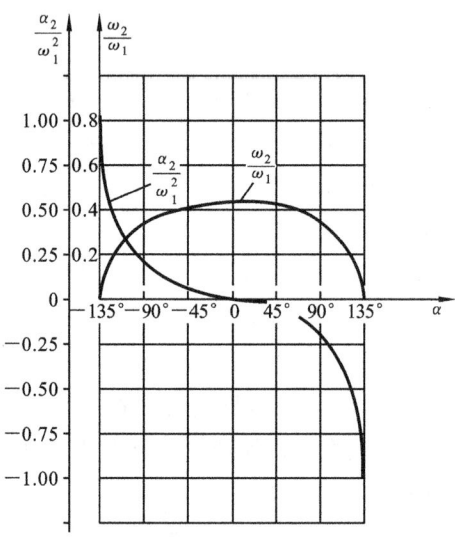

图 8-19 四槽内槽轮机构的角速度和角加速度的变化曲线

8.2.5 槽轮机构的设计要点

对于最常用的径向槽均匀分布的外槽轮机构,在设计计算时,首先应根据工作要求确定槽轮的槽数 z 和主动拨盘的圆销数 n;再按受力情况和实际机械所允许的安装空间尺寸,确定中心距 L 和圆销半径 r;最后可按图 8-11 所示的几何关系,由下列各式求出其他尺寸。

$$R = L\sin\varphi_2 = L\sin(\pi/z) \tag{8-12}$$

$$s = L\cos\varphi_2 = L\cos(\pi/z) \tag{8-13}$$

$$h \geqslant s - (L - R - r) \tag{8-14}$$

拨盘轴的直径 d_1 及槽轮轴的直径 d_2 受以下条件限制:

$$d_1 \leqslant 2(L - s) \tag{8-15}$$

$$d_2 \leqslant 2(L - R - r) \tag{8-16}$$

圆弧面的半径大小根据槽轮轮叶齿顶厚度 e 来确定,通常取 $e = 3 \sim 10$ mm。

8.3 凸轮式间歇运动机构

8.3.1 凸轮式间歇运动机构的工作原理与类型

凸轮式间歇运动机构由主动凸轮 1、从动盘 2 和机架组成(见图 8-20、图 8-21),主动凸轮做连续转动,从动盘做间歇分度运动。根据凸轮的形状,将凸轮式间歇运动机构分为以下三种类型。

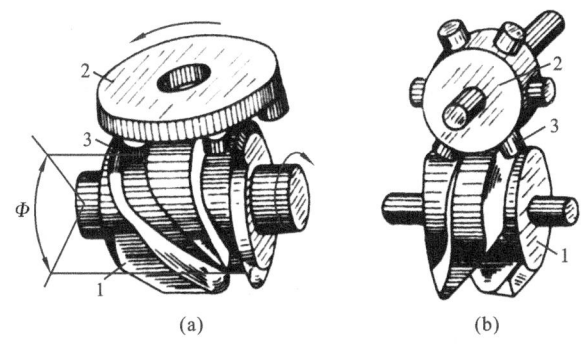

(a)   (b)

图 8-20 圆柱凸轮式和蜗杆凸轮式间歇运动机构

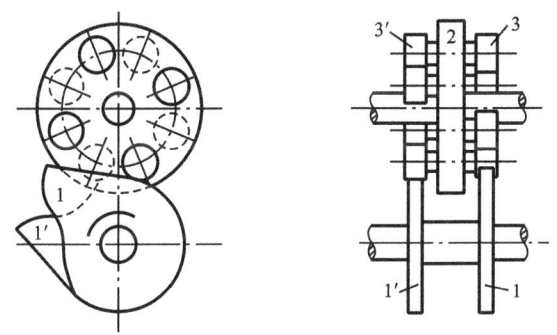

图 8-21 共轭凸轮式间歇运动机构

1. 圆柱凸轮式间歇运动机构

图 8-20(a)所示即为圆柱凸轮式间歇运动机构。从动盘 2 端面上固定有沿圆周均匀分布的若干个滚子 3。当主动凸轮 1 转过角度 Φ 时,凸轮槽壁推动滚子,使从动盘转过相邻两滚子所夹的中心角 $2\pi/z_2$,其中 z_2 为从动盘滚子数。当凸轮继续转过其余角度 $2\pi\text{-}\Phi$ 时,从动盘静止不动。这种机构用于两相错轴间的分度传动。图 8-22(a)所示为其仰视图,图(b)所示为其平面展开图。如图所示,为了实现可靠定位,在停歇阶段从动盘上相邻两个滚子必须同时贴在凸轮直线轮廓的两侧。为此,凸轮轮廓上直线段的宽度,应等于相邻两滚子表面内侧之间的最短距离,即

$$b = 2R_2\sin\alpha - d \tag{8-17}$$

式中:R_2 为从动盘上滚子中心圆半径;α 为从动盘分度角之半,即 $\alpha = \pi/z_2$;d 为滚子直径。

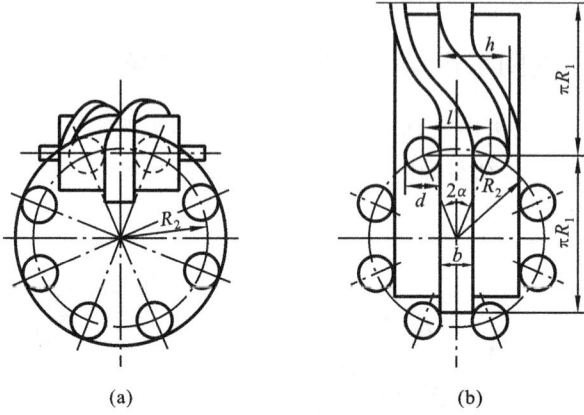

图 8-22　圆柱凸轮式间歇运动机构的仰视图和展开图

圆柱体上凸轮曲线的升程 h 应等于从动盘上相邻两滚子间的弦线距离 l,即

$$h = 2R_2\sin\alpha \tag{8-18}$$

而凸轮曲线的设计可按摆动推杆圆柱凸轮设计方法进行。设计时,通常取凸轮的槽数为 1,从动盘的滚子数一般取 $z_2 \geqslant 6$。

2. 蜗杆凸轮式间歇运动机构

图 8-20(b)所示为一蜗杆凸轮式间歇运动机构,这种机构的主动件 1 为圆弧面蜗杆式的凸轮,从动盘 2 为具有周向均布滚子的圆盘。当蜗杆凸轮转动时,推动从动盘做间歇转动。和前者一样,蜗杆凸轮通常也采用单头,从动盘上的滚子数一般也取为 $z_2 \geqslant 6$。

蜗杆凸轮通常是根据从动盘按正弦加速度运动规律运动来设计的,以保证在高速运转下平稳工作。从动盘上的滚子可采用窄系列的球轴承。可用控制中心距的办法,来消除滚子表面和凸轮轮廓之间的间隙,以提高传动精度。

3. 共轭凸轮式间歇运动机构

如图 8-21 所示,共轭凸轮式间歇运动机构(也称平行分度凸轮机构)由装在主动轴上的一对共轭平面凸轮 1 及 1′,和装在与主动轴平行的从动轴上的从动盘 2 组成,在从动盘的两端面上各均匀分布有滚子 3 和 3′。

两个共轭凸轮分别与从动盘两侧的滚子接触,在一个运动周期中,两凸轮既要相继推动从动盘转动,又要保持机构的几何封闭。

8.3.2　凸轮式间歇运动机构的特点与应用

由于从动盘的运动完全取决于主动凸轮的轮廓曲线形状,故只要适当设计出凸轮的轮廓,就可使从动盘获得所预期的运动规律,其动载荷小,无刚性冲击和柔性冲击,以适应高速运转(如每分钟1 000次以上停歇动作)的要求。同时,它无须采用其他的定位装置,就可获得高的定位精度($15''\sim30''$),机构结构紧凑。因此,它是当前被公认的一种较理想的高速、高精度的分度机构,已有专业厂家从事系列化生产。其缺点是凸轮加工较复杂,精度要求较高;对装配、调整要求严格。

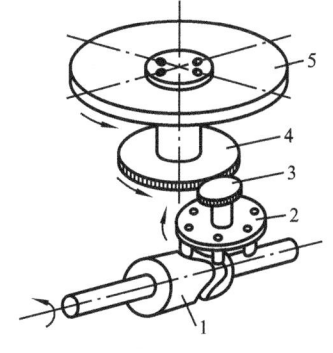

图 8-23　钻孔攻丝机的转位机构

在高速冲床、拉链嵌齿机、多色印刷机、卷烟包装机、加工中心的换刀机构、机械手的工作机构、X光医疗诊断台等机械设备中,都应用了凸轮式间歇运动机构来实现高速的分度运动。图 8-23 所示为钻孔攻丝机的转位机构。运动由变速箱传给圆柱凸轮 1,经转盘 2 及与 2 固连的齿轮 3,传到齿轮 4,使与 4 固连的工作台 5 获得间歇的转位。

8.4　不完全齿轮机构

8.4.1　不完全齿轮机构的工作原理和类型

不完全齿轮机构是由齿轮机构演变而得的一种间歇运动机构。即在主动轮上只做出一个或一部分齿,并根据运动时间与停歇时间的要求,而在从动轮上做出与主动轮轮齿相啮合的轮齿。当主动轮做连续回转运动时,从动轮做间歇回转运动。在图 8-24(a)所示的不完全齿轮机构中,主动轮 1 上只有 1 个轮齿,从动轮 2 上有 8 个轮齿,故主动轮转 1 圈时,从动轮只转 1/8 圈。在从动轮停歇期内,主动轮 1 上的锁止弧 S_1 与从动轮上的锁止弧 S_2 互相配合锁住,以保证从动轮停歇在预定的位置。在图 8-24(b)所示的不完全齿轮机构中,主动轮 1 上有 4 个齿,从动轮 2 的圆周上具有四个运动段和四个停歇段,每段上有 4 个齿与主动轮轮齿啮合。主动轮转 1 圈,从动轮转 1/4 圈。

不完全齿轮机构的类型有外啮合(见图 8-24)和内啮合(见图 8-25)两种。与普通渐开线齿轮机构相类似,外啮合的不完全齿轮机构两轮转向相反;内啮合的不完全齿轮机构两轮转向相同。当轮 2 的直径为无穷大时,变为不完全齿轮齿条(见图 8-28),这时轮 2 的转动变为齿条的移动。

8.4.2　不完全齿轮机构的啮合过程

如图 8-26 所示,不完全齿轮机构和普通齿轮机构不仅在轮齿的分布上不同,而且在首齿进入啮合及末齿退出啮合的过程中,其轮齿不在基圆的内公切线上接触传动,因而,在此期间不能保持定传动比传动。

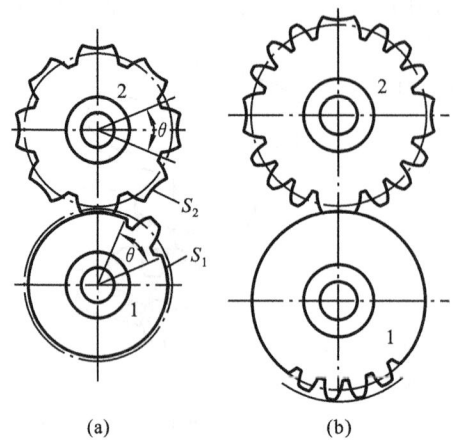

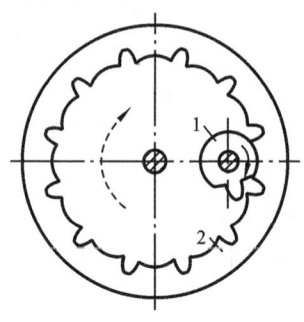

图 8-24　外啮合不完全齿轮机构

图 8-25　内啮合不完全齿轮机构

1. 主动轮齿数 $z_1=1$ 的啮合过程

其啮合过程可分为前接触段、正常啮合段和后接触段三个阶段。

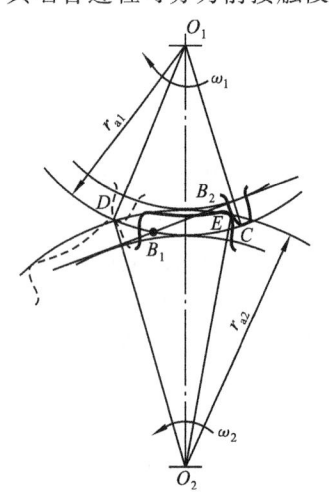

图 8-26　不完全齿轮机构的啮合过程

（1）前接触段。如图 8-26 所示，当主动轮 1 的齿廓与从动轮 2 的齿顶在点 E 接触时（点 E 不在啮合线上），轮 1 开始推动轮 2 转动，这时轮 2 的齿顶在轮 1 的齿廓上滑过，两轮的接触点沿轮 2 齿顶圆移动，直至点 B_2 为止（点 B_2 为轮 2 的齿顶圆与啮合线的交点）。在这段时间，从动轮 2 的角速度大于正常角速度 ω_2。

（2）正常啮合段。在两轮接触点到达点 B_2 以后，轮 1 继续转动，此时两轮与普通渐开线齿轮啮合一样做定传动比传动，啮合点沿啮合线 $\overline{B_2B_1}$ 移动，直至点 B_1 为止（点 B_1 为轮 1 齿顶圆与啮合线的交点）。在这段时间内，轮 2 以等角速度 ω_2 转动。

（3）后接触段。在两轮啮合点到达点 B_1 后，轮 1 继续转动，轮 1 的齿顶沿轮 2 的齿廓向齿顶圆滑动，接触点沿轮 1 齿顶圆移动直至两轮齿顶圆交点 D 为止。在这段时间内，轮 2 的角速度小于正常速度 ω_2。此后，轮 1 继续转动，轮 2 将停歇不转，直至轮 1 再转过一个齿顶厚所对的中心角后，这对轮齿才互相脱离。

2. 主动轮齿数 $z_1>1$ 的啮合过程

主动轮上第一个齿（首齿）前接触段与上述主动轮齿数 $z_1=1$ 的前接触段情况相同。在首齿与轮 2 的接触点到达点 B_2 以后做定传动比传动，以后各对齿传动都与普通渐开线齿轮传动一样，当主动轮最后一个齿（末齿）与轮 2 的啮合点到达点 B_1 时，由于无后续齿,所以它与 $z_1 = 1$ 的不完全齿轮的后接触段情况相同,因此可以把主动轮齿数大于 1 的不完全齿轮的啮合情况看成是主动轮齿数 $z_1 = 1$ 的不完全齿轮和齿数为 $(z_1 - 1)$ 的普通渐开线齿轮啮合的组合。

值得注意的是,在不完全齿轮机构中,为了保证主动轮的首齿能顺利地进入啮合状态而不与从动轮的齿顶相碰,需将首齿齿顶高作适当的削减。同时,为了保证从动轮停歇在预定位置,主动轮的末齿齿顶高也需要适当的修正(见图 8-24)。

8.4.3　具有瞬心线附加杆的不完全齿轮机构

不完全齿轮机构在开始和终止接触时,速度有突变而产生冲击。为了改善其动力性能,以适应速度较高的间歇运动场合,可装置如图 8-27 所示的瞬心线附加杆 K 和 L,附加杆分别固定在轮 1 和轮 2 上,其作用是在首齿接触传动之前,让 K 和 L 先行接触,使从动轮的角速度逐渐过渡到所需之等角速度值。因此,设计 K、L 杆时,要保证它们的接触点 P 总位于中心线 O_1O_2 上,从而成为瞬心 P_{12},即 $\omega_2' = \omega_1(O_1P/O_2P)$。为了使从动轮从一个尽可能小的角速度逐渐增加,要求轮 2 开始运动时点 P 应尽可能靠近轴心 O_1 (因轴 O_1 有直径,所以点 P 不可能从点 O_1 开始),点 P 将随着附加杆的运动沿着中心线 O_1O_2 向上移动。当点 P 与两轮节点 C 重合时,轮 2 的角速度为 $\omega_2 = \omega_1(O_1C/O_2C)$,这时 K、L 杆应脱开接触,而两轮的首齿也恰好在啮合线上开始啮合,当主动轮末齿在啮合线上退出啮合时,又借助另一

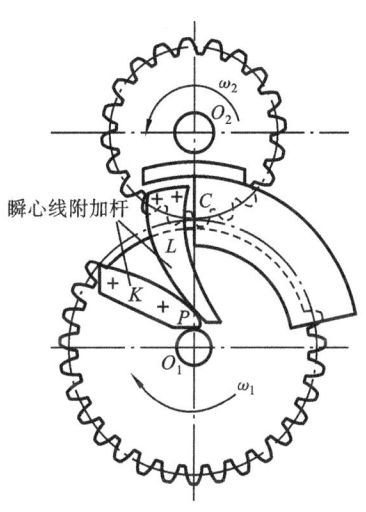

瞬心线附加杆

图 8-27　具有瞬心线附加杆的
不完全齿轮机构

对附加板(图中未画出)使从动轮的角速度由常数 ω_2 逐渐减小,于是整个运动过程都可保持速度变化的平稳。但由于末齿脱离接触传动的角速度变化较进入接触传动的阶段要小,为使结构简化,一般在退离接触传动阶段不设附加杆。在图 8-27 所示中还装设了凸形和凹形圆弧板,以便起到锁止弧的作用。

8.4.4　不完全齿轮机构的特点和应用

不完全齿轮机构的优点是结构简单,制造容易,工作可靠;从动轮的运动时间和静止时间的比例可在较大范围内变化,设计时灵活性较大。其缺点是在传动过程中,在从动轮开始和终止运动时角速度有突变,冲击较大,故一般适用于低速、轻载的场合。如果用于高速,则需要安装瞬心线附加杆来改善其动力特性。

不完全齿轮机构多用于一些具有特殊运动要求的专用机械中,如多工位自动机和半自动机工作台的间歇转位、计数机构及某些间歇进给机构。如图 8-28 所示为插

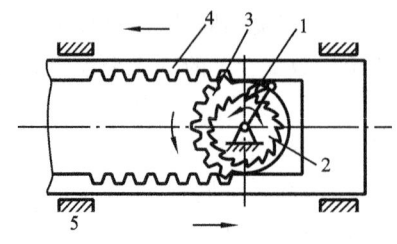

图 8-28　插秧机的秧箱移行机构

秧机的秧箱移行机构。该机构由与摆杆固连的棘爪1、棘轮2、与棘轮固连的不完全齿轮3、上下齿条(秧箱)4组成。当棘爪1顺时针方向摆动时,构件2、构件3不动,秧箱4停歇,这时秧爪(图中未示出)取秧;当取秧完毕,棘爪1逆时针方向摆动时,构件2、构件3一同逆时针方向转动,构件3与上齿条4啮合,使4向左移动,即秧箱向左移动,当秧箱移动到终止位置(如图示位置),构件3与下齿条4啮合,使秧箱自动换向而向右移动。

8.5　非圆齿轮机构

8.5.1　非圆齿轮机构的工作原理和类型

在机械中广泛应用的圆形齿轮机构,其节线是圆形的,因而互相啮合的两轮瞬时传动比为定值。如果一对齿轮的节线保持纯滚动接触,其中心距不变,而其瞬时传动比按一定规律变化,这样的节线是非圆形的曲线。沿非圆形节线切出齿形,就成为非圆齿轮。

如图 8-29 所示,η_1 和 η_2 是一对非圆齿轮的节线。当两轮啮合传动时 η_1 和 η_2 做无滑动的纯滚动,其切点 P 为节点,这时两轮的瞬时传动比为

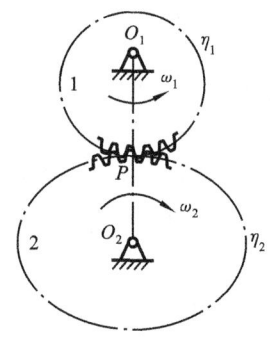

$$i_{12} = \frac{\omega_1}{\omega_2} = \frac{\mathrm{d}\varphi_1}{\mathrm{d}\varphi_2} = \frac{\overline{O_2 P}}{\overline{O_1 P}} = \frac{r_2}{r_1} \qquad (8-19)$$

式中：r_1 和 r_2 为两轮节线的瞬时向径；φ_1 和 φ_2 为两轮的转角。

要使非圆齿轮的传动能够实现(也就是保证两轮节线为纯滚动接触),必须符合下列两个条件。

① 任何两个瞬时向径之和均应等于两轮的固定中心距,即

图 8-29　非圆齿轮机构

$$r_1 + r_2 = \overline{O_1 O_2}$$

② 相互滚过的两段弧长应相等,即由式(8-19)得

$$r_1 \mathrm{d}\varphi_1 = r_2 \mathrm{d}\varphi_2$$

根据以上两条件可知,每当小齿轮转动一周,大齿轮节线 η_2 上与小齿轮节线 η_1 之周长相对应的弧长的每一向径应周期地重复一次。因此,节线 η_2 应当是由周期性重复的、全等的曲线线段所组成,也就是节线 η_2 的长度必须是节线 η_1 长度的整数倍。同时,在每个非圆齿轮节线上应能切出整数齿,即节线周长与齿距之比应为整数,即

齿数。

　　理论上讲,节线的形状是没有限制的,但在生产实际中,常见的非圆齿轮的节线主要有椭圆形、卵形和螺旋线形等几种。其中以椭圆形节线最为常见。如图 8-30 所示为常用的椭圆齿轮机构,它的节线是两个完全相同的椭圆。图 8-29 所示非圆齿轮机构的节线是偏心圆和卵形曲线。

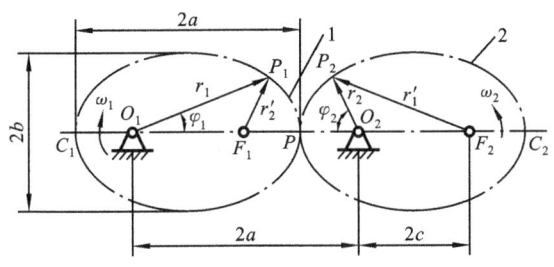

图 8-30　椭圆齿轮机构

8.5.2　椭圆齿轮机构的运动分析

　　如图 8-30 所示,两椭圆齿轮各绕其椭圆节线的一焦点转动,且转动中心间的距离等于椭圆的长轴。设 a、b、c 分别为椭圆的长半轴、短半轴和半焦距,则椭圆的离心率 $\varepsilon_e = c/a$。椭圆上任意一点到两焦点距离之和为常数,且等于其长轴 $2a$,故

$$\overline{O_1 P_1} + \overline{P_1 F_1} = r_1 + r_2' = 2a$$

　　设点 P 为图示位置时两轮的节点,则当轮 1 转过角 φ_1 时,轮 2 转过角 φ_2,轮 1 上点 P_1 将与轮 2 上点 P_2 在中心线 $O_1 O_2$ 上啮合,且 $\overset{\frown}{PP_1} = \overset{\frown}{PP_2}$。由于两椭圆完全相同,故 $r_1 = r_1'$,$r_2 = r_2'$,因此

$$r_1 + r_2' = r_1 + r_2 = 2a = \overline{O_1 O_2} \tag{8-20}$$

对照上述非圆齿轮传动能够实现的两个条件,可知这样一对椭圆是能够满足纯滚动条件的,即可以保证两椭圆节线做无滑动的纯滚动。

　　当椭圆齿轮的主动轮 1 做等速转动时,从动轮 2 的角速度是周期性变化的。其传动比的变化规律分析如下。在 $\triangle O_1 P_1 F_1$ 中

$$r_2'^2 = r_1^2 + (2c)^2 - 2r_1(2c)\cos\varphi_1$$

将 $r_1 = 2a - r_2'$,$r_2' = r_2$,$c = \varepsilon_e a$ 代入上式,经整理得

$$r_2 = a(1 + \varepsilon_e^2 - 2\varepsilon_e \cos\varphi_1)/(1 - \varepsilon_e \cos\varphi_1) \tag{8-21}$$

$$r_1 = a(1 - \varepsilon_e^2)/(1 - \varepsilon_e \cos\varphi_1) \tag{8-22}$$

从而可得椭圆齿轮机构的传动比为

$$i_{12} = \frac{\omega_1}{\omega_2} = \frac{r_2}{r_1} = \frac{1 + \varepsilon_e^2 - 2\varepsilon_e \cos\varphi_1}{1 - \varepsilon_e^2} \tag{8-23}$$

式(8-23)表明,椭圆齿轮机构的传动比 i_{12} 是主动轮 1 转角 φ_1 的函数,且与椭圆齿轮的离心率 ε_e 有关。

当 $\varphi_1 = 0°$ 时,即两轮在图示的位置接触时,i_{12} 值最小,其值为

$$i_{12\,\min} = \frac{1 - \varepsilon_{\mathrm{e}}}{1 + \varepsilon_{\mathrm{e}}}$$

当 $\varphi_1 = 180°$ 时,即两轮上点 C_1、C_2 接触时,i_{12} 值最大,其值为

$$i_{12\,\max} = \frac{1 + \varepsilon_{\mathrm{e}}}{1 - \varepsilon_{\mathrm{e}}}$$

8.5.3　非圆齿轮机构的特点和应用

　　非圆齿轮机构的特点是传动比按一定规律变化,因此常用在要求从动轴转速需要按一定规律变化的场合。如在辊筒式平版印刷机的自动送纸装置中,当纸送进到印刷辊筒之前,需要校准,这时要求纸的送进速度应该最小,以免被压皱;当纸向机器送进时,要求纸张速度近似等于辊筒的圆周速度,因此纸的送进速度是变化的。用一对椭圆齿轮可以满足这个要求。此外,非圆齿轮机构在机床、自动机、仪器及解算装置中均有应用。

　　非圆齿轮可以与其他机构组合,用来改变传动的运动特性和改善动力条件。如在图 8-31 所示的卧式压力机中,使用椭圆齿轮来带动压力机的对心曲柄滑块机构,使工作行程速度小,空回行程(滑块从左到右)速度大,这样不仅使机构具有急回运动,以节省空回行程的时间,而且可使工作行程时的速度比较均匀,以改善机器的受力情况。图中的坐标曲线为滑块的位移-速度线图。

　　图 8-32 所示为自动机床上的转位机构。利用椭圆齿轮机构的从动轮 2 带动转位槽轮机构,使槽轮 3 在拨杆 2′ 速度较高的时候运动,以缩短运动时间,增加停歇时间。亦即缩短机床加工的辅助时间,而增加机床的工作时间。在另外一些场合也可以使槽轮 3 在拨杆 2′ 速度较低的时候运动,以降低其加速度和振动。

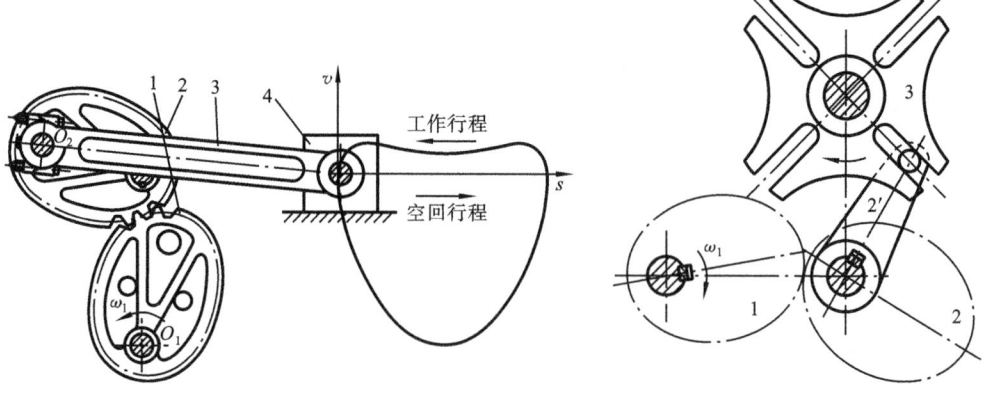

图 8-31　卧式压力机的滑块驱动机构　　　　　　图 8-32　自动机床的转位机构

8.6　螺 旋 机 构

8.6.1　概述

螺旋机构由螺杆、螺母和机架组成。一般情况下,它是将旋转运动转换为直线运动。在图 8-33 所示的螺旋机构中,螺杆 1 为主动件,做回转运动,螺母 2 为从动件,做轴向移动。也可以使螺母不动,而螺杆一面旋转,一面轴向移动。在螺纹导程角大于当量摩擦角的情况下,也可以将螺母作为主动件,令其沿轴向移动,而迫使螺杆转动。

螺旋机构的主要优点是能获得很大的减速比和力的增益。此外,选择合适的螺纹导程角,还可以使机构具有自锁性。它的主要缺点是机械效率较低,特别是具有自锁性的螺旋机构的效率将低于 50%。因此,螺旋机构常用于起重机、压力机以及功率不大的进给系统和微调装置中。

关于螺旋的类型和设计计算将在机械设计课程中论述,下面仅对螺旋机构的运动分析加以简要介绍。

8.6.2　螺旋机构的运动分析

1. 单螺旋机构

在图 8-33 所示的单螺旋机构中,当螺杆 1 转过角 φ 时,螺母 2 将沿螺杆的轴向移动一距离 s(mm),其值为

$$s = l\varphi/(2\pi) \tag{8-24}$$

式中:l 为螺旋的导程(mm)。

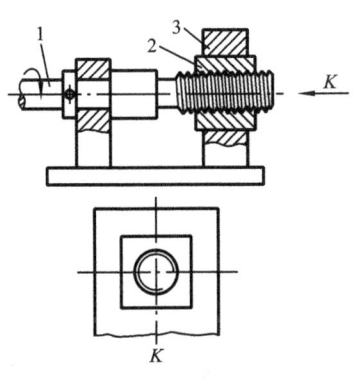

图 8-33　单螺旋机构

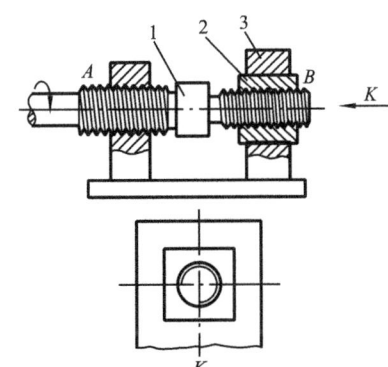

图 8-34　双螺旋机构

2. 双螺旋机构

在图 8-34 所示的双螺旋机构中,螺杆 1 的 A 段螺旋在固定的螺母中转动,而 B

段螺旋在不能转动但能移动的螺母 2 中转动。设 A、B 段的螺旋导程分别为 l_A、l_B，如果这两段螺旋的旋向相同(即同为左旋或同为右旋)，则根据式(8-24)可求出当螺杆 1 转过角 φ 时，螺母 2 移动的距离 s(mm)为

$$s = (l_A - l_B)\varphi/(2\pi) \tag{8-25}$$

由此式可知，当 l_A 与 l_B 相差很小时，位移 s 可以很小。这种含有双螺旋副且两螺旋副旋向相同的螺旋机构称为微动(或差动)螺旋机构，常用于测微计、分度机构及调节机构中。如图 8-35 所示为用于调节镗刀进刀量的微动螺旋机构，其镗刀固定于螺杆上，而螺杆上的两螺旋副均为右旋，导程 $l_A = 1.25$ mm，$l_B = 1$ mm，当螺杆转动一周时，镗刀相对镗杆的位移仅为 0.25 mm，故可实现进刀量的微量调节，以保证加工精度。

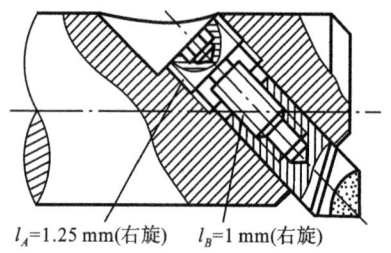

$l_A = 1.25$ mm(右旋)　　$l_B = 1$ mm(右旋)

图 8-35　用于镗刀调节的微动螺旋机构　　　图 8-36　复式螺旋机构用于车辆连接

若图 8-34 中两段螺旋的螺纹旋向相反(即一为左旋，一为右旋)，则螺母 2 的位移为

$$s = (l_A + l_B)\varphi/(2\pi) \tag{8-26}$$

由式(8-26)可知，螺母可产生很快的移动。这种含有双螺旋副且两螺旋副旋向相反的螺旋机构称为复式螺旋机构。图 8-36 所示为复式螺旋机构用于车辆连接的实例。它可以使车钩 E 和 F 较快地接近或离开。

8.7　万向铰链机构

8.7.1　万向铰链机构的工作原理和类型

万向铰链机构又称万向联轴器或万向联轴节。它可用于传递两相交轴间的运动和动力，而且在传动过程中，两轴之间的夹角可以变动。故万向铰链机构是一种常用的变角传动机构。它广泛应用于汽车、机床、冶金机械等传动系统中。

万向铰链机构可分为单万向铰链机构和双万向铰链机构两大类，下面分别介绍。

1. 单万向铰链机构

单万向铰链机构的结构如图 8-37 所示。轴 1 及轴 2 的末端各有一叉，用铰链与中间"十"字形构件相连，此"十"字形构件的中心 O 与两轴轴线的交点重合。两轴间

的夹角为 α。

由图 8-37 可见,当轴 1 转一转时,轴 2
必然转一转,但是两轴的瞬时角速度比却并
不恒等于 1,而是随时变化的。为简单起见,
现仅就其两个特殊位置加以说明。

如图 8-38(a)所示,当主动轴 1 的叉面在
图纸平面内时,从动轴 2 的叉面则垂直图面。
设此时主动轴 1 及从动轴 2 的角速度分别为
ω_1 及 ω_2'。根据角速度矢量关系有

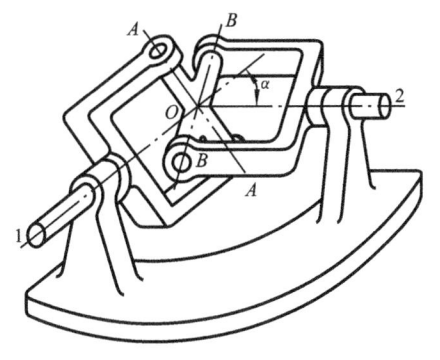

图 8-37 单万向铰链机构

$$\boldsymbol{\omega}_2' = \boldsymbol{\omega}_1 + \boldsymbol{\omega}_{21}$$

式中:$\boldsymbol{\omega}_1$ 为轴 1 的角速度矢量,方向沿轴 1 轴线;$\boldsymbol{\omega}_2'$ 为轴 2 的角速度矢量,方向沿轴 2
轴线。

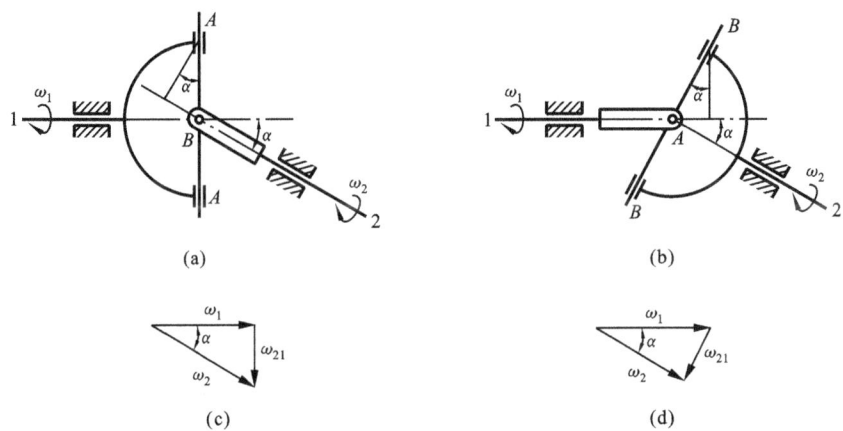

(a)

(b)

(c)

(d)

图 8-38 单万向铰链机构的运动分析

而 $\boldsymbol{\omega}_{21}$ 为轴 2 对轴 1 的相对角速度矢量。由于轴 2 对轴 1 只能绕轴 AA 及轴 BB
相对转动,故在一般位置时,$\boldsymbol{\omega}_{21}$ 可分解成沿 AA 轴线及 BB 轴线的两个分量 $\boldsymbol{\omega}_{21A}$ 及
$\boldsymbol{\omega}_{21B}$。而在图 8-38(a)位置时,由于 $\boldsymbol{\omega}_1$、$\boldsymbol{\omega}_2'$、$\boldsymbol{\omega}_{21A}$ 均在图纸平面上,仅 $\boldsymbol{\omega}_{21B}$ 垂直图纸平
面,故知 $\boldsymbol{\omega}_{21B} = 0$,即 $\boldsymbol{\omega}_{21} = \boldsymbol{\omega}_{21A}$。于是根据矢量方程式可作出角速度矢量图(见图
8-38(c))。由图可得

$$\omega_2' = \omega_1 / \cos\alpha \tag{8-27}$$

当两轴由图 8-38(a)位置转过 90° 到达图 8-38(b)所示位置时,设主动轴 1 的角
速度仍为 ω_1,而从动轴的角速度为 ω_2''。这时角速度矢量关系为

$$\boldsymbol{\omega}_2'' = \boldsymbol{\omega}_1 + \boldsymbol{\omega}_{21}$$

经与上述相似分析可知 $\boldsymbol{\omega}_{21} = \boldsymbol{\omega}_{21B}$。于是可作出角速度矢量图(见图 8-38(d)),由图
可得

$$\omega_2'' = \omega_1 \cos\alpha \tag{8-28}$$

当两轴再转过 $90°$,而恢复到图 8-38(a)所示位置时,两轴的角速度又恢复到式 (8-27)所示的关系。由此可知,当主动轴 1 以角速度 ω_1 等速回转时,从动轴 2 的角速度 ω_2 将在 ω_2'' 及 ω_2' 的范围内变化,即

$$\omega_1\cos\alpha \leqslant \omega_2 \leqslant \omega_1/\cos\alpha \tag{8-29}$$

而且变化的幅度与两轴间夹角 α 的大小有关。正因为如此,两轴夹角不能过大,一般 $\alpha \leqslant 30°$。

2. 双万向铰链机构

为了消除单万向铰链机构从动轴变速转动的缺点,常将单万向铰链机构成对使用,如图 8-39 所示,这便是双万向铰链机构。它用一个中间轴 2 和两个单万向铰链机构将主动轴 1 和从动轴 3 连接起来。在传递运动中,若主、从动轴的相对位置发生变化,将引起两万向铰链之间的距离也相对发生变化,则中间轴须做成两部分,并用滑键连接,以自动调节中间轴长度的变化。双万向铰链机构所连接的输入、输出两轴,既可相交,又可平行。

为使主、从动轴的角速度恒相等,即角速比恒等于 1,则必须满足下列两个条件。

(1) 主动轴与中间轴的夹角必须等于从动轴与中间轴的夹角,即 $\alpha_1 = \alpha_3$。

(2) 中间轴两端的叉面必须位于同一平面内,如图 8-39 所示。

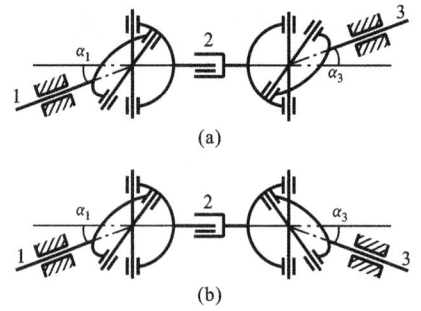

(a)

(b)

图 8-39　双万向铰链机构

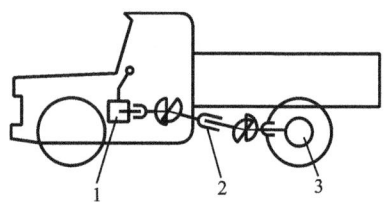

图 8-40　双万向铰链机构用于汽车传动

8.7.2　万向铰链机构的特点和应用

单万向铰链机构的特点:当两轴夹角变化时机构仍可继续工作,但其瞬时角速度比的大小将发生改变。双万向铰链机构的特点:当两轴间的夹角变化时,机构不但可以继续工作,而且在满足上述两个条件时,还能保证等角速比,因此在机械中得到广泛的应用。图 8-40 所示是双万向铰链机构在汽车驱动系统中的应用。其中内燃机和变速箱 1 安装在车架上,而后桥 3 用弹簧和车架连接。在汽车行驶时,由于道路不平,使弹簧不断发生变形,致使后桥与变速箱之间的相对位置不断发生变化。在变速箱输出轴与后桥传动装置的输入轴之间通过采用双万向铰链机构 2,实现等角速比传动。

小　　结

本章重点介绍间歇运动机构、非圆齿轮机构、螺旋机构和万向铰链机构。其中间歇运动机构有棘轮机构、槽轮机构、凸轮式间歇运动机构和不完全齿轮机构等;非圆齿轮机构主要是指椭圆齿轮机构;螺旋机构有单螺旋机构与双螺旋机构之分;万向铰链又称为万向节,分为单万向铰链、双万向铰链两类。

本章所介绍的机构在实际机械中被广泛应用。各种间歇运动机构可使从动件实现不同规律的时停时动的运动;非圆齿轮机构可使主、从动轮之间的瞬时传动比有规律地变化以满足某种工艺要求;螺旋机构能获得很大的减速比和力的增益,单螺旋机构可使从动件变换运动方式,双螺旋机构则可使从动件获得快速移动或精细定位;万向节可将不同轴线或轴线夹角不断变化的两轴连接起来以实现同步运转,但是只有满足某种安装条件的双万向节才可使被联两轴间的瞬时传动比恒等于 1。

本章所述的常用机构虽然具有许多优点,但某些缺点为机构所固有而难以克服,因此只有与其他机构组合在一起才有可能扬长避短。了解上述机构的结构组成、工作原理、运动特点,应用场合及设计要点,将有助于提高读者的机构综合设计能力,从而有望在技术革新和机械创新设计中取得更好的成绩。

思　考　题

8-1　棘轮机构的工作原理是什么? 其转角大小如何调节?

8-2　槽轮机构的工作原理是什么?

8-3　试分析不完全齿轮机构中一对齿轮的啮合过程,并说明为什么主动轮轮齿的齿顶高通常都不是标准值。

8-4　什么叫差动螺旋? 什么叫复式螺旋? 它们有何异同?

8-5　双万向联轴节用于平面内两轴等角速度传动时的安装条件是什么?

练　习　题

8-1　有一外啮合槽轮机构,已知槽轮槽数 $z = 6$,槽轮的停歇时间为 1 s,槽轮的运动时间为 2 s。试求槽轮机构的运动特性系数及所需的圆柱销数。

8-2　如题 8-2 图所示螺旋机构中,已知左旋双线螺杆的螺距为 3 mm,问当螺杆按图示方向转动 180°时,螺母移动了多少距离? 向什么方向移动?

8-3　如题 8-3 图所示为一微调螺旋机构,通过调整螺杆 1 的转动可使被调螺母 2 左、右微移。设螺旋副 A 的导程为 1 mm,要求调整螺杆按图示方向转动一周,被调螺母向左移动 0. 2 mm,则 A、B 两螺旋副的旋向和螺旋副 B 的导程应如何设计?

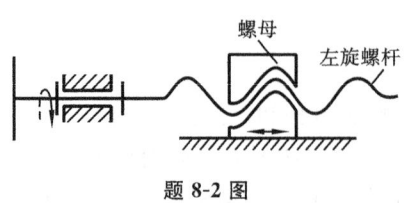

螺母
左旋螺杆

题 8-2 图

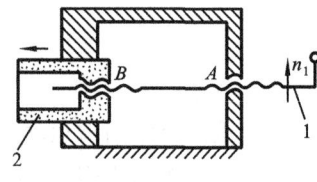

题 8-3 图

8-4　设单万向联轴节的主动轴 1 以等角速度 $\omega_1 = 157$ rad/s 转动,从动轴 2 的最大瞬时角速度 $\omega_2 = 180$ rad/s,求轴 2 的最小角速度 ω_{min} 及两轴的夹角 α。

8-5　牛头刨床工作台是由棘轮带动丝杠作间歇转动,从而通过与丝杠啮合的螺

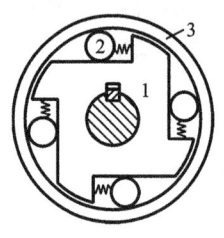

题 8-6 图

母带动工作台作间歇移动的。设进给丝杠(单头)的导程为 5 mm,而与丝杠固接的棘轮有 28 个齿,工作台每次进给的最小进给量 s 是多少? 若刨床的最小进给量 $s = 0.125$ mm,带动进给丝杠的棘轮齿数应为多少?

8-6　如题 8-6 图所示为一摩擦式单向离合器,若以构件 1 为原动件,试问:构件 1 在什么转向下能带动构件 3 同速转动? 在什么转向下构件 1 不能带动构件 3 转动?

第9章 平面机构的力分析

本章重点 构件总惯性力大小和方向的确定;机构动态静力分析图解法和解析法的应用;机构各运动副反力及机械的平衡力或平衡力矩的计算。

本章难点 做平面运动构件总惯性力的计算;机构动态静力分析、矢量方程与图解法。

9.1 机构力分析的意义与方法

9.1.1 机构力分析的意义

在机械设计中,不仅要对机构进行运动分析,而且还要对其力学性能进行分析。作用在机械上的力,不仅影响机械的运动和动力性能,而且还是决定机械的强度设计和结构形状的重要依据。

机构力分析的目的有两个。一是确定运动副中的反力。这些力的大小和性质,对于计算机构各零件的强度及刚度、研究运动副中的摩擦及磨损、确定机械的效率,以及研究机械的动力性能等,都是极为重要的资料。二是确定机械上的平衡力或平衡力矩。所谓平衡力是指与作用在机械上的已知外力及与各构件惯性力相平衡的未知外力。机械平衡力的确定,对于设计新机械及合理使用现有机械,充分挖掘机械的生产潜力都是十分必要的。例如,根据机械的生产负荷确定所需原动机的最小功率,或根据原动机的功率确定机械所能克服的最大生产负荷等问题,都需要确定机械的平衡力。

9.1.2 机构力分析的方法

对于低速轻载机械,惯性力的影响不大,可在不计惯性力的条件下进行受力分析,称为机构的静力分析。但对于高速及重载机械,惯性力的影响很大,不能忽略,在对其进行力分析时,可根据达朗伯原理,将惯性力(或力矩)视为一般外力(或力矩)加于产生惯性力的各构件上,然后仍按静力学方法对其进行力分析计算,这种力分析方法称为动态静力分析。

机构动态静力分析的方法有图解法和解析法两种,本章将分别予以介绍。而在介绍机构动态静力分析的方法之前,首先要说明如何确定构件的惯性力。

9.2　构件惯性力的分析与计算

构件惯性力的确定可采用一般力学方法或质量代换法。

9.2.1　一般力学方法

在机械运动过程中,各构件产生的惯性力不仅与各构件的质量 m_i、绕过质心轴的转动惯量 J_{Si}、质心 S_i 的加速度 $\boldsymbol{a}_{Si}$ 及构件的角加速度 α_i 等有关,还与构件的运动形式有关。现以图 9-1(a)所示的曲柄滑块机构为例,来说明机构中各构件惯性力的确定方法。

1. 做平面复合运动且具有平行于运动平面的对称面的构件

如图 9-1(b)所示的连杆 2,其质量为 m_2,质心处的加速度为 $\boldsymbol{a}_{S2}$,构件的角加速度为 α_2,过质心轴的转动惯量为 J_{S2}。

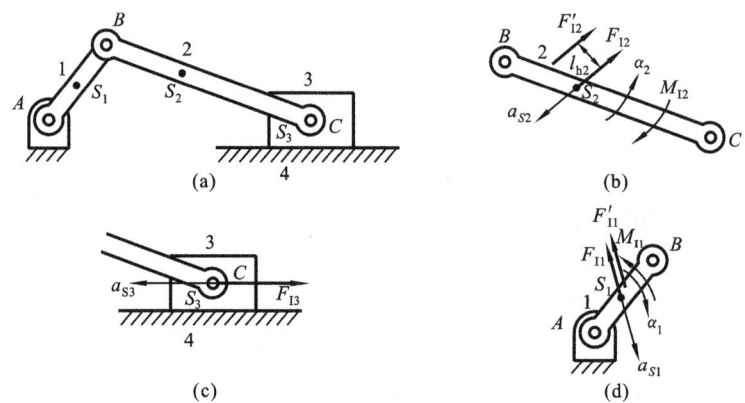

图 9-1　曲柄滑块机构中各构件惯性力的确定

其惯性力系可简化为一个加在质心 S_2 上的惯性力 $\boldsymbol{F}_{I2}$ 和一个惯性力偶矩 M_{I2}。它们分别为

$$\boldsymbol{F}_{I2} = - m_2 \boldsymbol{a}_{S2} \tag{9-1}$$

$$M_{I2} = - J_{S2} \alpha_2 \tag{9-2}$$

也可将其简化为一个大小等于 F_{I2} 而作用线偏离质心 S_2 一距离 l_{h2} 的总惯性力 $\boldsymbol{F}'_{I2}$,其中

$$l_{h2} = M_{I2} / F_{I2} \tag{9-3}$$

且 $\boldsymbol{F}'_{I2}$ 对质心 S_2 之矩的方向应与 α_2 的方向相反。

2. 做平面移动的构件

对于做平面移动的构件(如图 9-1(c)所示的滑块 3),由于没有角加速度,故不会产生惯性力偶矩。只是当构件为变速移动时,将有一个加在其质心 S_3 上的惯性力 $\boldsymbol{F}_{I3}$

$=-m_3 \boldsymbol{a}_{S3}$。

3. 绕定轴转动的构件

如图 9-1(d)所示的曲柄 1,其惯性力和惯性力偶矩的确定又分两种情况。若回转轴线通过构件质心,由于质心的加速度为零,故惯性力为零。只是当构件为变速转动其角加速度为 α_1 时,将产生一惯性力偶矩 $M_{I1}=-J_{S1}\alpha_1$。若回转轴线不通过质心且为变速转动时,其上作用有惯性力 $\boldsymbol{F}_{I1}=-m_1\boldsymbol{a}_{S1}$ 及惯性力偶矩 $M_{I1}=-J_{S1}\alpha_1$,将两者合成即可简化为一个总惯性力 $\boldsymbol{F}'_{I1}$。

9.2.2　质量代换法

用一般力学方法确定构件惯性力时,需求出构件的质心加速度 $\boldsymbol{a}_{Si}$ 及角加速度 α_i,这在对机构一系列位置进行分析时变得相当烦琐。为了简化惯性力的确定,可以设想把构件的分布质量按一定条件用集中于构件上某几个选定点的假想集中质量来代替。这样,就只需求出这些集中质量的惯性力,而无须求出惯性力偶矩,从而简化惯性力的确定。这种方法称为质量代换法,这些选定的点称为代换点,而假想的集中于代换点上的集中质量称为代换质量。为使构件在质量代换前后,构件的惯性力及惯性力偶矩保持不变,应满足下列三个条件:

(1) 代换前后构件的质量不变;

(2) 代换前后构件的质心位置不变;

(3) 代换前后构件对质心轴的转动惯量不变。

对于图 9-2(a)所示的曲柄滑块机构,若对连杆 BC 的分布质量用集中在 B、K 两点的质量 m_B 及 m_K 来代换(如图 9-2(b)所示,B、S_2、K 三点位于同一直线上),则根据上述三个条件可以列出下列方程式

$$\begin{cases} m_B + m_K = m_2 \\ m_B b = m_K k \\ m_B b^2 + m_K k^2 = J_{S2} \end{cases} \tag{9-4}$$

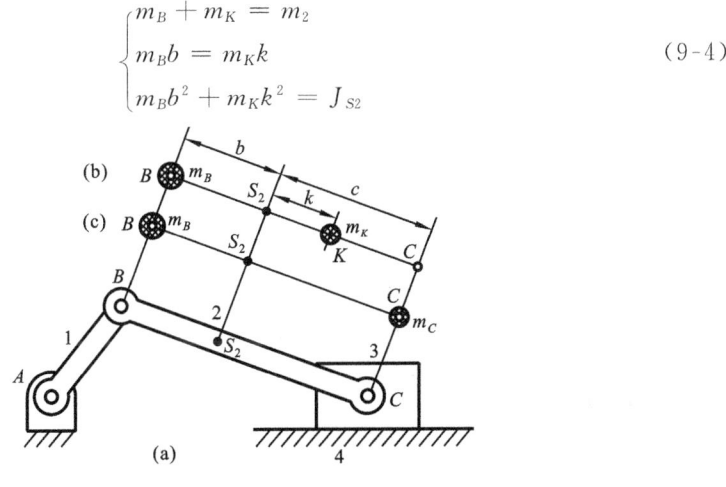

图 9-2　质量代换

解之得

$$\begin{cases} k = J_{S2}/(m_2 b) \\ m_B = m_2 k/(b+k) \\ m_K = m_2 b/(b+k) \end{cases} \tag{9-5}$$

由上面的计算结果可见,当代换点 B 选定后,代换点 K 的位置也随之确定。即两代换点不能同时随意选择。在一般工程计算中,为方便起见,常要求质量代换仅满足上述(1)和(2)两个条件,并把这种代换称为静代换,而把同时满足上述三个条件的代换称为动代换。

根据静代换的要求,如图 9-2(c)所示,取通过构件质心 S_2 直线上的两点 B、C 为代换点,即同时选定 b、c,则有

$$\begin{cases} m_B = m_2 c/(b+c) \\ m_C = m_2 b/(b+c) \end{cases} \tag{9-6}$$

在此情况下,两代换点 B 及 C 可同时任意选择,这为工程计算提供了方便。但是,由于不满足条件(3),故 m_B 和 m_C 对质心轴 S_2 的转动惯量会与原构件对该轴的转动惯量 J_{S2} 有误差,这个误差对不是很精确的计算是允许的。所以静代换方法比动代换方法应用更为广泛。

质量代换法主要用于绕非质心轴转动的构件和做平面复杂运动的构件。代换点常选择在加速度容易计算的点上,如转动副中心等。

9.3　机构动态静力图解分析法

确定机构中各构件的惯性力之后,就可根据机构所受的已知外力(包括惯性力)来确定各运动副中的反力和需加于该机构上的平衡力。但是,运动副中的反力对于整个机构来说是内力,所以不能就整个机构进行分析计算,而必须将机构分解为若干构件组,然后逐个进行分析,求出各运动副中的反力和所需加的平衡力。然而,这样分解成的每一个构件组都必须是静定的,即必须保证能以刚体静力学的方法将构件组中所有未知力确定出来。下面首先介绍构件组的静定条件,然后再介绍机构动态静力图解分析的步骤和方法。

9.3.1　构件组的静定条件

当构件组所能列出的独立的力平衡方程的数目等于构件组中所有力的未知要素的数目时,构件组就是静定的。而构件组是否具有此静定特性,则与构件组中含有的运动副的类型、数目,以及构件的数目有关。下面首先对各平面运动副中反力的未知要素加以分析。

1. 转动副

如图 9-3(a)所示,当不考虑摩擦时,转动副中的总反力应通过转动副的中心 O。即总反力 $\boldsymbol{F}_R$ 的作用点为已知,而其大小和方向未知。

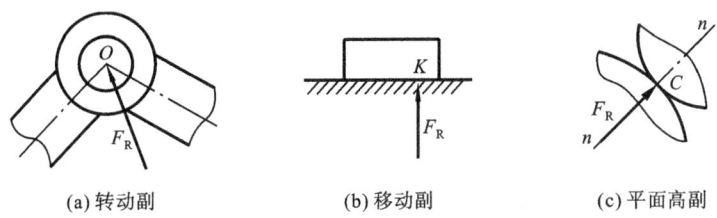

(a) 转动副　　　　　　　(b) 移动副　　　　　　　(c) 平面高副

图 9-3　不考虑摩擦时运动副的反力

2. 移动副

如图 9-3(b)所示,当不考虑摩擦时,移动副中的总反力应与移动副两元素的接触面垂直。即总反力 F_R 的方向为已知,而其大小和作用点未知。

3. 平面高副

如图 9-3(c)所示,当不考虑摩擦时,高副两元素间之反力应通过接触点 C,并沿两元素的公法线方向,即总反力 F_R 的作用点和方向均为已知,仅大小为未知。

由以上分析可见,每一个低副中的反力都有两个未知要素,而每一个高副中的反力只有一个未知要素。如在构件组中共含有 P_L 个低副和 P_H 个高副,则各运动副中的未知反力要素共有 $2P_L + P_H$ 个。又如该构件组中共有 n 个构件,则因每一个作平面运动的构件都可以列出三个独立的力平衡方程式,所以共可列出 $3n$ 个独立的力平衡方程式。于是,当作用在该构件组中各构件上的外力均为已知时,该构件组的静定条件应为

$$3n = 2P_L + P_H \tag{9-7}$$

当机构中只有低副时,有

$$3n = 2P_L \tag{9-8}$$

由上式可知,基本杆组都满足静定条件,即所有的基本杆组都是静定杆组。

9.3.2　机构的动态静力分析

进行机构动态静力分析的步骤:首先求出各构件的惯性力,并把它们视为外力加于产生这些惯性力的构件上;然后针对各基本杆组列出一系列力平衡方程式;最后选取力比例尺 μ_F(即图中每单位长度所代表的力的大小,单位为 N/mm)作图求解。分析的顺序一般是从外力全部为已知的杆组开始,逐步推算到未知平衡力作用的构件。

下面举例具体说明用图解法作机构动态静力分析的步骤和方法。

例 9-1　在图 9-4(a)所示的曲柄滑块机构运动简图中,已知各构件的尺寸,曲柄 1 绕其转动中心 A 的转动惯量 J_A(质心 S_1 与点 A 重合),连杆 2 的重量 G_2(质心 S_2 在连杆 2 的 1/3 处),连杆 2 绕质心 S_2 的转动惯量 J_{S2},滑块 3 的重量 G_3(质心 S_3 在点 C 处)。设原动件 1 以角速度 ω_1 和角加速度 α_1 顺时针方向回转,作用于滑块 3 上点 C 的生产阻力为 F_r,各运动副中的摩擦力忽略不计。求机构在图示位置时,各运动副中的反力以及需要加在构件 1 上的平衡力矩 M_b。

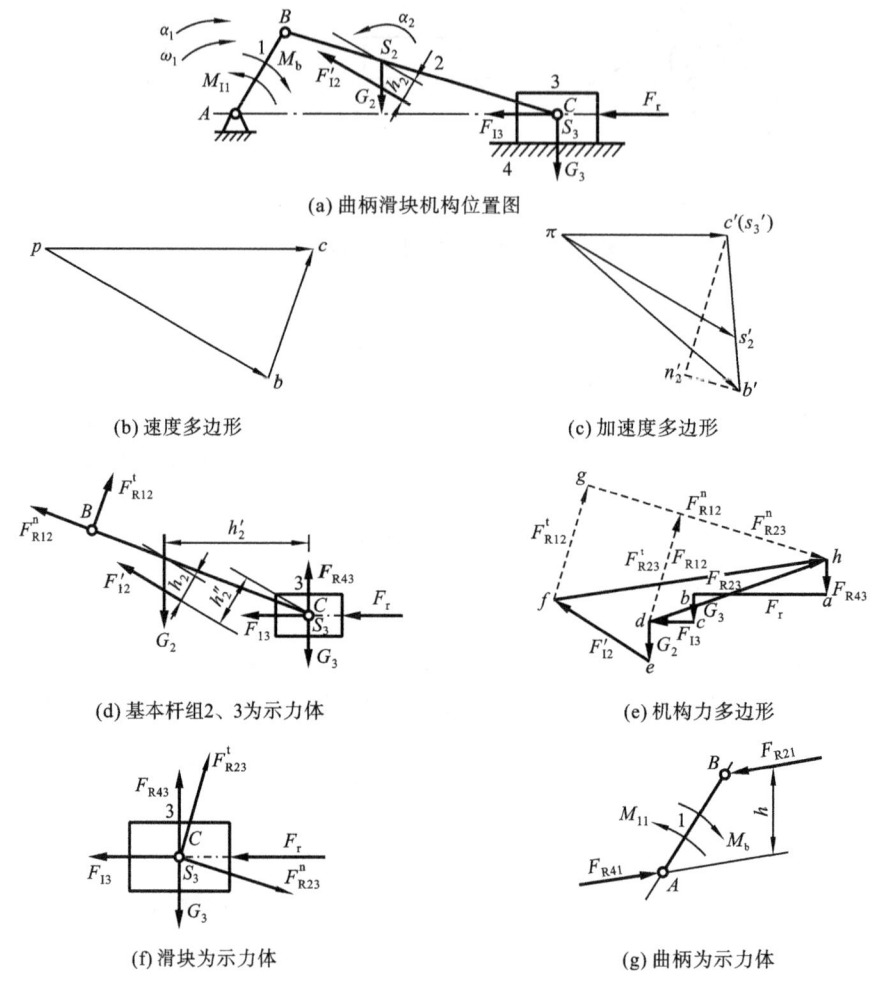

(a) 曲柄滑块机构位置图

(b) 速度多边形

(c) 加速度多边形

(d) 基本杆组2、3为示力体

(e) 机构力多边形

(f) 滑块为示力体

(g) 曲柄为示力体

图 9-4　曲柄滑块机构动态静力分析

解　(1) 对机构进行运动分析。

用选定的长度比例尺 μ_l、速度比例尺 μ_v 和加速度比例尺 μ_a 作出机构位置图及其速度多边形和加速度多边形,分别如图 9-4(a)、(b)和(c)所示。

(2) 确定各构件的惯性力及惯性力偶矩。

作用在曲柄 1 上的惯性力偶矩为

$$M_{I1} = -J_A\alpha_1 \quad (逆时针)$$

作用在连杆 2 上的惯性力及惯性力偶矩为

$$F_{I2} = -m_2a_{S2} = -(G_2/g)(\mu_a\,\overline{\pi s'_2}) \quad (方向与\,\boldsymbol{a}_{S2}\,相反)$$

$$M_{I2} = -J_{S2}\alpha_2 = -J_{S2}\,a^t_{CB}/l_2 = -J_{S2}\,(\mu_a\,\overline{n'_2c'})/l_2 \quad (方向与\,\alpha_2\,相反)$$

将 $\boldsymbol{F}_{I2}$ 及 M_{I2} 合并成一个总惯性力 $F'_{I2}(=F_{I2})$,其作用线从质心 S_2 处偏移距离 h_2,其值为 $h_2 = M_{I2}/F_{I2}$,而且 $\boldsymbol{F}'_{I2}$ 对质心之矩的方向应与 α_2 的方向相反。

作用在滑块 3 上的惯性力为

$$F_{I3} = -m_3 a_{S3} = -(G_3/g)(\mu_a \overrightarrow{\pi s_3'}) \quad (\text{方向与} \boldsymbol{a}_{S3} \text{相反})$$

（3）机构的动态静力分析。

先将各构件产生的惯性力视为外力加于相应的构件上，并按静定条件将机构分解为一个由构件 2 和构件 3 组成的 II 级杆组及作用有平衡力的构件 1。然后，从这个 II 级杆组开始进行力分析。

取构件 2 和构件 3 组成的杆组为分离体，如图 9-4（d）所示。其上受有重力 $\boldsymbol{G}_2$、$\boldsymbol{G}_3$，惯性力 $\boldsymbol{F}_{I2}'$、$\boldsymbol{F}_{I3}$，生产阻力 $\boldsymbol{F}_r$，运动副反力 $\boldsymbol{F}_{R12}$ 和 $\boldsymbol{F}_{R43}$。因不计摩擦力，$\boldsymbol{F}_{R12}$ 过转动副 B 的中心，并为方便计将 $\boldsymbol{F}_{R12}$ 分解为沿杆 BC 的法向分力 $\boldsymbol{F}_{R12}^n$ 和垂直于 BC 的切向分力 $\boldsymbol{F}_{R12}^t$。而 $\boldsymbol{F}_{R43}$ 垂直于移动副的导路方向。对点 C 取矩，由 $\sum M_C = 0$ 可得

$$F_{R12}^t = (G_2 h_2' - F_{I2}' h_2'')/l_2$$

再根据整个杆组的力平衡条件得

$$\boldsymbol{F}_{R43} + \boldsymbol{F}_r + \boldsymbol{G}_3 + \boldsymbol{F}_{I3} + \boldsymbol{G}_2 + \boldsymbol{F}_{I2}' + \boldsymbol{F}_{R12}^t + \boldsymbol{F}_{R12}^n = 0$$

上式中仅 $\boldsymbol{F}_{R43}$ 和 $\boldsymbol{F}_{R12}^n$ 的大小未知，故可用图解法求解（见图 9-4（e））。选定比例尺 μ_F，从点 a 依次作矢量 $\overrightarrow{ab}$、$\overrightarrow{bc}$、$\overrightarrow{cd}$、$\overrightarrow{de}$、$\overrightarrow{ef}$、$\overrightarrow{fg}$ 分别代表力 $\boldsymbol{F}_r$、$\boldsymbol{G}_3$、$\boldsymbol{F}_{I3}$、$\boldsymbol{G}_2$、$\boldsymbol{F}_{I2}'$、$\boldsymbol{F}_{R12}^t$，然后再分别由点 a 和点 g 作直线 ah 和 gh 分别平行于 $\boldsymbol{F}_{R43}$ 和 $\boldsymbol{F}_{R12}^n$，其相交于点 h，则矢量 $\overrightarrow{ha}$、$\overrightarrow{fh}$ 分别代表 $\boldsymbol{F}_{R43}$ 和 $\boldsymbol{F}_{R12}$，即

$$\boldsymbol{F}_{R43} = \mu_F \overrightarrow{ha}, \quad \boldsymbol{F}_{R12} = \mu_F \overrightarrow{fh}$$

为了求得 $\boldsymbol{F}_{R23}$，可以构件 3 为分离体，画示力体图（见图 9-4（f））。根据构件 3 的力平衡条件得

$$\boldsymbol{F}_{R43} + \boldsymbol{F}_r + \boldsymbol{G}_3 + \boldsymbol{F}_{I3} + \boldsymbol{F}_{R23} = 0$$

上式中只有 $\boldsymbol{F}_{R23}$ 的大小和方向未知，故可用图解法求解。由图 9-4（e）可知，矢量 $\overrightarrow{dh}$ 代表 $\boldsymbol{F}_{R23}$，即 $\boldsymbol{F}_{R23} = \mu_F \overrightarrow{dh}$。再取构件 1 为分离体（图 9-4（g））。其上作用有运动副反力 $\boldsymbol{F}_{R21}$ 和待求的运动副反力 $\boldsymbol{F}_{R41}$，以及惯性力偶矩 M_{I1} 和平衡力矩 M_b。对点 A 取矩，有

$$M_b = M_{I1} + F_{R21} h \quad (\text{顺时针})$$

再由杆 1 的力平衡条件，有

$$\boldsymbol{F}_{R41} = -\boldsymbol{F}_{R21}$$

9.4　机构动态静力解析分析法

在实际工作中，力分析的图解法已能满足工程需要。不过，图解法毕竟精度不高，特别是需对机构一系列位置进行力分析时，烦琐的图解过程会严重影响工程进度。所以，随着对机构力分析精度要求的提高和计算技术的发展，机构动态静力分析的解析方法也随之发展起来。

机构力分析的解析方法很多，其共同点都是先根据力的平衡条件列出各力之间的关系式，然后求解。下面介绍其中两种解析法。

9.4.1　复数矢量法

机构力分析中的这一方法与机构运动分析中的复数矢量法极为相似。从数学的观点来看两者没有实质性的区别,不同的是,一个是从运动学角度建立矢量方程式,一个是根据力的平衡条件建立矢量方程式。在讲求解方法之前,先介绍力矩的矢量表示方法。

如图 9-5 所示,设作用于构件上任一点 $A(x_A,y_A)$ 上的力为 $\boldsymbol{F}_A$,当该力对构件上另一任意点 $B(x_B,y_B)$ 取矩时,$\boldsymbol{r}=\overrightarrow{BA}$,则该力矩的矢量表示形式为

$$\boldsymbol{M}_B = \boldsymbol{r} \times \boldsymbol{F}_A$$

因 $M_B=rF_A\sin\alpha$,而 $\boldsymbol{r}^{\mathrm{t}} \cdot \boldsymbol{F}_A=rF_A\cos(90°-\alpha)=rF_A\sin\alpha$,故力矩 $\boldsymbol{M}_B$ 的大小可写为

$$M_B = \boldsymbol{r}^{\mathrm{t}} \cdot \boldsymbol{F}_A \tag{9-9}$$

其直角坐标形式为

$$M_B = (y_B - y_A)F_{Ax} + (x_A - x_B)F_{Ay} \tag{9-10}$$

现以如图 9-6 所示铰链四杆机构为例,用复数矢量法对其进行受力分析。设力 $\boldsymbol{F}$ 为作用于构件 2 上点 E 处的已知外力(包括惯性力),M_r 为作用于从动件 3 上的已知生产阻力矩。现在需确定各运动副中的反力及加于主动件 1 上的平衡力矩 M_b。

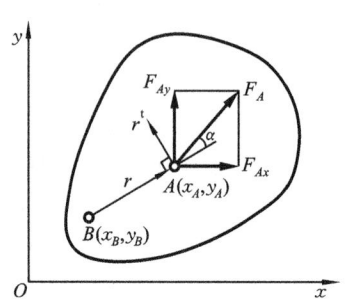

图 9-5　矢量的表示方法

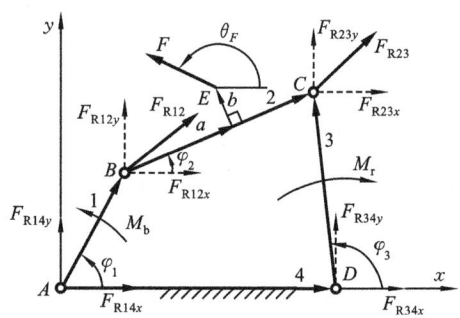

图 9-6　四杆机构复数矢量力分析

首先建立一直角坐标系,并将各构件的杆矢量及方位角标出,如图 9-6 所示。为便于列出力方程式和求解,规定构件 i 作用于构件 j 上的反力表示为 $\boldsymbol{F}_{Rij}$ 的形式,且 $i<j$,而构件 j 作用于构件 i 上的反力不采用 $\boldsymbol{F}_{Rji}$ 而采用 $-\boldsymbol{F}_{Rij}$。然后,再将各运动副中的反力表达成沿坐标轴方向的两个分力形式。即

$$\boldsymbol{F}_{RA} = \boldsymbol{F}_{R14} = -\boldsymbol{F}_{R41} = F_{R14x} + iF_{R14y}$$

$$\boldsymbol{F}_{RB} = \boldsymbol{F}_{R12} = -\boldsymbol{F}_{R21} = F_{R12x} + iF_{R12y}$$

$$\boldsymbol{F}_{RC} = \boldsymbol{F}_{R23} = -\boldsymbol{F}_{R32} = F_{R23x} + iF_{R23y}$$

$$\boldsymbol{F}_{RD} = \boldsymbol{F}_{R34} = -\boldsymbol{F}_{R43} = F_{R34x} + iF_{R34y}$$

在用复数矢量法进行力分析时,其关键是判断出首解运动副,也就是先求出首解副中的反力。首解副中的反力一旦求出,其他运动副中的反力也就不难求出了。而机构中的首解运动副的条件应当是:组成该运动副的两个构件上所作用的外力和外力矩均为已知,且为杆组中的"内副"。因此,在图 9-6 所示的四杆机构中,运动副 C 应为首解副。现对该机构受力分析如下。

(1) 求 $\boldsymbol{F}_{RC}$(即 $\boldsymbol{F}_{R23}$)。取构件 3 为分离体,并将该构件上的诸力对点 D 取矩(规定力矩的方向逆时针为正,顺时针为负),则根据 $\sum M_D = 0$,并应用欧拉公式 $e^{i\varphi} = \cos\varphi + i\sin\varphi$,可得

$$l_3^t \cdot \boldsymbol{F}_{R23} - M_r = l_3 e^{i(90°+\varphi_3)}(F_{R23x} + iF_{R23y}) - M_r$$
$$= -l_3 F_{R23x}\sin\varphi_3 - l_3 F_{R23y}\cos\varphi_3 - M_r + i(l_3 F_{R23x}\cos\varphi_3 - l_3 F_{R23y}\sin\varphi_3)$$
$$= 0$$

由上式的实部等于零可得

$$-l_3 F_{R23x}\sin\varphi_3 - l_3 F_{R23y}\cos\varphi_3 - M_r = 0 \tag{a}$$

同理,取构件 2 为分离体,并将诸力对点 B 取矩,则根据 $\sum M_B = 0$ 可得

$$l_2^t \cdot (-\boldsymbol{F}_{R23}) + (\boldsymbol{a}' + \boldsymbol{b}') \cdot \boldsymbol{F} = -l_2 e^{i(90°+\varphi_2)}(F_{R23x} + iF_{R23y}) + [ae^{i(90°+\varphi_2)} + be^{i(180°+\varphi_2)}]Fe^{i\theta_F}$$
$$= 0$$

由上式的实部等于零,可得

$$l_2 F_{R23x}\sin\varphi_2 + l_2 F_{R23y}\cos\varphi_2 - aF\sin(\varphi_2 + \theta_F) - bF\cos(\varphi_2 + \theta_F) = 0 \tag{b}$$

联立(a)、(b)两式,可得

$$F_{R23x} = \frac{1}{\sin(\varphi_2 - \varphi_3)}\left\{\frac{M_r\cos\varphi_2}{l_3} + \frac{F\cos\varphi_3}{l_2}[a\sin(\varphi_2 - \theta_F) + b\cos(\varphi_2 - \theta_F)]\right\}$$
$$F_{R23y} = \frac{1}{\sin(\varphi_2 - \varphi_3)}\left\{\frac{M_r\sin\varphi_2}{l_3} + \frac{F\sin\varphi_3}{l_2}[a\sin(\varphi_2 - \theta_F) + b\cos(\varphi_2 - \theta_F)]\right\}$$

(2) 求 $\boldsymbol{F}_{RD}$(即 $\boldsymbol{F}_{R34}$)。以构件 3 为示力体,据 $\sum \boldsymbol{F} = 0$ 可得

$$\boldsymbol{F}_{R34} = -\boldsymbol{F}_{R23}$$

(3) 求 $\boldsymbol{F}_{RB}$(即 $\boldsymbol{F}_{R12}$)。以构件 2 为示力体,据 $\sum \boldsymbol{F} = 0$ 可得

$$\boldsymbol{F}_{R12} - \boldsymbol{F}_{R23} + \boldsymbol{F} = F_{R12x} + iF_{R12y} - F_{R23x} - iF_{R23y} + Fe^{i\theta_F}$$
$$= (F_{R12x} - F_{R23x} + F\cos\theta_F) + i(F_{R12y} - F_{R23y} + F\sin\theta_F)$$
$$= 0$$

由上式的实部和虚部分别等于零可得

$$F_{R12x} = F_{R23x} - F\cos\theta_F, \quad F_{R12y} = F_{R23y} - F\sin\theta_F$$

(4) 求 $\boldsymbol{F}_{RA}$(即 $\boldsymbol{F}_{R14}$)和平衡力矩 M_b。以构件 1 为示力体,据 $\sum \boldsymbol{F} = 0$ 可得

$$\boldsymbol{F}_{R14} = \boldsymbol{F}_{R12}$$

由 $\sum M_A = 0$ 可得

$$M_b = l_1' \cdot \boldsymbol{F}_{R12} = l_1 e^{i(90° + \varphi_1)}(F_{R12x} + iF_{R12y})$$
$$= -l_1[(F_{R12x}\sin\varphi_1 + F_{R12y}\cos\varphi_1) + i(F_{R12y}\sin\varphi_1 - F_{R12x}\cos\varphi_1)]$$

由上式等号两边实部相等可得

$$M_b = -l_1(F_{R12x}\sin\varphi_1 + F_{R12y}\cos\varphi_1)$$

9.4.2 矩阵法

如图 9-7 所示为一四杆机构,图中 F_1、F_2 及 F_3 分别为作用于各构件质心 S_1、S_2 及 S_3 处的已知外力(包括惯性力),M_1、M_2 及 M_3 分别为作用于各构件上的已知外力偶矩(包括惯性力偶)。另外,在从动件上还受有一个已知的生产阻力矩 M_r。现需确定各运动副的反力及需加于构件 1 上的平衡力矩 M_b。

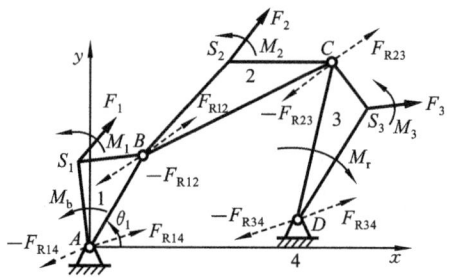

图 9-7　四杆机构矩阵法力分析

在用矩阵法对机构进行力分析时,需先建立一直角坐标系,将各力都分解为沿坐标轴的两个分力,并将各力之力矩都表示为式(9-10)的形式,再分别就各构件列出它们的力平衡方程式,其具体方法如下。

对于构件 1,可分别根据 $\sum M_A = 0$、$\sum \boldsymbol{F}_x = 0$、$\sum \boldsymbol{F}_y = 0$,列出三个力平衡方程式,并将含待求的未知要素的项写在等号左边,故有

$$-(y_A - y_B)F_{R12x} - (x_B - x_A)F_{R12y} + M_b = -(y_A - y_{S1})F_{1x} - (x_{S1} - x_A)F_{1y} - M_1$$
$$-F_{R14x} - F_{R12x} = -F_{1x}$$
$$-F_{R14y} - F_{R12y} = -F_{1y}$$

同理,对于构件 2、3 也可以列出类似的力平衡方程式

$$-(y_B - y_C)F_{R23x} - (x_C - x_B)F_{R23y} = -(y_B - y_{S2})F_{2x} - (x_{S2} - x_B)F_{2y} - M_2$$
$$F_{R12x} - F_{R23x} = -F_{2x}$$
$$-F_{R12y} - F_{R23y} = -F_{2y}$$

$$-(y_C - y_D)F_{R34x} - (x_D - x_C)F_{R34y} = -(y_C - y_{S3})F_{3x} - (x_{S3} - x_C)F_{3y} - M_3 + M_r$$
$$F_{R23x} - F_{R34x} = -F_{3x}$$
$$-F_{R23y} - F_{R34y} = -F_{3y}$$

上述 9 个平衡方程式的矩阵形式如下:

$$\begin{bmatrix} 1 & 0 & 0 & y_B - y_A & x_A - x_B & 0 & 0 & 0 & 0 \\ 0 & -1 & 0 & -1 & 0 & 0 & 0 & 0 & 0 \\ 0 & 0 & -1 & 0 & -1 & 0 & 0 & 0 & 0 \\ 0 & 0 & 0 & 0 & 0 & y_C - y_B & x_B - x_C & 0 & 0 \\ 0 & 0 & 0 & 1 & 0 & -1 & 0 & 0 & 0 \\ 0 & 0 & 0 & 0 & 1 & 0 & -1 & 0 & 0 \\ 0 & 0 & 0 & 0 & 0 & 0 & 0 & y_D - y_C & x_C - x_D \\ 0 & 0 & 0 & 0 & 0 & 1 & 0 & -1 & 0 \\ 0 & 0 & 0 & 0 & 0 & 0 & 1 & 0 & -1 \end{bmatrix} \begin{bmatrix} M_b \\ F_{R14x} \\ F_{R14y} \\ F_{R12x} \\ F_{R12y} \\ F_{R23x} \\ F_{R23y} \\ F_{R34x} \\ F_{R34y} \end{bmatrix} =$$

$$\begin{bmatrix} -1 & y_{S1} - y_A & x_A - x_{S1} & 0 & 0 & 0 & 0 & 0 & 0 \\ 0 & -1 & 0 & 0 & 0 & 0 & 0 & 0 & 0 \\ 0 & 0 & -1 & 0 & 0 & 0 & 0 & 0 & 0 \\ 0 & 0 & 0 & -1 & y_{S2} - y_B & x_B - x_{S2} & 0 & 0 & 0 \\ 0 & 0 & 0 & 0 & -1 & 0 & 0 & 0 & 0 \\ 0 & 0 & 0 & 0 & 0 & -1 & 0 & 0 & 0 \\ 0 & 0 & 0 & 0 & 0 & 0 & -1 & y_{S3} - y_C & x_C - x_{S3} \\ 0 & 0 & 0 & 0 & 0 & 0 & 0 & -1 & 0 \\ 0 & 0 & 0 & 0 & 0 & 0 & 0 & 0 & -1 \end{bmatrix} \begin{bmatrix} M_1 \\ F_{1x} \\ F_{1y} \\ M_2 \\ F_{2x} \\ F_{2y} \\ M_3 - M_r \\ F_{3x} \\ F_{3y} \end{bmatrix}$$

$$\text{(9-11)}$$

式(9-11)还可以简化为下列形式

$$\boldsymbol{CF}_R = \boldsymbol{DF} \tag{9-12}$$

其中 $\boldsymbol{F}$ 和 $\boldsymbol{F}_R$ 分别为已知力和未知力的矩阵；而 $\boldsymbol{D}$ 和 $\boldsymbol{C}$ 分别为已知力和未知力的系数矩阵。

对于各种具体结构，都不难按顺序对机构的每一活动构件写出其力平衡方程式，然后整理成一个线性方程组，并写成矩阵形式。利用上述的矩阵可同时求出运动副中的反力和所需的平衡力，而不必按静定杆组逐一推算。而对矩阵方程的求解，现已有很多工具可以利用（如 MATLAB 等）。

小　　结

(1) 机构力分析是根据作用在机构上的已知力，求解机构运动副中的反力及运动所需的平衡力或平衡力矩。对于低速机械，只需对机械作静力分析；对于高速及重型机械，需对机械作动态静力分析。

(2) 构件惯性力的确定有一般力学方法和质量代换两种。质量代换应满足下列三个条件：

①代换前后构件的质量不变;

②代换前后构件的质心位置不变;

③代换前后构件对质心的转动惯量不变。

只满足前两个条件的代换称为静代换,三个条件都满足的代换称为动代换。

(3) 用图解法作机构的动态静力分析。其主要步骤如下。

①对机构作运动分析以确定在所要求位置时各构件的角加速度和质心加速度。

②求出各构件的惯性力,并把惯性力视为加于构件上的外力。

③根据各基本杆组列出一系列力平衡矢量方程。

④选取力比例尺 μ_F 作图求解。

(4) 用解析法作机构的动态静力分析。

机构力分析的解析方法很多,其共同点都是根据力平衡条件列出各力之间的关系式后再求解。常用的方法有复数矢量法和矩阵法。

思　考　题

9-1　机构力分析的主要目的和任务是什么?

9-2　何谓机构的动态静力分析?对机构进行动态静力分析的步骤如何?

9-3　何谓质量代换法?进行质量代换的目的何在?动代换和静代换各应满足什么条件?各有何优缺点?静代换时两代换点与构件质心不在一直线上可以吗?

9-4　何谓平衡力与平衡力矩?平衡力是否总是驱动力?

9-5　构件组的静定条件是什么?基本杆组都是静定杆组吗?

练　习　题

9-1　在题 9-1 图所示的曲柄滑块机构中,设已知曲柄长度 $l_{AB}=100$ mm,$l_{BC}=330$ mm,$n_1=1\,500$ r/min(为常量),活塞(即滑块)及其附件的重量 $G_3=21$ N,连杆重量 $G_2=25$ N,$J_{S2}=0.042\,5$ kg·m²,连杆质心 S_2 至曲柄销 B 的距离 $l_{BS2}=l_{BC}/3$。试确定在图示位置时活塞的惯性力及连杆的总惯性力。

9-2　在题 9-1 中,试用质量代换法求连杆的惯性力。

9-3　在题 9-3 图所示的正切机构中,已知 $h=500$ mm,$l=100$ mm,$\omega_1=10$ rad/s(为常数),构件 3 的重量 $G_3=10$ N,质心在其轴线上,生产阻力 $F_r=100$ N,其余构件的重力和惯性力均略去不计。试求当 $\varphi_1=60°$ 时,需加在构件 1 上的平衡力矩 M_b。

9-4　在题 9-4 图所示的凸轮机构中,已知各构件的尺寸、生产阻力 $\boldsymbol{F}_r$ 的大小及方向,以及凸轮和推杆上的总惯性力 $\boldsymbol{F}'_{11}$ 及 $\boldsymbol{F}'_{12}$。试以图解法求各运动副中的反力和需加于凸轮轴上的平衡力偶矩 M_b。

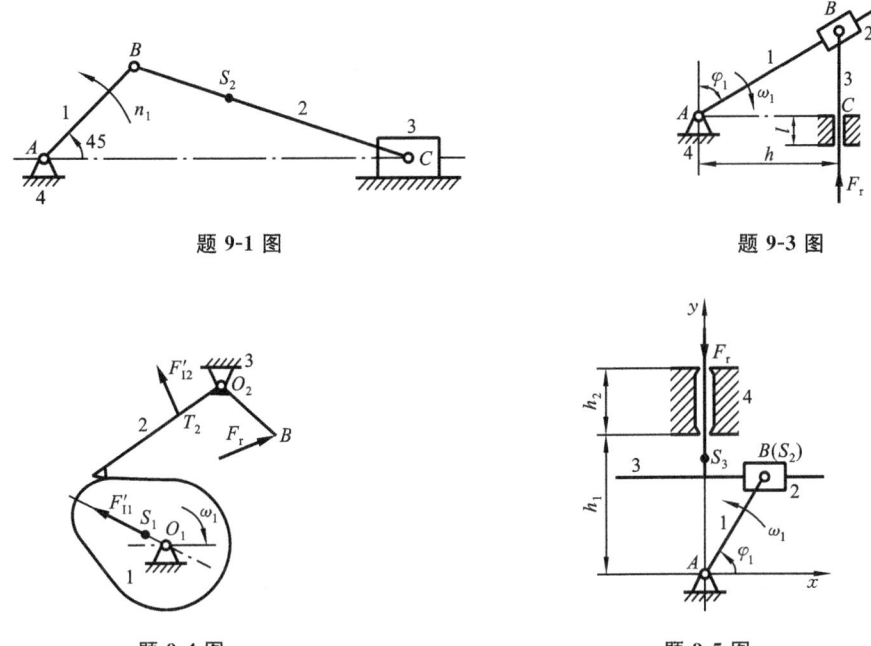

题 9-1 图

题 9-3 图

题 9-4 图

题 9-5 图

9-5　在题 9-5 图所示的正弦机构中,已知 $l_{AB} = 100$ mm,$h_1 = 120$ mm,$h_2 = 80$ mm,$\omega_1 = 10$ rad/s(为常数),滑块 2 和构件 3 的重量分别为 $G_2 = 40$ N 和 $G_3 = 100$ N,质心 S_2 和 S_3 的位置如图所示,加于构件 3 上的生产阻力 $F_r = 400$ N,构件 1 的重力和惯性力略去不计。试用解析法求机构在 $\varphi_1 = 60°$、$150°$、$220°$位置时各运动副反力和需加于构件 1 上的平衡力偶矩 M_b。

第10章　机械中的摩擦与机械效率

本章重点　考虑摩擦时各种运动副中的力分析；机械效率的计算和机械自锁条件的确定。

本章难点　平面机构中运动副总反力和机械自锁条件的确定。

10.1　分析机械中摩擦的普遍意义

　　摩擦是自然界中的普遍现象。在前述章节中，机构的力分析没有涉及运动副中的摩擦力，但是运动副中的摩擦力是机构运转过程中的主要有害阻力，也是造成磨损的主要原因。磨损有可能使机械难以正常实现其功能，甚至会导致机械的失效。比如螺旋传动中的磨损会增大螺旋副的间隙，从而降低机械传动的精度；链传动中链轮与链条之间的过度磨损会导致链条脱链等不良后果；齿轮传动中的磨损会导致齿面形状变化，表层材料发生迁移，从而降低齿轮传动精度；机床轴承中的磨损会降低主轴支承精度，从而影响零件的加工质量。

　　但是也不是所有的摩擦都是有害的，在某些情况下，人们还利用摩擦进行工作。如在加工工件时所用的楔形夹具，就是利用楔块之间的摩擦力抵抗加工时的切削力（见图10-1）；车辆等在刹车时都通过摩擦片产生的摩擦力来降低转动构件的速度直至使其停车（见图10-2）；残疾人使用摩擦力将车轮转动以带动轮椅前行（见图10-3）；农用车上的带传动机构利用带与带轮之间的摩擦将运动与动力传递出去（见图10-4）。

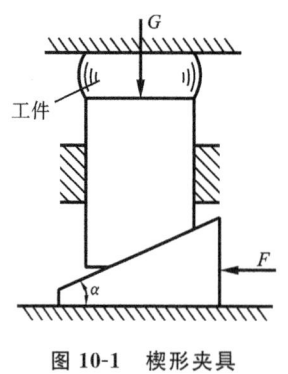

图 10-1　楔形夹具

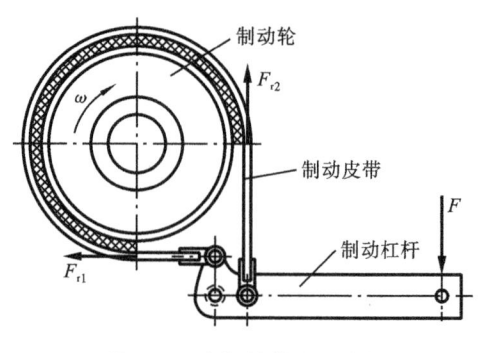

图 10-2　车辆的带式制动器

　　因此，机械中的摩擦是机械传动中的重要课题，研究机械中的摩擦具有重要的现实意义。

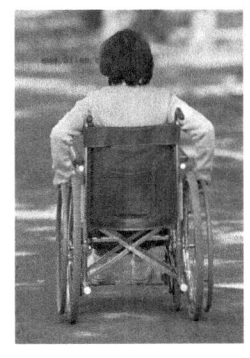

图 10-3　残疾人手动轮椅

图 10-4　农用车上的带传动

10.2　机构运动副中的摩擦

机构中的构件只要有相对运动,都受到其周围介质或者与其接触的物体的作用力,此力的效果是阻挠运动物体的运动,最后使它停止,这种力就称为摩擦力。连接两构件的运动副的相对运动形式对于低副而言是移动或转动,主要以滑动摩擦为主;对于高副而言,则是滚动或者是滚动与滑动兼备。相对于滑动摩擦而言,滚动摩擦可以忽略不计。下面将分别对运动副中的摩擦进行分析。

10.2.1　移动副中的摩擦力分析

1. 移动副中总反力的确定

如图 10-5 所示,构件 1 相对于构件 2 沿 v_{12} 方向移动构成移动副。构件 1 上的外部载荷为铅垂载荷 G,构件 2 对 1 的法向反力为 F_{N21}。为使构件 1 相对于构件 2 沿 v_{12} 方向匀速运动,在构件 1 上还须作用水平力 F,则构件 2 对构件 1 产生的摩擦力 F_{f21} 的大小为

$$F_{f21} = fF_{N21} = fG \tag{10-1}$$

该摩擦力的方向与 v_{12} 相反。构件 1 上的作用力如图10-5所示。除外力 F、G 外,构件 2 施加给构件 1 的力有两个,即 F_{N21} 和 F_{f21},现在将此二力合并为一个合力 F_{R21},则 F_{R21} 称为构件 2 对 1 的总反力。

确定图 10-5 中构件 1 所受总反力 F_{R21} 的方向也有规律可循,将 v_{12} 的方向转过 $90° + \varphi$ 即为总反力的方向。

F_{R21} 与 F_{N21} 之间夹角为 φ,称为摩擦角。且有

$$\tan\varphi = \frac{F_{f21}}{F_{N21}} = \frac{fF_{N21}}{F_{N21}} = f$$

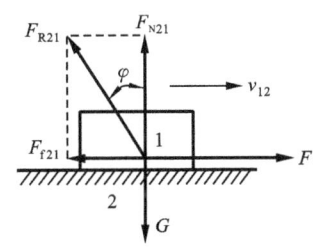

图 10-5　移动副上的总反力

由式(10-1)可以看出,摩擦力的大小与法向反力、摩擦系数成正比,在摩擦系数一定时,摩擦力只与法向反力有关。摩擦系数的大小主要与材料配对有关。机械设计手册大多给出了各类材料配对情况下摩擦系数的取值范围。在给定的材料配对情况下,摩擦系数值取决于摩擦副的微观表面形貌和宏观几何形状。

下面通过图 10-6 来分析摩擦副宏观几何形状对摩擦系数大小的影响。图 10-6 (a)表明,法向反力与铅垂载荷相等;图(b)所示槽面支撑的两接触表面之间夹角为 2θ,则两接触面法向反力在铅垂方向的分力和等于外载荷 G;图(c)所示两构件通过半圆柱形表面接触,其每个接触点都有接触反力存在,反力方向均指向曲率中心,构件 1 受到的法向总反力等于各点径向反力的总和,而各点径向反力铅垂方向分量之和应与外载荷 G 相平衡。

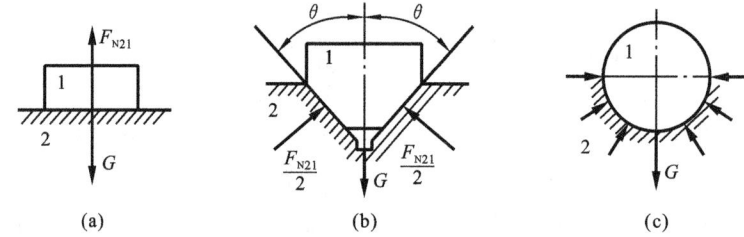

图 10-6　不同接触面上的法向反力

对于图 10-6(b)而言,有

$$F_{N21}\sin\theta = G$$

于是得

$$F_{f21} = fF_{N21} = f\frac{G}{\sin\theta} = \frac{f}{\sin\theta}G$$

令 $f_v = \dfrac{f}{\sin\theta}$,则上式可写为

$$F_{f21} = fF_{N21} = \frac{f}{\sin\theta}G = f_vG \tag{10-2}$$

对比图 10-6(a)和(b)、比较式(10-1)和式(10-2)可知,滑动摩擦副中摩擦系数大小取决于摩擦面的形状。非平面接触时(如图 10-6 中的(b)和(c)所示)的摩擦系数在数值上大于平面接触的摩擦系数。

为了简化计算,统一计算公式,不论移动副元素的几何形状如何,现均将其摩擦力的计算式表达为如下形式

$$F_{f21} = fF_{N21} = f_vG \tag{10-3}$$

式中,f_v 称为当量摩擦系数。当移动副两元素为单一平面接触时,$f_v = f$;为槽面接触时,$f_v = f/\sin\theta$;为半圆柱面接触时,$f_v = kf(k = 1 \sim \pi/2)$。即在计算移动副中的摩擦力时,不管移动副两元素的几何形状如何,只要在公式(10-3)中引入相应的当量摩擦系数即可。

2. 移动副中总反力的应用

利用移动副中总反力的大小及方向确定方法,可以方便地确定移动副中受力物体的平衡力计算。

1) 物体沿斜面上行时力的分析

图 10-7(a)所示滑块 2 沿斜面上行,即滑块 2 与斜面之间形成移动副。在铅垂载荷 G 和水平向右推力 F 的共同作用下,滑块 2 匀速上行,其速度为 v_{21}。显然,滑块 2 所受总反力方向与速度 v_{21} 之间的夹角为 $90° + \varphi$,其受力图如图 10-7(a)所示。

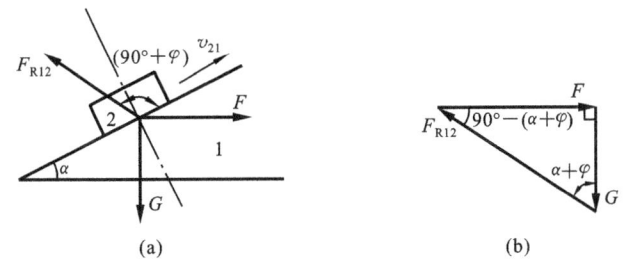

图 10-7 沿斜面上行时的总反力

根据理论力学中矢量方程可知:为保持物体匀速运动,作用于此物体上的三个力应满足合力为零的条件,即

$$G + F + F_{R12} = 0$$

分别作图中各力的平行线并使各力首尾相连,则有图 10-7(b)所示的矢量图形,根据几何条件确立各力之间的角度,则不难求得所需的水平推力为

$$F = G\tan(\alpha + \varphi) \tag{10-4}$$

2) 物体沿斜面下滑时力的分析

如图 10-8(a)所示滑块沿斜面下滑,此时载荷 G 成为促使滑块 2 相对于斜面 1 下滑的驱动力,而力 F 此时成为阻力,依然可得矢量图如图 10-8(b)所示。

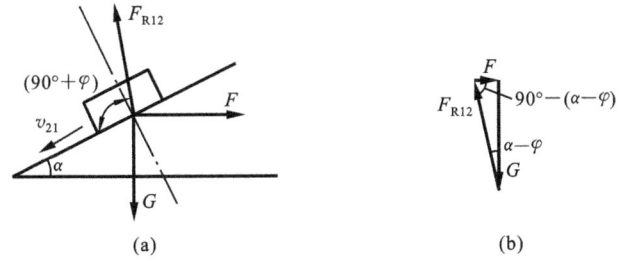

图 10-8 沿斜面下行时的总反力

根据滑块力平衡矢量图可得要保持滑块等速下滑的平衡力为

$$F = G\tan(\alpha - \varphi) \tag{10-5}$$

10.2.2 螺旋副中的摩擦力分析

螺旋副属于空间运动副,通过前面的分析可知,螺旋副在回转时引起轴线方向的移动,即螺母与螺杆之间会发生相对轴向移动。将螺旋沿其中径展开(设螺母在螺旋大径与小径之间的斜平面上接触,并从均载效果角度出发,认为载荷均匀作用在中径处)如图 10-9 所示。假设螺纹升角为 α,则该模型可简化为一重物(螺母)沿(螺旋)斜面匀速上升。同样,使用移动副中摩擦力的确定方式(此时重物沿斜面上升,速度为图 10-9(b)中 v 的方向),可以求得将螺旋拧紧时加载在螺旋中径上的力矩为

$$M = F \frac{d_2}{2} = \frac{Gd_2}{2}\tan(\alpha + \varphi_{\mathrm{v}})$$

反之,拧松螺旋时需施加于螺旋中径上的力矩为(此时重物沿斜面下降,速度为图 10-9(b)中 v' 的方向)

$$M = F \frac{d_2}{2} = \frac{Gd_2}{2}\tan(\alpha - \varphi_{\mathrm{v}})$$

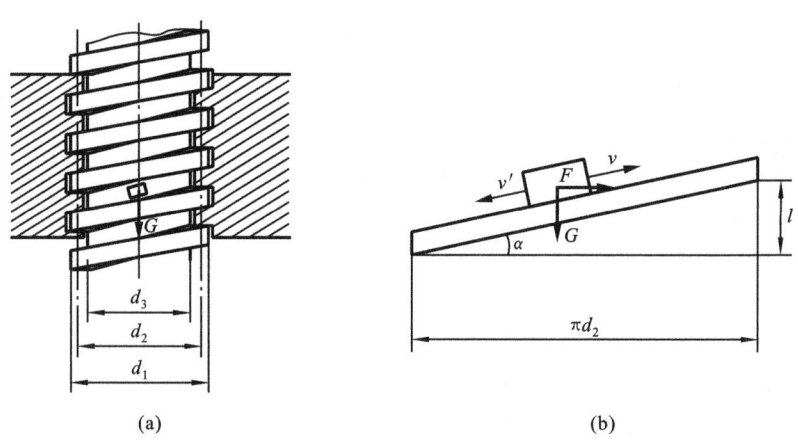

(a)   (b)

图 10-9 螺旋副中的摩擦

10.2.3 转动副中的摩擦力分析

1. 轴颈摩擦

1) 转动副中总反力的确定

机械中一般都有转动构件,如轴、曲轴和齿轮等,这些构件都是通过转动副与机架或其他构件相连接。轴承是转动副中的重要部件,转动构件的一端或者两端由轴承支承,如图 10-10(a)所示,图 10-10(b)即为其力学模型。

设轴上作用有径向力 G(外部载荷),同时该轴颈在驱动力矩 M_{d} 作用下沿 ω_{12} 方向匀速回转。此时运动副两元素间会产生摩擦力以阻止轴颈相对转动。两运动副元素为圆柱面,则其产生的摩擦力应符合 $F_{\mathrm{f21}} = f_{\mathrm{v}}G$,该摩擦力相对于回转中心产生的

摩擦力矩为

$$M_f = F_{f21} r$$

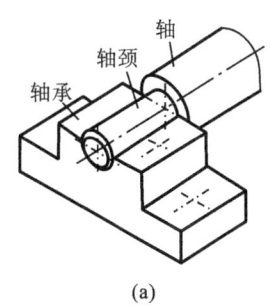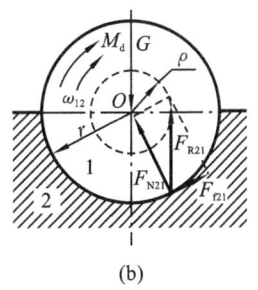

(a)　　　　　　　　　　　(b)

图 10-10　转动副中的摩擦

如图 10-10(b)所示。将作用在轴颈上的法向反力 F_{N21} 和摩擦力 F_{f21} 表示为总反力 F_{R21},则根据轴颈的受力平衡条件可得

$$G = F_{R21}, \quad M_d = F_{R21} \rho = M_f$$

故 　　　　　　　$M_f = F_{f21} r = f_v G r = F_{R21} \rho$ 　　　　　　　　(10-6)

式中,$\rho = f_v r$。

对具体的转动副而言,其摩擦系数与轴颈尺寸都是定值,所以 ρ 也是定值。图 10-10(b)中,以轴颈的几何中心为圆心,以 ρ 为半径所作虚线圆称为摩擦圆,ρ 即为摩擦圆半径。由图可见,只要轴颈相对于轴承转动,则轴承对轴颈的总反力 F_{R21} 总与摩擦圆相切。

2) 转动副中总反力的应用

如图 10-11 所示四杆机构,在驱动力矩 M_d 作用下构件 1 沿 ω_{14} 方向匀速回转,作用在构件 3 上的工作阻力为 F_r,试分析考虑摩擦力情况下该机构的受力状况。

假设该机构形成转动副的所有元素及轴颈尺寸相同,因此摩擦系数及各转动副中的摩擦圆半径都相同,如图 10-10(a)所示。

在 M_d 和 F_r 作用下,构件 2 受拉,构件 1、3 对 2 的作用力 F_{R12} 与 F_{R32} 大小相等、方向相反,且力作用线与两摩擦圆相切而共线。

在构件 1 沿 ω_{14} 回转时,构件 1 与构件 2 之间的夹角 θ_{21} 会变小,亦即构件 2 相对于构件 1 沿 ω_{21} 方向回转,则构件 1 对构件 2 施加的总反力会与构件 2 相对于构件 1 的转动方向 ω_{21} 反向。又因构件 2 受拉,则 F_{R12} 切于摩擦圆上方。在转动副 C 处,构件 2 与 3 之间的夹角逐渐增大,则 ω_{23} 的方向如图所示,构件 3 对构件 2 施加的总反力与 ω_{23} 的方向相反,所以 F_{R32} 切于摩擦圆下方,如图 10-11(b)所示。

对构件 3 进行受力分析。构件 3 在 C 处与构件 2 相连,在 D 处与构件 4 相连,都形成转动副,则构件 2、4 对构件 3 施加的总反力分别切于对应运动副的摩擦圆。由以上分析可知,F_{R32} 为构件 3 对构件 2 施加的总反力。取构件 3 为分离体,通过作用力与反作用力的关系可知,构件 2 对构件 3 总反力 F_{R23} 的大小和方向。根据平衡

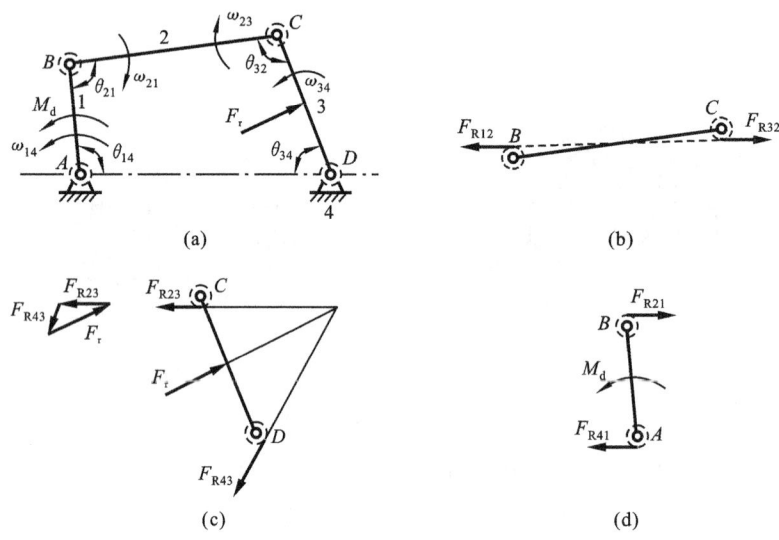

图 10-11　铰链四杆机构的力分析

条件，构件 3 上作用的 F_{R23}、F_{R43} 与 F_r 三个力的合力为零，且三力作用线汇交于一点。力的矢量方程式为

$$F_r + F_{R23} + F_{R43} = 0$$

方向　　√　　√　　?

大小　　√　　√　　?

画出矢量三角形如图 10-11(c)所示，由此确定 F_{R43} 方向如图(c)所示。然后在构件 3 的分离体上根据三力汇交条件确定 F_{R43} 与摩擦圆相切的方位。F_{R43} 只有在此方位才可能既抵抗外力 F_r，又阻碍构件 3 相对于构件 4 的转动。

同理，对构件 1(如图 10-11(d)所示)进行受力分析。由于构件 1 在 A、B 两点分别与构件 2 和 4 组成转动副，因此两构件对 1 的总反力分别切于各自摩擦圆。同样，根据作用力与反作用力关系可求 F_{R21} 的大小与方向。此外构件 4 阻碍构件 1 转动的总反作用力 F_{R41} 必与点 A 处摩擦圆相切，并与 F_{R21} 大小相等、方向相反且不共线，因而形成一对力偶。在此力偶作用下，构件 1 具有顺时针转动趋势。但事实上构件 1 逆时针匀速旋转，这是其上作用有驱动力矩 M_d 并与 F_{R21} 和 F_{R41} 这对力偶相平衡的结果。

2. 轴端摩擦

除了上述移动副、转动副、螺旋副外，工程中还经常采用推力轴承结构。此时轴承一般安装在轴端，以承受该轴所受的全部轴向力。推力轴承由静端和动端组成，动端与轴一起回转(图 10-12(a))，而静端则放置在机架上。轴端回转时，轴向作用力使推力轴承接触端面产生摩擦力，该力对转轴轴线之矩称为摩擦力矩 M_f。其计算过程如下。在图 10-12(b)中，任取一微小圆环面积 $ds = 2\pi\rho d\rho$，设 ds 上的压强 p 为常数，则该面积上的正压力 $dF_N = pds$，而该段微环面积所产生的摩擦力为

$$dF_f = f dF_N = fp \, ds$$

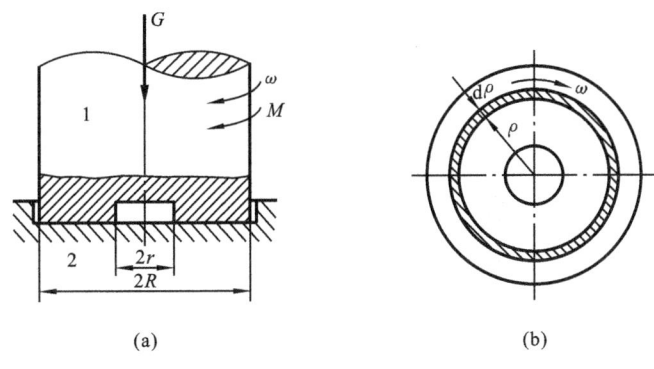

图 10-12　轴端的摩擦

于是 dF_f 对回转轴线的摩擦力矩 dM_f 为

$$dM_f = \rho dF_f = \rho f dF_N = \rho f p \, ds \tag{10-7a}$$

而轴端所受的总摩擦力矩 M_f 为

$$M_f = \int_r^R dM_f = \int_r^R \rho f p \, ds = 2\pi f \int_r^R p \rho^2 \, d\rho \tag{10-7b}$$

上式的求解可分以下两种情况讨论。

（1）新轴端。对新制成的轴端和轴承,其各处接触的紧密程度基本相同,因此可以假定整个轴端接触面上的压强 p 为常数,则由式(10-7b)积分有

$$M_f = \frac{2}{3} fG(R^3 - r^3)/(R^2 - r^2) \tag{10-8}$$

（2）跑合轴端。工作一段时间后的轴端称为跑合轴端。由于摩擦与磨损的缘故,这时轴端接触面上各点的紧密程度已不再处处相同。轴端接触面间相对运动时,各点相对滑动速度与该点的半径 ρ 成正比。换言之,轴端接触面上半径 ρ 越大的点,其相对滑动速度就越大,磨损也越严重,因而该点的压强 p 反过来就越小。据此可以近似认为压强 p 与半径 ρ 的乘积为常数,即 $\rho p =$ 常数。故由式(10-7b)可得

$$M_f = fG(R + r)/2 \tag{10-9}$$

正因为压强 p 与半径 ρ 的乘积近似为常数,这就必然有下述结果:在轴端回转中心即 $\rho = 0$ 处, $p = \infty$,从而导致重载情况下轴端中心区域极易被压馈。为改善高速重载条件下轴端接触面压强状况,通常将轴端承载端做成空心状,如图 10-12(a)所示。

10.2.4　高副中摩擦力的确定

典型平面高副如图 10-13 所示。当两曲线元素在图示位置接触时,此高副接触点处将保留两个独立运动(自由

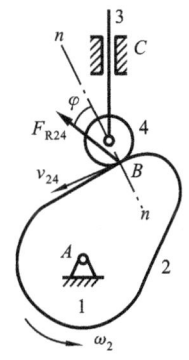

图 10-13　高副中的总反力

度),即沿接触点处切线方向的相对移动和绕接触点的相对转动。因此,通过高副连接的两构件在此两个方向上分别产生两个摩擦力。但是由于相对转动摩擦力远小于滑动摩擦力,故在高副中只考虑沿接触点处切线方向的滑动摩擦力。用总反力合成摩擦力和法向反力,则高副中总反力的确定方法与前述移动副的情形相同,总反力与两构件间相对运动方向夹角为 $90°+\varphi$。即在图 10-13 中,v_{24} 与 F_{R24} 两者正向夹角等于 $90°-\varphi$,而 v_{24} 的反向速度 v_{42} 与 F_{R24} 的夹角才应该等于 $90°+\varphi$。

10.3　摩擦力参与下的机构力分析

如果机构受力分析中计入运动副摩擦,则力平衡方程中的待求力部分还应包括运动副的摩擦力。在分析杆件受力时,只要按照前述分析的内容确定各个运动副中总反力的方向及大小即可。

例 10-1　在图 10-14 所示的摆动从动件盘形凸轮机构中,已知凸轮机构的尺寸、轴颈尺寸、运动副处的摩擦系数 f,以及作用在摆杆上点 E 处的阻力 F_r,在不计构件质量和惯性力时,求各运动副处的反作用力及作用在凸轮上的平衡力矩。

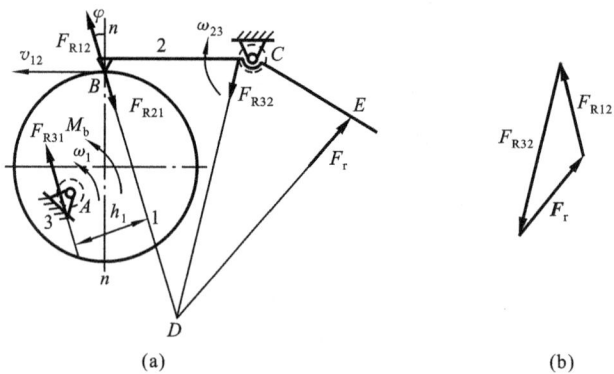

图 10-14　摆动从动件盘形凸轮机构的力分析

解　根据轴颈尺寸和摩擦系数,可以确定转动副的摩擦圆如图 10-14(a)所示。若不考虑构件的质量和惯性力时,凸轮 1 为二力构件,与机架 3 及摆杆 2 分别通过转动副和高副相连。现取凸轮 1 为分离体,其上作用有 M_b、F_{R21} 和 F_{R31}。利用移动副中总反力方向的确定方法,可以确定在该时刻摆杆 2 给凸轮 1 的总反力 F_{R21},它与凸轮 1 相对于摆杆 2 的相对运动速度 v_{12} 方向成 $90°+\varphi$ 角。机架 3 与凸轮 1 之间的总反力 F_{R31} 应切于摩擦圆左下方,由此引起的摩擦力矩的作用效果应与凸轮 1 的转向 ω_1 相反。凸轮上的平衡力矩 $M_b=F_{R21}h_1$(h_1 为 F_{R21} 与 F_{R31} 之间的距离)。凸轮受力状况可参见图 10-14(a)。

摆杆 2 上受 F_{R12}、F_r 和 F_{R32} 三力作用而平衡,则三力必交于同一点。其中 F_r 为已知,而 F_{R12} 的大小可根据作用力与反作用力关系求出。由三力平衡关系则有如下

矢量方程

$$\boldsymbol{F}_r \quad + \quad \boldsymbol{F}_{R12} \quad + \quad \boldsymbol{F}_{R32} \quad = \quad 0$$

方向	√	√	?
大小	√	√	?

由此画出图 10-14(b)所示力矢量封闭图形。根据摆杆 2 相对于机架的转动方向 ω_{23}，可以判定 $\boldsymbol{F}_{R32}$ 会阻止摆杆 2 的运动，因此如图 10-14(a)所示，力 $\boldsymbol{F}_{R32}$ 应左切于摩擦圆并与其他二力汇交于同一点 D。

10.4　机械效率分析与计算

10.4.1　机械效率的概念和计算

机械运转时，作用在机械上的驱动力所做的功为驱动功(亦即输入功)；克服生产阻力所做的功为有益功(也即输出功)；克服有害阻力所做的功为损耗功。驱动功总有一部分要消耗在克服一些有害阻力上而损失掉，损耗功完全是一种能量的损失，应当力求减少。当机械正常运转时，输入功将等于输出功与损耗功之和，即

$$W_d = W_r + W_f \tag{10-10}$$

式中：W_d、W_r、W_f 分别表示输入功、输出功和损耗功。

输出功和输入功的比值反映了输入功在机械中有效利用的程度，称为机械效率。通常以 η 表示，即

$$\eta = \frac{W_r}{W_d}$$

或者用损耗功来表示，则有

$$\eta = \frac{W_r}{W_d} = \frac{W_d - W_f}{W_d} = 1 - \frac{W_f}{W_d} \tag{10-11}$$

若用功率表示，则为

$$\eta = \frac{P_r}{P_d} \tag{10-12}$$

或者

$$\eta = \frac{P_r}{P_d} = \frac{P_d - P_f}{P_d} = 1 - \frac{P_f}{P_d} \tag{10-13}$$

式中：P_d、P_r 和 P_f 分别为输入功率、输出功率和损耗功率。

由式(10-11)与式(10-13)可知，损耗功 W_f 或损耗功率 P_f 不会为零(因为损耗主要来自机械工作过程中无法避免的摩擦)，所以机械效率 η 总是小于 1。由前述分析可知，机械中的传动链越长，运动副越多，则运动副中的摩擦也就越多。因此，为提高机械效率，应尽量减小传动链的长度，同时尽可能采用滚动摩擦代替滑动摩擦，并选用适当的润滑方式对接触表面进行润滑，以降低摩擦带来的损耗。

采用上述方式计算机械的效率很不方便，所以下面介绍一种计算机械效率的实

用方法。

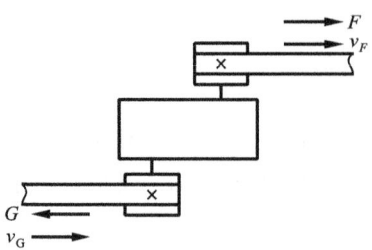

图 10-15　机械传动装置

图 10-15 所示为一匀速转动的机械传动装置示意图,现设 F 为驱动力,G 为工作阻力,v_F、v_G 分别为 F 和 G 作用点沿力方向的速度分量,于是根据式(10-12)有

$$\eta = \frac{P_r}{P_d} = \frac{Gv_G}{Fv_F} \qquad (10\text{-}14a)$$

为了进一步将上式简化,假设该机械为理想机械(即该机械中不存在摩擦)。这时,为了克服生产阻力 G,需要施加在驱动件上的驱动力称为理想驱动力 F_0,此时因为系统中没有摩擦,因此 F_0 比实际驱动力要小。对理想机械来说,其效率 η_0 应等于 1,即

$$\eta_0 = Gv_G/(F_0 v_F) = 1 \qquad (10\text{-}14b)$$

将该式代入式(10-14a)中可得

$$\eta = F_0 v_F/(Fv_F) = F_0/F \qquad (10\text{-}15)$$

此式表明,机械效率也等于不计摩擦时克服生产阻力所需的理想驱动力 F_0,与克服同样生产阻力(连同克服摩擦力)时该机械实际所需驱动力 F 之比。

同理,机械效率还可以用力矩的形式表达

$$\eta = M_0/M \qquad (10\text{-}16)$$

式中:M_0 和 M 分别为克服工作阻力时需要的理想驱动力矩和实际驱动力矩。

综合以上所述可将机械效率计算公式表达如下

$$\eta = \frac{\text{理想驱动力}}{\text{实际驱动力}} = \frac{\text{理想驱动力矩}}{\text{实际驱动力矩}} \qquad (10\text{-}17)$$

同理,当上述机械为理想机械时,在驱动力一定情况下所能克服的阻力就成为理想阻力 G_0。由于机械中没有摩擦,因此一定的驱动力所能克服的工作阻力会增大,该理想机械传动的效率相应提高到 1,即

$$\eta_0 = Fv_F/(G_0 v_G) = 1 \qquad (10\text{-}18a)$$

于是有

$$Fv_F = G_0 v_G \qquad (10\text{-}18b)$$

将其代入式(10-14a)中可得

$$\eta = Gv_G/(G_0 v_G) = G/G_0 \qquad (10\text{-}19)$$

式(10-19)表明,机械效率也等于该机械所能克服的实际生产阻力 G,与不计摩擦时所能克服的理想生产阻力 G_0 之比。同理,机械效率用力矩形式表达为

$$\eta = M_r/M_{r0} \qquad (10\text{-}20)$$

式中:M_r 和 M_{r0} 分别为机械所能克服的实际工作阻力矩和理想阻力矩。

综合以上所述,还可将机械效率计算公式表达为

$$\eta = \frac{\text{实际工作阻力}}{\text{理想工作阻力}} = \frac{\text{实际工作阻力矩}}{\text{理想工作阻力矩}} \qquad (10\text{-}21)$$

利用以上公式计算机械效率较为简便。例如计算螺旋副（图 10-9）的效率，当螺母沿斜面上升时（即拧紧螺纹副），计及摩擦时需要的驱动力矩为

$$M = \frac{d_2}{2}G\tan(\alpha + \varphi_v)$$

若机械中无摩擦（即理想机械），则上式中的摩擦角 $\varphi_v = 0$，理想驱动力矩为

$$M_0 = \frac{d_2}{2}G\tan\alpha$$

则螺纹拧紧时的效率为

$$\eta = \frac{M_0}{M} = \frac{\tan\alpha}{\tan(\alpha + \varphi_v)} \tag{10-22a}$$

当螺母沿斜面下降时（放松螺纹副），$\boldsymbol{F}$ 为阻力，则其效率为

$$\eta = \frac{M_r}{M_{r0}} = \frac{\tan(\alpha - \varphi_v)}{\tan\alpha} \tag{10-22b}$$

当然，大部分机械效率都不能精确地采用上述分析方法进行计算，现实中人们经常用实验法来测定机械中各类部件或传动件的效率，然后通过一定的方式估算出机械的效率。常用的机械效率范围可参考相关手册。

10.4.2　复杂机器和机组的效率

对于复杂的机器或由许多机器组成的机组，无论机械的结构组成及传动原理有何差异，都可以方便地根据相关手册给出的单一机构或机器的效率值估算机械系统的整体效率。但整体效率的计算取决于系统中机构或机器的连接方式。

1. 串联

如图 10-16(a) 所示为若干台机器串联组成的机组，设机组的输入功率为 P_d，依次经过机器 1、2…传到机器 k，P_k 为该机组的输出效率。则该机组的机械效率为

$$\eta = \frac{P_k}{P_d} \tag{10-23}$$

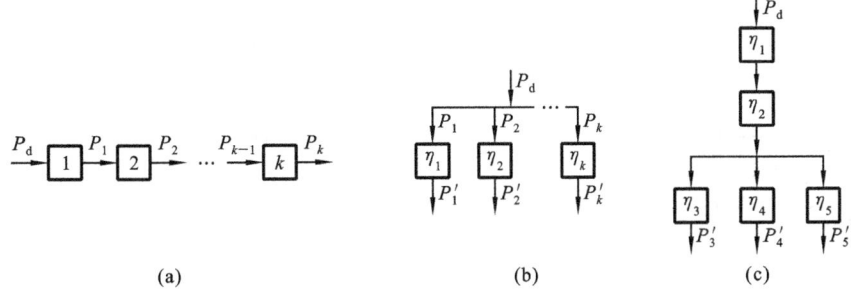

$$(a) \qquad\qquad (b) \qquad\qquad (c)$$

图 10-16　机组连接方式

该机组中的机器属于串联连接，即前面机器的输出功率就是后续机器的输入功率，则设各机器的效率分别为 $\eta_1, \eta_2, \cdots, \eta_k$，有

$$\eta_1 = \frac{P_1}{P_d}, \eta_2 = \frac{P_2}{P_1}, \cdots, \eta_k = \frac{P_k}{P_{k-1}}$$

由机组总效率 $\eta = \dfrac{P_k}{P_d}$ 可以得出如下结论

$$\eta = \frac{P_k}{P_d} = \frac{P_1}{P_d} \frac{P_2}{P_1} \cdots \frac{P_k}{P_{k-1}} = \eta_1 \eta_2 \cdots \eta_k$$

上式表明:串联机组的总效率等于所有机器效率的乘积。

2. 并联

如图 10-16(b)所示为由若干机器并联组成的机组。设各机器的输入功率分别为 $P_1, P_2, \cdots, P_k$,而输出功率分别为 $P'_1, P'_2, \cdots, P'_k$。由图可知:总输入功率为各个机器输入功率之和,即

$$P_d = P_1 + P_2 + \cdots + P_k$$

总输出功率为

$$P_r = P'_1 + P'_2 + \cdots + P'_k = P_1\eta_1 + P_2\eta_2 + \cdots + P_k\eta_k$$

故总效率为

$$\eta = \frac{P_r}{P_d} = \frac{P_1\eta_1 + P_2\eta_2 + \cdots + P_k\eta_k}{P_1 + P_2 + \cdots + P_k}$$

上式表明:并联机组的总效率不仅与各机器的效率相关,还与各机器传递的功率有关,若机器中效率最高者和最低者分别用 η_{max} 和 η_{min} 表示,则机组效率 $\eta_{min} < \eta < \eta_{max}$。

3. 混联

对于图 10-16(c)所示既有串联又有并联机器的混联机组,可以首先根据各部分的连接方式分别计算其输入与输出功率,然后计算系统的总输入功率 ΣP_d 与总输出功率 ΣP_r,则系统总效率为

$$\eta = \Sigma P_r / \Sigma P_d$$

例 10-2　图 10-17 所示为一带式运输机传动装置,设各传动机构的效率分别为 $\eta_{齿轮} = 0.98$,$\eta_{带} = 0.95$,$\eta_{轴承} = 0.99$(每对),$\eta_{联轴器} = 0.99$,试计算该传动装置的总效率。

解　该传动装置有传动带、四对轴承、两对齿轮和一个联轴器。各部分之间通过串联方式相连接,故系统传动的总效率为

$$\eta = \eta_{带}\, \eta_{轴承}^4\, \eta_{齿轮}^2\, \eta_{联轴器}$$
$$= 0.95 \times 0.99^4 \times 0.98^2 \times 0.99$$
$$= 0.868$$

即该系统的机械效率为 0.868。

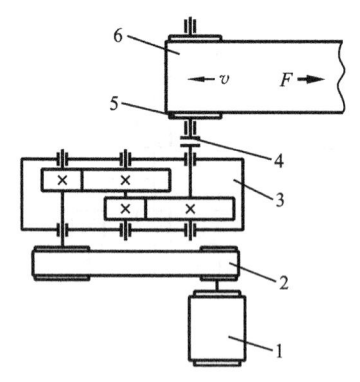

图 10-17　带式运输机传动装置

10.5　机械自锁分析与应用

有些机械,按其结构分析,其自由度 $F>0$,只要加上足够大的驱动力,就应该能沿着有效驱动力作用的方向运动。但是由于摩擦的存在,有时却会出现无论这个驱动力如何增大也无法使其运动的现象,这种现象称为机械的自锁。例如在电梯、吊机、卷扬机中的曳引机就要求有自锁特性,以确保被提升物体和周围人群的安全。下面来分析机械发生自锁的条件。

如图 10-18 所示,滑块 1 与平台 2 组成移动副。设 F 为作用于滑块 1 上的驱动力,它与接触面的法线 $n—n$ 间的夹角为 β(称为传动角),而摩擦角为 φ。将力分解为沿接触面切向和法向的两个分力 F_t、F_n。$F_t = F\sin\beta = F_n\tan\beta$ 是推动滑块 1 运动的有效分力;而 F_n 只能使滑块 1 压向平台 2,其所能引起的最大摩擦力为 $F_{fmax} = F_n\tan\varphi$,因此,当 $\beta \leqslant \varphi$ 时,有

$$F_t < F_{fmax}$$

即在 $\beta \leqslant \varphi$ 的情况下,不管驱动力 F 如何增大(方向维持不变),驱动力的有效分力 F_t 总小于驱动力 F 本身所可能引起的最大摩擦力,因而总不能推动滑块 1 运动,这就是自锁现象。

因此,在移动副中,如果作用于滑块上的驱动力作用在其摩擦角之内(即 $\beta \leqslant \varphi$)则发生自锁,这就是移动副发生自锁的条件。

在图 10-19 所示的转动副中,设作用在轴颈上的外载荷为一单力 F,则当力 F 的作用线在摩擦圆之内时(即 $a \leqslant \rho$),因它对轴颈中心的力矩 M_d 始终小于它本身所引起的最大摩擦力矩 $M_f = F_R\rho = F\rho$,所以力 F 任意增大(力臂 a 保持不变),也不能驱使轴颈转动,亦即出现了自锁现象。因此,转动副发生自锁的条件为:作用在轴颈上的驱动力为单力 F,且作用于摩擦圆之内,即 $a \leqslant \rho$。

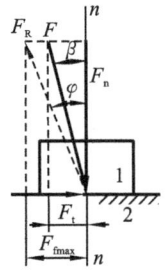

图 10-18　移动副的自锁

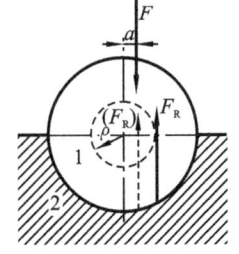

图 10-19　转动副的自锁

上面讨论了单个运动副(仅涉及低副)的自锁条件。而机构是由运动副与构件组成的,要判断一个机械系统是否自锁,只要逐个判别作用于构件的载荷是否导致运动副自锁即可。这是因为机械发生自锁的实质是运动副自锁。因此,可用机械中的运

动副是否满足自锁条件来判断机械是否发生自锁。

除了上述采用运动副自锁的方法判断机械是否发生自锁外，还可以从自锁产生的现象出发，通过比较驱动力的有效分力 F_t 与该有效分力同方向上的最大摩擦力 F_{fmax} 的大小来判断。当满足 $F_t \leqslant F_{fmax}$ 条件时，该机械即自锁。

第三种判断机械是否自锁的依据是该机械的总效率值。由于机械自锁时，无论驱动力如何增大都不能使机械发生运动，用效率的概念解释就是驱动功不足以克服其所能引起的最大损耗功 W_f，所以有 $\eta \leqslant 0$。这里的 $\eta \leqslant 0$ 表明此时机械已不能运动，因而不能做功。$\eta = 0$ 表示机械处于自锁临界状态；$\eta < 0$ 则表示自锁的程度，其绝对值越大，自锁就越可靠。

第四种判断机械是否自锁的依据是生产阻力。机械一旦自锁，该机械就不能运动，因此这时驱动力所能克服的生产阻力 $G \leqslant 0$。$G < 0$ 表示工作阻力反向变为驱动力后机械才能运动，所以可以利用驱动力任意增大时，$G \leqslant 0$ 是否成立来判断机械是否自锁。

以下举例说明机械自锁的判断方法和机械自锁的条件。

1. 螺旋副

第 10.4 节讨论了螺旋副反向运动时的机械效率计算问题，并且导出了式（10-22b）。在此基础上，现在来考察在外力 **F** 作用下螺旋副保持反行程自锁，即在力 **F** 作用下螺旋副不会发生松动现象的条件。式（10-22b）中，α 为螺旋升角，φ_v 为螺旋副当量摩擦角，自锁发生时必有 $\eta \leqslant 0$。但由于 $\tan\alpha > 0$，因此只有 $\tan(\alpha - \varphi_v) \leqslant 0$，即 $\alpha \leqslant \varphi_v$ 才是螺旋副反行程自锁的条件。

2. 斜面机构

例 10-3　在图 10-20 所示楔块机构中，已知楔块斜角 $\beta = 60°$，各接触面摩擦系数均为 $f = 0.15$。求当 $G = 100$ N 时，不计楔块质量，需加多大的水平力 **F** 才能使楔块 1 克服力 **G** 而等速上升？又需加多大的力 **F** 才能维持楔块 1 在力 **G** 作用下等速下滑？若要求不加水平力 **F**，而是楔块在力 **G** 作用下不向下移动的条件是什么？

分析　先分析机构的正行程。任一机器都有正、反两个行程，当驱动力作用在原动件上使运动向一个方向（从原动件到从动件）传递时，称为正行程；反之，当将正行程的生产阻力作为驱动力作用在原来的从动件上，使运动向相反方向（从正行程的从动件到原动件）传递时，称为反行程。正行程的效率 η 和反行程的效率 η' 一般不相等。在计算实际机器的正、反行程效率时，可能遇到下列两种情形：① $\eta > 0$，$\eta' > 0$；② $\eta > 0$，$\eta' < 0$。第一种情形表示正反行程时机器都能运动；第二种情形表示正行程时机器能够运动，而反行程时机器发生自锁，这时不论驱动力有多大，机器都不能运动。凡使机器反行程自锁的机构统称为自锁机构。

（1）机构正行程的受力分析

对图 10-20（a）所示楔块机构而言，所谓正行程，是指 **F** 为驱动力，楔块 2 向左运动，楔块 1 垂直向上运动。

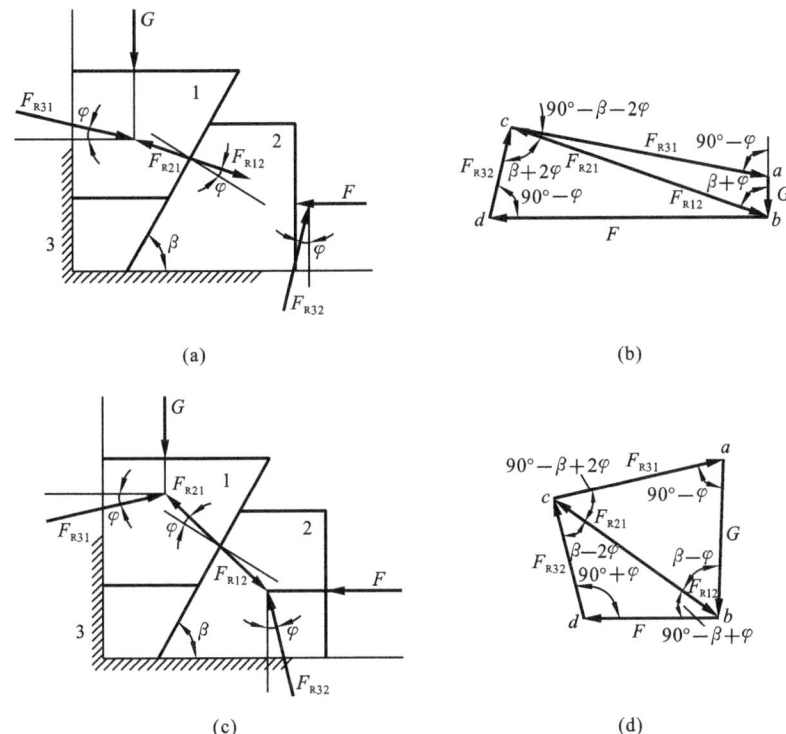

图 10-20　楔块机构

分别取构件 1 和 2 为分离体。由于构件为简单的三力构件,根据构件间的相对运动关系可以画出每个受力体上的总反力 $\boldsymbol{F}_{Rij}(i,j=1,2,3)$ 作用线。图中 φ 为摩擦角。

构件 1 与 2 形成移动副,且沿斜面向上运动,因此 $\boldsymbol{F}_{R21}$ 应与 $\boldsymbol{v}_{12}$ 方向成 $90°+\varphi$ 角;同理,向上运动的构件 1 与机架形成移动副,因此 $\boldsymbol{F}_{R31}$ 应与 $\boldsymbol{v}_{13}$ 方向成 $90°+\varphi$ 角;同时该构件还受工作阻力 $\boldsymbol{G}$ 作用,此三力构成封闭三角形,所以可列出如下方程

$$\boldsymbol{G} + \boldsymbol{F}_{R21} + \boldsymbol{F}_{R31} = 0$$

同理,构件 2 受驱动力 $\boldsymbol{F}$ 作用向左水平移动,机架 3 对其产生的总反力 $\boldsymbol{F}_{R32}$ 应与 $\boldsymbol{v}_{23}$ 方向成 $90°+\varphi$ 角;同时,构件 2 相对于构件 1 沿斜面向下运动,则构件 1 对其产生的总反力 $\boldsymbol{F}_{R12}$ 应与 $\boldsymbol{v}_{21}$ 方向成 $90°+\varphi$ 角,且与 $\boldsymbol{F}_{R21}$ 为作用力与反作用力关系。作用在构件 2 上的三力保持平衡,也可列出如下矢量方程

$$\boldsymbol{F} + \boldsymbol{F}_{R32} + \boldsymbol{F}_{R12} = 0$$

按比例尺作力矢量多边形如图 10-20(b)所示,则在两个三角形中分别根据正弦定理有

$$\frac{F}{\sin(\beta+2\varphi)} = \frac{F_{R12}}{\sin(90°-\varphi)}; \quad \frac{G}{\sin[90°-(\beta+2\varphi)]} = \frac{F_{R12}}{\sin(90°-\varphi)}$$

联立上述两式可得

$$F = G\tan(\beta + 2\varphi)$$

将 $G=100$ N，$\beta=60°$ 和 $\varphi=\arctan 0.15=8.53°$ 代入上式，则得 $F=435$ N。

（2）机构反行程的受力分析

反行程即要求在垂直力 G 作用下构件 1 向下运动，构件 2 水平向右运动。依然分别取构件 1 与 2 为分离体，分析在力 G 作用下构件 1、2 上总反力的方向。如图 10-20(c)所示，构件 1 和 2 分别在三力作用下各自满足如下矢量方程

$$G + F_{R21} + F_{R31} = 0$$
$$F + F_{R32} + F_{R12} = 0$$

由于在力 G 作用下构件 1 和 2 的运动方向与（1）中分析相反，所以其上总反力方向与（1）中反向。画出矢量图如图 10-20(d)所示，根据几何关系可得

$$\frac{F}{\sin(\beta-2\varphi)} = \frac{F_{R12}}{\sin(90°+\varphi)}; \quad \frac{G}{\sin[90°-(\beta-2\varphi)]} = \frac{F_{R12}}{\sin(90°-\varphi)}$$

联立上述两式并代入相关数据可得

$$F = G\tan(\beta - 2\varphi) = 93 \text{ N}$$

比较正、反行程受力分析可知：正行程时构件间的相对运动方向与反行程时完全相反，力多边形中摩擦角 φ 的倾斜方向也相反；只要用"$-\varphi$"代替"φ"，正行程时的力分析计算公式即可全部变为反行程时的力分析计算公式。

（3）自锁条件

在反行程时力 F 变为工作阻力，因此，可以令阻力小于等于 0 来确定自锁应满足的条件。由于在反行程时 $F=G\tan(\beta-2\varphi)\leqslant 0$，则在 G 不可能等于零的情况下，只有 $\tan(\beta-2\varphi)\leqslant 0$，即 $\beta\leqslant 2\varphi$ 时，该斜面机构自锁。

3. 夹具

例 10-4 机械加工时，常采用如图所示偏心夹具固定被加工件。工件 2 放置在工作台 1 上，偏心圆盘 3 的回转中心 O 偏离其几何中心 A。在手柄上的力 F 作用下偏心圆盘转动，偏心盘外缘与工件之间的摩擦即可将工件位置固定。现要求在加工过程中，刀具对工件的切削力不得使工件产生反方向移动或偏心盘反向转动。试对构件 3 进行受力分析，确定自锁条件。

如图 10-21(a)所示，在夹具手柄处施加一下压力 F，推动偏心圆盘绕回转中心 O 顺时针回转。偏心盘外缘上各点到回转中心距离不同，从而可将工件 2 夹紧。

构件 3 在力 F 作用下顺时针转动，使工件 2 被压紧；当撤去力 F 后机构反向自锁，工件 2 始终保持静止。现对构件 3 受力进行如下分析。

撤去力 F 后，工件 2 的总反作用力 F_{R23} 使构件 3 具有沿图 10-21(b)所示 ω 方向反向回转的趋势。若要保证构件 3 反行程自锁，作用在构件 3 上的力 F_{R23} 的作用线必须穿过构件 3 转动中心处的摩擦圆，在几何上则要满足以下条件

$$s - s_1 \leqslant \rho$$

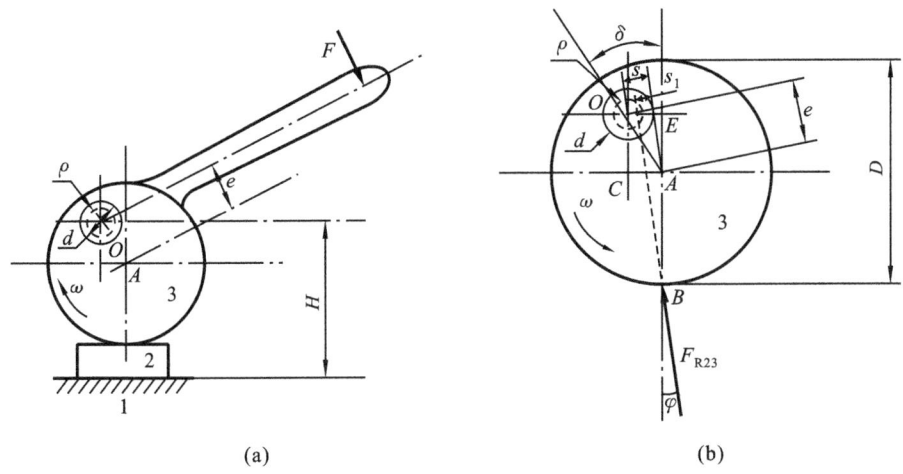

(a)　　　　　　　　　　　　　　　　(b)

图 10-21　偏心夹具

式中:$s = e\sin(\delta - \varphi)$,其中 e 为偏心距(在 $\triangle AOE$ 中,$e = \overline{OA}$),δ 为楔紧角,φ 为摩擦角;$s_1 = \overline{AB}\sin\varphi = (D/2)\sin\varphi$,其中 D 为圆盘直径,ρ 为摩擦圆半径。

据此,偏心盘夹具的自锁条件可以表示为

$$e\sin(\delta - \varphi) - (D/2)\sin\varphi \leqslant \rho$$

由以上分析可以看出:判断机构在某状态下是否自锁的途径主要有:①判断运动副是否自锁;②判断效率是否小于或等于零;③判断所克服的工作阻力是否小于零。

小　结

本章介绍的重要概念有:发生在移动副、转动副和高副中的滑动摩擦;由此形成的摩擦角或摩擦圆;摩擦副接触面间相对总反力与相对滑动速度间的关系;摩擦系数与当量摩擦系数;考虑摩擦时力的矢量方程与封闭多边形。

本章研究的重要分析方法有机械效率分析方法和机械自锁分析方法。

(1) 机械效率分析方法。

一个机械系统中机构的连接方式有串联、并联和混联,应当区分情况来计算整个系统的效率。计算具体机构的效率时,可以采用的三种方法如下。

①传统的效率计算方法。

$$\eta = \frac{P_r}{P_d} = \frac{P_d - P_f}{P_d} = 1 - \frac{P_f}{P_d}$$

②着眼于驱动力的简化方法。

$$\eta = \frac{理想驱动力}{实际驱动力} = \frac{理想驱动力矩}{实际驱动力矩}$$

③着眼于生产阻力的简化方法。

$$\eta = \frac{实际生产阻力}{理想生产阻力} = \frac{实际生产阻力矩}{理想生产阻力矩}$$

(2) 机械自锁分析方法。

根据自锁现象产生的原因,导出了机械自锁的实质就是运动副自锁的结论;分析机械在某运动方向上是否自锁的方法有以下四种。

①分析机械中的运动副是否自锁。

②作用在机械上的生产阻力是否小于零。

③机械的效率是否等于或小于零。

④对驱动力产生的有效分力和相应的摩擦力进行数量上的比较。若有效分力总是小于或等于最大摩擦力,则机械自锁。

思　考　题

10-1　什么是摩擦角? 移动副中总反力是怎样决定的? 什么是当量摩擦系数及当量摩擦角? 引入它们目的是什么?

10-2　矩形螺纹的螺旋副与三角形螺纹的螺旋副各有何特点? 各适用于何种场合?

10-3　什么是摩擦圆? 摩擦圆的大小与哪些因素有关?

10-4　非跑合的止推轴承与跑合的止推轴承其轴端的摩擦力矩的计算公式有何不同? 为什么? 工作中为何常采用空心的轴端?

10-5　什么是机械效率? 效率高低的实际意义是什么?

10-6　什么是实际机械? 什么是理想机械? 两者有何区别?

10-7　机械效率小于零的物理意义是什么?

10-8　从机械效率的观点来看,机械的自锁条件是什么?

10-9　机械正行程的机械效率是否等于反行程的机械效率? 为什么?

练　习　题

10-1　如题 10-1 图所示为一用来提起石块的滑轮装置。链索 ABC 缠绕在杆 BD 和 CE 的枢轴的滑轮 B、C 上,它们带衬垫压在石块上。如石块与衬垫之间的摩擦系数 $f=0.4$,链 ABC 长 $l=1.5$ m。试求能够被提起的最小石块宽度 b(在转动副处摩擦不计,并假定在 B、C 滑轮处直径不计)。

10-2　一焊接用夹具如题 10-2 图所示。利用此夹具可将要焊接的两工件 1 及 $1'$ 预先夹紧以便焊接。图中 2 为夹具体,3 为楔块,在楔块上作用力 F 即可将两工件夹紧。如已知各接触面间的摩擦系数均为 f,试确定夹具夹紧工件后,楔块 3 不会自动松脱的条件。

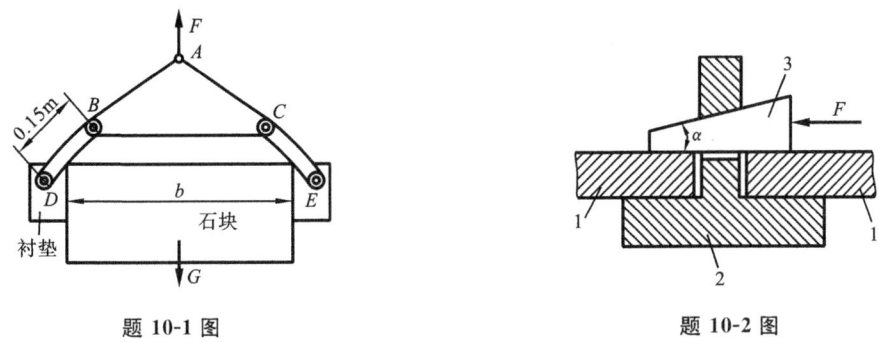

题 10-1 图　　　　　　　　　　　题 10-2 图

10-3　如题 10-3 图所示,重 $G=800$ N 的物体放在倾斜 $\alpha=20°$的斜面上,受水平力 $F=200$ N 的作用,物体与斜面之间的摩擦系数 $f=0.3$。试问:

（1）该物体是否静止? 如滑动,其方向如何? 如静止,其摩擦力大小、方向如何?

（2）若 $F\neq200$ N,要物体静止在斜面上的水平力允许在什么范围内变动?

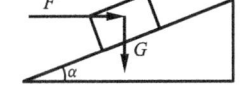

题 10-3 图

（3）若受一水平力作用,是否总存在着摩擦力,会有摩擦力消失的情况吗?

10-4　如题 10-4 图所示为一曲柄滑块机构的三个不同位置,F 为作用于滑块上的力,转动副 A 和 B 上所画的虚线圆为摩擦圆,试确定在此三个位置时,连杆 AB 上所受作用力的方向。

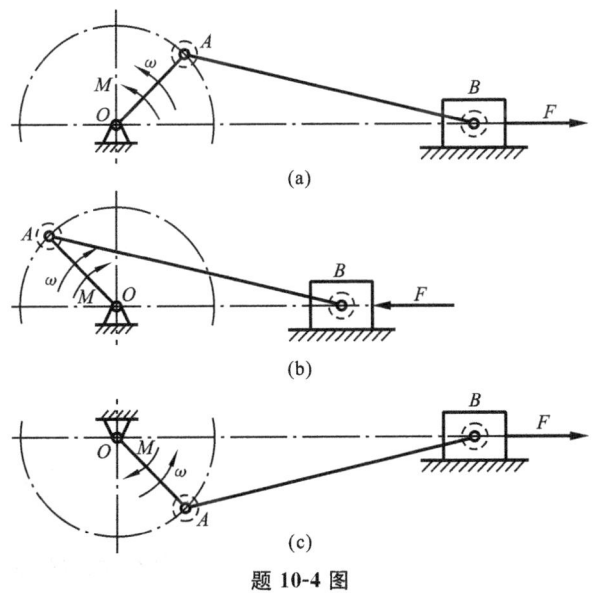

题 10-4 图

10-5　如题 10-5 图所示为由齿轮机构组成的双路传动,已知两路输出功率相同,锥齿轮传动效率 $\eta_1=0.97$,圆柱齿轮传动效率 $\eta_2=0.98$,轴承摩擦不计,试计算该传动装置的总效率 η。

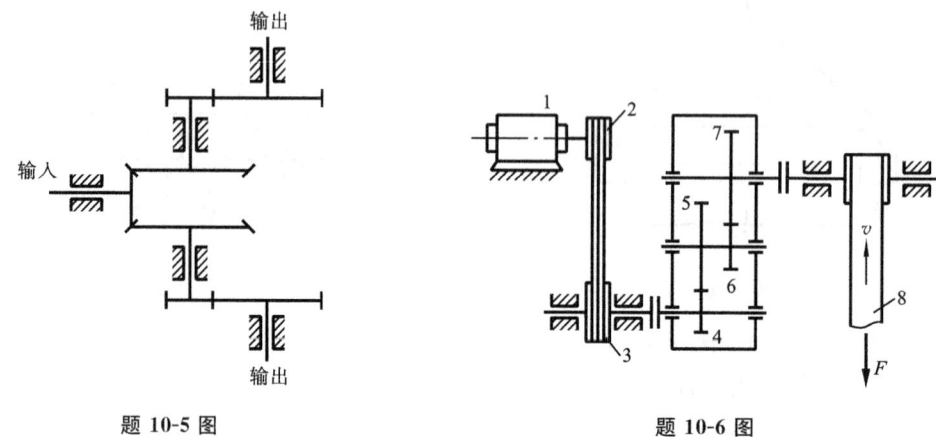

题 10-5 图　　　　　　　　　　　　　　　题 10-6 图

10-6　在题 10-6 图所示带式运输机中,由电动机 1 经过带传动及两级减速器带动运输带 8。设已知运输带 8 所需的曳引力 $F=5.5$ kN,运输带的运送速度 $v=1.2$ m/s,带传动(包括其轴承)的效率为 $\eta_1=0.95$,每对齿轮(包括其轴承)的效率 $\eta_2=0.97$,运输带的机械效率 $\eta_3=0.92$。试求该传动系统的总效率及电动机所需功率。

10-7　如题 10-3 图所示,条件同题 10-3,试证明当反行程自锁时,正行程的机械效率小于等于 50%。

10-8　某偏置直动从动件盘形凸轮机构如题 10-8 图所示。已知作用于从动件 2 上的载荷 $G_2=100$ N,运动副 B、C 处的摩擦系数 $f=0.14$,转动副 A 的轴颈半径为 $r=15$ mm,该处的当量摩擦系数 $f=0.2$,试用图解法求:

(1) 各运动副反力的大小、作用线及方向;

(2) 应加于凸轮上的平衡力矩的大小及方向。

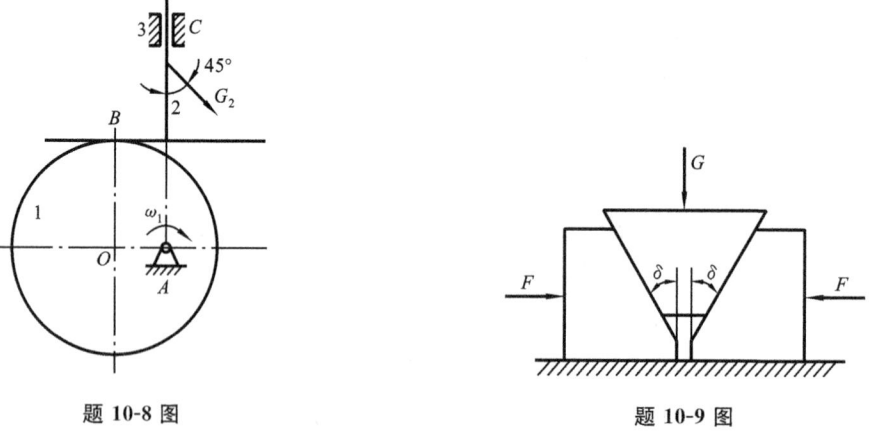

题 10-8 图　　　　　　　　　　　　　　　题 10-9 图

10-9　如题 10-9 图所示为一减振器,已知力 G、δ 角和各接触面的摩擦系数 f,

求：

（1）G 为驱动力时的力 F 和效率 η；

（2）自锁条件。

10-10　在如题 10-10 图所示的凸轮机构中,已知推杆与导路之间的摩擦系数 $f=0.1$,导路长度 l 与悬臂长度 b 相等,作用于推杆上的载荷 $G=6$ N,凸轮作用于推杆上的作用力 $F=10$ N(不计摩擦力),并使推杆能沿导路上下移动。试求推杆在该位置可以向上运动时的压力角 α 的大小。

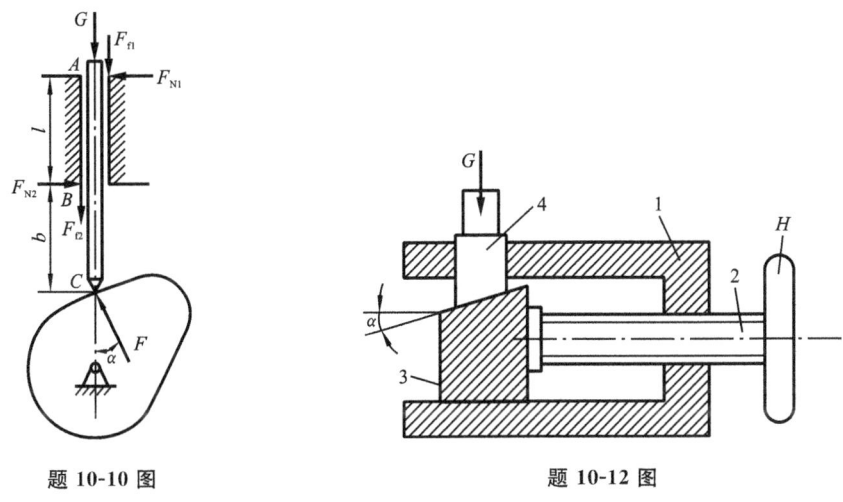

题 **10-10** 图　　　　　　　　　　题 **10-12** 图

10-11　在图 10-21 所示的偏心夹具中,设已知夹具中心高 $H=100$ mm,偏心盘外径 $D=120$ mm,偏心距 $e=15$ mm,轴颈摩擦圆半径 $\rho=5$ mm,摩擦系数 $f=0.15$。求所能夹持的工件的最大、最小厚度 h_{max}、h_{min}。

10-12　在如题 10-12 图所示的螺旋顶升机构中,转动手轮 H,通过矩形螺纹螺杆 2 使楔块 3 向左移动,提升滑块 4 上的重物。已知重物重量 $G=20$ kN,楔块斜角 $\alpha=15°$,各接触面间的摩擦系数 $f=0.15$,螺杆 2 的螺距为 6 mm,是双头螺杆,螺纹中径 $d_2=25$ mm,不计螺杆 2 轴端与楔块 3 接触面之间的摩擦,求提升重物时,需要加在手轮上的力矩和该机构的效率。

第 11 章　机械的平衡

本章重点　机械平衡的目的及其分类;刚性转子的平衡原理、平衡条件及平衡实验方法;平面机构惯性力平衡的概念。

本章难点　刚性转子的动平衡计算。

11.1　概　　述

11.1.1　机械平衡的目的

机构中的构件在运动过程中都将产生惯性力和惯性力矩,这必将在运动副中产生附加的动压力,从而增大构件中的内应力和运动副中的摩擦,加剧运动副的磨损,降低机械效率,缩短机械的使用寿命。由于惯性力和惯性力矩的大小和方向随机械运动作周期性变化,将使机械及其基础产生受迫振动,当振动频率接近机械固有频率时,就有可能造成机械的破坏甚至危及周围建筑设施与人员的安全。

研究机械平衡的目的就是设法消除或减少惯性力和惯性力矩的不良影响,改善机构工作性能并延长其使用寿命。

日常生产生活中也存在合理利用不平衡惯性力的机械装置,例如振实机、振动打桩机和蛙式打夯机等。

11.1.2　机械平衡的内容及分类

机械设计的计算,除应保证满足功能要求及制造工艺要求外,还应在结构设计时考虑消除和减少可能导致有害振动的不平衡惯性力与惯性力矩。经过理论计算达到平衡的机械,由于制造误差、装配误差及材质不均匀等非设计因素的影响,往往仍会产生不平衡现象。因此,工程实际中必须通过实验进行检测与校正。

根据机械中构件的运动形式和结构特点,机的平衡分为以下两类。

1. 绕固定轴回转的构件的惯性力平衡

绕固定轴回转的构件统称为转子。如汽轮机、发电机、电动机以及离心机等机器,都是以转子作为工作的主体。这类构件的不平衡惯性力可利用在该构件上增加或除去一部分质量的方法予以平衡。这类转子又分为刚性转子和挠性转子两种。

(1) 刚性转子的平衡。在一般机械中,转子的刚性都比较好,其共振转速较高,转子的工作转速一般低于$(0.6\sim0.75)n_{c1}$(n_{c1}为转子的第一阶临界转速)。在此情况下,转子产生的弹性变形甚小,故把这类转子称为刚性转子。刚性转子的平衡原理是基于理论力学中的力系平衡理论。刚性转子的平衡原理和方法是本章要介绍的主要内容。

（2）挠性转子的平衡。在机械中还有一类转子，如航空涡轮发动机、汽轮机、发电机等中的大型转子，其质量和跨度很大，而径向尺寸却较小，其共振转速较低，而工作转速 n 又往往很高（$n \geqslant (0.6 \sim 0.75) n_{c1}$），故转子在工作过程中将会产生较大的弯曲变形，从而使其惯性力显著增大。这类转子称为挠性转子。挠性转子的平衡原理是基于弹性梁的横向振动理论，由于这个问题比较复杂，需作专门研究，本章不作介绍。

2. 机构的平衡

做往复移动或平面复合运动的构件，其所产生的惯性力无法在该构件本身上平衡，而必须就整个机构加以研究，设法使各运动构件惯性力的合力和合力偶得到完全或部分平衡，以消除或降低其不良影响。由于惯性力的合力和合力偶最终均由机械的基础所承受，故又称这类平衡问题为机械在机座上的平衡。

11.2　刚性转子平衡原理

刚性转子的平衡问题可分为以下两种情况。

（1）由于转子的质心不在回转轴线上，在转子静止时也会显现出不平衡的状态，这样的转子称为静不平衡转子，使其平衡的措施称为静平衡。

（2）转子的质心即使位于回转轴线上，但不在同一回转平面内的各离心惯性力构成了惯性力偶矩，致使其回转运动时出现不平衡。这样的转子称为动不平衡转子，使其平衡的措施称为动平衡。

11.2.1　静平衡计算

对于轴向尺寸较小的盘状转子（转子轴向宽度 b 与其直径 D 之比 $b/D < 0.2$），如齿轮、盘形凸轮、带轮、叶轮等，可以近似认为其偏心质量位于同一平面内。当发生静不平衡时，通过分析转子结构和计算质量分布，在需要增加（或除去）平衡质量的方位上增加（或除去）适合的质量，即为静平衡计算。

例如，在图 11-1 所示转子上不均匀地分布有大小不同的偏心质量 m_1、m_2 和 m_3，各偏心质量的矢径分别为 r_1、r_2 和 r_3。当转子以角速度 ω 等速转动时，由平面力学知识可知，各偏心质量将产生离心惯性力，标记为 $\boldsymbol{F}_{I1}$、$\boldsymbol{F}_{I2}$ 和 $\boldsymbol{F}_{I3}$，且 $\boldsymbol{F}_{Ii} = m_i \boldsymbol{r}_i \omega^2$，其中 $m_i \boldsymbol{r}_i (i=1,2,3)$ 称为质径积。

为使其达到平衡，应增加一偏心质量 m_b，其矢径为 $\boldsymbol{r}_b$，其产生的离心惯性力为 $\boldsymbol{F}_b$。根据平衡关系可得

$$\boldsymbol{F}_{I1} + \boldsymbol{F}_{I2} + \boldsymbol{F}_{I3} + \boldsymbol{F}_b = 0 \tag{11-1}$$

即

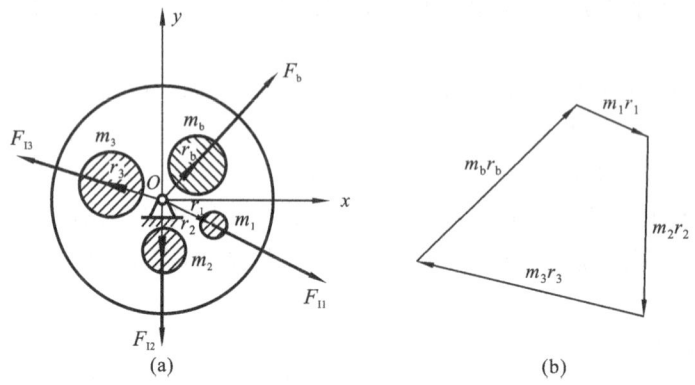

图 11-1　刚性转子的静平衡

$$m_1\boldsymbol{r}_1 + m_2\boldsymbol{r}_2 + m_3\boldsymbol{r}_3 + m_b\boldsymbol{r}_b = 0 \tag{11-2}$$

若回转体上分布有 n 个偏心质量,且各偏心质量大小和分布位置均已知,即可根据

$$m_b\boldsymbol{r}_b + \sum_{i=1}^{n} m_i\boldsymbol{r}_i = 0 \tag{11-3}$$

求得所需增加的平衡质量的质径积 $m_b\boldsymbol{r}_b$。

由上述分析可知,对于静不平衡转子,不论其上分布有多少个偏心质量,都可以通过在合适的位置上增加一个偏心质量的方法使其达到平衡。

显然,也可以在 $\boldsymbol{r}_b$ 的反方向 $\boldsymbol{r}_b'$ 处除去一部分质量 m_b' 来使转子得到平衡,只要保证 $m_b r_b = m_b' r_b'$ 即可。

例 11-1　如图 11-2 所示为一圆盘转子,其上有四个不平衡质量,它们的大小及质心到回转轴线的距离(向径)分别为 $m_1 = 10$ kg,$m_2 = 14$ kg,$m_3 = 16$ kg,$m_4 = 20$ kg,$r_1 = 200$ mm,$r_2 = 400$ mm,$r_3 = 300$ mm,$r_4 = 140$ mm,欲使该转子满足静平衡条件,试求需加平衡质径积 $m_b\boldsymbol{r}_b$ 的大小和方向。

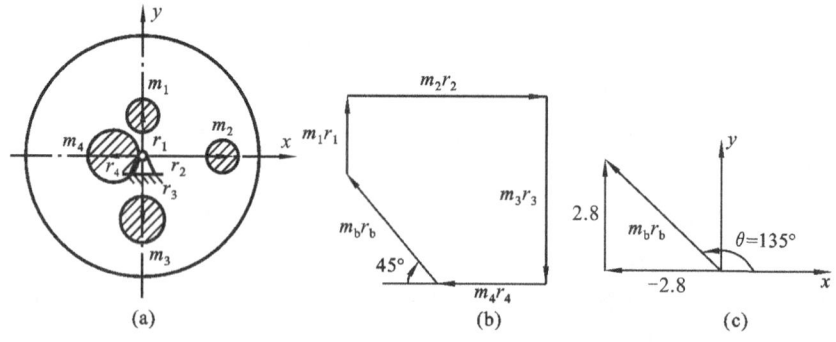

图 11-2　静平衡计算实例

分析　根据平面力系的平衡原理,应先求出已知四个质量的质径积,然后利用图

解法求需加平衡质径积 $m_b r_b$ 的大小和方向。

解　(1) 求各不平衡质量的质径积大小。

$$m_1 r_1 = 10 \times 0.2 \ \text{kg} \cdot \text{m} = 2 \ \text{kg} \cdot \text{m}$$

$$m_2 r_2 = 14 \times 0.4 \ \text{kg} \cdot \text{m} = 5.6 \ \text{kg} \cdot \text{m}$$

$$m_3 r_3 = 16 \times 0.3 \ \text{kg} \cdot \text{m} = 4.8 \ \text{kg} \cdot \text{m}$$

$$m_4 r_4 = 20 \times 0.14 \ \text{kg} \cdot \text{m} = 2.8 \ \text{kg} \cdot \text{m}$$

(2) 用图解法求解。

由静平衡条件得

$$m_1 \boldsymbol{r}_1 + m_2 \boldsymbol{r}_2 + m_3 \boldsymbol{r}_3 + m_4 \boldsymbol{r}_4 + m_b \boldsymbol{r}_b = 0$$

取质径积比例尺 $\mu = 0.2 \ \text{kg} \cdot \text{m/mm}$,作图如图 11-2(b)所示。

由图 11-2(b)量得

$$m_b r_b = 3.96 \ \text{kg} \cdot \text{m} \quad (方向如图所示)$$

(3) 用解析法求解。

在水平方向上有

$$m_2 r_2 - m_4 r_4 + (m_b r_b)_x = 0$$

解得

$$(m_b r_b)_x = -2.8 \ \text{kg} \cdot \text{m}$$

负号表示方向与 $m_2 \boldsymbol{r}_2$ 的方向相反。

在铅垂方向上有

$$m_1 r_1 - m_3 r_3 + (m_b r_b)_y = 0$$

解得

$$(m_b r_b)_y = 2.8 \ \text{kg} \cdot \text{m}$$

平衡质量的合成质径积 $m_b \boldsymbol{r}_b$ 的大小和方向角分别为

$$m_b r_b = \sqrt{(m_b r_b)_x^2 + (m_b r_b)_y^2} = 3.96 \ \text{kg} \cdot \text{m}$$

$$\theta = \arctan \left[(m_b r_b)_y / (m_b r_b)_x \right] = \arctan \left(\frac{+1}{-1} \right) = 135°$$

式中,θ 为 $m_b r_b$ 与 x 轴正向的夹角,如图 11-2(c)所示。

11.2.2　动平衡计算

对于轴向尺寸较大的转子($b/D \geqslant 0.2$),如内燃机曲轴、电动机转子、机床主轴和航空发动机转子等,这时偏心质量往往分布在多个回转面内,即使转子的质心在回转轴线上,由于各偏心质量所产生的离心惯性力不在同一回转平面内,因而将形成惯性力矩。相比静平衡计算,在动平衡计算中除了应使离心惯性力之和为零外,还要使惯性力矩之和为零。

如图 11-3 所示,一转子的偏心质量 m_1、m_2 和 m_3 分别位于平面 1、2、3 内,由回转中心至各偏心质量中心的距离分别为 r_1、r_2 和 r_3,方向如图所示。当转子以角速

度 ω 等速转动时,各偏心质量将产生离心惯性力,分别记为 $\boldsymbol{F}_{I1}$、$\boldsymbol{F}_{I2}$ 和 $\boldsymbol{F}_{I3}$。这时我们所要研究的对象为一空间力系。

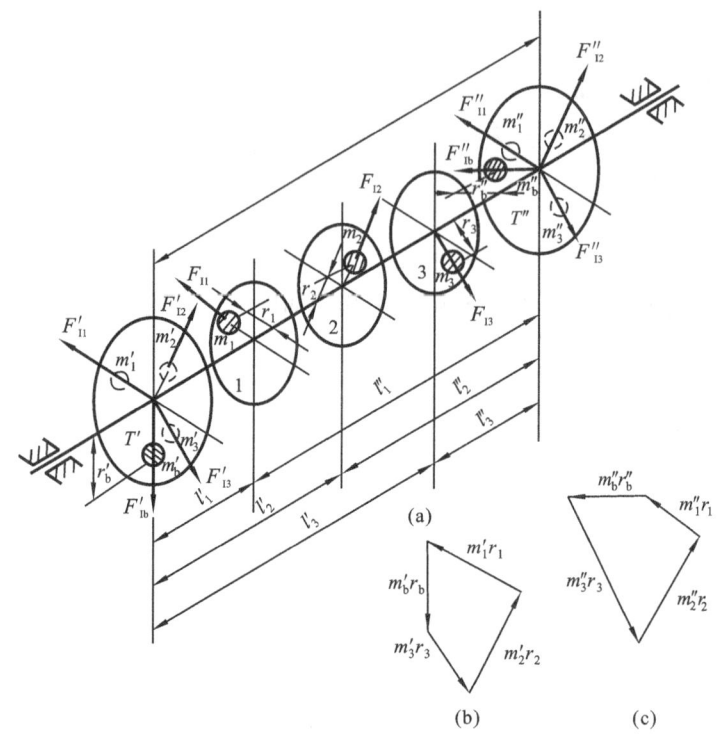

图 11-3　刚性转子的动平衡

为使其达到平衡,我们选定两个平衡基面 T' 和 T'',把各偏心质量所产生的惯性力按理论力学原理分解到这两个平面 T' 和 T'' 中,并在两平衡基面内各增加一偏心质量,使两平衡基面的惯性力之和均为零。正确分解各惯性力后,其余的平衡计算方法与静平衡计算相同。

各平面内的偏心质量 m_1、m_2 和 m_3 分解到两个平衡基面 T' 和 T'' 中去,可表示为 m_1'、m_2'、m_3' 和 m_1''、m_2''、m_3'',并且有

$$m_1' = l_1'' m_1 / l \qquad m_1'' = l_1' m_1 / l \tag{11-4}$$

$$m_2' = l_2'' m_2 / l \qquad m_2'' = l_2' m_2 / l \tag{11-5}$$

$$m_3' = l_3'' m_3 / l \qquad m_3'' = l_3' m_3 / l \tag{11-6}$$

这样,空间力系问题就转换成了平面力学问题,而且 $m_b' r_b'$、$m_b'' r_b''$ 的大小和方位也很容易求出。适当选择 $\boldsymbol{r}_b'$、$\boldsymbol{r}_b''$ 的大小,即可确定 m_b'、m_b'' 的大小。

$$m_1' \boldsymbol{r}_1 + m_2' \boldsymbol{r}_2 + m_3' \boldsymbol{r}_3 + m_b' \boldsymbol{r}_b' = 0 \tag{11-7}$$

$$m_1'' \boldsymbol{r}_1 + m_2'' \boldsymbol{r}_2 + m_3'' \boldsymbol{r}_3 + m_b'' \boldsymbol{r}_b'' = 0 \tag{11-8}$$

由以上分析结果可知,对于任何不平衡的回转体,无论在几个不同的回转平面

内,有多少个偏心质量,都只需在选定的两个平衡基面内分别各加上或除去一个偏心质量,即可得到完全平衡。

例 11-2　图 11-4 所示转子的不平衡质量可认为集中在 m_1 与 m_2 上,$m_1 = m_2 = 1$ kg,它们与回转轴线的距离为 $r = 10$ mm,其余尺寸如图 11-4 所示,要求转子达到动平衡。现选 T' 和 T'' 两平面为平衡基面,若在平衡基面上距轴线 10 mm 处可加平衡质量,试求在平衡基面上应加平衡质量的大小和方位。

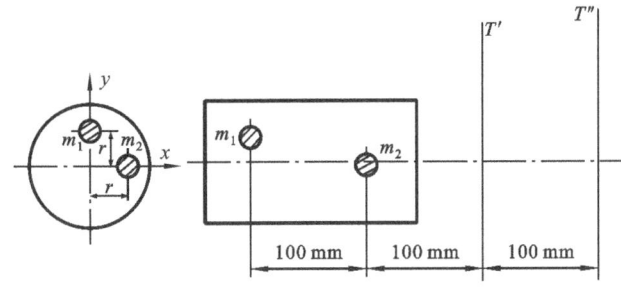

图 11-4　动平衡计算实例

解　(1) 将不平衡质量分解到所选的两个平衡基面 T' 和 T'' 上,得

$$m_1' = \frac{l_1''}{l} m_1 = \frac{100 + 100 + 100}{100} m_1 = 3m_1 = 3 \text{ kg}$$

$$m_1'' = \frac{l_1'}{l} m_1 = \frac{100 + 100}{100} m_1 = 2m_1 = 2 \text{ kg}$$

$$m_2' = \frac{l_2''}{l} m_2 = \frac{100 + 100}{100} m_2 = 2m_2 = 2 \text{ kg}$$

$$m_2'' = \frac{l_2'}{l} m_2 = \frac{100}{100} m_2 = m_2 = 1 \text{ kg}$$

(2) 由于偏心质量位于平衡基面的同侧,故各偏心质量在平面 T' 和 T'' 内的方向角为

$$\theta_1' = 90° \qquad \theta_1'' = -90°$$

$$\theta_2' = 0° \qquad \theta_2'' = 180°$$

(3) 至此,刚性转子的动平衡问题就可以用静平衡的方法来解决了。
在平面 T' 内有

$$m_1' \boldsymbol{r}_1 + m_2' \boldsymbol{r}_2 + m_b' \boldsymbol{r}_b' = 0$$

进而有

$$m_b' r_b' = \sqrt{\left(-\sum_{i=1}^{2} m_i' r_i' \cos\theta_i'\right)^2 + \left(-\sum_{i=1}^{2} m_i' r_i' \sin\theta_i'\right)^2}$$

$$= \sqrt{(-2 \times 10)^2 + (-3 \times 10)^2} \text{ kg} \cdot \text{mm}$$

$$= 36.06 \text{ kg} \cdot \text{mm}$$

$$\theta'_b = \arctan\left(\cfrac{-\sum_{i=1}^{2}m'_ir'_i\sin\theta'_i}{-\sum_{i=1}^{2}m'_ir'_i\cos\theta'_i}\right) = \arctan\left(\frac{-3}{-2}\right) = -123.69°$$

同理,在平面 T'' 内有

$$m''_1\boldsymbol{r}_1 + m''_2\boldsymbol{r}_2 + m''_b\boldsymbol{r}''_b = 0$$

$$m''_br''_b = \sqrt{\left(-\sum_{i=1}^{2}m''_ir''_i\cos\theta'_i\right)^2 + \left(-\sum_{i=1}^{2}m''_ir''_i\sin\theta'_i\right)^2}$$

$$= \sqrt{(1\times10)^2 + (2\times10)^2}\ \text{kg·mm}$$

$$= 22.36\ \text{kg·mm}$$

$$\theta''_b = \arctan\left(\cfrac{-\sum_{i=1}^{2}m''_ir''_i\sin\theta'_i}{-\sum_{i=1}^{2}m''_ir''_i\cos\theta'_i}\right) = \arctan\left(\frac{+2}{+1}\right) = 63.43°$$

(4) 设 $r'_b = r''_b = 10$ mm,则增加的平衡质量分别为

$$m'_b = \frac{m'_br'_b}{r'_b} = \frac{36.06}{10}\ \text{kg} = 3.606\ \text{kg}$$

$$m''_b = \frac{m''_br''_b}{r''_b} = \frac{22.36}{10}\ \text{kg} = 2.236\ \text{kg}$$

11.3　刚性转子平衡试验原理

当由于计算资料缺乏或是由于制造或安装不精确、材质不均匀等原因无法用计算的方法消除转子的不平衡问题时,就需通过平衡试验方法来确定配置平衡质量的大小和方位,使转子达到要求的平衡精度。

11.3.1　转子的静平衡试验

静平衡试验的方法和设备都比较简单,将要平衡的转子的轴放在图 11-5 所示静平衡架的两水平刀刃形导轨上,即可进行静平衡试验。

若转子有偏心质量存在,则当转子在导轨上静止时,其质心 S 必然位于铅垂线下方。将转子沿导轨轻轻正、反向转动,待其静止时,便可断定其 S 所在,然后在轴心正上方加一平衡质量,重复前述操作,直至转子能在任何位置上都保持静止,这样就达到了静平衡,即转子的质心位于回转轴线上。导轨式静平衡架结构简单,平衡精度较高,但必须保证两导轨在同一水平面内且相互平行,故安装、调整较为困难。

图 11-6 所示为圆盘式静平衡架,平衡时把被平衡的回转体的轴支承在两对滚子上,进行平衡的方法与导轨式静平衡架相同。圆盘式静平衡架的优势在于其一端支承的高度可以调节,故适合平衡两端轴颈尺寸不同的转子。但因圆盘的摩擦阻力较

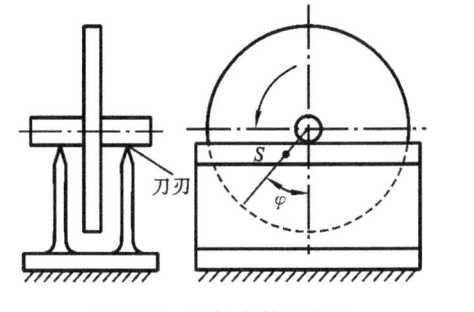
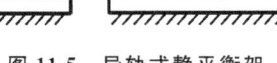

图 11-5 导轨式静平衡架

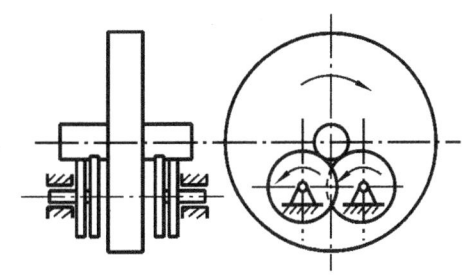

图 11-6 圆盘式静平衡架

大,故平衡精度不如导轨式静平衡架。

11.3.2 转子的动平衡试验

转子的动平衡试验一般要在专业的动平衡机上进行。动平衡机种类很多,图 11-7 所示为一种带计算机系统的硬支承动平衡机工作原理示意图。它由驱动系统、试件的支承系统和测量系统三部分组成。

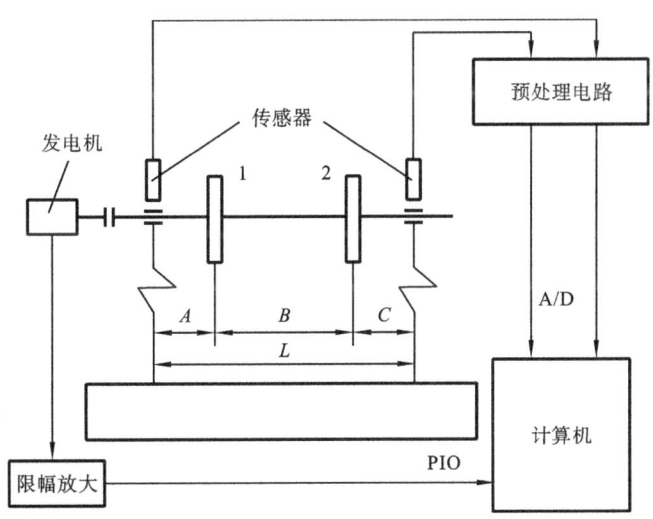

图 11-7 电测动平衡机的工作原理示意图

如图所示,利用位于动平衡机主轴箱端部的发电机信号作为转速信号与相位基准信号,由发电机拾取的信号经处理后成为方波或脉冲信号,利用被处理信号的脉冲特性通过计算机的 PIO 口触发中断,使测量系统开始或终止计数,以测量转子的回转周期。传感器拾取的振动信号经预处理电路滤波、放大,并调整到 A/D 转换卡所要求的输入量范围内后,即可输入计算机进行数据采集与解算,最后由计算机软件给出转子两平衡基面内需加平衡质量的大小和方位。

11.3.3　转子的许用不平衡量和许用不平衡度

经过平衡实验的转子,不可避免地还会有一些残存的不平衡。欲减小残存的不平衡量,势必要提高平衡成本。因此,根据工作要求,对转子规定适当的许用不平衡量和许用不平衡度是很有必要的。

转子的许用不平衡有两种表示方法:一种是用质径积表示的许用不平衡量$[mr]$（g·mm）;另一种是用偏心距表示的许用不平衡度$[e]$（μm）。两者的关系为

$$[e] = [mr]/m \qquad\qquad (11\text{-}9)$$

式中:m 为转子质量,kg。

许用不平衡度是一个与转子质量无关的绝对量,而许用不平衡量是与转子质量有关的一个相对量。通常,对于具体给定的转子,用许用不平衡量较好,因为它比较直观,便于平衡操作。而在衡量转子平衡的优劣或衡量平衡的检测精度时,则用许用不平衡度为好,因为便于比较。

对于不同机械转子的平衡精度要求是不同的,转子的平衡精度用转子平衡品质等级来表示。表 11-1 是 GB/T 9239.1—2006 所推荐的一些常用机械的平衡品质等级,由表中可查得转子的平衡品质量级（$e\omega$）(mm/s),再用下面两式可分别求得许用不平衡度和许用不平衡量:

$$[e] = 1000(e\omega)/\omega(\mu m) \qquad\qquad (11\text{-}10)$$

$$[mr] = m[e](g \cdot mm) \qquad\qquad (11\text{-}11)$$

式中:ω 为转子角速度,rad/s;m 为转子质量,kg。

表 11-1　刚性转子平衡品质等级指南

机械类型:一般示例	平衡品质级别 G	平衡品质量级 （$e\omega$）/(mm/s)
固有不平衡的大型低速船用柴油机（活塞速度小于 9 m/s）的曲轴驱动装置[①]	G 4000	4000
固有平衡的大型低速船用柴油机（活塞速度小于 9 m/s）的曲轴驱动装置[②]	G 1600	1600
弹性安装的固有不平衡的曲轴驱动装置	G 630	630
刚性安装的固有不平衡的曲轴驱动装置	G 250	250
汽车、卡车和机车用的往复式发动机整机	G 100	100
汽车车轮、轮箍、车轮总成、传动轴,弹性安装的固有平衡的曲轴驱动装置	G 40	40
农业机械、刚性安装的固有平衡的曲轴驱动装置、粉碎机、驱动轴（万向传动轴、螺桨轴）	G 16	16

续表

机械类型:一般示例	平衡品质级别 G	平衡品质量级 $(e\omega)/(\text{mm/s})$
航空燃气轮机,离心机(分离机、倾注洗涤器),最高额定转速达 950 r/min 的电动机和发电机(轴中心高不低于 80 mm),轴中心高小于 80 mm 的电动机,风机,齿轮,通用机械,机床,造纸机,流程工业机器,泵,透平增压机,水轮机	G 6.3	6.3
压缩机,计算机驱动装置,最高额定转速大于 950 r/min 的电动和发电机(轴中心高不低于 80 mm),燃气轮机和蒸汽轮机,机床驱动装置,纺织机械	G 2.5	2.5
声音、图像设备,磨床驱动装置	G 1	1
陀螺仪,高精密系统的主轴和驱动件	G 0.4	0.4

①固有不平衡的曲轴驱动装置理论上是不能被平衡的;

②固有平衡的曲轴驱动装置理论上是能被平衡的。

11.4　平面机构的平衡

当平面机构运动时,各运动构件的离心惯性力可以合成为一个通过这些运动构件总质心的总惯性力和一个总惯性力矩。显然,这个总惯性力和总惯性力矩全由机架所承受。为了减小或消除机构作用于机架的动压力,应该设法对这个总惯性力和总惯性力矩进行平衡。但总惯性力矩对机架的影响应当和机构的驱动力矩和阻抗力矩一并研究,这就需要引入具体的工作情况影响因素,所以这里只介绍有关总惯性力平衡的相关问题。

机构总惯性力的平衡条件为总惯性力 $F_{\text{I}} = ma_S = 0$。式中 m 为机构质量,它不可能为零,欲使该式成立,只能使机构质心加速度 a_S 为零,即机构质心位置固定或做等速直线运动。由于机构作周期性运动,其质心不可能做等速直线运动,因此只能适当增加平衡质量,使机构质心位置固定不动。

下面简要介绍平衡机构惯性力的两种方法。

11.4.1　完全平衡

完全平衡是使机构的总惯性力恒为零,而为了达到完全平衡的目的,可以采取以下两种措施。

1. 利用对称机构平衡

在设计机构时就注意其对称性,这是消除总惯性力的有效方法。图 11-8 所示为某摩托车发动机的曲柄滑块机构,通过完全相同的两机构对称布置的设计方法可以实现机构总惯性力的完全平衡。但是很明显,这种方法将使机构的体积大为增加。

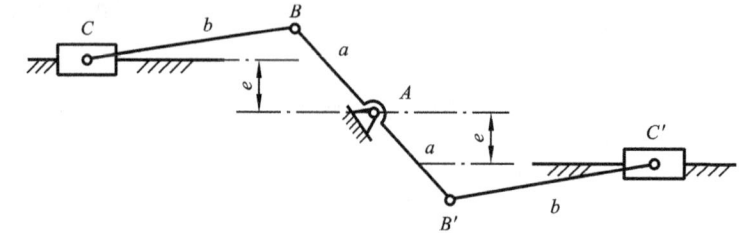

图 11-8   对称布置的曲柄滑块机构

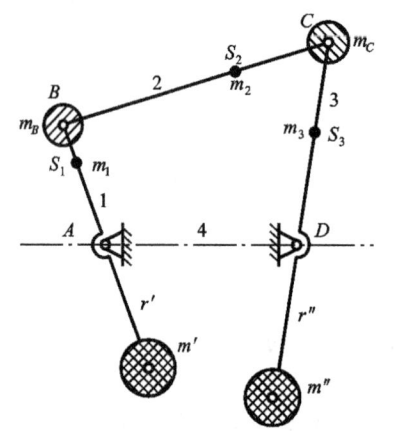

图 11-9   增加平衡质量的铰链四杆机构

2. 利用平衡质量平衡

利用平衡质量平衡方法的总体思想是增加平衡质量来使机构围绕质心的质量平衡。例如图 11-9 所示铰链四杆机构中,设运动构件 1、2 和 3 的质量分别为 m_1、m_2 和 m_3,其质心分别位于 S_1、S_2 和 S_3。为完全平衡该机构的总惯性力,可先将构件 2 的质量 m_2 代换为 B、C 两点处的集中质量,用 m_B、m_C 表示。然后在构件 1 和 3 的延长线上合适的位置处加上一个平衡质量 m'、m''。此时有

$$m_A = m_1 + m_B + m' \tag{11-12}$$

$$m_D = m_3 + m_C + m'' \tag{11-13}$$

于是,机构的总质量 m 可认为集中在 A、D 两个固定不动的点上,机构的总质心 S 应位于直线 AD(即机架)上,且

$$\frac{l_{AS}}{l_{DS}} = \frac{m_D}{m_A} \tag{11-14}$$

机构运动时,其总质心 S 静止不动,即总质心的加速度 $a_S = 0$。因此,该机构的总惯性力得到完全平衡。

上述所讨论的机构平衡方法,从理论上说,机构的总惯性力得到了完全平衡,但是其主要缺点是配置了几个平衡质量后,机构的质量大大增加。因此,实际上往往不采用这样的方法,而采用部分平衡的方法。

11.4.2   部分平衡

部分平衡时仅仅平衡掉机构总惯性力的一部分。方法与完全平衡类似,分为以下三种情况:①利用非完全对称机构平衡;②利用平衡质量平衡;③利用弹簧平衡。(详细情况可查阅参考书)

小　　结

1. 刚性转子静平衡计算

对于轴向尺寸较小的盘类转子,其所有质量都可以被认为在垂直于轴线的平面内。这种转子的不平衡是因为其质心位置不在回转轴线上,且其不平衡现象在转子静止时就能够显示出来。对于这种不平衡转子,只需增加或除去质量,使质心移回到回转轴线上即可。

其平衡条件为:惯性力的矢量和为零,即质径积的矢量和为零。

$$\sum \boldsymbol{F} = 0$$

即

$$m_b \boldsymbol{r}_b + \sum_{i=1}^{n} m_i \boldsymbol{r}_i = 0$$

2. 刚性转子动平衡计算

对于不平衡质量不分布在同一平面内的情况,惯性力不平衡和力矩不平衡可能同时存在。力矩不平衡只有在转子运转时才能完全显示出来。其平衡方法是任意选择两个垂直于轴线的平衡基面(选择的平面可以分别分布在转子两侧,也可以在同侧或是处于转子内部),并在这两个平面上适当增加或除去一定质量,使转子的惯性力和惯性力矩同时达到平衡。

其平衡条件为:惯性力的矢量和为零,同时惯性力矩的矢量和也为零。

$$\sum \boldsymbol{F} = 0$$

且

$$\sum \boldsymbol{M} = 0$$

动平衡问题的解题步骤:①先将各不平衡质量分解到两个平衡基面上;②参照静平衡问题的求解方法分别求出两平衡基面内需加的平衡质径积。

思　考　题

11-1　什么是静平衡?什么是动平衡?各至少需要几个平衡平面?静平衡、动平衡的力学条件各是什么?哪一类构件只需要进行静平衡?哪一类构件必须进行动平衡?

11-2　从平衡条件、平衡面数、适用场合分析转子静平衡和动平衡的差异?

11-3　根据组成刚性转子的各质量分布的不同,如何计算其平衡问题?从力学观点看,它们各有些什么特点?

11-4　刚性转子的动、静平衡各有什么样的试验方法和设备?它们的基本原理是什么?

11-5　为什么设计一个转子时要确定它的许用不平衡量?如何确定?

11-6　机构在机架上平衡的条件是什么？其平衡方法有哪些？

11-7　什么是质径积？引入质径积概念的意义是什么？为什么可用质径积来表示不平衡量或平衡量？质径积与惯性力是什么关系？

11-8　表示转子不平衡量的偏心距是如何定义的？它表示的物理意义是什么？

11-9　刚性转子进行了动平衡以后是否还需要静平衡？为什么？

11-10　对于做往复移动或平面运动的构件,能否通过构件本身来平衡其惯性力？

11-11　简述机械中不平衡惯性力的危害与用途。

练　习　题

11-1　如题 11-1 图所示,有四个回转质量 $m_1 = 3$ kg、$m_2 = 7$ kg、$m_3 = 6$ kg、$m_4 = 11$ kg,它们位于同一回转面内,矢径分别为 $r_1 = 20$ mm、$r_2 = 12$ mm、$r_3 = 10$ mm、$r_4 = 8$ mm,其分布位置如题 11-1 图所示。现要求在 $r_b = 10$ mm 处加一平衡质量 m_b,试求 m_b 及 r_b 与 r_1 间的夹角大小。

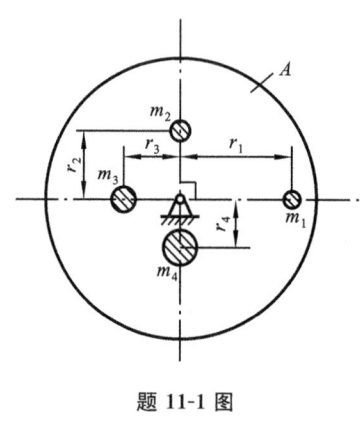

题 11-1 图

11-2　如题 11-2 图所示,一质量为 $m_S = 200$ kg 的回转体,其质心 S 在平面Ⅲ内,与回转轴线有偏移。由于条件限制,只能在平面Ⅰ、Ⅱ内两相互垂直的方向上安装重块 A、B,使其达到静平衡。已知 $m_A = m_B = 2$ kg,$r_A = 200$ mm,$r_B = 150$ mm,其他尺寸如题 11-2 图所示(单位:mm)。

(1) 求该回转体质心偏移量 e 及其位置角;

(2) 加重块 A、B 后该回转体是否达到动平衡?

(3) 当回转体转速为 $n = 3\,000$ r/min 时,求加重块 A、B 后两支承 O_1、O_2 上所受的离心力 F_{I1}、F_{I2}。

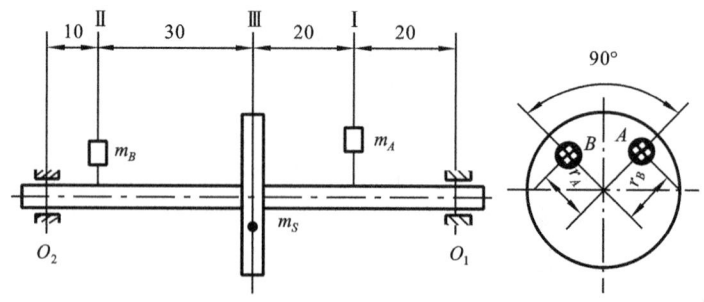

题 11-2 图

11-3　如题 11-3 图所示,鼓轮因有重块 A 和 B 而失去平衡,已知质量 $m_A = 4.5$ kg 和 $m_B = 2.25$ kg,其位置如题 11-3 图所示。今在其左端面 I 和中间平面 II 的圆周表面上各加一平衡质量,使其达到完全动平衡,求该平衡质量 m' 和 m'' 的大小和位置。

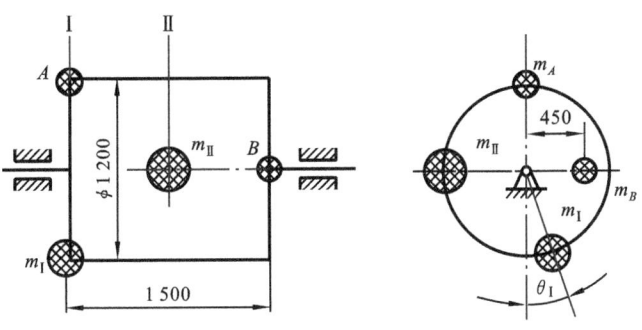

题 11-3 图

11-4　在题 11-4 图所示铰链四杆机构中,各构件长度 $l_{AB} = 100$ mm,$l_{BC} = 400$ mm,$l_{CD} = 200$ mm,曲柄 AB 的质量 $m_1 = 10$ kg,连杆 BC 的质量 $m_2 = 8$ kg,摇杆 CD 的质量 $m_3 = 4$ kg,欲使机构在机座上完全平衡。试问:

(1) 整个机构重心与铰链中心 A 重合时,各活动构件的重心应处的位置;

(2) 构件的重心位于各构件的中点,若使机构所有活动构件的质量的总重心 S 位于机架 AD 上任意点,应如何配置平衡质量。

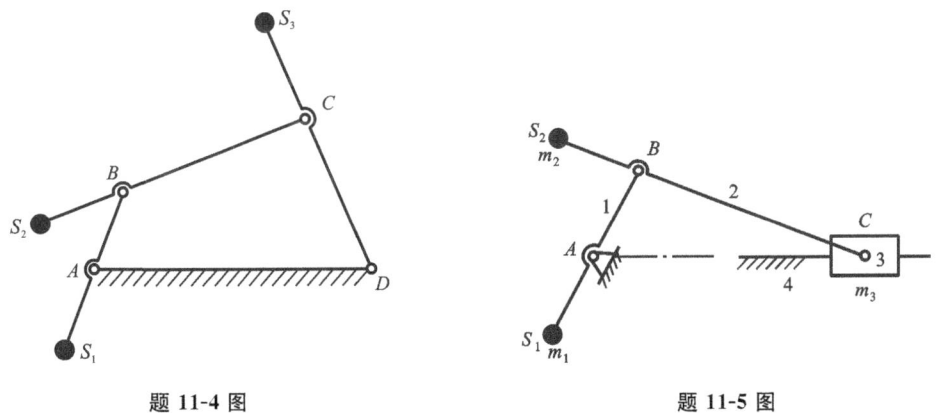

题 11-4 图　　　　　　　　　　　　　　　**题 11-5 图**

11-5　如题 11-5 图所示的曲柄滑块机构中,已知各杆长度分别为 $l_{AB} = 80$ mm、$l_{BC} = 240$ mm,曲柄 1、连杆 2 的质心 S_1、S_2 的位置为 $l_{AS1} = l_{BS2} = 80$ mm,滑块 3 的质量为 $m_3 = 0.6$ kg。若该机构的总惯性力完全平衡,试确定曲柄质量 m_1 及连杆质量 m_2 的大小。

11-6　题 11-6 图所示为一钢制齿轮轴,大齿轮外径 $D_1 = 120$ mm 处有不平衡质量 $m_1 = 10$ g;小齿轮外径 $D_2 = 80$ mm 处有不平衡质量 $m_2 = 5$ g,其方位和位置如图所示。若设计者欲通过在大、小齿轮轮毂 $D_1' = 60$ mm，$D_2' = 50$ mm 处各钻一孔以使齿轮轴达到动平衡，试确定两孔的直径 d_1、d_2 的大小及方位（齿轮的密度为 $\rho = 7.6$ g/cm^3）。

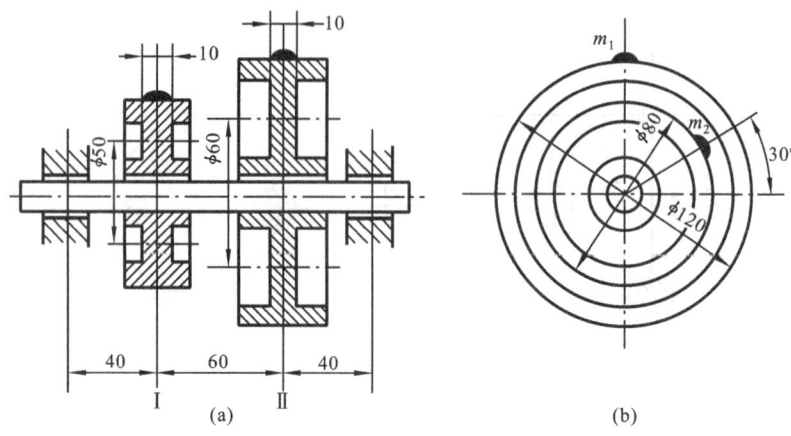

(a)　　　　　　　　　　(b)

题 11-6 图

第 12 章　机械速度波动的调节

本章重点　机械系统等效构件及其等效参数概念；机械系统运动方程式的建立与求解方法；机械速度波动的类型与调节方法。

本章难点　机械系统运动方程式的求解；最大盈亏功的计算。

12.1　概　　述

12.1.1　本章研究的内容与目的

本章主要研究两方面的内容。首先研究在力作用下机械的真实运动规律；其次研究机械运转速度的波动及其调节方法。

由原动机、传动装置、工作机与控制系统组成的现代机械系统，一定有运动要求，并且无不受力的作用。在此以前的分析中，一般都假定原动件做等速运动且设其速度为已知。然而由于各构件质量、转动惯量及其所受驱动力（矩）与阻抗力（矩）等多重因素影响，在一般情况下，机构原动件的速度和加速度是随时间而变化的。因此，按照原动件假定的等速运动规律进行运动和动力分析，所获得的机械运转过程、运动平稳性程度，以及惯性力大小等结果必然偏离机械运转的真实状况。特别是就高速、重载、高精度和高自动化的机械而言，平稳性与惯性力的过大计算偏差，会使所设计的新机器无法满足设计要求而造成难以估量的损失。因此，研究在外力作用下机械的真实运动规律十分重要。

由于一般情况下的机械原动件并非做等速运动，因而机械运动速度处于波动状态。超过运动限度的速度波动会导致惯性力的较大波动，使机械产生有害的振动，从而对机构各运动副产生附加动载荷，引起轴承或相关构件的加速失效，大大缩短机器的寿命、效率和工作质量。在某些情况下，过大的振动甚至会使机械的工作过程无法进行下去。以往，人们对于速度波动与振动超标的机械大多采用事后处理的方法，如采取减振或隔振措施等。现在则应该要求在新机械的设计阶段就能使所设计的机械具有最好的运动与动力性能。因此，研究机械速度波动及其调节方法同样非常重要。

12.1.2　机械运转的过程

任何一台机械运转时都会经历三个阶段：启动阶段、稳定运转阶段和停车阶段。机器处于不同的运转阶段时，其运动状态也会有所不同。

1. 启动阶段

所谓启动阶段，是指机械主轴转速由零逐渐增加至正常的额定转速的过程。在此阶段，机械主轴所获得的驱动功 W_d 大于所受阻抗功 W_r，两者之差 ΔE 即为使主轴转速得以增加的动能增量。

$$\Delta E = W_d - W_r$$

动能增量越大，机械主轴所获角加速度也越大，机械启动就越快。通常，人们总是希望机械在空载时启动。此时作用于主轴的摩擦力矩便很小，因此可以认为 $W_r = 0$，则有

$$\Delta E = W_d$$

即驱动功全部转换为加速启动的动能，可以有效缩短机械启动的时间。

2. 稳定运转阶段

经过启动达到额定转速，机械即进入正常的稳定运转阶段。在此阶段，机械主轴的平均角速度 ω_m 保持为常数，但主轴的实际角速度 ω 还会在一定范围内出现周期性的波动现象。即每经过一个周期，机械主轴的位移、速度和加速度又恢复为原来的值。在机械主轴角速度变化的一个循环过程（即一个周期）中，机械的驱动功与阻抗功相等，即

$$W_d = W_r$$

这里所描述的稳定运转阶段实际上只是一种周期性变速稳定运转阶段，大多数机械稳定工作时情况都是如此。尽管此阶段的主轴平均角速度 ω_m 为常数，但若速度波动幅度过大，机械预定的工作性能就会恶化，其正常工作就会受到不良影响。因此，必须对机械主轴速度波动幅度进行调节，将其波动幅度控制在该机械所允许的波动范围之内。

3. 停车阶段

机械在完成预期任务之后，必须切断其能量供应，使之停车。停车阶段就是指机械由稳定运转时的额定转速下降到零转速的过程。由于此阶段的驱动力被撤销，即 $W_d = 0$，机械在前一阶段所积累的动能将完全由阻抗力所消耗，于是有

$$\Delta E = W_r$$

在停车阶段，生产阻力会随驱动力一道被撤销，此时就只剩下摩擦力产生阻抗作用，较小的摩擦力会较大地延长停车时间。为加快停车的速度，一般可在机械中安装制动器，以加速消耗机械所积累的动能，缩短停车时间。

机械的三个运转阶段如图 12-1 所示。

12.1.3　机械中的作用力

根据对机械运动的不同影响，可将作用于其上的力划分为驱动力与工作阻力两大类。

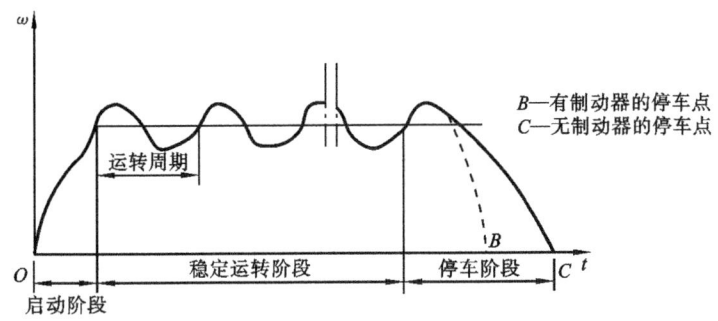

图 12-1　机械的三个运转阶段

1. 驱动力

驱动力来自原动机,可使机械产生运动。驱动力的典型特征是该力与其作用点的速度方向相同或成锐角,因而做正功。原动机不同,驱动力的特性也不同。工作过程中驱动力与运动参数(指位移、速度等参数)的关系取决于原动机的机械特性,一般有以下几种。

(1) 与位移无关而表示为常数的驱动力,即 $F_d = C$。具有一定质量的重锤所产生的驱动力就是常数驱动力。

(2) 表示为位移函数的驱动力,即 $F_d = f(s)$。当利用弹簧来施加驱动力时,情况就是如此。

(3) 表示为速度函数的驱动力,即 $M_d = f(\omega)$。如内燃机、电动机产生的驱动力就与其转速有关。在功率一定的情况下,这类原动机转速低时即可获得大的驱动转矩;反之,转速高时则驱动转矩小。根据这一特点,即可采用变速器来调整速度与驱动力之间的协调关系。

2. 工作阻力

工作阻力来自机械系统的工作机或执行部分,是机械正常工作时必须克服的外载荷。和驱动力一样,根据工作机的特点,工作阻力也有以下几种不同的表示形式。

(1) 表示为常数的工作阻力,即 $F_r = C$。如起重机、轧钢机所受工作阻力就是如此。

(2) 表示为位移函数的工作阻力,即 $F_r = f(s)$。如空气压缩机、弹簧上的工作阻力就随位移而变化。

(3) 表示为速度函数的工作阻力,即 $F_r = f(\omega)$。如鼓风机、离心泵等通用机械的工作阻力随叶片或转轮的转速而改变。

(4) 表示为时间函数的工作阻力,即 $F_r = f(t)$。球磨机转轴所受工作阻力就属于这种情形。

在机械稳定运转的一个周期中,驱动力所做的功等于工作阻力所做的功。但是在一个周期内的某个时间段,两者所做的功则并不相等。两者做功的差值与机械的运转状态有密切关系,这种关系正是本章随后要重点研究的内容。

12.2 机械运动方程式及其求解

12.2.1 机械系统的等效参数

1. 等效构件问题的提出

机械系统的运转状态取决于其上的作用力及其所做的功。例如研究图 12-2 所示曲柄滑块机构的运转状况时,就必须求出其上的全部作用力。通常的做法是,依次取滑块、连杆和曲柄为力的隔离体,由所建立的力平衡方程组求解未知力。其中滑块可以建立 2 个方程,连杆与曲柄各建立 3 个方程,总共 8 个方程正好可求出 8 个未知力。如果机构中的构件数越多,需求的未知力也越多。同时,由于待求未知力(矩)都是构件位置的函数,致使求解过程极为烦琐。为了简化求解过程,不妨设想用一个构件的运动来代表整个单自由度机械系统的运动。能起这种代替作用的构件即称为等效构件。等效构件所代替的系统运动问题会比实际机械系统简便得多。

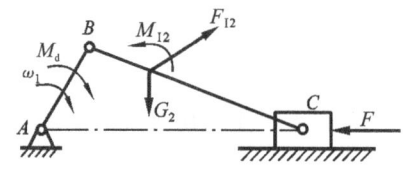

图 12-2 曲柄滑块机构

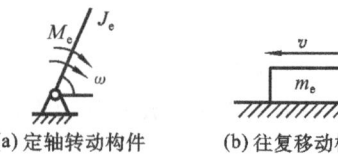

(a) 定轴转动构件　　(b) 往复移动构件

图 12-3 等效构件的选择

2. 等效构件概念

所选择的等效构件应该是做简单运动的构件,如图 12-3(a)中绕定轴转动的杆或如图 12-3(b)中往复移动的滑块。无论是做定轴转动的杆还是做往复移动的滑块,当被选为等效构件时,其具有的动能应和整个机械系统的动能相等。其上外力所做的功应和整个机械系统中全部外力所做的功相等;其上的瞬时功率也应和整个机械系统的瞬时功率相等,即在同一单位时间内,等效构件上外力所做的功应和整个机械系统中全部外力所做的功相等。

3. 等效参数及其确定

等效构件上的等效参数是等效转动惯量、等效质量、等效力矩和等效力。分别用符号 J_e、m_e、M_e 和 F_e 来表示。现将各等效参数的求取方法介绍如下。

1) 等效转动惯量的确定

设某机械系统等效构件绕过质心的轴做定轴转动,其角速度为 ω,该等效构件相对质心的等效转动惯量为 J_e,则其动能为

$$E = \frac{1}{2} J_e \omega^2$$

又设该机械系统共有 n 个构件,其中第 i 构件的质量为 m_i,相对于质心的转动惯

量为 J_{Si}，其角速度为 ω_i，其质心处的线速度为 v_{Si}。该系统总的动能为

$$E = \sum_{i=1}^{n} \frac{1}{2} J_{Si}\omega_i^2 + \sum_{i=1}^{n} \frac{1}{2} m_i v_{Si}^2$$

根据前述动能相等的原则，可以求得该机械系统等效构件的等效转动惯量为

$$J_e = \sum_{i=1}^{n} J_{Si} \left(\frac{\omega_i}{\omega} \right)^2 + \sum_{i=1}^{n} m_i \left(\frac{v_{Si}}{\omega} \right)^2 \qquad (12\text{-}1)$$

2）等效质量的确定

此时须取移动件为等效构件。设移动件速度为 v，则其动能为

$$E = \frac{1}{2} m_e v^2$$

由于等效构件的动能应当等于机械系统的总动能，则有

$$\frac{1}{2} m_e v^2 = \sum_{i=1}^{n} \frac{1}{2} J_{Si}\omega_i^2 + \sum_{i=1}^{n} \frac{1}{2} m_i v_{Si}^2$$

由此求出等效质量为

$$m_e = \sum_{i=1}^{n} J_{Si} \left(\frac{\omega_i}{v} \right)^2 + \sum_{i=1}^{n} m_i \left(\frac{v_{Si}}{v} \right)^2 \qquad (12\text{-}2)$$

3）等效力矩的确定

设等效构件作定轴转动，其瞬时功率为

$$P = M_e \omega$$

整个机械系统的实际瞬时功率为

$$P = \sum_{i=1}^{n} (\pm M_i \omega_i) + \sum_{i=1}^{n} F_i v_{Si} \cos\alpha_i$$

式中：M_i 为作用在机械系统第 i 个构件上的力矩；F_i 为作用于第 i 个构件质心处的作用力；α_i 则为构件质心处所受作用力与质心速度之间的夹角；其余符号同前；而"$\pm$"号的选取取决于作用在构件 i 上的力偶矩 M_i 与该构件的角速度 ω_i 的方向是否相同，相同时取"$+$"号，反之取"$-$"号。

根据等效构件的瞬时功率与整个机械系统的实际瞬时功率相等的原则，作用在等效构件上的等效力矩 M_e 应为

$$M_e = \sum_{i=1}^{n} \left(\pm M_i \frac{\omega_i}{\omega} \right) + \sum_{i=1}^{n} F_i \left(\frac{v_{Si}}{\omega} \right) \cos\alpha_i \qquad (12\text{-}3)$$

4）等效力的确定

与确定等效力矩不同的是，确定等效力时须取移动件为等效构件，且认为等效力 F_e 与所取移动件的速度方向相同，则其瞬时功率为

$$P = F_e v$$

同样，根据瞬时功率相等的原则，可以确定等效力为

$$F_e = \sum_{i=1}^{n} \left(\pm M_i \frac{\omega_i}{v} \right) + \sum_{i=1}^{n} F_i \left(\frac{v_{Si}}{v} \right) \cos\alpha_i \qquad (12\text{-}4)$$

求出了相应的等效参数，就可将整个机械系统的研究问题转化为一个等效构件

的研究问题,从而使研究过程大为简化。

例 12-1 如图 12-4 所示轮系,各轮齿数 z_1、z_2、z_3 均已知;各构件的质心均在其转动中心处,且绕其质心的转动惯量分别记为 J_1、J_2、J_H;质量为 m_2 的两个行星轮对称安装。若取构件 1 为等效构件,试求其等效转动惯量。

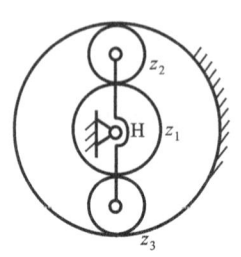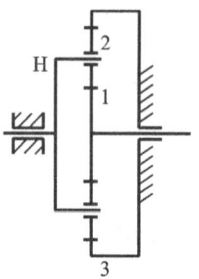

图 12-4 齿轮系

解 等效构件所具有的动能为

$$E = \frac{1}{2} J_e \omega_1^2$$

整个机械系统所具有的动能为

$$E = \frac{1}{2} J_1 \omega_1^2 + 2 \left(\frac{1}{2} J_2 \omega_2^2 + \frac{1}{2} m_2 v_{S2}^2 \right) + \frac{1}{2} J_H \omega_H^2$$

根据动能相等原则可求 J_e 为

$$J_e = J_1 + 2 \left[J_2 \left(\frac{\omega_2}{\omega_1} \right)^2 + m_2 \left(\frac{v_{S2}}{\omega_1} \right)^2 \right] + J_H \left(\frac{\omega_H}{\omega_1} \right)^2$$

式中:$v_{S2} = \omega_H r_H$,r_H 则为齿轮 z_1 与 z_2 的中心距;此外,由轮系传动比计算公式有

$$\frac{\omega_2}{\omega_1} = \left(\frac{z_2 - z_3}{z_1 + z_3} \right) \left(\frac{z_1}{z_2} \right), \quad \frac{\omega_H}{\omega_1} = \frac{z_1}{z_1 + z_3}$$

将其代入上式,J_e 可以表示为

$$J_e = J_1 + 2 J_2 \left[\frac{z_1 (z_2 - z_3)}{z_2 (z_1 + z_3)} \right]^2 + (2 m_2 r_H^2 + J_H) \left(\frac{z_1}{z_1 + z_3} \right)^2$$

例 12-2 如图 12-5 所示的正弦机构,已知曲柄 1 的杆长为 l_1、绕回转副 A 的转动惯量为 J_1,构件 2、3 的质量分别为 m_2、m_3,作用在构件 3 上的阻力 F_3 为常数。试求取回转件为等效构件时的等效转动惯量及其作用于其上的等效阻力矩 M_{er}。

解 由等效构件的动能与原机械系统动能相等的原则,有

$$\frac{1}{2} J_e \omega_1^2 = \frac{1}{2} J_1 \omega_1^2 + \frac{1}{2} m_2 v_B^2 + \frac{1}{2} m_3 v_C^2$$

其中

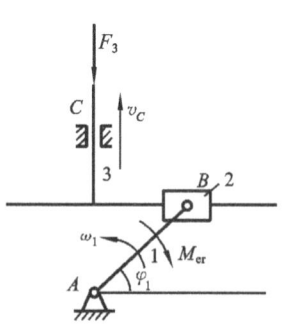

图 12-5 正弦机构

$$v_B = l_1 \omega_1, \quad v_C = l_1 \omega_1 \cos\varphi_1$$

从而有

$$J_e = J_1 + m_2 l_1^2 + m_3 l_1^2 \cos^2\varphi_1$$

又由瞬时功率相等的原则,有

$$M_{er} \omega_1 = F_3 v_C$$

进而有

$$M_{er} = F_3 l_1 \cos\varphi_1$$

对比以上两例计算结果可知,当机械系统的传动比为常数时,所求的等效转动惯量也为常数。若机械系统含有连杆机构时,则等效转动惯量便含有一部分变量。

12.2.2　机械系统的运动方程与求解

1. 机械系统的运动方程

设定了等效构件并且求出了相应的等效参数,就可以将实际机械系统运动规律的研究转化为某一等效构件运动规律的研究。根据等效构件运动问题的研究结果,就可较方便地确定实际机械系统中任一构件的运动状况。

根据动能定理,可以针对等效构件建立如下关系式:

$$dE = dW$$

式中:dE 代表在 dt 时间内等效构件上的动能增量;dW 则为此时间内等效力或等效力矩所做的元功。

设等效构件作定轴转动,则有

$$d\left(\frac{1}{2} J_e \omega^2\right) = M_e d\varphi \tag{12-5}$$

或者有

$$\frac{d\left(\frac{1}{2} J_e \omega^2\right)}{d\varphi} = M_e \tag{12-6}$$

式中:各等效参数 J_e、M_e、ω 都是等效构件位置 φ 的函数,即

$$J_e = J_e(\varphi), \quad M_e = M_e(\varphi), \quad \omega = \omega(\varphi)$$

将其代入式(12-6),同时由于有

$$\frac{d\omega}{d\varphi} = \frac{d\omega}{dt}\frac{dt}{d\varphi} = \frac{d\omega}{dt}\frac{1}{\omega}$$

则式(12-6)可表示为

$$J_e \frac{d\omega}{dt} + \frac{\omega^2}{2}\frac{dJ_e}{d\varphi} = M_e = M_{ed} - M_{er} \tag{12-7}$$

方程(12-7)即为定轴转动等效构件的运动微分方程。

若等效构件往复移动时,等效参数 m_e、F_e、v 也同样是等效构件位置 s 的函数,即

$$m_e = m_e(s), \quad F_e = F_e(s), \quad v = v(s)$$

按照上述步骤可求出运动微分方程为

$$m_e \frac{\mathrm{d}v}{\mathrm{d}t} + \frac{v^2}{2} \frac{\mathrm{d}m_e}{\mathrm{d}s} = F_e = F_{ed} - F_{er} \qquad (12\text{-}8)$$

上述方程中的等效参数都加了下标"e",若为书写方便起见,在不引起误解的情况下,可以将这一表示等效概念的下标略去。

对方程(12-5)两边积分,并设在初始时刻 $t=t_0$ 时有 $\varphi=\varphi_0$、$\omega=\omega_0$、$J=J_0$,则得做定轴转动等效构件的积分方程为

$$\frac{1}{2}J\omega^2 - \frac{1}{2}J_0\omega_0^2 = \int_{\varphi_0}^{\varphi} M\mathrm{d}\varphi = \int_{\varphi_0}^{\varphi}(M_d - M_r)\mathrm{d}\varphi \qquad (12\text{-}9)$$

式中:J、ω 和 φ 分别为等效构件在任意时刻的转动惯量、角速度和角位移。

微分方程(12-7)和积分方程(12-9)是用来描述等效构件运动的两种不同形式,都可以用于运动的分析与求解。工程中习惯于选择定轴转动构件为等效构件,因此本章不列出往复移动等效构件的积分方程。并且只介绍等效转动构件运动方程的求解方法。

2. 运动方程的求解

对描述等效构件运动的微分方程(12-7)或积分方程(12-9)的求解,目的在于分析与计算机械系统启动或停车所需要的时间,以及机械在稳定运转期间的运动规律。

不同机械系统在功能与结构上存在很大差异,不同机器等效构件的转动惯量及其上作用的等效力矩就会因此不相同。求解系统的运动问题时,必须区分情况,以便针对不同的等效参数形式采用以下不同的求解方法。

1) $J=C,M=C$

机械系统的传动比保持不变时,其等效转动惯量和等效力矩均为常数。在此种情况下,运转的机械处于等速稳定运转状态,使用定轴转动等效构件的运动微分方程求解此类问题较为方便。此时式(12-7)变为

$$J \frac{\mathrm{d}\omega}{\mathrm{d}t} = M \quad \text{或} \quad \frac{\mathrm{d}\omega}{\mathrm{d}t} = \frac{M}{J} = \alpha$$

进而有

$$\mathrm{d}\omega = \alpha\mathrm{d}t$$

两边积分

$$\int_{\omega_0}^{\omega} \mathrm{d}\omega = \alpha \int_{t_0}^{t} \mathrm{d}t$$

由此求得

$$\omega = \omega_0 + \alpha(t - t_0)$$

再积分求得等效构件角位移的时间历程为

$$\varphi = \varphi_0 + \omega_0(t - t_0) + \frac{1}{2}\alpha(t - t_0)^2$$

根据以上结果,可以很容易求出等效构件角速度由给定的 ω_0 增加或减小到 ω,

或者由给定的角位移初始位置 φ_0 转动到新位置 φ 所需要的时间。

2）$J = J(\varphi)$,　$M = M(\varphi)$

含有连杆的机械系统用内燃机驱动时,其等效转动惯量和等效力矩都是等效构件位置 φ 的函数。由积分方程(12-9)可较方便地求得等效构件角速度随其位移而变的表达式

$$\omega = \sqrt{\frac{J_0}{J}\omega_0^2 + \frac{2}{J}\int_{\varphi_0}^{\varphi} M\mathrm{d}\varphi}$$

当 J 和 M 的表达式较为复杂而难以获得 ω 的解析解时,可用数值法求解。

3）$J = C$,　$M = M(\omega)$

由电动机驱动的鼓风机、搅拌机这类机械系统就具有这种特点。根据系统的微分方程求解较为方便。此时微分方程(12-7)变为

$$J\frac{\mathrm{d}\omega}{\mathrm{d}t} = M(\omega)$$

将 $\dfrac{\mathrm{d}\omega}{\mathrm{d}t} = \omega\dfrac{\mathrm{d}\omega}{\mathrm{d}\varphi}$ 代入,则方程(12-7)改写为

$$J\omega\frac{\mathrm{d}\omega}{\mathrm{d}\varphi} = M(\omega)$$

分离变量后积分,并整理得等效构件的角位移表达式为

$$\varphi = \varphi_0 + J\int_{\omega_0}^{\omega}\frac{\omega\mathrm{d}\omega}{M(\omega)}$$

设 $M(\omega) = a + b\omega$,则可解得

$$\varphi = \varphi_0 + \frac{J}{b}\left[(\omega - \omega_0) - \frac{a}{b}\ln\left(\frac{a + b\omega}{a + b\omega_0}\right)\right]$$

在此种条件下求取等效构件角速度由初始值 ω_0 增加或减小到 ω 所需的时间同样十分方便。对微分方程(12-7)略加变化,并积分便有

$$\int_{t_0}^{t}\mathrm{d}t = \int_{\omega_0}^{\omega}\frac{\mathrm{d}\omega}{M(\omega)}$$

据此有

$$t = t_0 + \int_{\omega_0}^{\omega}\frac{\mathrm{d}\omega}{M(\omega)}$$

代入给定的 $M(\omega)$ 表达式,即可求出机械启动或停车所需时间 t。

4）$J = J(\varphi)$,　$M = M(\varphi, \omega)$

等效转动惯量多随机构位置而变化,而等效力矩既是等效构件位置的函数,也是其速度的函数,这是实际机械系统中常见的现象。刨床或冲床就是这种情形,电动机的驱动力矩是速度的函数,而工作阻力则是位置的函数。因此,等效力矩就同时是机构位置与速度的函数。J 和 M 都难以写成解析表达式,所以一般只能采用数值法求解,这里不再赘述。

12.3　机械周期性速度波动与调节方法

12.3.1　机械周期性速度波动中的功能关系

在某些特殊情况下,如汽轮机驱动发电机的机械系统,其等效转动惯量、等效驱动力矩和等效阻力矩三者都可能是常数,因而等效构件的转速就可能保持为常数。但是在更多的机械系统中,其受力状况十分复杂,致使其运动情况各不相同。由于此时驱动力矩和阻力矩既不是常数也不是时时相等,该系统的等效构件就会做不等速转动。

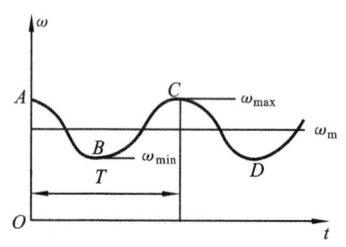

图 12-6　速度波动的周期性

在一定的条件下,等效构件的不等速转动表现出较为规则的周期性。即每经过一段时间,等效构件的位移、速度和加速度又恢复为原有值。在这段时间即一个周期内,系统的等效驱动力矩所做的功等于等效阻力矩做的功。但在一个周期的某个阶段(图 12-6 所示 AB 段),转速一直下降;而在 BC 段,转速持续上升。此现象说明,在一个周期的不同区间,等效构件所具有的动能在发生变化。即在 AB 段,动能减小,而在 BC 段动能增加。出现这种现象的原因在于,外力矩对系统做功发生波动,致使系统动能无法保持稳定。根据功能关系可知,系统动能增加,必定是驱动力矩所做的功大于阻力矩做的功。反之,若是驱动力矩做的功小于阻力矩做的功,则等效构件转速降低,系统动能减小。

设等效转动惯量为常数,当机械等效构件动能处于最大值 E_{max} 时,其角速度也达到最大值 ω_{max};而当等效构件动能处于最小值 E_{min} 时,其角速度也达到最小值 ω_{min}。可见,ω_{max} 与 ω_{min} 两者之间差值的大小取决于 E_{max} 和 E_{min} 之间的差值。换言之,等效构件角速度波动的幅度完全受控于系统最大动能与最小动能之差。

等效构件在任意位置所具有的动能与某给定初始时刻动能之间的关系,可根据式(12-9)用解析式表述如下

$$E_i - E_0 = \int_{\varphi_0}^{\varphi_i} \left[M_{ed}(\varphi) - M_{er}(\varphi) \right] \mathrm{d}\varphi \tag{12-10}$$

而等效构件最大动能与最小动能之间的关系当然应与式(12-10)相类似。

12.3.2　周期性速度波动的性状描述

等效构件或机械主轴在一个转动周期 T 内的角速度变化曲线如图 12-7 所示。图中 ω_m 为机械主轴的平均角速度,工程中通常称为额定角速度。其近似计算式为

$$\omega_m = \frac{1}{2}(\omega_{max} + \omega_{min}) \tag{12-11}$$

为了在反映机械主轴速度波动绝对值的同时,也能反映转速波动的不均匀程度,特此引入运动不均匀系数 δ,并且定义为

$$\delta = \frac{\omega_{max} - \omega_{min}}{\omega_m} \quad (12\text{-}12)$$

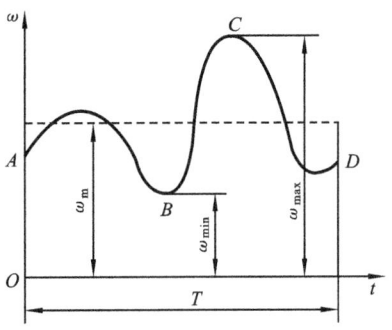

图 12-7　速度波动性状参数

运动不均匀系数 δ 常被用来作为机器运转平稳性的指标。δ 值越小,该机器转动越平稳,其性能就越优良。工程中实际应用的机械装备运转的速度波动幅度都应该受到限制,即其运动不均匀系数 δ 都应该限制在相应的允许值之内。表 12-1 给出了部分机械运转时所允许的运动不均匀系数许用值。

表 12-1　部分机械运动不均匀系数许用值

机械名称	δ 许用值	机械名称	δ 许用值	机械名称	δ 许用值
石料破碎机	$\frac{1}{5} \sim \frac{1}{20}$	冲床剪床等	$\frac{1}{7} \sim \frac{1}{10}$	轧钢机	$\frac{1}{10} \sim \frac{1}{25}$
汽车与拖拉机	$\frac{1}{20} \sim \frac{1}{60}$	金属切削机床	$\frac{1}{20} \sim \frac{1}{50}$	压缩机	$\frac{1}{50} \sim \frac{1}{100}$
内燃机	$\frac{1}{80} \sim \frac{1}{150}$	水泵与风机	$\frac{1}{30} \sim \frac{1}{50}$	交、直流发电机	$\frac{1}{100} \sim \frac{1}{300}$
造纸机等	$\frac{1}{40} \sim \frac{1}{50}$	航空发动机	$< \frac{1}{200}$	汽轮发电机	$< \frac{1}{200}$

12.3.3　周期性速度波动的调节

1. 调节方法及飞轮转动惯量计算

由式(12-10)可知,在一个周期的某个阶段(如 $\varphi_0 \sim \varphi_i$ 阶段),等效驱动力矩与阻力矩做功之差引起等效构件动能的变化,从而导致机械主轴速度的波动。

现称式(12-10)等号右边的积分项为盈亏功,其积分值为正时称为盈功,为负时则称为亏功。当存在盈功时,机械主轴转速增加;反之,亏功使转速下降。由此可见,盈亏功的出现是机械系统速度波动的根本原因。盈亏功的周期性变化所引起的机械速度的周期性波动,可通过具有较大转动惯量的飞轮来调节。因为飞轮像一个蓄能器,即当盈功出现时,飞轮转速少许增加就能吸收外界的多余能量;反之,当阻力矩做功较大而出现亏功时,飞轮转速稍稍减小便可将自身储蓄的能量释放出来,从而避免转速过多地下降。

一般情况下,飞轮转动惯量 J_F 较之系统等效转动惯量 J_e 要大得多。因此,在等效构件上安装了飞轮之后,为简化计算起见,可以不考虑 J_e 的影响;并且近似认为,该机械系统所具有的动能完全集中在飞轮上。

带有飞轮的机械系统在速度波动的一个周期中,系统总的动能会发生由最大到

最小的变化。根据式(12-10),可写出系统动能变化的最大值与盈亏功的关系式为

$$E_{\max} - E_{\min} = \int_{\varphi_{(\omega\min)}}^{\varphi_{(\omega\max)}} \left[M_{\mathrm{ed}}(\varphi) - M_{\mathrm{er}}(\varphi) \right] \mathrm{d}\varphi \tag{12-13}$$

式中:积分上下限 $\varphi_{(\omega\max)}$ 和 $\varphi_{(\omega\min)}$ 代表飞轮转速分别处于最大和最小时,等效构件所在的转角位置。

式(12-13)的右边称为最大盈亏功,定义为等效构件转速由最小增加到最大(或由最大下降到最小)期间,等效驱动力矩与阻力矩做功之差,记作 $\Delta E_{\max}$,即

$$\Delta E_{\max} = \int_{\varphi_{(\omega\min)}}^{\varphi_{(\omega\max)}} \left[M_{\mathrm{ed}}(\varphi) - M_{\mathrm{er}}(\varphi) \right] \mathrm{d}\varphi$$

而左边则可表示为

$$E_{\max} - E_{\min} = \frac{1}{2} J_{\mathrm{F}} \omega_{\max}^2 - \frac{1}{2} J_{\mathrm{F}} \omega_{\min}^2 = \frac{1}{2} J_{\mathrm{F}} (\omega_{\max}^2 - \omega_{\min}^2)$$

将两者代入式(12-13),则有

$$\Delta E_{\max} = \frac{1}{2} J_{\mathrm{F}} (\omega_{\max}^2 - \omega_{\min}^2) = \frac{1}{2} J_{\mathrm{F}} (2\omega_{\mathrm{m}})(\delta\omega_{\mathrm{m}})$$

或者有

$$J_{\mathrm{F}} \delta \omega_{\mathrm{m}}^2 = \Delta E_{\max}$$

由此可以求出飞轮转动惯量的近似值为

$$J_{\mathrm{F}} = \frac{\Delta E_{\max}}{\delta \omega_{\mathrm{m}}^2}$$

人们通常习惯于使用机械的额定转速 $n(\mathrm{r/min})$,且 $\omega_{\mathrm{m}} = \pi n/30$,因此飞轮转动惯量常按下式计算

$$J_{\mathrm{F}} = \frac{900 \Delta E_{\max}}{\delta \pi^2 n^2} \tag{12-14}$$

2. 分析与讨论

由以上推导可得出如下结论。

(1) 当 $\Delta E_{\max}$ 和 n 一定时,J_{F} 与 δ 的乘积为定值。如果要求 δ 极小,则飞轮转动惯量会极大,无疑会极大地增加制造成本。因此,不能盲目追求机械运转的高度均匀性。

(2) 当 J_{F} 和 n 一定时,$\Delta E_{\max}$ 和 δ 成正比。即最大盈亏功越大,机械运转的不均匀性就越显著。这说明,盈亏功是引起机械运转不均匀的根本原因。

(3) $\Delta E_{\max}$ 和 δ 一定时,J_{F} 和 n 的平方成反比。只要 n 略有增加,J_{F} 就可大幅减小,飞轮成本可显著降低。因此,设计时一般都将飞轮安装在高速轴上。

(4) 在实际的机械系统中,等效构件不一定就是高速轴。此时应先按飞轮安装在等效构件上来计算其转动惯量,然后按动能相等原则将计算值转换到实际的安装轴上。只是应当注意,安装飞轮的轴与等效构件轴之间须具有定传动比。

3. 最大盈亏功的计算

现通过四冲程内燃机驱动离心式水泵来讨论此问题。众所周知,四冲程内燃机

主轴每转两周(4π)才有一个冲程做功,其余冲程则为吸气、压缩和排气。在一个运动循环中,内燃机作用在离心泵主轴上的驱动转矩不可能是常数。离心泵稳定工作时,其出水量均匀,即可将作用在泵轴上的阻力矩视为常数。现根据内燃机示功图画出泵轴所受驱动转矩 M_d 的曲线如图 12-8 所示。

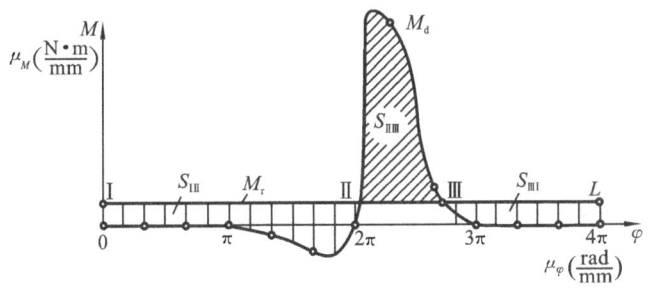

图 12-8　内燃机-离心泵机组示功图

被视为常数的阻力矩 M_r 应在图中画成一条水平线。按照一个周期内驱动力矩与阻力矩做功相等原则,曲线 $M_d(\varphi)$ 与坐标轴所围曲边梯形面积应当等于直线 M_r 与坐标轴所围矩形面积,由此即有

$$M_r = \frac{1}{4\pi} \int_0^{4\pi} M_d(\varphi)\mathrm{d}\varphi$$

由图中 M_d 与 M_r 的关系可知,在主轴转动 4π 的周期之内,曲线 $M_d(\varphi)$ 与水平线 M_r 相交于 II 和 III 两个点,从而将一个周期分成两个区段,即 II—III 区段和 III—I—II 区段。在 II—III 段,M_d 处处大于 M_r,飞轮转速持续增加;反之,在 III—I—II 段,转速持续下降。因此,在点 II 处,飞轮角速度最小,而在点 III 处,角速度达到最大值。根据定义可以确定,II—III 区段间 M_d 与 M_r 做功之差即为最大盈亏功。或者,图 12-8 中斜线阴影区间所示面积 $S_{II\,III}$ 即代表最大盈亏功 ΔE_{max}。此面积 $S_{II\,III}$ 可通过解析法或数值法计算确定。

4. 飞轮尺寸与结构设计

飞轮直径和质量通常都较大,其结构多如图 12-9 所示。

在图 12-9 中,a 为轮缘,b 为轮辐,c 为轮毂。一般情况下,轮辐和轮毂的转动惯量较小,约占飞轮全部转动惯量的 15%,因此简化计算时可将其忽略,而只计算轮缘部分的转动惯量。图 12-9 所示飞轮轮缘部分转动惯量的计算,可直接参考理论力学教材中的公式。即

$$J_F = \frac{m}{2}\left(\frac{D_1^2 + D_2^2}{4}\right) = \frac{m}{8}(D_1^2 + D_2^2)$$

式中:m 为轮缘部分的质量;D_1 为飞轮外径;D_2 为轮缘内径。

当轮缘的厚度尺寸 B 不太大时,可以认为,飞轮的质量集中在其平均直径为 D 的圆周上。于是还可进一步简化飞轮转动惯量的计算式为

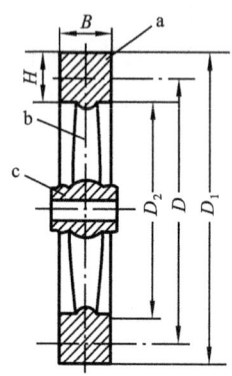

图 12-9　飞轮结构

$$J_{\mathrm{F}} \approx \frac{mD^2}{4} \tag{12-15}$$

式中

$$D = \frac{D_1 + D_2}{2}$$

由式(12-15)可知,在飞轮转动惯量一定的情况下,飞轮直径越大,其质量就越小。但是,过大的直径会占据更多空间,还会使制造和运输更为困难。同时,轮缘的圆周速度增加,飞轮就可能因受大离心力的作用而导致断裂。

例 12-3　某机床主轴为等效构件,一个运转周期内其等效阻力矩 M_{r} 的变化规律如图 12-10(a)所示,且 $M_{\mathrm{rmax}} = 600$ N·m,等效驱动力矩 M_{d} 为常数,该机床主轴的平均转速 $n = 60$ r/min,机床运动不均匀系数 $\delta = 0.1$。若不计飞轮以外其余构件的转动惯量,试求安装在该机床主轴上飞轮的转动惯量。

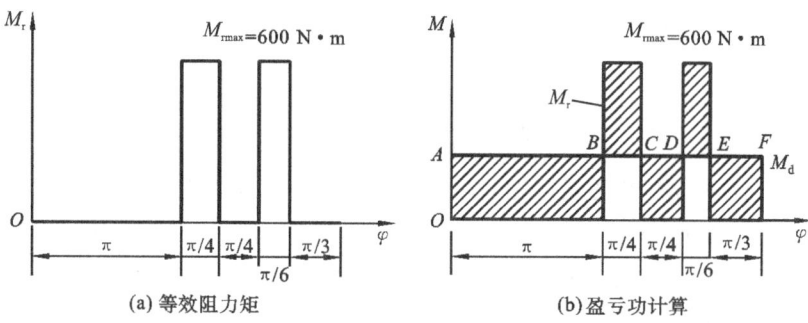

(a) 等效阻力矩　　　　　　　　(b) 盈亏功计算

图 12-10　某机床主轴等效力矩与做功示意图

解　在 $0 \sim 2\pi$ 区间,$M_{\mathrm{r}}(\varphi)$ 曲线与坐标 φ 轴所围面积即代表等效阻力矩一个周期内所做之功。根据做功相等原则,等效的常数驱动力矩 M_{d} 与 φ 轴所围矩形应等于 $M_{\mathrm{r}}(\varphi)$ 曲线与坐标 φ 轴所围曲边梯形面积。故有

$$M_{\mathrm{d}} \times 2\pi = \left[600 \times \left(\frac{\pi}{4} + \frac{\pi}{6} \right) \right] \text{N·m}$$

由此求得

$$M_{\mathrm{d}} = 125 \text{ N·m}$$

将 $M_{\mathrm{d}} = 125$ N·m 和 $M_{\mathrm{r}}(\varphi)$ 同画于图 12-10(b),M_{d} 与坐标纵轴及 $M_{\mathrm{r}}(\varphi)$ 曲线分别交于 A、B、C、D、E 和 F,显然,在点 B 处,主轴转速最大,而在点 E 处转速最小。因此,在 B—E 区间,$M_{\mathrm{r}}(\varphi)$ 与 M_{d} 所围面积代表最大盈亏功。据此有

$$\Delta E_{\max} = \left[(600 - 125) \times \left(\frac{\pi}{4} + \frac{\pi}{6} \right) - 125 \times \frac{\pi}{4} \right] \text{N·m} \approx 524 \text{ N·m}$$

将其及其他已知参数代入式(12-14),即求得飞轮转动惯量

$$J_F = \frac{900 \times 524}{0.1 \times 60^2 \pi^2} \text{ kg} \cdot \text{m}^2 \approx 132.63 \text{ kg} \cdot \text{m}^2$$

12.4 机器非周期性速度波动与调节

12.4.1 非周期性速度波动的概念

机械主轴发生非周期性速度波动时,其转速表现为不规则地向一个方向的突然变化。发动机转速持续增加造成的飞车,持续下降出现的闷车都是非周期性速度波动的结果。

机械之所以出现非周期性速度波动,大多是在某些原因影响下,驱动力矩做的功突然大于阻力矩做的功,或者阻力矩做的功突然大于驱动力矩做的功。在一个运动周期内两者做的功不再相等。机械原有的稳定运动平衡条件由此遭到破坏,致使机械主轴运转突然加速或减速。由于这种速度的波动是非周期性的,因此无法通过安装飞轮来调节其速度波动的幅度。

内燃机-发电机系统中可能出现的飞车现象就很有代表性。在正常情况下,内燃机提供的驱动力矩与发电机所受的阻力矩能够保持平衡状态。但在用电低谷时段,发电机所受阻力矩相对较小,如果内燃机提供的驱动力矩仍然保持不变,发电机转子的转速就会持续增加,从而导致飞车事故。反之,在用电高峰时段,发电机转子所受阻力矩随之增加,如若内燃机提供的驱动力矩维持不变,发电机转子转速必定持续下降,最后直接发生停车事故。如果突如其来出现用电高峰,发电机转子突然受很大的阻力矩作用,内燃机有可能发生突然停车或闷车事故。在内燃机-发电机这类机械系统中,必须采用另一类调节速度波动的方法。

12.4.2 非周期性速度波动的调节方法

调节非周期性速度波动,一般都采用安装调速器的方法。通用的调速器大体有两类,一类是电子类调速器,另一类是机械式调速器。适用于内燃机-发电机机械系统的调速器具有离心飞锤式结构,如图 12-11 所示。

图中 2 为原动机,其输出功与燃料供应量成正比。当负载突然减小时,原动机 2 和工作机 1 的主轴转速升高,由锥齿轮驱动的调速器主轴转速也随之增加。在增大的离心力作用下,对称安装的飞锤向外伸展,并带动滑套上移,进而通过连杆机构使节流阀门下移,以减少燃油的供应量。反

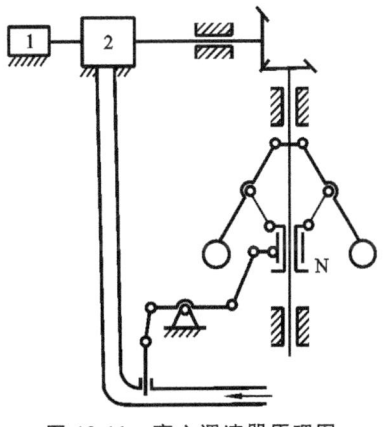

图 12-11 离心调速器原理图

之,当机械系统主轴转速下降后,作用于飞锤上的离心力减小,迫使滑套位置降低,从而通过连杆机构使节流阀门开大以增加供油量。滑套 N 随着主轴转速的增加与下降而沿轴向往复滑动,使内燃机输出的驱动力矩与外载荷逐渐趋于平衡。滑套 N 停留在固定位置后,系统的平衡关系才得以重新建立。

安装在机械系统中的调速器,能根据主轴转速的变化来控制燃油的供应量,使系统等效驱动力矩与等效阻力矩所做的功维持平衡,从而能够有效控制机械主轴转速的波动幅度。

图 12-11 所示机械式调速器的体积较大,灵敏度较低,因此能够实现自动控制的电子式调速器在现代机械中得到了越来越多的应用。

小　　结

工程中的机械系统一般都是单自由度系统,因此可以引入等效构件和等效质量、等效转动惯量、等效力及等效力矩的概念,以便于建立复杂机械系统的运动方程。求解运动方程的目的在于,确定各类机械启动或停车所需时间,以及机械稳定运转期间的运动规律。

为使机械系统正常工作或满足其功能要求,必须对机械运转速度的波动幅度进行控制。机械速度的波动有两种类型,即周期性与非周期性。前者可以通过飞轮调节,或者只能采用调速器。

计算系统的最大盈亏功是计算飞轮转动惯量的前提。最大盈亏功是机械主轴速度由最大(小)变为最小(大)期间,作用于主轴上的等效驱动力矩与阻力矩所做的功的差值,其值可用解析法或数值法求取。飞轮是调节机械主轴周期性速度波动的最佳方法,将飞轮安装在高速轴上,有利于改善或提高机械的经济效益。

思　考　题

12-1　机械运转过程可以划分为哪几个阶段?

12-2　什么是机械稳定状态下的周期性速度波动,周期性速度波动的原因是什么? 如何进行调节,调节的原理是什么?

12-3　计算机械启动或停车所需的时间有何意义? 如何缩短机械运转时的启动时间或停车时间?

12-4　什么是等效构件? 如何标示等效构件?

12-5　机构中各外力的合力是否等于其等效力? 机构中各活动构件的质量之和是否等于其等效质量?

12-6　在机器等效动力学模型中,等效质量的等效条件是什么? 写出等效质量的一般表达式。如果不知道机构的真实运动,能否求得等效质量? 为什么?

12-7　在建立等效动力学模型时,等效构件的等效力和等效力矩、等效质量和等效转动惯量是按照什么原则计算的?

12-8　由 n 个活动构件组成的机械系统所具有的总动能可以表示为 $E = \sum\limits_{i=1}^{n} \frac{1}{2} J_{Si} \omega_i^2 + \sum\limits_{i=1}^{n} \frac{1}{2} m_i v_{Si}^2$,则该系统等效构件的总动能是否应表示为 $E = \frac{1}{2} J_e \omega^2 + \frac{1}{2} m_e v^2$? 为什么?

12-9　能否选择连杆一类构件作等效构件? 为什么?

12-10　为什么要控制机械主轴速度波动的幅度? 人们通常采用何种方法来控制?

12-11　家用缝纫机或冲床的飞轮都是安装在高速轴上吗? 为什么?

12-12　在确定飞轮的转动惯量时,运动不均匀系数 δ 是否选得越小越好? 是否需要对整个运动周期里的各个瞬间求解机器的等效运动方程式?

12-13　飞轮的转动惯量受哪些因素影响? 其中影响最大的是哪些因素?

12-14　机械主轴速度波动的幅度是否越小越好? 为什么?

12-15　如何确定机构系统的一个周期最大角速度 $\omega_{\max}$ 和最小角速度 $\omega_{\min}$ 所在的位置?

12-16　离心调速器是如何进行工作的?

练 习 题

12-1　某机器用交流异步电动机驱动。已知电动机的同步角速度 $\omega_0 = 104.6$ rad/s(此时转矩为零),额定角速度 $\omega_n = 102.8$ rad/s,额定转矩 $M_n = 465$ N·m,电动机驱动力矩与角速度的关系可近似地用线性关系表示。若选电动机主轴为等效构件,其所受等效阻力矩 $M_{er} = 400$ N·m。试求该机器稳定运转时的角速度 ω_m。

12-2　如题 12-2 图所示的行星轮系中,已知各轮的齿数为 $z_1 = 30, z_2 = 20, z_3 = 70$,行星轮的个数为 3,各构件的质心都在其相对回转轴线上,它们相对于质心的转动惯量为 $J_1 = 0.02$ kg·m², $J_2 = 0.01$ kg·m², $J_H = 0.16$ kg·m²,行星轮 2 的质量为 $m_2 = 2$ kg,模数 $m = 8$ mm,作用在行星架 H 上的力矩 $M_H = 50$ N·m。试求以构件 1 为等效构件时的等效转动惯量 J_e 和等效力矩 M_e。

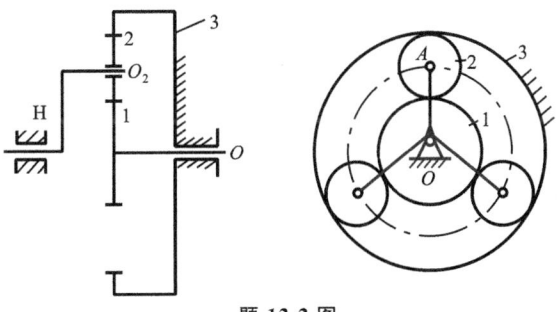

题 12-2 图

12-3　由电动机直接带动的风扇,在工作范围内电动机的输出力矩 $M_d = 2\,000/n$(N·m),式中 n(r/s)为电机轴转速;风扇的阻力矩 $M_r = n^2/16$(N·m)。若系统的转动惯量为 4 kg·m²,试求风扇转速由 960 r/min 增加到 1 460 r/min 所需的时间。

12-4　在题 12-4 图所示的六杆机构中,已知滑块的质量 $m = 20$ kg,$l_{AB} = l_{ED} = 100$ mm,$l_{BC} = l_{CD} = l_{EF} = 200$ mm,$\varphi_1 = \varphi_2 = \varphi_3 = 90°$,作用在滑块上的力 $F = 500$ N,当取曲柄 AB 为等效构件时,试求机构在图示位置时的等效转动惯量 J_e 和等效力矩 M_e。

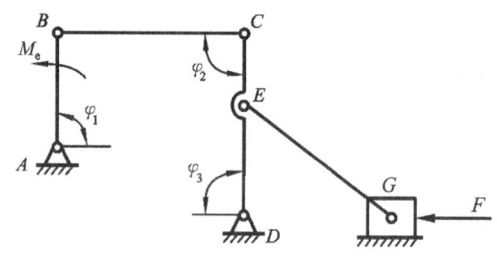

题 12-4 图

12-5　在一个二级齿轮减速机构中,各轮齿数分别为:$z_1 = z_2' = 20$,$z_2 = z_3 = 40$(其中,齿轮 z_2 和 z_2' 固连于同一轴上);各齿轮的转动惯量分别为:$J_1 = J_{2'} = 0.01$ kg·m²,$J_2 = J_3 = 0.04$ kg·m²;设作用在齿轮 z_3 轴上的阻力矩 $M_3 = 40$ N·m。试求等效构件齿轮 z_1 的等效转动惯量 J_e 及其上的等效力矩 M_e。

12-6　某机械稳定运转时的主轴角速度 $\omega_m = 100$ s⁻¹,该机械的等效转动惯量 $J_e = 0.51$ g·m²,与等效构件直接相连的制动器的最大制动力矩 $M_r = 20$ N·m。试问该制动器能否使等效构件被制动的时间不超过 3 s?

12-7　某机械系统由电动机驱动,作用在等效构件即机械主轴上的等效驱动力矩 $M_{ed} = (12\,000 - 150\omega)$ N·m,等效阻力矩,$M_{er} = 9\,000$ N·m,等效转动惯量 $J_e = 9$ kg·m²,主轴的初始角速度 $\omega_0 = 100$ rad/s。试确定机械运转过程中主轴角速度,以及角加速度随时间而变化的关系。

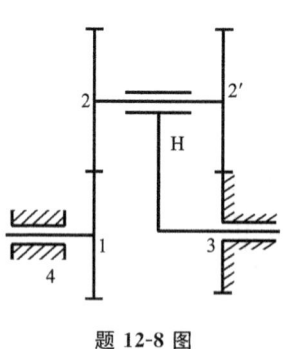

题 12-8 图

12-8　如题 12-8 图所示行星轮系中,已知 $z_1 = z_2' = 100$,$z_2 = 101$,$z_3 = 99$;各构件质心均在相对转动轴线上,且 $J_1 = J_2 = J_{2'} = 0.12$ kg·m²,$J_H = 0.2$ kg·m²,行星轮重量 $G_2 = G_2' = 20$ N,齿轮模数均为 2 mm,作用在系杆上的力矩 $M_{Hr} = 50$ N·m。取齿轮 1 的轴为等效构件,试求相应的等效转动惯量和等效力矩。

12-9　已知某机械稳定运转时主轴角速度为 $n_m = 153$(rad/s),该机械的等效转动惯量 $J_e = 0.65$ kg·m²,制动器的最大制动力矩 $M_{rmax} = 25$ N·m。设制动器与机械主轴即等效构件直接相连,试问该制动器能否在 3 s 时间内使机械主轴制动?

12-10　一发动机的输出力矩可近似表示为 $M_d = [15 + 4.8\sin(3\varphi)]$N · m,其直接带动的负载 $M_r = (15 + 0.2\sin\varphi)$N · m,其中 φ 为发动机负载系统的转角(由某一基准点算起),整个系统的等效转动惯量 $J_e = 1.2$ kg · m^2。设在 $\varphi = \pi/2$ 时,系统转速 $n_\varphi = 600$ r/min,试推导 $n = n(\varphi)$ 的方程式并求该发动机的平均功率。

12-11　题 12-11 图所示为用伺服电机驱动的某机床数控工作台。其中工作台与工件质量 $m_4 = 400$ kg,滚珠丝杆的导程 $l = 6$ mm,其转动惯量 $J_3 = 1.5 \times 10^{-3}$ kg · m^2,齿轮 1、2 的转动惯量 $J_1 = 730 \times 10^{-6}$ kg · m^2,$J_2 = 780 \times 10^{-6}$ kg · m^2,选择伺服电机时,要求其所允许的转动惯量必须大于折算到电机轴上的负载等效转动惯量,为此试求系统中折算到电机轴上的负载等效转动惯量。

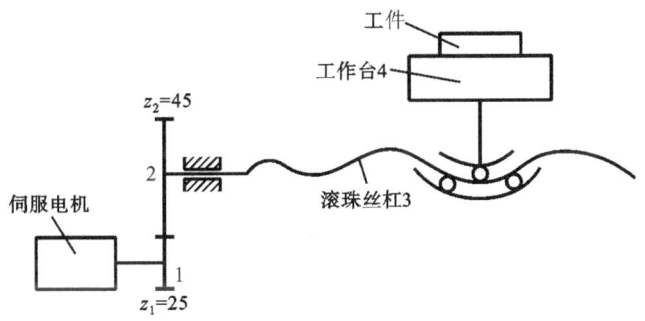

题 12-11 图

12-12　某机组发动机的输出力矩 $M_d = (1\ 000/\omega)$ N · m(即发动机输出力矩与其瞬时角速度成反比),而工作机的阻力矩 M_r 则如题 12-12 图所示。若忽略其他构件的转动惯量,试求:在 $\omega_{max} = 200$ rad/s、$\omega_{min} = 100$ rad/s 的情况下飞轮应有的转动惯量。

12-13　某机械主轴的额定转速 $n = 300$ r/min。在一个工作循环中,该机械转化到主轴上的等效阻力矩 M_{er} 的变化规律如题 12-13 图所示。如果机械的等效驱动力

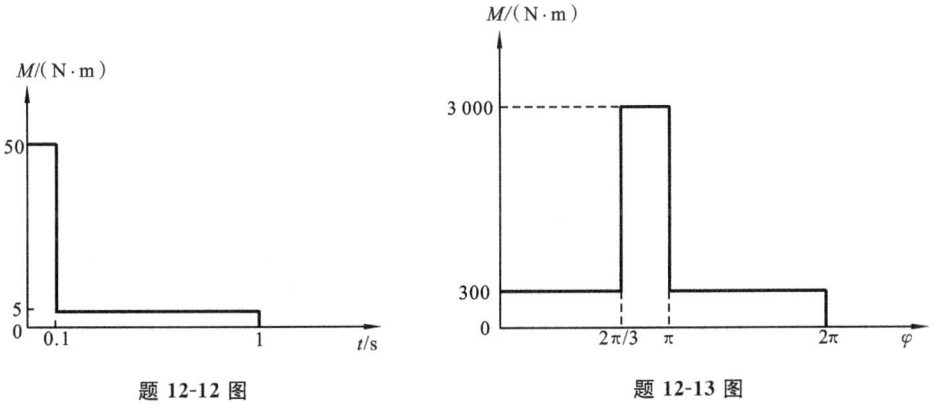

题 12-12 图　　　　　　　　　　　　题 12-13 图

矩为常数,且要求主轴运动不均匀系数$[\delta]=0.1$,试求不计其他构件转动惯量时,安装在主轴上的飞轮转动惯量 J_F。

12-14　某剪床由一恒力矩电动机驱动,而作用在该剪床主轴上的阻力矩 M_r 具有如题 12-14 图所示的变化规律,要求主轴运动不均匀系数$[\delta]=0.15$,试求主轴转速 $n=60$ r/min 时安装在该主轴上的飞轮转动惯量。

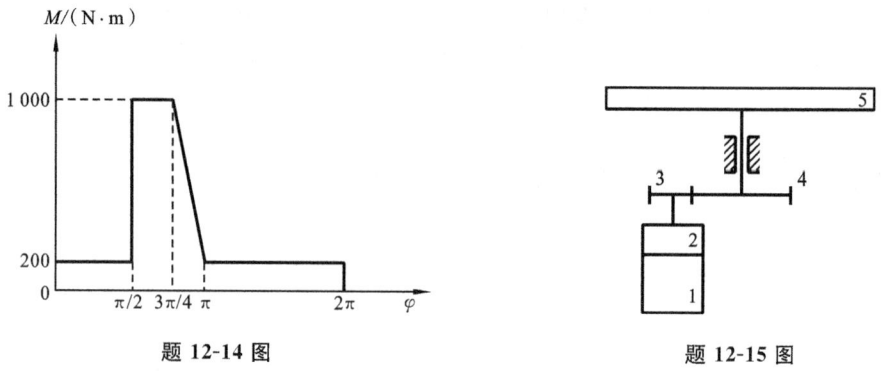

题 12-14 图　　　　　　　　　　　　题 12-15 图

12-15　在如题 12-15 图所示的转盘中,驱动电机 1 的额定功率 $P=0.75$ kW,额定转速 $n=1\,380$ r/min,电机转子的转动惯量 $J_1=0.03$ kg·m²;减速器 2 的传动比 $i_2=35$;齿轮 3 与齿轮 4 的齿数分别为 $z_3=19$,$z_4=53$;减速器和齿轮传动折算到电机轴上等效转动惯量 $J_{1'\mathrm{e}}=0.048$ kg·m²;转盘 5 的转动惯量 $J_5=150$ kg·m²,作用在转盘上的阻力矩 $M_{5\mathrm{r}}=90$ N·m;传动装置及电动机折算到电机轴上的阻力矩 $M_{1\mathrm{r}}=0.4$ N·m。如对该装置进行点动步进控制(设每次点动通电时间约为 0.15 s),则问每次点动调整将使转盘产生多大的角位移?

12-16　已知作用在机械主轴上的生产阻力矩 $M_\mathrm{r}=(5\,000+500\sin\varphi)$ N·m(其中 φ 为主轴角位移),驱动力矩 $M_\mathrm{d}=[5\,000+600(2\varphi)]$ N·m,主轴的平均转速 $n_\mathrm{m}=150$ r/min,运动不均匀系数$[\delta]=0.061$。试计算:

(1) 最大盈亏功;

(2) 安装在机械主轴上飞轮的转动惯量。

12-17　设有一由电动机驱动的机械系统,以主轴为等效构件时,作用于其上的等效驱动力矩 $M_\mathrm{ed}=(10\,000-100\omega)$ N·m,等效阻抗力矩 $M_\mathrm{er}=8\,000$ N·m,等效转动惯量 $J_\mathrm{e}=8$ kg·m²,主轴的初始角速度 $\omega_0=100$ rad/s。试确定运转过程中角速度 ω 与角加速度 α 随时间的变化关系。

12-18　已知某轧钢机上原动机的功率为 $P_\mathrm{d}=1\,900$ kW,轧钢时消耗的功率为 $P_\mathrm{r}=2\,940$ kW,经历的时间为 5 s,主轴的平均转速为 80 r/min,机械的运动不均匀系数$[\delta]=0.1$。试求:

(1) 安装在主轴上的飞轮转动惯量(不计其他构件的质量和转动惯量);

(2) 飞轮的最大转速和最小转速。

第 13 章　机械运动方案设计

本章重点　机械运动方案设计的内容和步骤,机械运动循环图的拟定,机构的组合方式。

本章难点　通过机构的合理选择与组合,设计出最佳的机械运动方案。为此必须不断积累知识和经验,并且牢固树立创新意识,锻炼创新才干。

13.1　概　　述

13.1.1　机器与机构系统

机器通常由原动机、传动系统、执行系统、控制系统和其他辅助系统组成。原动机是机器的驱动部分,它提供能量和动力,并将能量转化为所需要的运动形式,如电动机、内燃机。传动系统则是把原动机和工作机有机地联系起来、实现能量传递和运动形式转换的重要装置,如带传动、齿轮传动。执行系统(也称为工作机)是机器中的执行部分,机器通过执行构件(或输出构件)的运动实现机器的功能。例如,完成刨削平面任务的牛头刨床需要两个执行构件,即装有刨刀的刨头和夹持工件的工作台。在刨削零件时,刨头应带着刨刀作纵向的往复直线切削运动,而且刨头每分钟往复运动的次数应是可调的;工作台则应作横向的间歇进给运动,每次进给量的大小也应能在一定范围内进行调整。控制系统的功能是通过控制元件或控制装置对机器进行控制,如继电器的接触器控制系统、微机控制系统等。辅助系统的作用是保证机器的正常工作,改善操作条件,延长使用寿命等,如机器中使用的冷却装置、润滑装置、消声装置、照明装置等。

原动机、传动系统和执行系统这三部分是机器的重要组成部分,是机器的主体。而要完成这三部分的功能就需要组成一个动作协调配合的机构系统。例如,牛头刨床要把电动机的旋转运动转变为刨头和工作台所需的运动,需要把带传动机构、齿轮机构、导杆机构、曲柄摇杆机构、棘轮机构、螺旋机构等有机地组合起来,构成一个协调工作的机构系统。其运动要求包括刨头应具有急回特性、工作台的进给运动必须在非切削时间内进行等。

机构系统的作用不仅是为了实现减速(或增速)、变速、转换运动形式和使各执行构件协调配合工作等运动要求,同时还把原动机输出的功率和转矩传递到执行构件上去,以克服生产阻力。因此,机构系统是由各种机构组合而成的、用于实现预期运动和传递动力的系统。

本课程着重研究机构系统实现预期运动的机构设计及有关动力学问题,而机械零件传递动力的能力问题(包括机械零件的结构和工作能力计算等)将在机械设计课程中论述。

13.1.2　机械设计的一般过程

机械的发明和创造,极大地提高了人类的生存质量,促进了科学技术的发展。人类在机械的发明和创造过程中,总结出了机械设计的一般规律。

根据设计任务性质的不同,机械设计主要有下列三种类型。

(1) 全新设计(开发设计)。机械是全新的,它的工作原理、各种功能和构形等都需要一定的创新特点。

(2) 改进设计。机械的部分功能和构形根据新的需要有局部的改进和变化。

(3) 系列设计。机械仅在功能规格上有量的变化。

根据机械设计类型的不同,机械设计过程的繁简程度当然也不一样。全新设计难度最大,其他类型的设计则相对简单。一部机器的全新设计过程一般都要经过表 13-1 所示的几个阶段。

机械的全新设计是一项创造性工作,许多设计思想还没有实际的机械系统可供试验与验证,产品制造、装配和使用中的各种问题和矛盾也没有暴露,因而表 13-1 中所列的设计过程进展不会非常顺利,不会一次就能依次进行到底,而是会不断出现反复和交叉。因此,机械设计是一个反复修改、逐步完善的过程。

表 13-1　机器设计的一般程序

阶　段	内　　容	应完成的工作
计划	(1) 根据市场需要,或受用户委托,或由上级下达,提出设计任务; (2) 进行可行性研究,重大的问题应召开有各方面专家参加的评审论证会; (3) 编制设计任务书	(1) 提出可行性报告; (2) 提出设计任务书,任务书应尽可能详细具体,它是以后设计、评审、验收的依据; (3) 签订技术经济合同
方案设计	(1) 根据设计任务书,通过调查研究和必要的试验分析,提出若干个可行方案; (2) 经过分析对比、评价、决策,确定最佳方案	提出最佳方案的原理图和机构运动简图
技术设计	(1) 绘制总装配图和部件装配图; (2) 绘制零件工作图; (3) 绘制电路系统图、润滑系统图等; (4) 编制各种技术文件	(1) 提出整个设备的标注齐全的全套图纸; (2) 提出设计计算说明书、使用维护说明书、外购件明细表等

阶 段	内 容	应完成的工作
试制试验	通过试制、试验发现问题,加以改进	(1) 提出试制、试验报告; (2) 提出改进措施
投产以后	设备投产以后,并非设备设计工作的终结,还要根据用户的意见、生产中发现的问题及市场的变化作相应改进和更新设计	收集问题,发现问题,改进设计

13.1.3 机械运动方案设计的内容和步骤

1. 机械运动方案设计的内容

根据产品功能要求、工作性质和工作过程等基本情况进行新机械的方案设计是机械设计中极其重要的阶段,对于提高机械的性能和质量,降低机械的制造成本和使用费用等都是至关重要的,故应认真对待。

机械的方案设计包括执行系统的方案设计、传动系统的方案设计、原动机的选择、控制系统的方案设计、辅助系统的方案设计等内容。其中从原动机到传动系统再到执行系统的方案设计称为机械(或机构系统)运动方案设计,其结果是给出机械运动简图。

2. 机械运动方案设计的步骤

机械运动方案设计大体上要经过如下一些步骤。

1) 工作原理拟定和工艺动作分解

根据机械预期完成的生产任务或总功能要求,选定机械的工作原理,确定机械所要实现的工艺动作过程。

为了完成同一种功能要求,机械可以采用不同的工作原理。例如洗衣机,有干洗和湿洗之分。显然,采用的工作原理不同,机械的构造也就不一样。而且,即使采用同一种工作原理,也可以拟定出几种不同的机械运动方案。例如用范成法加工齿轮,既可在滚齿机上用滚刀切制,也可在插齿机上用插刀切制,由于所用的刀具不同,滚齿机和插齿机的运动方案也就完全不同。

选定机械的工作原理之后,应将机械的总功能分解为若干分功能,并形成机械的工艺动作。通常机械的各分功能还可进一步分解为若干个元功能(子功能)。例如,牛头刨床的工作原理是刨削加工,其总功能可分解为刀具切削、工件进给等分功能,其工艺动作包括刀具的往复直线移动和工件的间歇进给运动。刀具切削分功能又可分解为刨头的往复移动、急回运动、刀架移动、刀架转动等元功能。

机械的工作原理是否先进、合理,在很大程度上决定了该机械的先进程度以及市场接受程度。因此,在拟定各种机械的工作原理时,思路要开阔,要利用各种创造技法,综合考虑各种完成机械功能的可行性。同时,不要把思路局限在某一领域内,要拓宽到光、机、电、液各相关领域。一般而言,能用最简单的方法实现同一功能的方案才是最佳方案。

2)执行构件的运动设计及绘制机械运动循环图

根据机械的功能和工艺动作,确定各执行构件的运动形式、运动参数(如牛头刨床中刨头行程的大小、每分钟的行程数及行程速比系数等);根据各工艺动作的运动协调配合关系,拟定并绘制机械运动循环图,以此作为各执行机构(具有执行构件的机构)选型和拟定机构组合方案的依据。

3)原动机的选择

根据使用环境条件和各执行机构的运动参数,选择原动机的类型和运动参数,并根据生产阻力(如刨削时的切削阻力)初步确定其动力参数。

4)机构系统方案的拟定

根据机械的运动及动力等性能要求,综合考虑机构的功能、结构、尺寸、动力特性及运动协调配合要求等多种因素,选择各机构的类型,并对所选机构进行组合,形成机构系统方案,绘制机构系统示意图。

机构选型不是简单的挑选,它包含着创新。因为要得到一个好的运动方案,必须构思出新颖、灵巧的机构系统,而这种系统中的各机构不一定是现存的。为此,应根据机构组成与演化原理,创造出新的机构。而在充分掌握各机构的运动、动力特性的基础上,进行巧妙组合,往往也能获得新颖、灵巧而又简单的机构系统。此外,机构选型时应该进行综合评价,择优选用。

5)机构的尺度设计及绘制机构运动简图

根据执行构件和原动机的运动参数,以及各执行构件运动的协调配合关系,同时考虑动力性能要求,确定各构件的运动参数(如各级传动轴的转速)和各构件的几何参数(如连杆机构各杆的长度)或几何形状(如凸轮轮廓曲线),绘制机构系统的运动简图。

6)运动方案分析与评价

对拟定的机构运动简图从运动规律、动力条件、工作性能等多方面进行综合分析与评价,必要时适当进行调整。

运动方案分析的内容主要包括:对机构系统进行运动分析,考察其能否全面满足机械的位移、速度、加速度等方面的要求;根据机械的生产阻力或原动机的额定转矩进行机械中力的计算,用于评价机构的传力性能、效率等指标,以及对强度和振动稳定性等方面的影响。力分析的结果(如各级传动轴传递的转矩及各构件所承受的载荷)将作为今后机械零件的工作能力计算和结构设计的依据。

由于完成同一工作任务可以根据不同的工作原理,拟定出许多不同的机构运动方案,那么,其中必有好坏优劣之分,故在设计机械时应对这些方案进行综合评价,以便从中选出最佳方案。

机械运动方案设计是一项比较复杂的工作,涉及机构运动学、动力学和设计方法学等各方面知识。为了能较好地完成此项任务,不仅需要对各种机构的性能、工作特点和适用场合等具有较深入全面的了解,而且需要具备较丰富的实践知识和设计经验。此外,在设计机构系统时,虽已有一些规律可资借鉴,但这些规律并非是一成不变的模式,而仅仅是一些准则或建议,所以,要搞好设计,更需要充分发挥设计者的创造能力。

当前,我国已步入与全球经济融合的时代,对产品的竞争力和生命力提出了更高要求,所以设计工作需要不断创新。创新就是要有创造性。设计中的创造过程是一种高度强化的思维过程,只有靠设计师的强烈愿望和毅力,以丰富的知识和经验为基础,在先进的科学方法指导下才能实现。

机械运动方案设计的这些特点增加了初学者的学习难度,因此,学生在学习过程中只能循序渐进。本章着重从机构运动学的角度讨论机械运动方案设计中的一些主要问题,包括如何协调各执行构件的运动,如何根据执行构件的运动要求选择机构的类型和进行机构的组合,以及如何进行机械运动方案评价等。由于拟定机械的工作原理常常牵涉到相关领域的专业知识问题,故本章不作进一步讨论。

13.2　执行构件的运动协调设计

如 13.1 节所述,机构系统的作用是将原动机的运动转变为执行构件所需要的运动。所以,为了进行机构系统的设计,在确定了机械的工作原理和工艺动作之后,就需要确定执行构件的数目、运动形式、运动参数及运动协调关系,因为这些参数都是选择机构类型和设计机构系统时必不可少的原始资料。

13.2.1　执行构件的运动设计

执行构件的运动设计的任务首先是要确定执行构件的数目,其次是要确定执行构件的运动形式和运动参数。

1. 确定执行构件数目

执行构件的数目通常与机械的分动作数目相等,但也可用一个执行构件完成多个分动作。例如在立式钻床中,可采用两个执行构件(钻头和工作台)分别实现钻削和进给功能;也可采用一个执行构件(钻头)同时实现钻削和进给功能。在确定执行构件的数目时,要针对机械的工艺特点、结构复杂性及使用要求等进行具体分析。

2. 确定执行构件的运动形式

执行构件的运动形式取决于要实现的分功能的运动要求。常见的运动形式有回转(或摆动)运动、直线运动、曲线运动及复合运动等四种。前两种运动形式是最基本的。

1) 回转运动

回转运动又可分为如下三种:连续回转运动(如车床、钻床、铣床等的主轴的运动),其运动参数为每分钟的转数;间歇回转运动(如自动机床工作台的转位机构,电影放映机的抓片机构等的运动),其运动参数为每分钟转位的次数、转角的大小和运动系数等;往复摆动(如颚式破碎机的动颚板的运动),其运动参数为每分钟摆动次数、摆角大小和行程速比系数等。

2) 直线运动

直线运动也可再分为如下三种:往复直线运动(如牛头刨床的刨头、插床刀杆等的运动),其运动参数为每分钟的行程数、行程的大小和行程速比系数等;带停歇的往复直线运动(如自动机、半自动机的刀架的运动),其运动参数为在机械的一个工作循环中,其停歇次数的多少、停歇的位置、停歇时间的长短、行程的大小和工作速度等;带停歇的单向直线运动(如刨床进给机构的运动),其运动参数为每次进给量的大小等。

3) 曲线运动

曲线运动又可分为如下两种:沿固定不变的曲线运动,如搅拌机要求其执行构件沿某一固定不变的轨迹曲线运动,这时执行构件的主要参数是坐标 x、y 或 x、y、z 的变化规律;沿可变的曲线运动,这时曲线运动往往是由两个或三个方向的移动所组成,如起重机吊钩的空间曲线运动就是如此。其运动参数由各方向移动的配合关系而定。

4) 复合运动

复合运动是由几个单一运动组合而成的运动,如插齿机的插刀,一方面作往复直线运动(切削运动),另一方面作回转运动(范成运动);又如钻头,一方面作连续回转运动(切削运动),另一方面作直线运动(轴向进给运动)。复合运动的参数根据各单一运动的形式及其运动组合的关系而定。

13.2.2　执行构件间运动的协调配合关系

大多数机器的执行构件和执行机构不止一个,各执行机构之间的运动必须密切协调和配合,才能完成机器的生产任务。这种协调和配合,按其性质不同可分为以下三种。

1. 运动速度的协调和配合

有的机器要求各执行机构间的运动必须保持严格的速比关系。如用车床车削螺纹时,主轴的转速和刀架的走刀速度必须严格协调。为了能保持执行机构间运动速度的协调和配合,在它们之间应采用保持恒定速比关系的传动机构(如齿轮机构、螺旋机构等),而不能采用传动比变动的连杆机构和传动比不稳定的带传动机构等。

2. 执行机构间的动作在时间上的协调和配合

有的机器要求各执行机构间的动作要按一定的循环规律在时间顺序上协调配合,使之统一于整个机器以完成预定的生产过程。例如:牛头刨床的刨头和工作台间的动作;各种自动加工机中送料、加工和装卸工件的各机构间的动作;内燃机中进气阀、排气阀与活塞间的动作等,它们在时间上都必须协调和配合。这种配合通常用凸轮轴(或称分配轴)来控制。

3. 执行机构间的动作在空间上的协调和配合

如在图 13-1 所示的饼干包装机包装纸折边机构中,构件 1 和 4 是用以折叠包装纸侧边的两个执行构件。因两执行构件的轨迹相交于点 M,故在安排两执行构件的运动时,不仅要注意到时间上的协调,还要注意到空间位置上的协调。为避免两执行构件发生干涉,如设执行构件 1 先动作,必须在构件 1 向左摆回离开点 M 以后,构件 4 才能向左摆动进入点 M 以左区域。

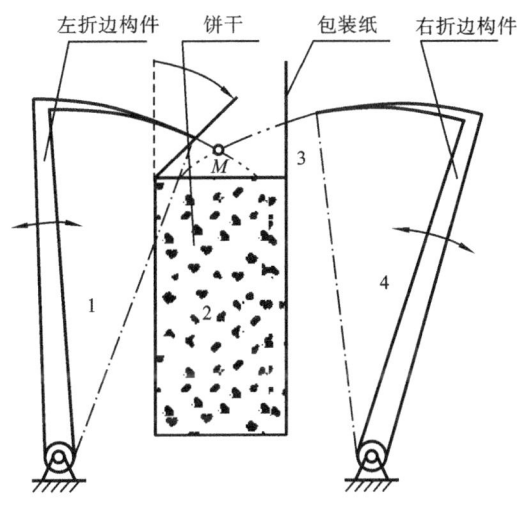

左折边构件　　饼干　　包装纸　　右折边构件

图 13-1　饼干包装机包装纸折边机构

在某些机械中,各执行构件的运动是彼此独立的,因此在设计时可不考虑运动的协调配合问题。如在普通外圆磨床中,砂轮和工件都做连续回转运动,同时工件做纵向往复移动,砂轮架还带着砂轮做横向进给运动。这几个运动相互独立,既不需要保持严格的速比关系,也不存在各执行构件在动作上的严格协调配合问题。在这种情况下,为了简化运动链,可分别为每一种运动设计一个独立的运动链,由单独的原动机驱动。

13.2.3　机械运动循环图

根据所完成功能及其生产工艺的不同,机器的运动分为无周期性循环和有周期性循环两大类。做无周期性循环运动的机器,如起重运输机械、建筑机械、外圆磨床等,它们的运动循环往往没有固定的周期,随着工作地点、条件或工件的不同而随时改变。而做有周期性循环运动的机器,如包装机、轻工自动机、自动机床等,其执行构件每经过一定的时间间隔,它们的位移、速度、加速度便重复一次,完成一个运动循环。在生产中大部分机器都属于这类有固定运动循环的机器。

在设计有周期性循环的机器时,为了使各执行机构间的动作能互相协调配合,必须在分析各种机器工作过程的基础上,制定机械的运动循环图,然后用机械运动循环图来指导机器中各执行机构的设计和装配。

机器的运动循环是指机器完成其功能所需的总时间,常用字母 T 表示。机器的运动循环往往与各执行机构的运动循环相一致,因为一般来说执行机构的生产节奏就是整台机器的运动节奏。但是也有不少机器,从生产工艺要求出发,在机器的一个运动循环内某些执行机构可完成若干个运动循环。机器执行构件的运动循环至少包括一个工作行程和一个空回行程。有时有的执行构件还有一个或多个停歇阶段。因此,执行构件的运动循环 $T_{执行}$ 可以表示为

$$T_{执行} = T_{工作} + T_{空回} + T_{停歇}$$

式中:$T_{工作}$ 为执行机构工作行程时间;$T_{空回}$ 为执行机构空回行程时间;$T_{停歇}$ 为执行机构停歇时间。

机械的运动循环图(也叫工作循环图)是用来描述各执行构件运动间相互协调配合关系的图形。在编制工作循环图时,首先要从机械中选择一个构件作为定标件,用它的运动位置(转角或位移)作为确定各执行构件运动先后次序的基准。通常,选取分配轴或执行系统中某一主要的执行构件为定标件。其次,应取机械具有代表性的特征位置作为起始位置,如以生产工艺的起始点作为运动循环的起点。然后再确定各执行构件的动作相对于定标件运动位置的先后次序和配合关系。

机械运动循环图通常有如下三种形式。

1. 直线式循环图

直线式循环图又称矩形循环图,它是将运动循环各运动区段的时间和顺序按适当的比例尺绘在直线坐标轴上形成的图形。其优点是能清楚地表示各执行构件各行程的起讫时间(或相对于主要执行机构的原动件的转角),图形比较简单。

图 13-2 所示为机械传动式牛头刨床的运动循环图。它以牛头刨床主体机构——摆动导杆机构中的曲柄为定标构件,以曲柄的转角 φ 为横坐标,安排了刨头和工作台运动的起讫时间。曲柄每转一转为一个工作循环。由图中可以看出,工作台的进给行程是在刨头的空回行程中完成的,刨头的运动有急回特性。

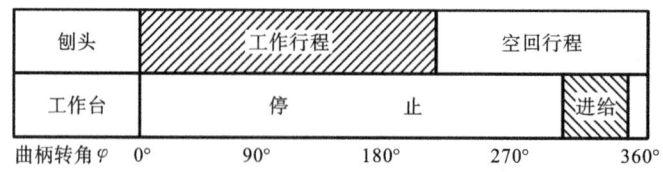

图 13-2　直线式运动循环图

2. 圆周式循环图

圆周式循环图是将运动循环各运动区段的时间和顺序按比例绘在圆形坐标上形成的图形。其优点是在具有分配轴的机器中能比较直观地看出各个执行机构的原动

件在分配轴上所处的相位,便于各原动件的安装和调整。其缺点是当执行构件太多时,由于同心圆太多,不易看清。图 13-3 所示为单缸四冲程内燃机的运动循环图,它以曲轴作为定标件,曲轴每转 2 转为一个工作循环。

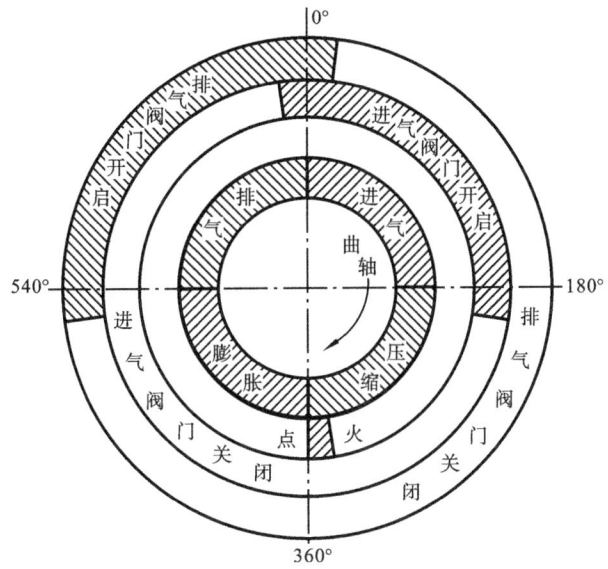

图 13-3　圆周式运动循环图

上述两种运动循环图,只表示了各执行构件动作的先后次序和动作持续时间的长短,而不能显示出各执行构件在工作时间的运动规律和各执行构件在位置上的协调配合关系。

3. 直角坐标式循环图

直角坐标式循环图用横坐标表示时间 t,也可表示主要执行机构原动件(主轴)或分配轴的转角 φ;纵坐标表示各执行机构(或构件)的运动状态。其优点是能清楚地看出各执行机构的运动状态及其起讫时间,对指导各个执行机构的运动设计非常便利。

图 13-4 是图 13-1 所示饼干包装机包装纸折边机构的运动循环图,图中横坐标表示机械分配轴(定标件)运动的转角,纵坐标表示执行构件的转角。此图不仅能表示出两执行构件动作的先后,而且能表示出两执行构件的工作行程和空回行程的运动规律,以及它们在运动上的配合关系,所以是一种比较完善的运动循环图。

制定机械运动循环图时,首先应根据机器为完成生产任务所选定的执行机构的相互协调配合的要求,确定各执行机构各个行程和停歇的时间及其相应的转角;然后再考虑各机构运动时不相干涉,且用机器完成一个工作循环过程所需的时间最短的原则来确定该机器的运动循环图。

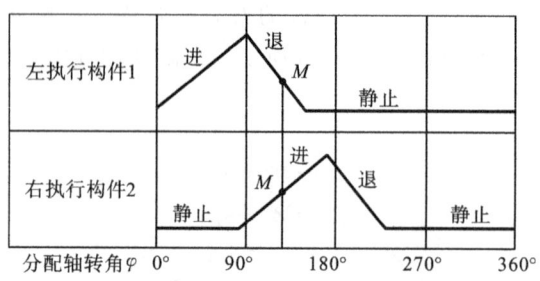

图 13-4　直角坐标式运动循环图

13.3　原动机的选择与机构系统方案的拟定

在确定了执行构件的运动形式、运动参数及运动协调关系后,需要拟定从原动机经传动机构到执行机构的完整组成方案。因此,要选择原动机的类型和运动参数,选择机构类型和组合方式。

13.3.1　原动机的选择

原动机按其输入能量的不同可以分为一次原动机和二次原动机。前者把自然界的能源直接转变为机械能,如内燃机、汽轮机、燃气轮机等;后者将发电机等变能机所产生的各种形态的能量转变为机械能,如电动机、液压马达、气动马达、液压缸、汽缸等。此外,弹簧、重锤、电磁铁等也常作为机构系统的驱动源。

原动机的运动形式主要是回转运动、往复摆动和往复直线运动等。当采用电动机、内燃机、液压马达和气动马达等原动机时,原动件作连续回转运动(液压马达和气动马达也可做往复摆动);当采用油缸、汽缸或直线电动机等原动机时,原动件做往复直线运动。

电动机是机械中使用最广的一种原动机。其中,交流异步电动机在一般机械中用得最多,其他类型的还有直流电动机、带减速装置的电动机、带变速装置的电动机、多速电动机、交流变频电动机、伺服电动机、步进电动机、直线电动机、力矩电动机等。

交流异步电动机价格低廉,功率范围宽,具有自调性,其机械特性能够满足大多数机械设备的需要。其同步转速有 3 000 r/min、1 500 r/min、1 000 r/min、750 r/min、600 r/min 等五种规格。在输出同样的功率时,电动机的转速越高,其尺寸和质量也就越小,价格也越低。但当机械执行构件的速度很低时,若选用高转速电动机,势必需要大传动比的减速装置,可能会造成机构系统的过分庞大和制造成本的显著增加。最常用的同步转速有 1 500 r/min 和 1 000 r/min 两种。

当执行构件需无级变速时,可考虑用直流电动机或交流变频电动机。当需精确控制执行构件的位置或运动规律时,可选用伺服电机或步进电机。当执行构件需低速大扭矩时,可考虑用力矩电动机。力矩电动机可产生恒力矩,并可堵转,或由外力拖着反转,故常在收放卷装置中作恒阻力装置。

在采用气压原动机时,需要气压源(许多工厂有总的气压源)。气压传动的优点是动作快速,废气排放方便,无污染(但有噪音);缺点是难获得较大的驱动力,且运动精度较差。

采用液压原动机时,一般一台设备就需要一台液压源,成本较高。液压驱动可获得大的驱动力,运动精度高,调节控制方便。液压传动在工程机械、机床、汽车中的应用非常普遍。

由上可见,不同的原动机具有各自的特性和适用场合,因此,在机械设计中必须选择与机械的性能要求相适应的原动机。原动机的类型和参数的选择是否恰当,对整个机械的性能及成本、对机械传动系统的组成及其繁简程度将有直接影响。例如设计牛头刨床时,刨头的往复运动既可采用电动机及机构系统来实现(机械传动式),也可采用液压缸及液压系统来实现(液压传动式),两者的性能及成本明显不同。前者结构简单,工作可靠,维修方便,成本低;后者能无级调速,运动平稳,但结构复杂,成本高,一般用于规格较大的牛头刨床。

13.3.2　机构选型的原则

机构选型正确与否,将直接影响到机器的使用效果,以及机器的简繁程度等。选型时要使所选的机构能完成预期的运动要求。机器需要实现的动作、运动形式(移动或摆动等)及运动规律(等速或变速等)是多种多样的。显然,要求实现的运动形式不同,则所选择的机构类型也不同。即使是同一种运动形式,也可采用不同的机构来实现。例如,若要求执行构件作直线移动,则可用齿条齿轮机构,也可用曲柄滑块机构、直动从动件凸轮机构和螺旋传动机构等来实现。所以,需熟悉各种不同类型的基本机构的运动特性和动力特性,综合考虑对所设计机器的各种要求,例如执行构件的运动规律要求等,经过与同类机器进行分析和类比,或参考机械设计手册和资料提供的机构图例进行选型。当然,在选型时还需考虑制造工艺和材料等问题。选型时,一般还应考虑以下因素。

1. 机构的运动链

从运动输入的原动件到运动输出的执行构件间的运动链要短,使构件和运动副数目尽量少。因为构件和运动副增多后,不仅使制造和装配增加了困难,而且还增添了设计难度和加大了机构的累积误差。因此在选型时,往往选用结构简单的近似机构,而不用理论上没有误差但结构复杂的机构。例如图 13-5 所示的两种直线导向机构,其中图 13-5(a)所示是利用铰链四杆机构中连杆上点 E 的近似直线轨迹进行导向的。而图 13-5(b)所示的直线运动机构,点 E 的轨迹是直线,能实现精确的直线导向。但根据实际分析表明,在相同的制造精度条件下,后者的实际传动误差是前者的 $2\sim3$ 倍。另外,缩短运动链还能减小运动副中的摩擦损耗,提高效率。

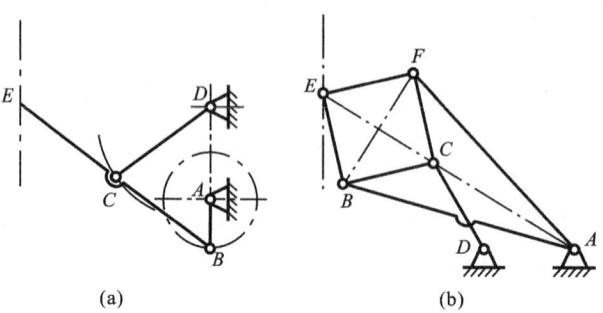

图 13-5　直线运动机构的两种方案

为了使运动链简短,在机械的几个运动链之间没有严格速比要求的情况下,可考虑每一个运动链各选一个原动机来驱动,并注意原动机类型和运动参数的选择。

2. 运动副形式

运动副形式直接影响到机器的结构、寿命、效率和灵敏度。一般地说,转动副制造简单,易保证运动副元素的配合精度,效率高。当要求将一轴的转动转换成另一轴的转动或摆动时,大多采用带转动副的机构。移动副制造较困难,不易保证配合精度,效率低,易发生自锁现象,一般用于直线运动的场合。采用带高副的机构,较易实现执行构件的运动规律和轨迹要求,且可减少运动副和构件数,但高副元素形状复杂,易磨损,宜用于低速轻载场合。根据上述三种运动副的特点,在机构选型时,往往用转动副或高副来代替移动副。如图 13-6(a)所示为用转动副 D 代替移动副 D' 的近似直线导向机构;图 13-6(b)所示为在低速轻载时用高副 C 代替移动副 C' 的导杆机构。

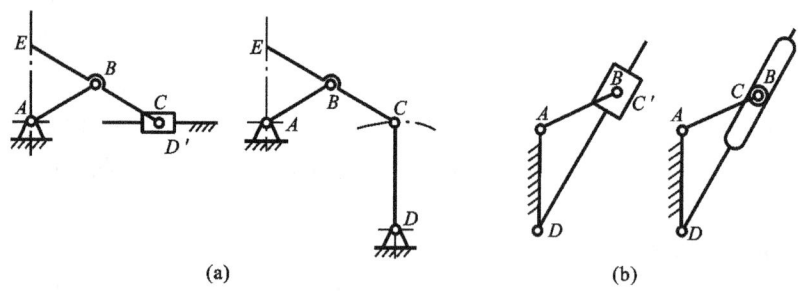

图 13-6　移动副的两种替代方案

3. 动力源形式

动力源的选择应有利于简化机构和改善运动的质量。机构选型时,应充分考虑动力源情况。当有气、液等动力源时,常利用气动、液压机构,这样既可以简化机构的结构,省去许多电机、传动机构或转换运动的机构,同时又利于减振、操作和调节速度。在工程机械、自动生产线和自动机中,广泛采用气动、液压机构。

若要求执行构件 k 作行程为 s 的往复等速直线运动,则有多种设计方案,可采用

图 13-7(a)所示的通过双曲柄机构和曲柄滑块机构串联而成的机构,将主动曲柄的转动转换为执行构件(滑块)的近似等速移动。这种机构需单独用电动机通过传动机构来驱动原动件。若采用图 13-7(b)所示的液压驱动机构,不但可用一个动力源驱动多个执行构件,而且可以省掉传动机构和运动转换机构,使机构的结构紧凑,体积小,反向时工作平稳,易于调节移动速度。

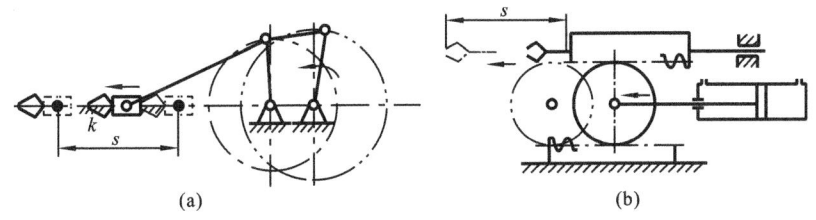

(a)   (b)

图 13-7   往复等速直线运动的两种实现方案

4. 机构的虚约束

在机械设计中,为了保证某些机构运动的确定性(如平行四边形机构)或改善受力条件、缩小传动机构的体积,往往采用虚约束(如采用多个行星轮的行星轮系)。这时对机构的制造和装配将提出相应的精度要求,否则由于尺寸不准确,使原来的虚约束变成实际的约束,而造成卡死现象或引起构件的损坏。因此,在设计中应尽量减少带有虚约束的机构。

5. 动力特性

对于高速机构,应选用易于实现平衡的机构和构件,如在高速部分采用回转构件组成的机构(如齿轮机构、带传动机构等),避免选用带有滑块、摆杆和连杆等构件组成的机构。因为前者可通过平衡技术,使惯性力处于最佳的平衡状态,而后者一般只能实现机构的部分平衡,故不宜用于高速。

采用压力角小或传动角大的机构,如平底从动件凸轮机构、转动导杆机构等,可减小原动轴上的驱动力矩,从而减小原动机的功率、机构的尺寸和重量。

总之,任何一台机器的设计,在满足同一生产要求时,应力求使机构结构简单,制造和安装方便,同时可靠耐用。

13.3.3   机构的组合

常用机构中,结构最简单的(从动系统一般只有一个杆组)的机构通称为基本机构,如单自由度的四杆机构、凸轮机构、齿轮机构、螺旋机构、间歇运动机构和两自由度的五杆机构、四杆高副机构、差动轮系等。通常原动件作匀速连续转动,执行构件要实现的运动较为简单时可选用一个基本机构。当要实现的运动较为复杂时,可将几个基本机构组合应用,即将原来的机构能实现的简单运动经机构组合后使运动合成为所需的复杂运动。

下面介绍典型机构的组合方式及其应用实例。

1. 机构的串联式组合

将若干个单自由度的机构顺序连接,使每一个前置基本机构的输出运动作为后继机构的输入运动,这种组合方式称为机构的串联式组合。其优点是可以改善单一基本机构的运动特性。例如一个对心曲柄滑块机构没有急回运动特性,而且工作行程中滑块的速度是变化的。如果要求有急回特性,便可如图 13-8(a)所示,将一曲柄摇杆机构 1-2-3-4 的输出件 3 与一曲柄滑块机构(或摇杆滑块机构)3′-5-6-4 的输入件 3′固接在一起,则该机构的输出件 6 便具有急回运动的特性了。这两个基本机构的组合方式可用框图(如图 13-8(b))表示。图中实现运动规律时的转动用 ω 代表,移动用 v 代表,下同。如果要求滑块既有急回运动特性,在工作行程中又有近似的匀速运动,则可按图 13-9(a)所示,将凸轮机构 1-2-3 与曲柄滑块机构(或摇杆滑块机构) 2′-4-5-3 串联起来,只要适当设计凸轮的轮廓,则输出件 5 便可具有急回运动特性,且在工作行程中为匀速运动。但是为了避免行程两端发生冲击,凸轮轮廓的设计应使工作行程在开始一小段滑块为加速运动,末端一小段滑块为减速运动。与单一的凸轮机构相比,这个串联机构的优越之处在于:只要增大杆长比 $l_{2'}:l_2$,则当输出件滑块的冲程大小相同时,凸轮的尺寸较小。图 13-9(b)为其组合方式框图。

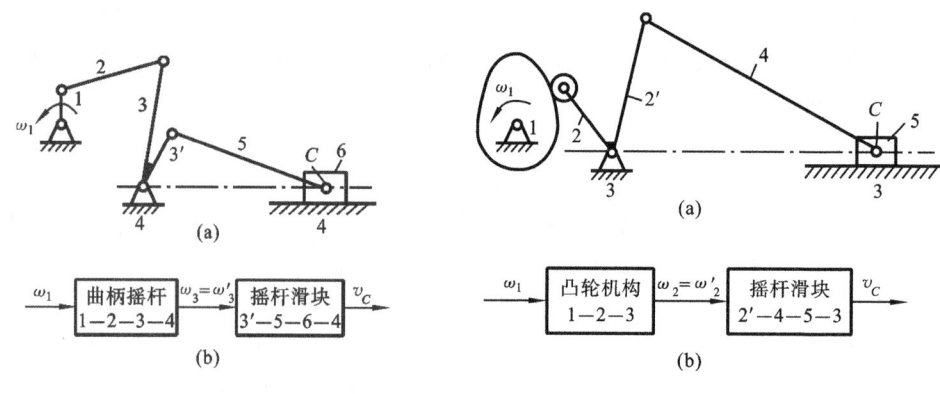

图 13-8　连杆-连杆串联式机构　　　　图 13-9　凸轮-连杆式串联机构

根据机构中被串接构件的不同,串联式组合有以下两种常见形式。

1) 固结式串联组合

后一个机构的主动构件固接在前一个机构的输出构件上的组合方式称为固结式串联组合。前述两例便是如此。图 8-31 所示非圆齿轮机构和对心曲柄滑块机构的组合也应用了这种串联组合方式,其作用是改变机构系统的运动特性和动力条件。这种组合方式应用极广,且设计也较简单。

当固结式串联组合的后一个机构为二自由度基本机构时,需要两个输入构件才能输出确定的运动。这样,前一个基本机构需有两个输出构件分别与之固接。图 13-10(a)所示的串联式机构是由四杆机构 1-2-3-4 和差动轮系 2′-5-3(H)-4 所组成。其中杆 2 和齿轮 2′相固接,杆 3 和差动轮系的行星架合为一体,杆 1 为原动件,齿轮

5 绕轴心 D 转动。图 13-10(b)为其组合方式框图。由此组合可见,齿轮 5 的运动完全是四杆机构中杆 2 和杆 3 运动的合成。当杆 1 作等速转动时,杆 2、杆 3 的转动都是变速,所以齿轮 5 也作变速运动,而且改变四杆机构各杆长尺寸和齿轮齿数时,便可得到不同的运动规律。

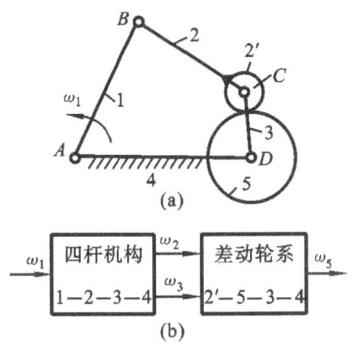

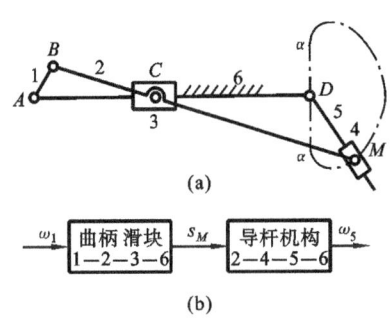

图 13-10　齿轮-连杆串联式机构　　　　**图 13-11　轨迹点串联组合机构**

2)轨迹点串联组合

将前一个基本机构中作平面运动构件上某点的轨迹作为输出,通过该轨迹点与后一个基本机构相连的组合方式称为轨迹点串联组合。图 13-11(a)所示为织布机上所用的开口机构,其前一级曲柄滑块机构 1—2—3—6 的连杆 2 上点 M 的轨迹如图中点画线所示,其中 $\alpha\alpha$ 段为直线。后一级导杆机构的滑块 4 铰接于点 M,则当点 M 通过直线部分时,从动导杆 5 将作较长时间的停歇,这时经线保持开口状态,以便于纬线从中穿过。图 13-11(b)为其组合方式框图。

2. 机构的并联式组合

一个机构产生若干个后续分支机构,或若干个分支机构汇合于一个后续机构,或一个机构产生若干个后续分支机构并汇合于另一个后续机构的组合方式,称为机构的并联式组合。

图 13-12(a)所示机构是由定轴轮系 $1'$—5—4 和曲柄摇杆机构 1—2—3—4 及差动轮系 5—6—7—3—4 所组成。原动齿轮 $1'$ 和曲柄 1 固结在同一轴上,其运动 ω_1 同时传给并列布置的定轴轮系和曲柄摇杆机构,从而转换成两个运动 ω_5 和 ω_3。这两个运动又传给差动轮系合成为一个输出运动 ω_7。当原动轴作匀速转动时,齿轮 5 为匀速转动,而摇杆 3 却为变速摆动,所以内齿轮 7 作变速转动,其周期为原动轴回转一周的时间。此机构可用于铁板输送机,当内齿轮 7 将铁板输送一定长度后即作瞬时停歇,配套的剪切机便把铁板剪断(图中未表示出)。该机构的组

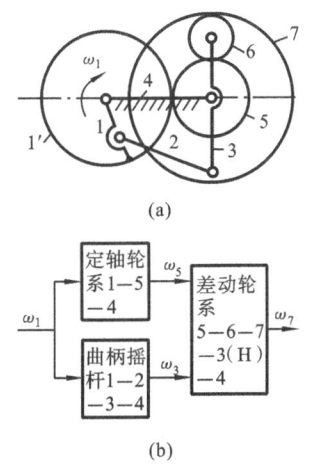

图 13-12　齿轮-连杆并联式机构

合方式框图如图 13-12(b)所示。它用两个并列的单自由度基本机构来封闭二自由度差动轮系,故属并联式组合方式。

图 13-13(a)为一个能够实现给定运动轨迹的凸轮连杆并联式机构,图 13-13(b)为其组合方式框图。实现轨迹时,图中 φ 代表转动,s 代表描迹点的运动或滑块的移动,下同。这个机构是由并列布置的两个凸轮机构 1—2—7 和 5—6—7 分别与一个二自由度五杆机构 2—3—4—5—7 的构件 2 和 5 相连而成的。五杆机构的两个输入运动分别由两个凸轮机构提供。因此,只需适当设计凸轮的轮廓,则这个并联式机构上的点 M 便可描绘出给定的轨迹(图(a)所示的点画线)。

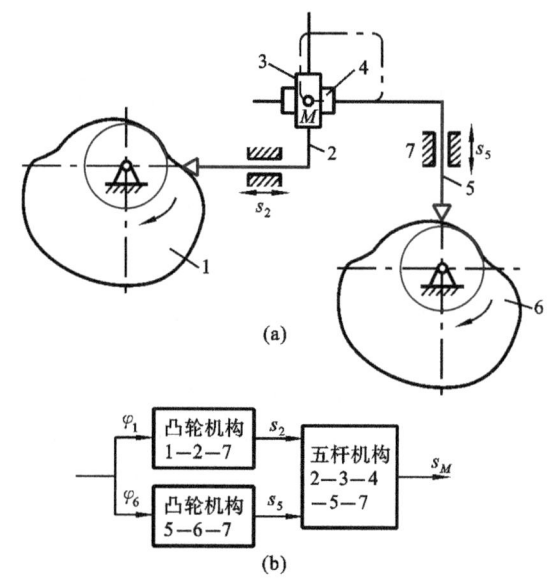

图 13-13   凸轮-连杆并联式机构

3. 机构的复合式组合

机构的复合式组合是原动件的运动的一方传给一个单自由度的基本机构,转换成一个运动后,再传给一个二自由度的基本机构;同时,原动件又将其运动直接传给该二自由度基本机构,而后者将输入的两个运动合成为一个输出运动。

图 13-14(a)所示机构由凸轮机构 $1'$—4—5 和二自由度五杆机构 1—2—3—4—5 组合而成。原动凸轮 $1'$ 和曲柄 1 固结,构件 4 是两个基本机构的公共构件。当原动凸轮转动时,从动件 4 移动,同时给五杆机构输入一个转动 φ_1 和移动 s_4,故此五杆机构有确定运动。这时构件 2 或 3 上任一点(例如转动副中心点 C)便能实现比四杆机构连杆曲线更为复杂的轨迹 C_x。图 13-14(b)为该机构的组合方式框图。

这种复合式组合方式与串联式相比,其相同处是都具有两个基本机构,且两者之间是串联关系;其不同之处是后一个基本机构的输入运动不全是前一机构的输出运动。这种复合式组合方式与并联式相比,其相同处是它们原动轴的运动都是分成两

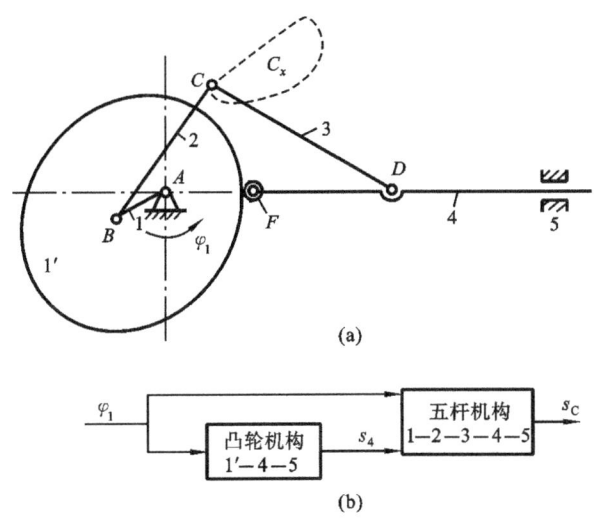

(a)

(b)

图 13-14　凸轮-连杆复合式机构

路传给两自由度基本机构后,再合成为一个输出运动,故有并联的性质;其不同处则是结构上少了一个并列的单自由度基本机构,只有一个单自由度基本机构与原动轴的运动并列。由于本组合方式与串联式及并联式既有相同处,又有不同处,故称为复合式。

图 13-15(a)所示机构是由行星轮系 2—H—1 和高副四杆机构 H—2′—3—1′ 复合而成的机构。该高副四杆机构又是将通常的摆动从动件盘形凸轮机构 2′—3—H (原机架)的 3 和 H 同时铰接在机架 1′ 上同一轴线而成,所以它具有两个自由度,且其机架长度 $l_{O3OH} = 0$。弹簧 S 的作用是使 2′ 和滚子 R 始终保持接触。该机构的输入件为 H,输出件为 3。当 2′ 的以 O_2 为圆心的圆弧轮廓与 R 接触时,3 和 H 同速转动;当 2′ 的矢径变化轮廓与 R 接触时,3 作相应的变速转动。因此,该机构可应用在需要实现特殊变速转动的场合,例如控制装置和补偿装置等。图 13-15(b)为其组合方式框图。

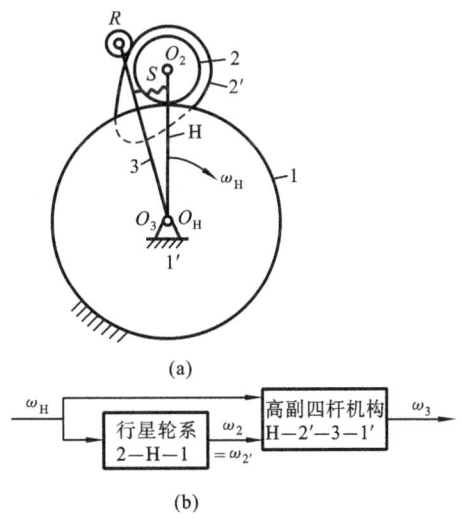

(a)

(b)

图 13-15　齿轮-连杆复合式机构

4. 机构的反馈式组合

机构的反馈式组合是原动件的运动先输入多自由度基本机构,该机构的一个输出运动经过一单自由度基本机构转换为另一运动后,又反馈给原来的多自由度基本机构。

图 13-16(a)所示机构即为反馈式机构,由直动从动件槽形凸轮机构 $3'$—4—1 和带有滑架 4(同时又是凸轮机构的从动件)的蜗杆机构 2—3—4—1 组合而成。其中蜗杆 2 能转动和由滑架带着移动,故上述蜗杆机构实质上是一个二自由度的高副四杆机构。图 13-16(b)为该机构的组合方式框图。由图可见,输出件蜗轮 3(槽形凸轮 $3'$ 与之相固结)的运动 φ_3 由两部分所组成:其一是由蜗杆的原动机输入转动 φ_2 所产生的转动 $\varphi_3' = \dfrac{z_2}{z_3}\varphi_2$;其二是由凸轮机构将蜗轮的运动反馈至蜗杆,使蜗杆沿轴向移动一个位移 s_2 所产生的附加转动 $\varphi_3'' = \dfrac{s_2}{r_3}$。因此,蜗轮输出的转动 φ_3 应为

$$\varphi_3 = \varphi_3' \pm \varphi_3'' = \frac{z_2}{z_3}\varphi_2 \pm \frac{s_2}{r_3}$$

式中:r_3 为蜗轮的节圆半径;若由于蜗杆转动所产生的蜗轮转动方向与由于蜗杆的移动所产生的蜗轮转动方向相同,则上式等号右边取"+"号;反之,则取"—"号。

将上式对时间 t 求导数得 $\omega_3 = \dfrac{z_2}{z_3}\omega_2 \pm \dfrac{v_2}{r_3}$。当从动件滚子与以点 O 为圆心的圆弧凸轮槽 abc 段相接触时,凸轮不推动滑架,故 $v_2 = 0$,而 $\omega_3 = \dfrac{z_2}{z_3}\omega_2$ 为常量,即蜗轮作匀速转动;当从滚子与径向变化的凸轮槽 cda 段相接触时,$v_2 \neq 0$ 且为变量,故蜗轮输出为按一定规律而变化的非匀速转动。

反馈式机构有补偿运动的作用,故用于齿轮加工机床中来校正传动系统的误差。如图 13-16 中蜗轮的实际转动因传动误差而与理想的转动不符时,就可根据所测得的误差设计凸轮机构,以补偿运动误差。

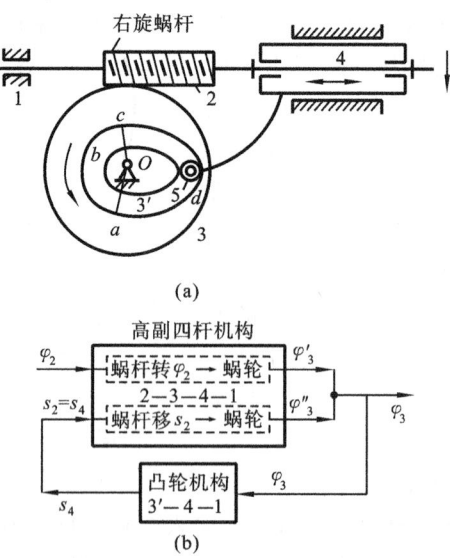

(a)

(b)

图 13-16　齿轮-凸轮反馈式机构

5. 机构的叠联式组合

叠联式组合与前述各种组合方式不同的是各基本机构没有共同的机架,而是互相叠联在一起。其特点是:①每一个基本机构各有一个动力源;②后一个基本机构的相对机架就是前一个基本机构的输出件。

图 13-17(a)所示的由三个摆动液压缸机构(四连杆机构的一种演化机构)组成的挖掘机机构系统即为叠联式机构组合。其第一个基本机构 3—2—1—4 的机架 4 是挖掘机的机身;第二个基本机构 7—6—5—3 叠联在第一个基本机构的输出件 3 上,即以 3 作为它的相对机架;同样,第三个基本机构 10—9—8—7 又叠联在第二个基本机构的输出件 7 上,亦即以 7 作为它的相对机架。这三个基本机构都各有一个动力源。第一个液压缸 1—2 带动大动臂 3 升降;第二个液压缸 5—6 使铲斗柄 7 绕轴线 D 摆动;第三个液压缸 8—9 带动铲斗 10 绕轴心 G 摆动。这三个液压缸分别或同时动作时,便可使挖掘机完成挖土、提升和卸载动作。

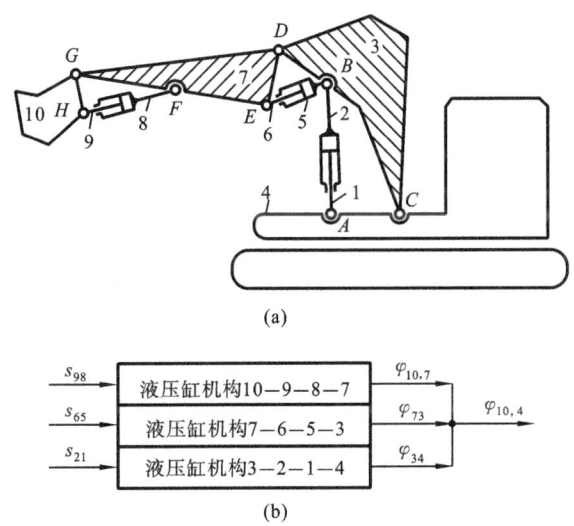

(a)

(b)

图 13-17　叠联式机构

图 13-17(b)为该叠联式机构的组合方式框图(图中 s 和 φ 的下标 ij 表示构件 i 相对构件 j)。由图可见,该机构的运动分析是将各个基本机构分别由其输入件的相对移动求出其输出件的相对转动,然后再由叠联的关系,便可得到铲斗 10 相对于机身 4 的转动为

$$\varphi_{10,4} = \varphi_{10,7} + \varphi_{73} + \varphi_{34}$$

在上式中,若某一液压缸机构的活塞是从液压缸中被推出时,则其输出件的转动为顺时针方向,定为正值;反之,若活塞是向液压缸推入时,则其输出件的转动为逆时针方向,应为负值。至于铲斗 10 的位置,则由各基本机构的几何尺寸与其输出件的转动大小来决定。

叠联式机构也有用在机械手中,如开链式机械手是由多个单自由度基本机构(双杆机构)叠联而成。其目的也是为了使机械手在工作空间中能达到任意位置和作出不同的姿态。

采用上述的各种机构组合方式,能将有限的几种基本机构组合成多种多样的满足各种工艺要求的机构系统。它们已广泛地应用在机械制造、纺织机械、轻工机械、食品机械、冶金机械、工程机械等领域中。

在应用上述机构组合方式进行机构系统运动方案设计时,需补充说明以下几点。

(1) 以上主要介绍了如何将原动件的匀速连续转动转变为执行构件所需运动的机构组合的五种基本方式。如果为了满足更高的要求,各种方式可以混合使用。

(2) 对于由单自由度基本机构组成的串联式组合(见图 13-8),各基本机构运动参数间关系简单,仍保持各机构的相对独立性,所以设计方法与各原机构一样,无其变化。而凡是使用二自由度基本机构的各种组合,由于各机构运动参数间关系牵连较多,设计方法比较复杂。因此,通常将上述通过单自由度基本机构来约束多自由度基本机构而组合成的机构统称为组合机构。如前述并联式、复合式、反馈式和含有二自由度基本机构的串联式(见图 13-10)机构组合都属于组合机构。根据它们包含的基本机构的形式不同,分别命名为:

齿轮-连杆机构,如图 13-10、图 13-12 所示机构;
凸轮-连杆机构,如图 13-13、图 13-14 所示机构;
齿轮-凸轮机构,如图 13-15、图 13-16 所示机构。

限于篇幅,本节仅给出了组合机构的几种典型组合方式。至于其设计方法可参阅有关技术资料。

(3) 在各种组合机构中通常只使用一个原动机,如果考虑像叠联式机构使用多个原动机来驱动各单自由度基本机构,然后用来约束多自由度基本机构,则输出的运动规律和轨迹更容易满足执行构件的需要。如更进一步将作为原动机的普通电机换成伺服电机,且其转动规律由微机控制,则能实现更广泛的给定运动。可见,机电结合将成为机构学发展的必然趋势。

(4) 从广义角度看,各执行机构间相对位置的安排,以及原动机与执行机构间传动机构的使用等问题,也是一种机构组合。为了使各个执行机构能够按照工艺要求以一定的次序来完成动作,人们常常采用气动、液压或机械的方式集中地或分散地加以控制。用机械方式集中控制时,常把分配轴或主轴与各执行机构的原动件固接起来,或者用分配轴上的凸轮、齿轮来控制各执行机构的原动件。

13.3.4 机构的变异

所谓机构的变异,就是用改变机构中某些构件的结构形状、运动尺寸、用不同构件作为机架或原动件、增加辅助构件等方法,来使机构获得新的功能、特性或结构,以满足设计要求的方法。前面所介绍的连杆机构的演化,实际上就是机构的变异。这里不再赘述。

13.4　机械运动方案的评价

机械运动方案的设计,最终要求通过分析、比较,以确定某一机械的最优方案。如何通过科学的评价和决策方法来确定最佳的机械运动方案是机械运动方案设计的关键问题。为此,必须根据机械运动方案的特点来确定评价特点、评价准则和评价方法等,从而使评价结果更为准确、客观和有效,并能为广大工程技术人员认可和接受。

13.4.1　机械运动方案的评价特点

一般而言,机械运动方案的评价准则应包括技术、经济、安全可靠三方面的内容。由于机械运动方案设计是整个机械设计过程中初始阶段的设计工作,因此对它的评价具有如下一些特点。

(1) 由于机械运动方案设计只解决原理方案和机构系统的设计问题,不具体地涉及机械结构设计的细节,因此,往往只能定性地对其经济性进行评价。机械运动方案评价准则所包括的评价指标总数不宜过多。

(2) 由于机械运动方案设计所能提供的信息还不够充分,因此一般不考虑重要程度的加权系数。但是,为了使评价指标有广泛的适用范围,对某些评价指标可以按不同应用场合列出加权系数。例如承载能力,对于重载的机器应加上较大的加权系数。

(3) 考虑到实际的可能性,一般采用 5 级评分制进行评价,即将各评价指标的评价值等级分为 5 级(例如 0~4 分)。

(4) 对于相对评价分值低于 0.6 的方案,一般认为较差,应该予以剔除。若方案的相对评价值高于 0.8,那么,只要它的各项评价指标都较均衡,则可以采用。对于相对评价值介于 0.6~0.8 之间的方案,则要进行具体分析,有的方案在找出薄弱环节后加以改进,可成为较好的方案而被采纳。例如,当传递相距较远的两平行轴之间的运动时,采用 V 带传动是比较理想的方案。但是当整个系统要求传动比十分精确,而其他部分都已考虑到这一点而采取相应措施时(如高精度齿轮传动、无侧隙双导程蜗杆传动等),V 带传动就是一个薄弱环节。如果改成同步带传动后,就能达到扬长避短的目的,又能成为优先选用的好方案。至于有的方案,确实缺点较多,又难以改进,则应予以淘汰。

(5) 在评价机械运动方案时,应充分集中机械设计专家的知识和经验,特别是所要设计的这一类机器的设计专家的知识和经验,要尽可能多地掌握各种技术信息和情报,要尽量采用功能成本(包括生产成本和使用成本)指标值进行运动方案的比较。

13.4.2　机械运动方案的评价体系

1. 评价体系的基本要求

为了使机械运动方案评价结果更准确、有效,必须建立一个评价体系。它一般应满足以下基本要求。

(1) 评价体系应尽可能全面,但又必须抓住重点。它不仅要考虑到对机械产品性能有决定性影响的主要设计要求,而且应考虑对设计结果有影响的主要条件。

(2) 评价指标应具有独立性,各项评价指标相互之间应该无关,即提高了方案某一项评价指标的评价值的某种措施不会对其他评价指标的评价值有明显影响。

(3) 评价指标都应进行定量化。对于难以定量的评价指标,可以通过分级量化。评价指标定量化后有利于对方案进行评价和选优。

2. 评价指标

机械运动方案往往是由若干个执行机构组成的机构系统的运动方案组成的。在方案设计阶段,对于单一机构的选型或整个机构系统的选择都应建立合理的、有效的评价指标,见表13-2。该表中所列的5大类、17项具体评价指标,是根据机构及机构系统设计的主要性能要求和机械设计专家的咨询意见制订的。这些评价指标还会随着科学技术的发展、生产实践经验的丰富而不断增删和完善。

表 13-2　机构系统的评价指标

序号	1	2	3	4	5
性能指标	机构功能	机构的工作性能	机构的动力性能	经济性	结构紧凑
具体内容	(1)运动规律的形式; (2)传动精度	(1)应用范围; (2)可调性; (3)运转速度; (4)承载能力	(1)加速度峰值; (2)噪声; (3)耐磨性; (4)可靠性	(1)制造难易程度; (2)制造误差敏感度; (3)调整方便性; (4)能耗	(1)尺寸; (2)重量; (3)结构复杂性

3. 四种典型机构的性能、特点和评价

在机械运动方案构思和拟订时,由于连杆机构、凸轮机构、齿轮机构、组合机构等四种典型机构的特点、工作原理、设计方法已为广大设计人员所熟悉,并且它们本身结构较简单,易于实际应用,因此,往往成为机械运动方案设计时的首选机构。表13-3中对它们的性能和初步评价作简要评述,为评分和择优提供一定的依据。

表 13-3　四种典型机构的性能和评价

性能指标	具体项目	代号	评价			
			连杆机构	凸轮机构	齿轮机构	组合机构
A 功能	(1) 运动规律形式	A1	任意性较差,只能达到有限个精确位置	基本上能任意实现	一般作定速比转动或移动	基本上可以任意实现
	(2) 传动精度	A2	较高	较高	高	较高

续表

性能指标	具体项目	代号	评 价			
			连杆机构	凸轮机构	齿轮机构	组合机构
B 工作性能	(1) 应用范围	B1	较广	较广	广	较广
	(2) 可调性	B2	较好	较差	较差	较好
	(3) 运转速度	B3	高	较高	很高	较高
	(4) 承载能力	B4	较大	较小	大	较大
C 动力性能	(1) 加速度峰值	C1	较大	较小	小	较小
	(2) 噪声	C2	较小	较大	小	较小
	(3) 耐磨性	C3	耐磨	差	较好	较好
	(4) 可靠性	C4	可靠	可靠	可靠	可靠
D 经济性	(1) 制造难易程度	D1	易	难	较难	较难
	(2) 制造误差敏感性	D2	不敏感	敏感	敏感	敏感
	(3) 调整方便性	D3	方便	较麻烦	方便	方便
	(4) 能耗大小	D4	一般	一般	一般	一般
E 结构紧凑	(1) 尺寸	E1	较大	较小	较小	较小
	(2) 质量	E2	较轻	较重	较重	较重
	(3) 结构复杂性	E3	简单	复杂	一般	复杂

4. 机构选型的评价体系

机构选型的评价体系是由机械运动方案设计应满足的要求来确定的。根据有关专家的咨询意见,可以对机械运动方案设计中的机构选型的评价体系进行修改、补充和完善。初步确定的评价项目可以通过一定范围内的专家咨询得来,并根据项目重要程度来确定各项分配分数值。这是一件十分细致、复杂的工作。表 13-4 所列是初步建立的机构选型的评价体系,它既有评价指标,又有各项分配分数值,正常情况下它们的总分满分为 100 分。有了这样一个初步的评价体系,可以使机械运动方案设计逐步摆脱经验或类比设计的模式。

表 13-4 机构选型的评价体系

性能指标代号	A		B				C				D				E		
总分	25		20				20				20				15		
具体项目	A_1	A_2	B_1	B_2	B_3	B_4	C_1	C_2	C_3	C_4	D_1	D_2	D_3	D_4	E_1	E_2	E_3
分配分	15	10	5	5	5	5	5	5	5	5	5	5	5	5	5	5	5

性能指标代号	A	B	C	D	E
备　注	以实现某一运动为主时,加权系数为 1.5,即 A×1.5	受力较大时,这两项加权系数为 1.5。即（B₃＋B₄）×1.5	加速度较大时,加权系数为 1.5,即 C×1.5		

13.4.3　机械运动方案的评价方法

常用的机械运动方案评价方法有以下三种。

1. 价值工程评价法

价值工程法,是以提高产品实用价值为目的,以功能分析为核心,以开发集体智力资源为基础,以科学分析方法为工具,用最低的成本去实现机械产品的必要功能的方法。

价值工程中功能与成本的关系为

$$V = \frac{F}{C}$$

式中:V 为价值;F 为功能;C 为寿命周期成本。

机械运动方案的评价可以按它的各项功能求出综合功能评价值,即以功能为评价对象,以金额为评价尺度,找出某一功能的最低成本。

这种方法要求有充分的实际数据作为依据,可靠性强,可比性好。而目标成本实际上是不断变化的,需要不断收集资料进行分析,并适当地调整收集到的成本值。有了运动方案的功能成本和功能评价值,就可以对几个机械运动方案进行评估选优。但是,由于方案设计阶段不确定因素较多,因此困难较大。所以对某一种专门机械产品一定要在大量资料积累之后才能够有效地进行评价选择。此外,该方法由于强调机械的功能和成本,因此,有可能对不同工作原理的方案进行评价,为人们进行方案创造开辟了一条重要途径。

2. 系统工程评价法

系统工程评价法是将整个机械运动方案作为一个系统,从整体上评价方案适合总的功能要求的程度,以便从多种方案中客观地、合理地选择最佳方案的方法。系统工程评价是通过求总评价值 H 来进行的。各评价指标值都重要时,采用乘法规则,总评价值 H 计算式为

$$H = \langle U_1(\bullet)U_2(\bullet)U_3(\bullet)\cdots(\bullet)U_n \rangle$$

式中:$U_1,U_2,U_3,\cdots,U_n$ 为各评价指标值。

H 值越大表示方案越优。理想方案的 H 值应为

$$H_0 = \langle U_{1max}(\bullet)U_{2max}(\bullet)U_{3max}(\bullet)\cdots(\bullet)U_{nmax} \rangle$$

图 13-18 表示了系统工程评价法的步骤。

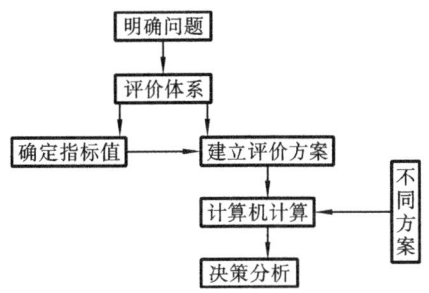

图 13-18　系统工程评价步骤

　　采用系统工程评价法进行机械运动方案评价时,通常 Q 个方案中 H 值最高的方案为整体最佳的方案。但是,最终的决策还是可以由设计者根据实际情况作出。例如,完成某一实际工艺动作有许多机械运动方案,有时为了满足一些特殊的要求,并不一定要选择 H 值最高的方案,而是选择 H 值稍低而某些指标值较高的方案。

3. 专家记分评价法

　　专家记分评价法是一种较为简便的评价方法。在进行记分评价时,首先应建立评价质量指标体系,即应根据被评价对象的特点,确定用哪些指标来衡量各方案的优劣。例如对牛头刨床来说,可用机械的传力性能和复杂性、刨头的速度可调性和急回性能、工作台进给速度的可调性、主要构件的承载能力、耐磨性、可靠性、工艺性等来作为评价指标。其次,为每个指标确定评分的分值。各分值是根据所设计机械的具体要求和各指标的重要程度来确定的,各指标分值的和应为 100。第三,专家评分。一般采用 5 级的相对评分制,即用 0、0.25、0.5、0.75、1 分别表示方案在某指标方面很差、差、一般、较好、很好。最后,计算各方案得分。将各专家对某方案某指标的评分进行平均,再乘以该指标的分值,即为该方案在该指标上的得分;将各指标的得分相加,即得该方案的总分。根据各方案总分的高低,即可排出各方案的优劣次序,从中选出最佳方案。

13.5　机械运动方案设计示例

　　本节将以多头专用钻床的机构系统运动方案设计为例,介绍机械运动方案设计中应考虑的内容和问题,从而说明设计的大体过程。

　　要求设计一台专用自动钻床,用来同时加工图 13-19 所示零件上的 3 个直径为 8 mm 的孔,并能自动送料。其运动方案设计过程可按如下步骤进行。

1. 确定工作原理

　　由于设计要求为钻孔,故工作原理就是利用钻头与工件间的相对回转运动和进给

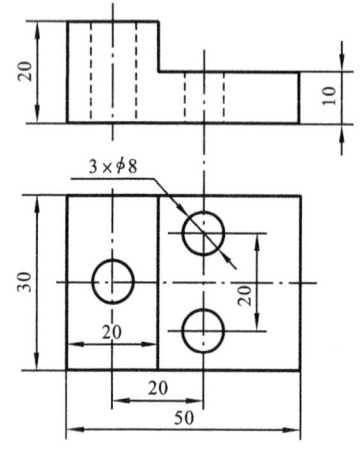

图 13-19　待加工零件

移动切除孔中的材料。钻孔加工的运动方案有三种形式:一种是钻头既作回转切削,同时又作轴向进给运动,而放置工件的工作台则静止不动(见图 13-20(a));另一种运动方案是钻头只作回转切削运动,而工作台连同工件作轴向进给运动(见图 13-20(b));第三种运动方案是工件作回转运动,钻头作轴向进给运动(见图 13-20(c)),在车床上钻孔就是如此。一般钻床多采用第一种方案,但对于现在要设计的专用三轴钻床来说,因工件很小,工作台很轻,移动工作台比同时移动三根钻轴简单,故叮采用第二种运动方案。

送料方案可以采用送料杆从工件料仓推送工件的方式。采用的布局方案如图 13-21 所示。

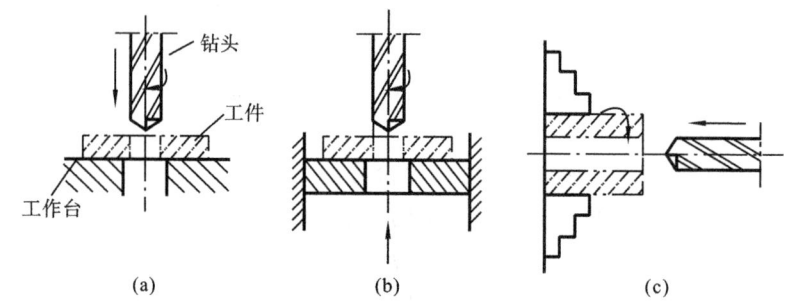

　(a)　　　　　　　　(b)　　　　　　　(c)

图 13-20　钻孔加工的运动方案

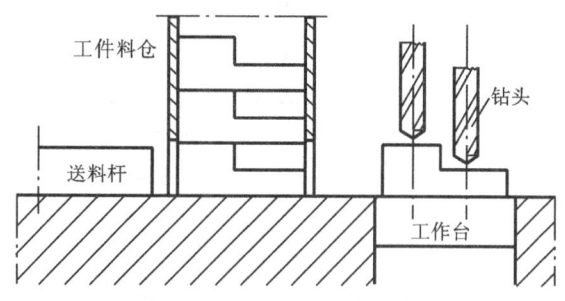

图 13-21　送料布局方案

2. 执行构件的运动设计及运动循环图

由所确定的运动方案可知,此专用钻床共有 3 个执行构件,即钻头、工作台和送料杆。其工艺动作过程是:送料杆从工件料仓中推出一待加工工件,并将已加工好的工件从工作台上的夹具中推出,使待加工工件被夹具(图中未画)定位并夹紧在工作台上,送料杆退回;工作台带着工件向上快速靠近回转着的钻头,然后慢速工进,钻孔结束后,又带着工件快速退回,等待下一工作循环。下面确定各执行构件的运动形式、参数及机械运动循环图。

1) 钻头的运动形式与参数

由上述可知,钻头的运动形式是连续回转,其转速 n_c(r/min)可由下式确定

$$n_c = 1\ 000v/(\pi d)$$

式中:d 为钻头直径(mm),此处 $d=8$ mm;v 为切削速度(m/min)。

由金属切削手册知,当工件材料为 45 钢,孔径为 8 mm 时,可选 $v=12.5$ m/min,于是

$$n_c = 1\ 000 \times 12.5/(\pi \times 8)\ \text{r/min} \approx 500\ \text{r/min}$$

2) 工作台的运动与参数

工作台作上下往复直线运动。根据加工要求,工作台连同工件应先快速趋近钻头,然后改用工作进给速度先钻削凸台上的一个孔,待钻到一定深度时,三个钻头才同时钻削,由于钻三孔时的切削阻力比单孔钻削时大得多,所以进给速度应比单孔钻削时小一些。在钻削完毕后,工作台又应快速退回。由此可见,对工作台的运动要求是较复杂的。

设工作台一个工作循环所需的时间为 T_f(s),则其时间组成应为

$$T_f = t_1 + t_2 + t_3 + t_4 + t_5$$

式中:t_1 为单孔钻削所需时间,可根据进给量和单孔钻削深度来计算。设单孔钻削时每转的进给量为 $s_1=0.2$ mm/r,单孔钻削深度为 10 mm,并考虑在工件距离钻头 3 mm 时工作台开始工作进给,可求得单孔钻削时间为 $t_1 = (10+3)/(s_1 n_c) = 13/(0.2 \times 500)$ min$=0.13$ min$=7.8$ s。t_2 为三孔同时钻削时间,设钻头每转的进给量为 $s_2=0.16$ mm/r,三孔同时钻削的深度为 10 mm,并考虑钻头越程 3 mm,则可求得三孔同时钻削所需的时间为 $t_2 = (10+3)/(s_2 n_c) = 13/(0.16 \times 500)$ min$=0.163$ min$=9.8$ s。t_3 和 t_4 各为快速趋近和快速退回的时间,设取 $t_3=1.5$ s,$t_4=2.5$ s。t_5 为工作台停歇等待更换工件的时间,设取 $t_5=3$ s。于是工作台完成一个工作循环所需的时间为

$$T_f = (7.8+9.8+1.5+2.5+3)\ \text{s} = 24.6\ \text{s}$$

工作台每分钟的工作循环数为

$$n_f = 60/T_f = 60/24.6 = 2.44$$

工作台的行程 H_f(mm)为

$$H_f = h_1 + h_2 + h_3$$

式中:h_1 为工作台快速趋近钻头的运动距离;h_2 和 h_3 分别为单孔和三孔的钻削深度。取 $h_1=15$ mm,$h_2=h_3=13$ mm,故 $H_f=41$ mm。

3) 送料杆的运动与参数

送料杆的运动形式为左右往复直线运动。其一个工作循环所需的时间 T_s 与工作台的相同,即 $T_s=24.6$ s,其中包括送料杆送料及回退、送料杆静止两个时间段。

送料杆的行程 H_s 取为工件长度的 2 倍,即 $H_s=100$ mm。

4）机械运动循环图

送料杆与工作台的运动必须协调,而钻头的回转与送料杆和工作台的运动是独立的。其运动循环图如图 13-22 所示,以凸轮轴为定标件。

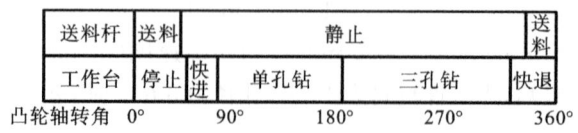

送料杆	送料	静止			送料
工作台	停止	快进	单孔钻	三孔钻	快退

凸轮轴转角　　0°　　　　90°　　　180°　　　270°　　　360°

图 13-22　专用自动钻床的运动循环图

3. 原动机的选择

根据对机床的工作要求确定原动机的类型为交流异步感应电动机。又考虑到钻头的转速较高($500\ r/min$),所以选用同步转速为 $1\ 500\ r/min$ 的交流异步电动机,其额定转速 $n_m = 1\ 440\ r/min$。另外,为了减少原动机数量,将三个执行构件的运动链并联,用同一个电动机驱动。

4. 机构系统的方案拟订

1）计算运动链的总传动比

切削运动链的总传动比为

$$i_c = n_m/n_c = 1\ 440/500 = 2.88$$

进给运动链的总传动比与送料运动链的总传动比相等,即

$$i_f = i_s = n_m/n_f = 1\ 440/2.44 = 563$$

2）机构选型

(1) 切削运动链的设计。在设计切削运动链时应考虑满足下列各元功能。

① 钻头作连续回转运动,运动链的总传动比为 2.88,即无须运动形式的变换,但要求减速;

② 三个钻头应同向回转,且各钻头之间的距离很小,即要求具有运动分解功能,且在选择最后一级传动机构时,其径向尺寸受到严格的限制;

③ 电动机轴一般为水平方向放置,与钻头回转轴线方向不一致,即要求能改变运动轴线方向;

④ 电动机与钻头之间有较大的传动距离,即要求运动链能作远距离传动。

根据上述各功能要求,进行机构选型。

能实现减速的传动有齿轮传动、链传动和带传动等。考虑到传动距离较远和速度较高等因素,决定采用 V 带传动实现减速和远距离传动的功能。

能够实现变换运动轴线方向的传动有圆锥齿轮传动、交错轴斜齿轮传动和蜗杆传动等,考虑到两轴垂直相交和传动比较小,决定采用圆锥齿轮传动来实现变换运动轴线方向的功能。

为使三个钻头同向回转,可采用由一个中心齿轮带动周围三个从动齿轮的定轴轮系。由于结构尺寸的限制,三个从动齿轮轴线间的距离远大于三个钻头间的距离,为了将三个从动齿轮的回转运动传递给三个钻头,可采用双万向联轴节或钢丝软轴。

将上述所选机构经适当组合后,即可形成钻削运动链。

（2）进给运动链的设计。进给运动链应满足下列各元功能。

①工作台做往复直线运动,且运动规律较为复杂,但行程不大。

②进给运动链应实现很大的减速比,但进给力不需太大。

③进给运动的方向和位置与电动机不一致,故应实现回转轴线方向和空间位置的变化。

由第一项元功能可知,采用直动推杆盘形凸轮机构作为执行机构较为合理。减速换向可采用蜗杆传动,为达到很大的减速比和变换空间位置,在蜗杆传动之前可串接带传动。

（3）送料运动链的设计。对送料运动链的功能要求与进给运动链基本相同,只是其往复运动的方向为水平,且运动行程较大。又因其减速比与进给运动链相同,故可由进给运动链中的蜗轮轴带动。由于送料运动规律较为复杂,故宜采用凸轮机构,又因其行程大,所以要采用连杆机构等来放大行程。

3）机构的组合

将切削运动链、进给运动链和送料运动链进行组合即可形成三头自动钻床的传动方案,如图 13-23 所示。

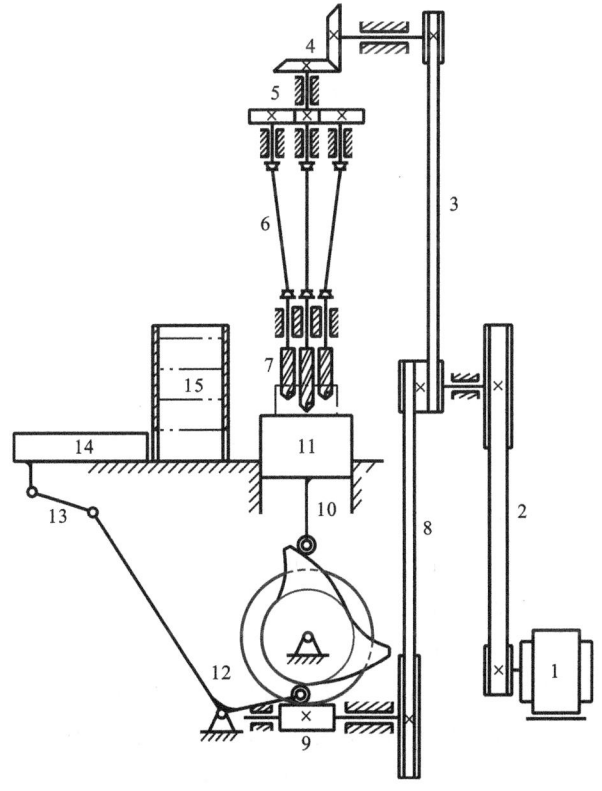

图 13-23　专用自动钻床的运动方案示意图

　　图中 1 为电动机,2 为 V 带传动,其减速比为 2.88;3 也为 V 带传动,其传动比为 1,作用是加大运动传递距离;4 为圆锥齿轮传动,其传动比为 1,作用是变换运动方向;5 为齿轮传动,传动比也为 1,作用是进行分支传动;6 为双万向联轴节,作用是改变轴间距。8 为另一路的 V 带传动,其传动比为 3;9 为蜗杆传动,其传动比为 $563/(2.88\times3)\approx65$;10 为直动推杆凸轮机构,其作用是实现工作台 11 的运动要求;12 为摆动推杆凸轮机构,其作用是实现送料杆 14 的运动要求;15 为待加工工件。

　　图 13-24 为该机构系统的机构组合示意框图。

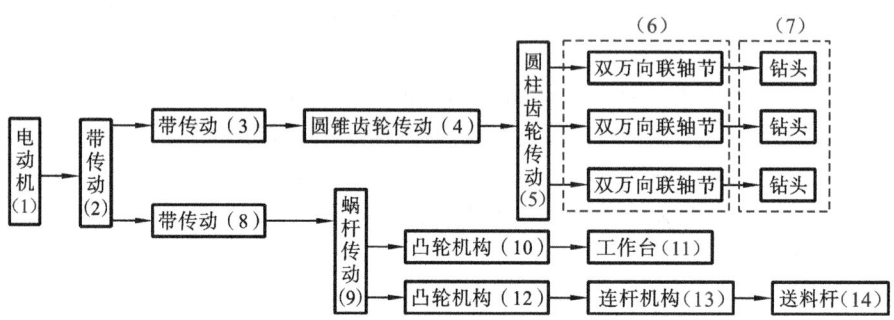

图 13-24　专用自动钻床的机构组合框图

5. 机构的尺寸综合

　　计算机构系统中各轴的转速,并对各机构进行尺度设计,然后绘制机械运动简图(具体内容略)。

6. 方案分析与评价

　　根据对专用钻床的要求,可对某些机构或构件的运动与动力参数进行分析(如送料杆的运动分析),并依据分析结果和其他条件对方案进行评价(具体内容略)。

　　以上未对工件的定位、夹紧等问题作具体讨论,而要完成该自动机的全部运动方案设计,这是不可缺少的内容。

小　　结

　　机器通常由原动机、传动系统、执行系统、控制系统和其他辅助系统组成。机器的功能通过能量的传递及构件的运动来实现。人们创造或设计机械的过程主要有全新设计、改进设计和系列设计等三种模式。进行新机械的方案设计须首先根据功能要求拟定机械的工作原理;继而通过从原动机到执行构件的运动设计来选择机构并将其组合起来;最后绘制出机构系统运动简图并进行相应的分析与评审。

　　要使执行机构间的动作能互相协调配合,必须在分析各种机器工作过程的基础上,制定机械的运动循环图,并以此作为指导机器执行机构设计和装配的依据。许多情况下,机器所实现的运动较为复杂,为此须将若干基本机构组合起来加以应用。因为基本机构可实现的简单运动只有经过机构组合,才能使简单运动合成为所需的复杂运动。

人们总希望自己设计的机械运动方案具有最优的功能效果,为此必须善于对所设计的方案进行分析、比较与评审。要完成优良的机械运动方案设计,是一个实践性很强的过程。学生在完成本课程学习基础上,还必须积极主动地将所学理论运用于工程实际之中,并且反复实践以不断积累和丰富自己的设计经验。

思 考 题

13-1　试述第 1 章中内燃机的机械传动系统有几个执行构件和执行机构?

13-2　如何合理选用机构? 在选型时应考虑哪些问题?

13-3　运动循环图在机械传动系统设计中有何作用? 如何编制运动循环图?

13-4　机构选型的基本原则是什么?

13-5　机械运动方案评价有哪些特点?

13-6　机械运动方案的评价方法有哪几种? 试给以简要说明。

练 习 题

13-1　试简述内燃机的机构系统运动方案设计的流程,并讨论各执行机构运动规律设计之间的关系及应注意的主要问题,在此基础上绘制机械运动循环图。

13-2　试构思一实现矩形轨迹的机构运动示意图,并说明其主要特点。

13-3　如题 13-3 图所示的两种机构系统均能实现棘轮的间歇运动,试分析此两种机构系统的组合方式,若要求棘轮的输出运动有较长时间的停歇时间,试问:采用哪一种机构系统方案较好?

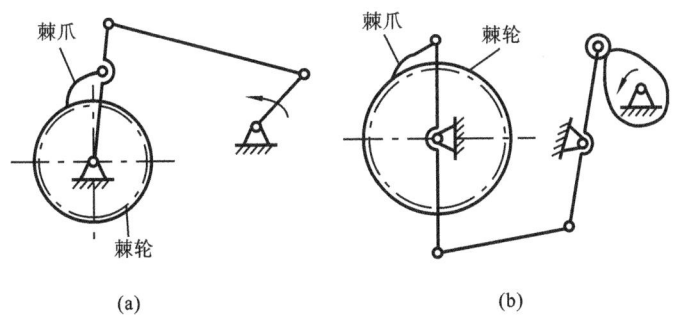

(a)　　　　　　　　　　　　　　(b)

题 13-3 图

13-4　在如题 13-4 图所示机构中,构件 1 为原动件,齿轮 5 为输出构件。试分析该机构的组合方式,并画出其组合方式框图。

13-5　如题 13-5 图所示为糖果包装机中所用的凸轮-连杆组合机构。凸轮 5 为

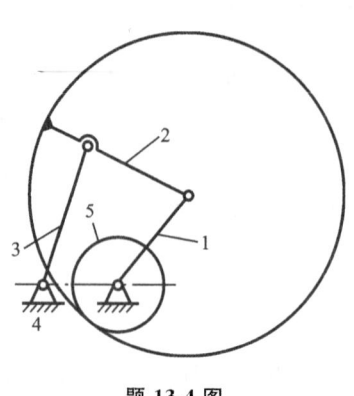

题 13-4 图　　　　　　　　　　题 13-5 图

原动件,当它以等角速度转动时,点 M 将描绘出如图所示的轨迹。试分析该机构的组合方式,并画出其组合方式的框图。

13-6　试拟订玻璃窗的开闭机构方案。设计要求如下:

(1) 窗框开闭的相对转角为 $90°$;

(2) 操作构件必须是单一构件,要求操作省力;

(3) 在开启位置时,人在室内能擦洗玻璃的正、反两面;

(4) 在关闭位置时,机构在室内的构件必须尽量靠近窗框;

(5) 机构应支承其整个窗户的重量。

13-7　若主动件作等速转动,其转速 $n=100$ r/min;从动件作往复移动,行程长度为 100 mm;从动件的工作行程为近似等速运动,回程为急回运动,行程速度比系数 $K=1.4$。试列出能实现这一运动要求的两个可能方案。

参 考 文 献

[1] 孙桓,陈作模,葛文杰. 机械原理[M]. 8 版. 北京:高等教育出版社,2013.

[2] 郑文纬,吴克坚. 机械原理[M]. 7 版. 北京:高等教育出版社,1997.

[3] 邹慧君,傅祥志,张春林,等. 机械原理[M]. 北京:高等教育出版社,1999.

[4] 杨家军. 机械原理[M]. 武汉:华中科技大学出版社,2009.

[5] 张策. 机械原理与机械设计(上、下)[M]. 北京:机械工业出版社,2004.

[6] 中国大百科全书·机械工程(Ⅰ). 北京:中国大百科全书出版社,1987.

[7] 常治斌,张京辉. 机械原理[M]. 北京:北京大学出版社,2007.

[8] 申永胜. 机械原理[M]. 2 版. 北京:清华大学出版社,2005.

[9] 孙桓,傅则绍. 机械原理[M]. 4 版. 北京:高等教育出版社,1989.

[10] 华大年. 机械原理[M]. 2 版. 北京:高等教育出版社,1994.

[11] 王之行,刘廷荣. 机械原理[M]. 北京:高等教育出版社,2000.

[12] 申永胜. 机械原理辅导与习题[M]. 2 版. 北京:清华大学出版社,2005.

[13] 刘立,张美麟. 机械原理习题集[M]. 北京:机械工业出版社,1987.

[14] 马履中. 机械原理与设计(上、下)[M]. 北京:机械工业出版社,2009.

[15] 濮良贵,纪名刚. 机械设计[M]. 7 版. 北京:高等教育出版社,2001.

[16] 徐灏. 新编机械设计手册[M]. 北京:机械工业出版社,1995.

[17] 机械工程手册编辑委员会. 机械工程手册(第 4 卷,第 5 卷,第 6 卷)[M]. 2 版.
北京:机械工业出版社,1995.

[18] 赵镇宏,尹明富. 机械原理释疑与习题详解[M]. 北京:海洋出版社,2005.

[19] 天津大学等六院校. 机械原理(上、下)[M]. 北京:人民教育出版社,1979.

[20] 刘会英,杨志强,张明勤. 机械原理[M]. 7 版. 北京:机械工业出版社,2007.

[21] 李杞仪,赵韩. 机械原理[M]. 武汉:武汉理工大学出版社,2001.

[22] 孟宪源,姜琪. 机构构型与应用[M]. 北京:机械工业出版社,2004.

[23] 葛文杰. 机械原理作业集[M]. 北京:高等教育出版社,2002.

[24] 杨可桢,程光蕴,李仲生,等. 机械设计基础[M]. 6 版. 北京:高等教育出版社,
2013.

[25] 马永林. 机械原理[M]. 北京:高等教育出版社,1992.

[26] 杨昂岳. 机械原理典型题解析与实战模拟[M]. 长沙:国防科技大学出版社,
2002.

[27] 王文奎.机械原理[M].北京:电子工业出版社,2007.

[28] 上海交通大学机械原理教研室.机械原理习题集[M].北京:高等教育出版社,1985.

[29] 董海军.机械原理典型题解析及自测试题[M].西安:西北工业大学出版社,2001.

[30] 孙怀安.机械原理考研全真试题与解答[M].西安:西安电子科技大学出版社,2002.